普通高等教育"十一五"国家级规划教材

新世纪电子信息与电气类系列规划教材

数字电子技术

（第 3 版）

郭永贞　　许其清　　龚克西

东南大学出版社

·南京·

内 容 摘 要

为适应电子信息时代的新形势,本书第二、三版在第一版的基础上,经过教学改革与实践,对内容作了较大修改,精选了传统数字电子技术中有应用价值的内容,引入了现代新型逻辑器件、新技术及新的分析与设计方法,特别加强了可编程逻辑器件及其编程设计、VHDL 语言等内容。通过大量分析、设计和应用举例突出理论联系实际,学以致用。

第三版为了方便教学,在附录中增加了数字电路实验与课程设计和实验用集成芯片引脚图等内容,在实验和课程设计中加大了 VHDL 文本输入法设计课题量,便于在教学中加强并使学习者掌握现在实际流行的 ISP 编程技术。

本书可作为高等学校电气信息类(包括原电子类、自动化类、电气类等)和计算机科学类等专业的教材,也可供从事电子技术工作的工程技术人员参考。

图书在版编目(CIP)数据

数字电子技术/郭永贞,许其清,龚克西. —3 版.

南京:东南大学出版社,2013.1(2017.1 重印)

新世纪电子信息与电气类系列规划教材

ISBN 978 – 7 – 5641 – 3929 – 2

Ⅰ. 数…　Ⅱ. ①郭…　②许…　③龚…　Ⅲ. 数字电路-电子技术-高等学校-教材　Ⅳ. ①TN79

中国版本图书馆 CIP 数据核字(2012)第 279252 号

数字电子技术(第 3 版)

出 版 发 行	东南大学出版社
出 版 人	江建中
社 址	南京市四牌楼 2 号
邮 编	210096
经 销	江苏省新华书店
印 刷	江苏扬中印刷有限公司
开 本	787mm×1092mm　1/16
印 张	22.75
字 数	582 千字
版 次	2013 年 1 月第 3 版
印 次	2017 年 1 月第 4 次印刷
书 号	ISBN 978 – 7 – 5641 – 3929 – 2
印 数	9001 – 11000
定 价	45.00 元

(本社图书若有印装质量问题,请直接与营销部联系。电话:025 – 83791830)

第3版前言

第3版教材在第2版的基础上,对 ispPLD 器件及其编程设计中应用日益广泛的 VHDL 语言做了进一步加强,通过由浅入深的实例对 VHDL 语言的应用作了较全面的分析说明。另外,为了方便教学,增加了附录 B-数字电路实验与课程设计和附录 C-实验用集成芯片引脚图,附录 B 中的实验和课程设计中有较多的 VHDL 文本输入法设计课题,便于在教学中加强并使学习者掌握现在实际流行的 ISP 编程技术。

本教材共10章。由龚克西编写第5、第6、第10、第11章,许其清编写第2、第3、第8和附录 A、B、C。郭永贞编写了第1、第4、第7、第9章。董尔令和戚玉松对全书的修订给予了大力支持与帮助,在此表示衷心的感谢。

限于编者水平,教材中疏漏之处在所难免,恳请读者多提宝贵意见。

编 者
2012 年 9 月

第2版前言

数字电子技术是学习工科类专业课的基础,发展迅速,课程的教学内容只有不断改进才能使教学与科技发展相适应。我们2003年出版的《数字逻辑》教材第1版,2006年被评为"普通高等教育'十一五'国家级规划教材"。此次修订该教材,目的旨在使教材内容紧跟数字电子技术发展,使基本原理和技术基础与实际应用的联系更贴切,教学体系更科学。我们听取了使用该教材的同行专家、学生与读者的宝贵意见,结合数字电子技术的新技术发展以及在实际教学中的体会,第2版主要进行了以下修订:

(1) 加强了数字电子新技术的有关内容,把目前流行的可编程逻辑器件和EDA技术作为独立的一章,系统地介绍了可编程逻辑器件及其编程设计的基本知识,介绍了在系统编程技术和VHDL语言,以便为读者进一步深入学习有关技术打下基础。

(2) 继续突出应用,增加了分析、设计及应用实例;加强了常用集成芯片的介绍。

(3) 为了便于读者掌握数字电子技术的主要内容,在每一章的开始都给出了内容提要。

(4) 为了适应不同专业、不同层次以及不同教学计划的需求,增加了数字电路基础—半导体二极管、三极管、场效应管开关特性的有关基础知识的介绍。同时增加了部分习题和参考答案。

(5) 为了便于教学,把原第5章分为两章:触发器和时序逻辑电路。

(6) 为了适应目前计算机广泛使用的情况,特别突出了数字电子技术和计算机系统的联系以及在计算机系统中的具体应用。

调节了部分章节的顺序,以使教学更方便、合理,本书配有PPT电子教案。

本教材共十一章。由龚克西编写第5、第6、第10、第11章;许其清编写第2、第3、第9章和附录;郭永贞编写第1、第4、第7、第8章,并对全书进行了统稿。

限于编者水平,教材中疏漏之处在所难免,恳请读者多提宝贵意见。

编 者

2007年9月

第 1 版前言

数字电子技术发展迅速,其相关课程的教学内容也必须不断改进,才能使教学与科技发展相适应。数字电子技术类课程是计算机科学与技术、电子信息科学与技术、自动化等类专业的重要的专业基础课,我们在对数字电子技术和计算机组成原理等课程进行教学改革的过程中,编写了该教材,旨在使课程的教学更加科学合理,适应不断发展的实际。为此,我们在编写过程中,特别注意了以下几点:

(1)对数字逻辑电路的一般原理进行着重阐述,系统介绍数字逻辑系统分析与设计的基本原理与方法,使学习者有一个扎实的理论基础,为后续课程的学习或自学其他相关知识创造条件。

(2)突出应用。由于目前各行各业对计算机的广泛使用,所以本书特别突出数字逻辑电路和计算机系统的联系以及在计算机系统的具体应用。

(3)反映数字逻辑电路的新发展,重点介绍中、大规模数字集成电路的应用。对 EDA 技术的有关内容进行了基础性介绍。

本教材的第 3、第 5、第 8、第 9 章由龚克西编写,郭永贞编写了第1、第 2、第 4、第 6、第 7 章,并对全书的内容定稿。杨晨宜、戚玉松参加了教改方案和教材编写大纲的制定。东南大学田良教授担任本书的主审,对教材的体系和内容提出了十分具体的宝贵意见,在此表示衷心感谢。

限于编者水平,疏漏和错误在所难免,敬请读者提出意见。

编 者

2002 年 10 月

目　录

1 引 论

众所周知,当今世界正处于信息时代,无论是信息的存储、信息的检索、信息的控制,还是信息的利用都离不开数字逻辑系统,数字逻辑几乎应用于每一种电子设备或电子系统中,计算器、手机、电视机、音响系统、计算机、电子测量仪器、视频记录设备、长途电信、卫星系统、工业控制系统等,无一不采用到数字电子技术。

1.1 数字信号与数字电路

数字电路与模拟电路一样同属于电子线路。模拟电路处理的是在时间和幅度上均连续变化的模拟信号;数字电路处理的是离散信号(数字量)。

1) 数字量与数字信号

离散信息的特征是不连续性。例如某校学生的人数、性别和籍贯,人数只能是一定范围内的正整数,籍贯仅为若干个有限的地名,而性别只有两种,这些信息只能取若干个特定的值或形态,所以可以把这些离散信息用数字量来表征。数字量的定义是:如果某物理量仅能取某一区间内的若干个特定值,则称该物理量为数字量。把表示数字量的信号叫数字信号。

数字量在电路中常用高电平和低电平两种状态来反映,称为逻辑电平。它是物理量的相对表示,也用数字"1"和"0"来表示,这就形成了数字信号,也称为二值信号。用数字信号表示物理量大小时,仅用一位数码往往不够,可以用多位来表示,因此在数字电路中,基本工作信号是二进制的数字信号,它包含的0、1符号的个数称为位数。

数字信号还可以用相对于时间的波形来表示,如图 1.1 所示。图中 CP 是周期性的数字波形,Q_1 是和 CP 有一定逻辑关系的数字波形。

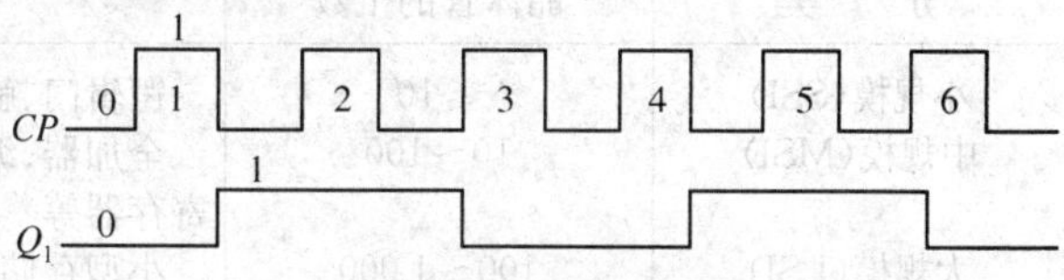

图 1.1 数字波形

在数字逻辑中,"1"和"0"经常表示的是彼此相关又互相对立的两种状态,例如开与关、高与低、发生与不发生、是与非等。

数字信号便于存储、分析或传输,因此现代电子电路常将模拟信号编码转换为数字信号再进行处理。

2) 数字电路

工作在数字信号下的电子电路叫做数字电路。数字电路的基本功能是对输入的数字信号进行算术运算和逻辑运算,也就是说具有一定"逻辑思维"能力。数字电路是计算机、自动控制系统、各种智能仪表、现代通信等系统中的基本电路,是学习这些专业知识的基础。

数字电路有以下特点:

(1) 数字电路研究的主要问题是输入信号的状态(0 或 1)和输出信号的状态(0 或 1)之间的关系,即逻辑关系,也就是电路的逻辑功能。表达电路的逻辑功能主要用真值表、功能表、逻辑表达式、逻辑图、波形图等。

(2) 数字电路分析和设计的主要工具是逻辑代数(又叫开关代数或布尔代数),这是学习的基础。

(3) 数字电路研究的主要方法是逻辑分析和逻辑设计。

(4) 数字电路处理的是高电平和低电平两种状态的电信号,因此,数字电路中的元件工作时只要能可靠地区分 0 和 1 两种状态即可。所以在数字电路中,稳态时的半导体管一般都是工作在开或关状态,电路组成相对模拟电路要简单,易于实现集成化;输入信号的高、低电平也是要求在一定允许区间内即可,所以对元件的精度要求不高,电路的抗干扰能力较强,系统的可靠性较高。这也是数字电路的应用日趋广泛的原因。

(5) 数字电路的发展与数字元件的发展紧密相连。集成电路工艺的高速发展,使逻辑设计技术在不断变革。用户可以自己编程设计的可编程逻辑器件(Programmable Logic Device,PLD)为数字系统设计带来更大的发展空间。近年来,在系统可编程大规模集成电路(In System Programmable LSI,ISP LSI)产品不断推陈出新,使电子设计自动化(Electronic Design Automation,EDA)技术发展迅速。计算机已成为逻辑设计的重要工具。我们在学习数字电路时,既要打好基础,掌握数字电路的基本原理和基本方法,又要关注、学习新知识、新技术。

3) 数字元件与数字集成电路

组成数字电路的基本元件是开关元件。早期数字电路的开关元件是电磁继电器,现代数字电路的开关元件主要是由半导体三极管或场效应管构成的称之为门的电路。随着半导体工艺的发展,开关元件的集成化程度越来越高。数字集成电路器件可分为表1.1所示的五类:

表 1.1　数字集成电路器件的分类

分　类	晶体管的个数	典型的数字集成电路
小规模(SSI)	$\leqslant 10$	逻辑门、触发器
中规模(MSI)	$10 \sim 100$	全加器、编码器、译码器、比较器、数据选择器、计数器、寄存器等
大规模(LSI)	$100 \sim 1\,000$	小型存储器,低密度可编程逻辑器件
超大规模(VLSI)	$1\,000 \sim 10^{5}$	大型存储器,微处理器
特大规模(ULSI)	10^{6} 以上	高密度可编程逻辑器件、多功能集成电路

表 1.1 中 SSI 是 Small Scale Integration 的缩写、MSI 是 Medium Scale Integration 的缩写、LSI 是 Large Scale Integration 的缩写、VLSI 是 Very Large Scale Integration 的缩写、ULSI 是 Ultra‐Large Scale Integration 的缩写。

此外,还有根据用户需要设计的专用集成电路(Application Specific Integrated Circuits,ASIC)。数字系统设计者的任务之一就是正确的选择和使用这些数字元件来构成数字电路。

4) 数字系统

数字系统指能实现一定功能的数字电路电气装置。数字电路强调电路性质和实现方法,数字系统强调功能的完整性和实用性。计算机就是典型的数字系统。现代数字系统由硬件和相应的软件组成,除了像计算机这样复杂的数字系统外,我们周围还有许多数字系统。例如,十字路口红绿灯交通控制器就是一个输入为秒信号,输出为控制红、绿灯亮、灭的高、低电平信号,这个数字系统的输入和输出都是数字信号。由于可以把模拟信号通过ADC(模/数转换器)转换成数字系统进行处理,输出的数字信号可以通过DAC(数/模转换器)再转换成模拟信号,所以数字系统可以广泛地应用于各种自动控制系统,实现例如对温度、压力、速度等物理量的控制。

1.2 典型数字系统——计算机的概述

人类社会的进步离不开信息革命,人们把语言的产生、文字的出现、印刷术的发明看做是第一、第二、第三次信息革命,而第四次信息革命则是和计算机发展紧密相连的电子信息技术的广泛应用。

1) 计算机的发展

计算机是一种能够自动、高速、精确地完成信息存储、数据计算、传输与处理以及过程控制的数字系统。在当今社会中,计算机已广泛应用于国民经济的各个领域和人们的日常生活中。从1945年世界上第一台电子计算机在美国的宾夕法尼亚大学问世以来,计算机已经历了电子管、晶体管、中小规模集成电路、大规模和超大规模集成电路等四代变革,目前第五代基于超超大规模集成电路的计算机正在研制和发展之中。

新一代计算机的目标是高度智能化且使用方便;具备声音、图像、文字等的输入、输出功能;能用自然语言进行会话处理;能按软件任务书的描述直接合成处理程序;具有积累知识、问题求解及联想、推理等功能。它的使用方式将有彻底变革,将做到能听、能看、会说、能显示图像,会思考推理。因此,组成它的电路中可能会有光子、超导和生物元件等元器件。

2) 计算机的类型

通用计算机一般分为巨型机、大中型机、小型机和微型机等类型。

巨型机主要用于尖端科学和军事技术等领域。它存储容量大,功能强,可对数据进行高速、精确的处理。并行处理是巨型机的核心技术。

大型机主要用于计算中心和计算机网络中心。它是为那些信息流动量多、计算量大、通信能力高的用户设计的。中型机的性能和价格低于大型机。它越来越多地应用于网络中。

巨型机和大中型机运算速度高、联网能力强,允许成百上千个用户同时使用。图1.2是它们的基本原理结构图。由图可知,其中央处理系统由CPU阵列组成,并有容量很大的局部存储系统供中央处理系统使用,所以功能十分强大。它们采用多层总线结构,内部存储器和外部存储器系统的容量巨大。从结构和硬件电路看,巨型机和大中型机实际上是计算机系统;从使用来看,它们以专业操作系统为主,可以执行规模巨大的软件系统。

小型机与巨型机和大中型机相比,结构简单、体积小、重量轻、价格低、操作简便,更多的用作各种中小规模计算机网络、信息网络和通信网络的中心处理机。图1.3是其基本原理结构图。

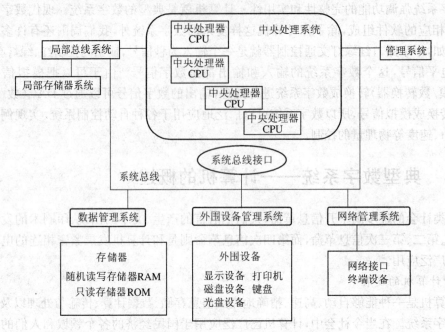

图 1.2　巨型和大中型计算机的基本结构示意图

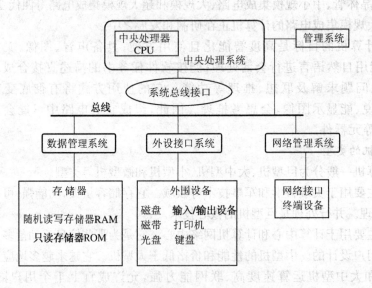

图 1.3　小型计算机的基本结构示意图

微型计算机是 1971 年由 Intel 公司首先推出的。它由微处理器、半导体存储器、外围设备、输入/输出接口等通过总线连接构成。由于其体积小巧、价格低廉、使用灵活方便可靠、通用性强,30 多年来在数据采集、过程控制、智能化仪器仪表、机电一体化、办公自动化、网络技术以及家用电器等方面获得了极其广泛而又成功的应用,使许多领域的技术水平和自动化程度得以大大提高,其产品性能和品种也得到迅速发展。微型计算机俗称微电脑,按用途不同可分为工作站、网络服务器、PC 机、单板机和单片机,下面分别予以介绍。

(1)工作站是一种系统复杂程度和价格低于小型机,且具有较强的专业信息处理功能的微机,例如图形工作站、多媒体处理工作站等。在工作站中,允许多个微处理器(MPU)通过系统总线共同工作,可以实现多终端和多任务,它同时还具有相当强的网络工作能力,因此适合形成计算机网络和计算机工作平台。图1.4是工作站的基本结构示意。

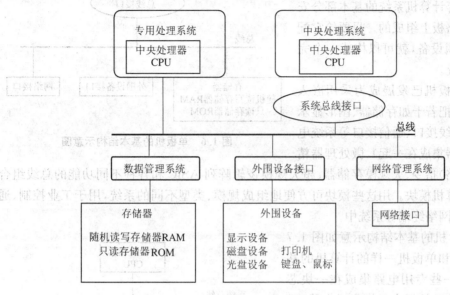

图 1.4 工作站的基本结构示意图

(2) 网络服务器的作用是为计算机局域网络(LAN)提供网络管理和共享资源,是组成微机局域网的核心,使人们可以通过局域网在小范围内共享如数据、图片、程序以及工程设计结果等资源,实现多人配合工作以及使用较低档次的微机进行较高档次的工作。它可以是专用的网络服务器,也可以用一台存储容量大、时钟频率高和硬盘较大、功能较强的微机代替。网络服务器又可分为系统服务器和文件服务器两种。

系统服务器组成的网络中,各种程序和资源全部存放在服务器上,网络终端用户微机的程序也在服务器中运行。这种网络服务器更接近于小型机。例如 Motorola 公司的 SERIES900系列服务器和多用户计算机,就是一种具有系统组合扩展能力、支持系统不同硬件组合升级、与 UNIX SYSTEM V 操作系统兼容、支持 VME 总线和 SCSI 接口设备的系统服务器。

文件服务器只起网络管理和提供数据库资源的作用,网络终端用户微机的程序不能在服务器中执行。当用户需要使用服务器中的程序时,服务器可以把相应程序传送给用户微机。

(3) PC 机是目前使用最广泛,也是发展最快的一类微型计算机。图1.5是它的基本结构示意。按硬件系统结构分 PC 机又可分为台式机、便携机(笔记本电脑)、适合恶劣

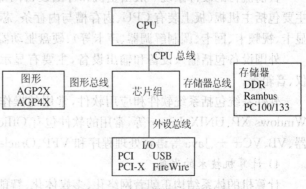

图 1.5 PC 机的基本结构示意图

环境使用的工业 PC 机。

(4) 单板机的基本结构示意如图 1.6 所示,它是把 CPU、ROM、RAM 及各总线接口等计算机系统的基本部分安装在一块电路板上组成的。只要给它配上必要的外围设备,就可以构成一个完整的微机系统。

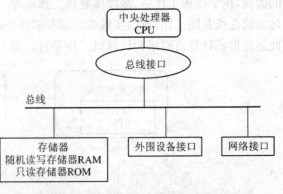

图 1.6　单板机的基本结构示意图

目前,单板机已发展成为采用嵌入式微处理器(把若干如存储器、图形显示功能电路、总线接口、通信接口等系统电路和微处理器集成在一起)、微处理器精简(RISC 电路)指令、大规模存储器、超大规模逻辑阵列 ASIC 和各种不同功能的总线组合成的基本计算机模块。用这些模块可方便地组成规模、类型不同的系统,用于工业控制、通信、各种智能网络终端等系统中。

(5) 单片机的基本结构示意如图 1.7 所示,它是把和单板机一样的计算机的基本系统以及一些专用电路集成在一块芯片上的一种特殊的超大规模集成电路,又称"微控制器"(Microcontrollers)。

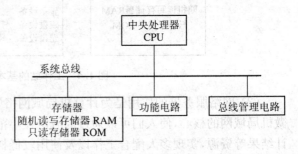

图 1.7　单片机的基本结构示意图

单片机除了具有数据处理功能外,片内还有模/数(A/D)转换器、定时/计数器、并行接口(PIO)、串行通信接口(SCI)、串行外设接口、通用输入/输出(I/O)口、显示器驱动、模拟多路转换开关、脉宽调制(PWM)输出等电路,这些电路在 CPU 和软件控制下可完成系统规定的各项任务,因此功能更强。

3) 微型计算机系统

微型计算机系统包括硬件系统和软件系统两部分。

目前流行的硬件系统一般由主机和外围设备两部分组成。主机一般封装在主机箱内,主要包括主机板(板上装有 CPU、内存槽与内存条、芯片组、总线扩展槽等)、各种接口卡(如显卡、视频卡、网卡、调制解调器、声卡等)、硬盘驱动器、光盘驱动器、电源系统等。

外围设备包括输入设备和输出设备,主要有显示器、键盘、鼠标、摄像头、打印机、扫描仪、音箱等。

软件系统包括系统软件和应用软件,常用的操作系统有 Windows 98、Windows 2000、Windows XP、UNIX、Linux 等,常用的软件包有 Office 97、Office 2000、Office 2003 IE 浏览器、VB、VC++、Java 等语言处理程序和 VFP、Oracle 等数据库系统。

4) 计算机技术的发展

计算机的体系结构正朝着网络化、多媒体化、智能化和并行化(指实现计算机的并行信息处理)方向发展。

在计算机硬件器件方面,微处理器的发展方向主要是嵌入式;存储器主要是提高容量、减小体积;系统逻辑器件主要是提高集成度及可编程逻辑功能,进一步实现电子设计自动化(EDA);而计算机的印制电路板(PCB)正在向多层、高密度、智能化布线技术方向发展。

计算机总线的发展方向是开放式总线结构、动态高速宽数据和地址总线。

目前高档微机应用的现代先进计算机技术有:① 微程序控制技术:即将原来由硬件电路控制的指令操作步骤改用微程序来控制。② 指令流水线技术:使多条指令的不同步骤同时进行以加快指令流转速度。③ 精简指令集计算机(Reduced Instruction Set Computer, RISC)技术:该项技术已发展到从多方面提高 CPU 的功能。④ 高速缓冲存储器技术:指在 CPU 和常规存储器之间增设高速、小容量存储器以加快运算速度。⑤ 虚拟存储器技术:指在软盘、硬盘或光盘等外存储器和内存储器之间增加一定的硬件和软件支持以形成一个虚拟存储器,来提高计算机容量。⑥ 乱序执行程序:指允许指令按不同于程序指定的顺序发送给执行部件,从而加速程序执行过程。

习题 1

1.1　什么是数字信号? 与模拟信号有何不同?

1.2　数字电路的特点是什么? 这对你学习数字电路有何启示?

1.3　数字元件有何特点?

1.4　数字集成电路按集成度分有哪些类型?

1.5　列举你所知道的数字系统。

1.6　计算机的类型和各自功能是什么?

1.7　微型计算机有几种类型? 它们各有什么不同特点?

1.8　PC 机有几种类型?

1.9　单板机和单片机各有何特点?

1.10　简述微型计算机系统的组成。

2 数字逻辑基础

内容提要：
(1) 数字系统中常用的二进制数、十六进制数和八进制数以及不同数制之间的相互转换。二进制数的算术运算和常用的二-十进制码。
(2) 分析和设计数字逻辑电路的重要数学工具——逻辑代数的基本概念、公式和定理。
(3) 逻辑函数的几种表示方法(真值表、函数表达式、逻辑图和卡诺图)及其相互转换。
(4) 逻辑函数的两种化简方法:公式化简法和卡诺图化简法。

2.1 数制和码

2.1.1 常用数制

数制是计数进位制的简称。在日常生活和生产中,人们习惯用十进制数;而数字系统,例如计算机,只能识别"0"和"1"构成的数码,所以经常采用的是二进制数和十六进制数,有些地方还用到八进制数。

1) 十进制(Decimal)

十进制中有0~9十个数码,计数"基数"为10。数的组成是自左向右由高位到低位排列。计数时逢十进一,借一当十。数码在不同的位置代表的数值不同,称之为"位权",简称为"权"。例如,十进制数616可以表示为:

$$616 = 6 \times 10^2 + 1 \times 10^1 + 6 \times 10^0$$

其中 10^2、10^1、10^0 分别为百位、十位、个位的"权",也即相应位的数码1所代表的实际数值。位数越高,权值越重,相邻位的权值关系是左边位的权是右边位权的10倍。任意一个十进制数,都可以表示为:

$$(N)_D = (N)_{10} = \sum_{i=-m}^{n-1} K_i 10^i \tag{2-1}$$

式中,K_i 为十进制数第 i 位的数码;n 表示整数部分的位数,m 表示小数部分的位数,n、m 都是正整数;10^i 为第 i 位的位权值,例如,十进制数54.214可表示为:

$$54.214 = 5 \times 10^1 + 4 \times 10^0 + 2 \times 10^{-1} + 1 \times 10^{-2} + 4 \times 10^{-3}$$

2) 二进制(Binary)

二进制数由"0"和"1"两个数码组成,它的组成也遵循自左向右由高位到低位排列,每个数位的位权值为2的幂。计数时,逢二进一,借一当二,也就是说,二进制数的计数"基数"为2。任意一个二进制数,都可以表示为:

$$(N)_B = (N)_2 = \sum_{i=-m}^{n-1} K_i 2^i \qquad (2-2)$$

式中，K_i 为二进制数第 i 位的数码；2^i 为第 i 位的位权值；n 表示整数部分的位数，m 表示小数部分的位数，n、m 均为正整数，例如，二进制数 1101.101 可以展开为：

$$(1101.101)_2 = 1 \times 2^3 + 1 \times 2^2 + 0 \times 2^1 + 1 \times 2^0 + 1 \times 2^{-1} + 0 \times 2^{-2} + 1 \times 2^{-3}$$

3) 十六进制(Hexadecimal)

十六进制数比二进制数位数少，便于书写和记忆，因此在计算机中经常使用。十六进制数有 0～9 和 A、B、C、D、E、F 共 16 个数码，它也是自左向右由高位向低位排列。其计数"基数"为 16。计数时，逢十六进一，借一当十六。每个数位的位权值为 16 的幂。任意十六进制数可以表示为：

$$(N)_H = (N)_{16} = \sum_{i=-m}^{n-1} K_i 16^i \qquad (2-3)$$

式中，K_i 为十六进制数第 i 位的数码；16^i 为第 i 位的位权值；n、m 的含义与式(2-1)和式(2-2)的含义相同，例如，十六进制数 5A.B4 可以表示为：

$$(5A.B4)_{16} = 5 \times 16^1 + 10 \times 16^0 + 11 \times 16^{-1} + 4 \times 16^{-2}$$

4) 八进制(Octal)

八进制数有 0～7 八个数码。其计数"基数"为 8。计数时，逢八进一，借一当八。每个数位的位权值为 8 的幂。任意八进制数按位权展开的方法与二进制、十进制、十六进制数相同，在此不再赘述。表 2.1 为各种数制的对照表。

表 2.1 数制对照表

对照内容	十进制	二进制	十六进制	八进制
数码	0,1,2,3,4,5, 6,7,8,9	0,1	0,1,2,3,4, 5,6,7,8,9, A,B,C,D,E,F	0,1,2,3, 4,5,6,7
进(借)位规律	逢十进一 (借一当十)	逢二进一 (借一当二)	逢十六进一 (借一当十六)	逢八进一 (借一当八)
基数	10	2	16	8
权	10^i	2^i	16^i	8^i
表达式	$(N)_{10} = \sum_{i=-m}^{n-1} K_i 10^i$	$(N)_2 = \sum_{i=-m}^{n-1} K_i 2^i$	$(N)_{16} = \sum_{i=-m}^{n-1} K_i 16^i$	$(N)_8 = \sum_{i=-m}^{n-1} K_i 8^i$
数值表示	0	0000	0	0
	1	0001	1	1
	2	0010	2	2
	3	0011	3	3
	4	0100	4	4
	5	0101	5	5
	6	0110	6	6
	7	0111	7	7
	8	1000	8	10
	9	1001	9	11

对照内容	十进制	二进制	十六进制	八进制
数值表示	10	1010	A	12
	11	1011	B	13
	12	1100	C	14
	13	1101	D	15
	14	1110	E	16
	15	1111	F	17
	16	10000	10	20

2.1.2　不同数制之间的相互转换

1）二进制数转换成十进制数——按权相加法

用式(2-2)将二进制数按位权展开后相加,即得等值的十进制数。例如

$$(101.101)_2 = 1 \times 2^2 + 0 \times 2^1 + 1 \times 2^0 + 1 \times 2^{-1} + 0 \times 2^{-2} + 1 \times 2^{-3}$$
$$= 4 + 0 + 1 + 0.5 + 0 + 0.125 = (5.625)_{10}$$

表 2.2 为二进制数的位权值。

表 2.2　二进制数的位权值

i	-4	-3	-2	-1	0	1	2	3	4	5	6	7	8	9	10	11	12
2^i	0.062 5	0.125	0.25	0.5	1	2	4	8	16	32	64	128	256	512	1 024	2 048	4 096

2）十进制数转换成二进制数

任意十进制数转换为二进制数,可将其整数部分和纯小数部分分开,分别用"除2取余"法和"乘2取整"法转化成二进制数形式后再合成,即可得该十进制数对应的二进制数。例如,将十进制数 37.562 转换成误差 ε 不大于 2^{-6} 的二进制数,可按下述步骤进行:

整数部分 37 用"除 2 取余法":

$$
\begin{array}{lll}
 & \text{余数} & K_i \\
2\underline{|37} \cdots\cdots\cdots 1 & & K_0 = 1 \\
2\underline{|18} \cdots\cdots\cdots 0 & & K_1 = 0 \\
2\underline{|9} \cdots\cdots\cdots 1 & & K_2 = 1 \\
2\underline{|4} \cdots\cdots\cdots 0 & & K_3 = 0 \\
2\underline{|2} \cdots\cdots\cdots 0 & & K_4 = 0 \\
2\underline{|1} \cdots\cdots\cdots 1 & & K_5 = 1 \\
0 & & K_6 = 0
\end{array}
$$

得出:$(37)_{10} = (100101)_2$。

小数部分 0.562 转换成二进制小数:

$$
\begin{array}{lll}
 & \text{整数} & K_i \\
0.562 \times 2 = 1.124 & 1 & K_{-1} = 1 \\
0.124 \times 2 = 0.248 & 0 & K_{-2} = 0 \\
0.248 \times 2 = 0.496 & 0 & K_{-3} = 0
\end{array}
$$

$$0.496 \times 2 = 0.992 \qquad\qquad 0 \qquad\qquad K_{-4} = 0$$
$$0.992 \times 2 = 1.984 \qquad\qquad 1 \qquad\qquad K_{-5} = 1$$

最后余的小数 $0.984 > 0.5$，根据"四舍五入"原则，可得 $K_{-6} = 1$。因此 $(0.562)_{10} = (0.100011)_2$。

其误差 $\varepsilon \leqslant 2^{-6}$。最后得：$(37.562)_{10} = (100101.100011)_2$。

3）二进制数转换成十六进制数、八进制数

十六进制的基数为 $16 = 2^4$，4 位二进制数就相当于 1 位十六进制数。所以，二进制数转换成十六进制数的方法是：整数部分由小数点起向左每 4 位成一组，高位不足 4 位以零补足；小数部分自小数点起向右每 4 位成一组，低位不足 4 位以零补足；再将每组的 4 位二进制数转化成 1 位十六进制数，即得二一十六进制数的转换，例如，将二进制数 11010011010.010011 转换成十六进制数：先将其分组为 $(0110\quad 1001\quad 1010.0100\quad 1100)_2$，再将各组 4 位二进制数转换为对应的十六进制数，得 $(011010011010.01001100)_2 = (69A.4C)_{16}$。

八进制的基数为 $8 = 2^3$，3 位二进制数就相当于 1 位八进制数。所以，二进制数转换成八进制数的方法是将二进制数按 3 位分成一组转换成对应的八进制数。

4）十六进制数、八进制数转换成二进制数

由于 1 位十六进制数对应于一个 4 位二进制数，因此，任意十六进制数均可将每一位用等值的 4 位二进制数代替而得相应的二进制数形式，例如，将十六进制数 6E.5A3 转换成二进制数：$(6E.5A3)_{16} = (01101110.010110100011)_2$。

同样，1 位八进制数对应于一个 3 位二进制数，因此，任意八进制数均可将每一位用等值的 3 位二进制数代替而得相应的二进制数形式，例如，将八进制数 52.4 转换成二进制数：$(52.4)_8 = (101010.100)_2$。

5）十六进制数、八进制数转换成十进制数

可由"按权相加"法分别得到十六-十、八-十的转换，例如，把十六进制数 5A.48 转换成十进制数：

$$(5A.48)_{16} = 5 \times 16^1 + 10 \times 16^0 + 4 \times 16^{-1} + 8 \times 16^{-2}$$
$$= 80 + 10 + 0.25 + 0.03125 = (90.28125)_{10}$$

把八进制数 63.4 转换成十进制数：

$$(63.4)_8 = 6 \times 8^1 + 3 \times 8^0 + 4 \times 8^{-1} = 48 + 3 + 0.5 = (51.5)_{10}$$

6）十进制数转换成十六、八进制数

十进制数转换成十六制数的方法可以采用整数部分"除 16 取余"法，小数部分"乘 16 取整"法实现十一十六进制数的转换；而十一八进制数的转换可采用整数部分"除 8 取余"法和小数部"乘 8 取整"法。但是，先将十进制数转换成二进制数，再将二进制数转换成十六进制数或八进制数的方法更为简单，例如：$(42.25)_{10} = (101010.01)_2 = (2A.4)_{16} = (52.2)_8$。

2.1.3 二进制数的算术运算

当两个二进制数码表示数量大小时，它们之间可以进行数值运算，这种运算称为算术运算，规则与十进制数基本相同，差别仅在于进（借）位规律的不同。在二进制数运

算中,进位时"逢二进一",借位时是"借一当二"。二进制数有下列基本数值运算关系式:

$$0+0=0 \qquad\qquad 0\times0=0$$
$$0+1=1 \qquad\qquad 0\times1=0$$
$$1+1=10 \qquad\qquad 1\times1=1$$

下面举例说明二进制加、减运算:

$$
\begin{array}{cc}
\text{加法} & \text{减法} \\
1101 & 1101 \\
\underline{+0011} & \underline{-0011} \\
10000 & 1010 \\
\end{array}
$$

在数字系统(如计算机)中乘法运算一般用加法运算做,即被乘数自身连续相加,相加的个数等于乘数;除法运算可用减法运算来做,即从被除数中不断减去除数,所减的次数就是商,剩下不够减的部分就是余数。

由以上分析可知,数值的四则运算可以通过加、减法进行,而若能把减法也变为加法,运算形式就单一化了。而数字系统中正是这样做的。

如何实现减法变加法呢?以时钟为例:把时针从 8 拨到 5,既可以逆时针后拨(减法)3 小时,也可以顺时针前拨(加法)9 小时,因为表盘的最大读数为 12,任一读数加 12 后仍为原值:

$$8-3=5 \qquad\qquad 8+9=12+5$$

这里,称 12 为模,−3 叫原码,9 是−3 的补码,由原码(−3)加模(12)求得。这个例子表明,运用补码运算可以把减法运算变成加法运算,即在运算时必须把参与运算的数变为补码形式,然后相加,其和也为补码形式。补码运算的基本步骤如下:

1) 找到运算的模数——最高位

n 位二进制数其运算模数为 2^n。这是因为实际数字系统中一个加法器电路的位数 n 总是确定的,运算中若出现向最高位以上的进位必然被舍去(称为溢出)。例如 4 位二进制数,其模为 $2^4=(10000)_2$,其最高位 1 不可能在电路中表示出来,而低 4 位全是 0,所以任何 4 位二进制数加其模数仍为原 4 位二进制数。

2) 运算数变为补码形式

二进制数的补码是这样定义的:最高位为符号位,正数为 0,负数为 1;正数的补码和它原码相同(正数加模不变);负数的补码将其原码逐位求反得到其反码(这种逐位求反的运算在数字电路中很容易实现),然后在最低位加 1 求得(由负数加模可得)。

3) 运算时符号位和数值位一起参加运算

用补码运算后的和数仍是补码形式,若结果是正数,和数的大小直接表示和数的值;若和数是负数,必须对和数求一次补码才能得到该负数的值。

如何判断运算的结果(补码)是正数还是负数呢?可以从补码的最高位看出,当最高位为"0"时,表示是一个正数的补码,也就是该正数原码;当最高位为"1"时,表示是一个负数的补码。也就是说,带符号数的补码运算结果的最高位也是符号位。

需要说明的是,若符号位不参加运算,则补码求和后当最高位为"1"时,表示是一个正数的补码,也就是该正数原码;当最高位为"0"时,表示是一个负数的补码。

【例2.1】 设 $A_1=0111$，$A_2=0011$，试求：(1) A_1-A_2；(2) A_2-A_1。

解：(1) $A_1-A_2=(A_1)_补+(-A_2)_补=(00111)+(11101)=(00100)$

最高位为0，所以其差值是一个正数，差值$(0100)_2=(4)_{10}$

(2) $A_2-A_1=(A_2)_补+(-A_1)_补=(00011)+(11001)=(11100)$

最高位为1，所以其差值是一个负数，

$$(11100)_补=(-0100)_2=(-4)_{10}$$

2.1.4 二进制数的逻辑运算

逻辑运算又叫布尔运算，我们在第2.2节中会详细介绍，这里只强调它与算术运算的不同。常用的逻辑运算有与(AND)、或(OR)、非(NOT)、异或(XOR)等。例如在逻辑运算中：

101101 AND 100100＝100100   101101 OR 100100＝101101

2.1.5 二进制编码

十进制数的二进制编码(BCD码)

数字系统中常常需要用二进制数码来表示十进制数，用4位二进制数码表示1位十进制数，简称二-十进制码，又叫 BCD 码，表2.3列出了几种常用的 BCD 码。它分为有权码和无权码两类。有权码用代码的位权值命名。如8421码自左至右的位权值为8、4、2、1；2421码的位权值则为2、4、2、1。它们均可用位权展开式求得所代表的十进制数，其中8421码是最为常用的，应予牢记。无权码每位无确定的位权值，不能使用位权展开式，但各有其特点和用途，例如格雷码(又叫循环码、反射码)其相邻两个编码只有1位码状态不同，在第2.2节中将会用到它的这一特点来进行逻辑函数的图形法化简。

表2.3 常用 BCD 码

十进制数	有权码			无权码	
	8421码	5421码	2421码(A)	余3码	格雷码
0	0000	0000	0000	0011	0000
1	0001	0001	0001	0100	0001
2	0010	0010	0010	0101	0011
3	0011	0011	0011	0110	0010
4	0100	0100	0100	0111	0110
5	0101	1000	1011	1000	0111
6	0110	1001	1100	1001	0101
7	0111	1010	1101	1010	0100
8	1000	1011	1110	1011	1100
9	1001	1100	1111	1100	1101

此外，还有一种能检验出二进制信息在传送过程中是否出现错误的代码——奇偶校验码。这种代码由两部分组成：信息位(需要传送的信息本身)和奇偶校验位，整个代码中1的个数预先规定为奇数或偶数，1的总个数为奇数时称为奇校验；1的总个数为偶数时称为偶

校验。这样,一旦某一代码在传送过程中出现 1 的个数不是奇(偶)数个时,就会被发现。十进制数码的奇偶校验码如表 2.4 所示。

表 2.4　十进制数码的奇偶校验码

十进制数码	带奇校验的 8421BCD 码		带偶校验的 8421BCD 码	
	信息位	校验位	信息位	校验位
0	0000	1	0000	0
1	0001	0	0001	1
2	0010	0	0010	1
3	0011	1	0011	0
4	0100	0	0100	1
5	0101	1	0101	0
6	0110	1	0110	0
7	0111	0	0111	1
8	1000	0	1000	1
9	1001	1	1001	0

除了数值码外,还有字符码用于计算机进行信息处理。表 2.5 为我国制定的 7 位 ASCII 码字符编码表(GB1988-80)。

表 2.5　7 位 ASCII 码字符编码表

高端码位			W_7		0	0	0	0	1	1	1	1
			W_6		0	0	1	1	0	0	1	1
低端码位			W_5		0	1	0	1	0	1	0	1
W_4	W_3	W_2	W_1	列\行	0	1	2	3	4	5	6	7
0	0	0	0	0	空白(NUL)	转义(DLE)	SP	0	@	P	'or'	p
0	0	0	1	1	序列(SOH)	机控 1(DC1)	!	1	A	Q	a	q
0	0	1	0	2	文始(STX)	机控 2(DC2)	"	2	B	R	b	r
0	0	1	1	3	文终(ETX)	机控 3(DC3)	♯	3	C	S	c	s
0	1	0	0	4	送毕(EOT)	机控 4(DC4)	$	4	D	T	d	t
0	1	0	1	5	询问(ENQ)	否认(NAK)	%	5	E	U	e	u
0	1	1	0	6	承认(ACK)	同步(SYN)	&	6	F	V	f	v
0	1	1	1	7	告警(BEL)	组终(ETB)	'	7	G	W	g	w
1	0	0	0	8	退格(BS)	作废(CAN)	(	8	H	X	h	x
1	0	0	1	9	横表(HT)	载终(EM)	)	9	I	Y	i	y
1	0	1	0	10	换行(LF)	取代(SUB)	*	:	J	Z	j	z
1	0	1	1	11	纵表(VT)	扩展(ESC)	+	;	K	[	k	{
1	1	0	0	12	换页(FF)	卷隙(FS)	,	<	L	\	l	|
1	1	0	1	13	回车(CR)	群隙(GS)	—	=	M	]	m	}
1	1	1	0	14	移出(SO)	录隙(RS)	.	>	N	↑	n	~
1	1	1	1	15	移入(SI)	无隙(US)	/	?	O	←	o	DEL

2.2 逻辑代数基础

逻辑代数是英国数学家乔治・布尔在 19 世纪中叶创立的,因而也叫布尔代数(又叫开关代数)。逻辑代数所研究的内容,是逻辑函数与逻辑变量之间的关系,其变量的取值只有"0"和"1"两种可能,因此其运算规则和普通代数有相同之处,也有不同之处,学习时必须注意区别。逻辑代数是分析和设计数字逻辑电路的数学工具,必须很好地掌握。

2.2.1 逻辑变量和基本逻辑运算

1) 逻辑变量和逻辑函数

开关的通和断、灯泡的亮和暗、信号的有和无、电平的高和低、晶体管的导通和截止……这一类现象都存在着对立的两种可能性,为了描述这种相互对立的逻辑关系,在逻辑代数中用仅有两个取值(0 和 1)的变量来表示,这种二值变量就称为逻辑变量。逻辑变量可以分为两类:逻辑自变量(简称逻辑变量)和逻辑因变量(即逻辑函数)。

如果逻辑自变量 $A,B,C,\cdots$ 的取值确定以后,逻辑因变量 Z 的值也被唯一地确定了,则称 Z 是 $A,B,C,\cdots$ 的逻辑函数,记作: $Z=F(A,B,C,\cdots)$。

不管是逻辑变量还是逻辑函数,都只有两个可能的取值,用"0"和"1"表示。这里,"0"和"1"不表示数量的大小,只表示完全对立的两种逻辑状态,例如,我们定义逻辑变量 A 代表灯是否亮,若用 $A=1$ 表示灯亮;则 $A=0$ 表示灯灭。通常,"1"表示条件具备或结果发生;"0"表示条件不具备或结果不发生。

2) 基本逻辑关系(逻辑运算)及其表示方法

逻辑关系是指逻辑变量的因果关系,最基本的逻辑关系有"与(AND)"、"或(OR)"、"非(NOT)"三种,相应的也有三种最基本的逻辑运算:与运算、或运算和非运算。逻辑关系可以用图形符号、逻辑表达式和真值表来表示。

(1) 与逻辑关系(与运算)

当决定一件事情的各个条件全部具备时,这件事才会发生,这样的因果关系叫做与逻辑关系,简称与逻辑。如图 2.1(a)所示电路中,只有当开关 A 与 B 全部闭合时,灯 Z 才会亮,所以说灯 Z 与 A、B 是与逻辑关系,图 2.1(b)是我国新国标(下同)所规定的与逻辑的图形符号。

逻辑关系也可用列表的形式表示。列出逻辑自变量取值的所有状态组合及逻辑因变量的对应值,称之为真值表。图 2.1(a)所示与逻辑电路的真值表为表 2.6。表中,"0"表示开关打开(条件不具备)、灯灭(结果不发生);"1"表示开关闭合(条件具备)、灯亮(结果发生)。

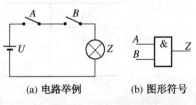

(a) 电路举例　　(b) 图形符号

图 2.1　与逻辑

表 2.6　与逻辑真值表

A	B	Z
0	0	0
0	1	0
1	0	0
1	1	1

对应图 2.1(a)电路的与运算的表达式为 $Z=A \cdot B$,读作 Z 等于 A 与 B 或 Z 等于 A 乘 B,逻辑乘符号"·"可以省略,故上式也可写为 $Z=AB$。与逻辑的运算规则与普通代数相似:

$$0 \cdot 0=0$$
$$0 \cdot 1=0$$
$$1 \cdot 0=0$$
$$1 \cdot 1=1$$

(2) 或逻辑关系(或运算)

当决定一件事情的各个条件中,只要具备一个或者一个以上的条件,这件事情就会发生,这样的因果关系称之为或逻辑关系,简称或逻辑。图 2.2(a)所示电路中,灯 Z 亮与开关 A、B 闭合是或逻辑关系,图 2.2(b)是或逻辑的图形符号,表 2.7 是其真值表。或逻辑关系对应的逻辑运算为或运算,对于图 2.2(a)电路中的逻辑变量 Z、A、B,其逻辑运算表达式为 $Z=A+B$,读作 Z 等于 A 或 B,也可读作 Z 等于 A 加 B。

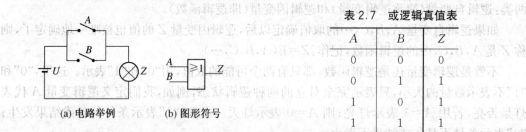

(a) 电路举例　　　　(b) 图形符号

图 2.2　或逻辑

表 2.7　或逻辑真值表

A	B	Z
0	0	0
0	1	1
1	0	1
1	1	1

或逻辑的运算规则为:

$$0+0=0$$
$$0+1=1$$
$$1+0=1$$
$$1+1=1$$

(3) 非逻辑关系(非运算)

非就是反,非逻辑关系就是结果否定所给的逻辑条件,或者结果的产生是条件的逻辑反。图 2.3(a)所示电路中,灯(Z)亮与开关(A)闭合是非逻辑关系,即开关 A 闭合,灯暗;开关 A 断开,灯亮。图 2.3(b)是非逻辑的图形符号,表 2.8 是其真值表。

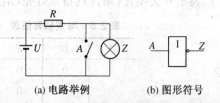

(a) 电路举例　　　　(b) 图形符号

图 2.3　非逻辑

表 2.8　非逻辑真值表

A	Z
0	1
1	0

非逻辑关系相对应的逻辑运算为非运算,对于图 2.3(a)电路中的逻辑变量 Z 和 A,其

逻辑表达式为 $Z = \overline{A}$，读作 Z 等于 A 反(非)。A 上面的一横和图 2.3(b)中的小圆圈，都是表示逻辑非的意思。非逻辑的运算规则为：

$$\overline{0} = 1$$
$$\overline{1} = 0$$

(4) 其他五种基本逻辑关系

在上述三种最基本的逻辑关系的基础上，可以组合出其他五种逻辑关系：与非、或非、与或非、异或和同或，如图 2.4 所示为它们的图形符号，其逻辑运算表达式为：

$$Z_1 = \overline{AB}$$
$$Z_2 = \overline{A + B}$$
$$Z_3 = \overline{AB + CD}$$
$$Z_4 = A \oplus B = \overline{A}B + A\overline{B}$$
$$Z_5 = A \odot B = AB + \overline{A}\,\overline{B}$$

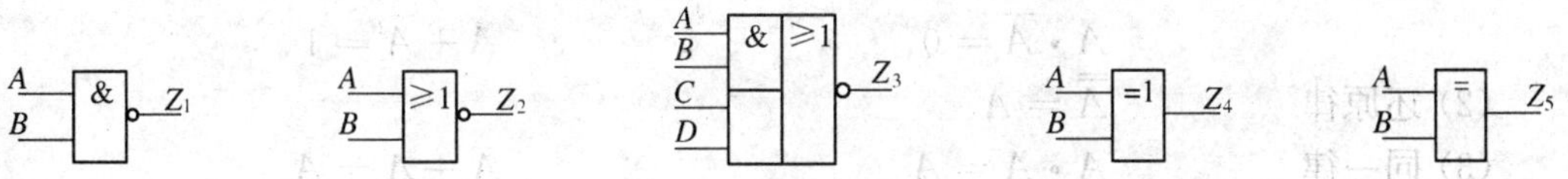

(a) 与非逻辑 (b) 或非逻辑 (c) 与或非逻辑 (d) 异或逻辑 (e) 同或逻辑

图 2.4 常用的五种逻辑关系图形符号

异或逻辑关系的含义为：两个逻辑自变量状态相同时，输出为 0；而状态不同时，输出为 1。

异或逻辑的反为同或逻辑，即两变量状态相同时，输出为 1；相异时，输出为 0。表 2.9 是异或和同或逻辑的真值表。

表 2.9 异或和同或逻辑真值表

A	B	Z_4	Z_5
0	0	0	1
0	1	1	0
1	0	1	0
1	1	0	1

2.2.2 逻辑代数的基本规则

1) 对偶规则

对于任何一个逻辑表达式 Z，如果把式中的
"+"换成"·"，"·"换成"+"；"1"换成"0"，"0"换成"1"，且保持原表达式的运算优先顺序，就可以得到一个新的表达式 Z'，Z' 称为 Z 的对偶式，例如：

$$Z_1 = A + BC \qquad\qquad Z_1' = A(B + C)$$
$$Z_2 = A(\overline{B} + C) \qquad\qquad Z_2' = A + \overline{B}C$$
$$Z_3 = (\overline{A} + B)(C + 1) \qquad\qquad Z_3' = \overline{A}B + C \cdot 0 = \overline{A}B$$
$$Z_4 = \overline{\overline{ABC}} \qquad\qquad Z_4' = \overline{\overline{A + B + C}}$$

对偶规则：如果两个逻辑表达式相等，则它们的对偶式也一定相等。

在运用对偶规则时，要特别注意保持原表达式运算符号的优先顺序：先括号，后"与"，再"或"运算。必要时要加上括号(例如 Z_1 的对偶式 Z_1')。

2) 代入规则

在任何逻辑等式中，如果等式两边所有出现某一变量的地方，都代之以同一个函数，则

等式仍然成立。

3）反演规则

对于任意一个函数表达式 Z，如果将 Z 中所有的"·"换成"$+$"、"$+$"换成"·"、"0"换成"1"、"1"换成"0"、原变量换成反变量、反变量换成原变量，那么所得到的表达式就是 Z 的反函数 $\bar{Z}$。利用反演规则可以很容易地求出一个函数的反函数。例如：

$$Z_1 = A \cdot B + \bar{C} \cdot \bar{D} + 1 \qquad \bar{Z_1} = (\bar{A} + \bar{B}) \cdot (C + D) \cdot 0$$

$$Z_2 = \bar{A} \cdot B + \overline{\bar{A} + \bar{B}} + B \cdot C \qquad \bar{Z_2} = (A + \bar{B}) \cdot \overline{\overline{A \cdot B} \cdot (\bar{B} + \bar{C})}$$

运用反演规则时，要特别注意两点：① 运算符号的优先顺序与对偶规则相同；② 不是一个变量上的反号应保持不变。

2.2.3 逻辑代数的基本定律和公式

（1）1—0 律	$A \cdot 1 = A$	$A + 0 = A$
	$A \cdot 0 = 0$	$A + 1 = 1$
	$A \cdot \bar{A} = 0$	$A + \bar{A} = 1$
（2）还原律	$\bar{\bar{A}} = A$	
（3）同一律	$A \cdot A = A$	$A + A = A$
（4）交换律	$A \cdot B = B \cdot A$	$A + B = B + A$
（5）结合律	$(A \cdot B) \cdot C = A \cdot (B \cdot C)$	$(A + B) + C = A + (B + C)$
（6）分配律	$A \cdot (B + C) = A \cdot B + A \cdot C$	$A + B \cdot C = (A + B)(A + C)$
（7）反演律	$\overline{A \cdot B} = \bar{A} + \bar{B}$	$\overline{A + B} = \bar{A} \cdot \bar{B}$

反演律（又叫德·摩根定律）在进行逻辑函数表达式的转换和求逻辑函数的反函数时十分有用，应灵活掌握。通过反演律也可以证明反演规则：

设 $Z = \bar{A} + \bar{B}$，由反演律得 $Z = \overline{A \cdot B}$，等式两边分别求反，得 $\bar{Z} = A \cdot B$

（8）吸收律	$A \cdot (A + B) = A$	$A + A \cdot B = A$
	$A \cdot (\bar{A} + B) = A \cdot B$	$A + \bar{A} \cdot B = A + B$
（9）附加律	$A \cdot B + \bar{A} \cdot C + B \cdot C = A \cdot B + \bar{A} \cdot C$	
	$(A + B) \cdot (\bar{A} + C) \cdot (B + C) = (A + B) \cdot (\bar{A} + C)$	
	$(A + B)(\bar{A} + B) = B$	
	$A \cdot B + \bar{A} \cdot B = B$	

上列公式，都可以用分别列出等式两边的真值表来证明其正确性。

运用代入规则，可以扩大上述公式的应用范围，因为已知等式中某一变量用任意函数代替后，就可以得到新的等式，例如已知：

$$\overline{A \cdot B} = \bar{A} + \bar{B}$$

用 $Z = A \cdot C$ 代替等式中的 A，根据代入规则等式仍然成立，则得到：

$$\overline{A \cdot B \cdot C} = \overline{A \cdot C} + \bar{B} = \bar{A} + \bar{C} + \bar{B}$$

关于异或运算的一些公式可以由其定义或表达式导出如下：

（1）交换律：$A \oplus B = B \oplus A$

（2）结合律：$(A \oplus B) \oplus C = A \oplus (B \oplus C)$

（3）分配律：$A \cdot (B \oplus C) = A \cdot B \oplus A \cdot C$

(4) 因果互换律：如果 $A \oplus B = C$，则 $A \oplus C = B, B \oplus C = A$

(5) 常量和变量的异或运算：$A \oplus 1 = \overline{A}$

$$A \oplus 0 = A$$
$$A \oplus A = 0$$
$$A \oplus \overline{A} = 1$$

2.2.4 逻辑函数的表示方法

常用逻辑函数的表示方法有五种：真值表、逻辑表达式（函数表达式）、逻辑图、波形图和卡诺图。它们各有特点，而且可以互相转换。

1) 真值表

真值表是以表格的形式反映输入逻辑变量的取值组合与函数值之间的对应关系，它具有唯一性。其特点是直观、明了，特别是在把一个实际逻辑问题抽象为数学问题时，使用真值表最为方便。因此，在进行数字电路的逻辑设计时，首先就是根据设计要求，列出真值表。

【例 2.2】 一个电路有 3 个输入端，1 个输出端，其功能是输出电平应与输入信号的多数电平保持一致。试列出该电路的真值表。

解：(1) 设定输入、输出变量，进行状态赋值。

设输入变量为 A、B、C，输出变量为 Z。逻辑变量赋值：设高电平用 1 表示，低电平用 0 表示。

(2) 列真值表。3 个输入变量共有八种取值组合，在真值表中一一列出，再根据题意分析输出与输入信号的逻辑关系，即可列出如表 2.10 所示真值表。

列真值表时要注意的问题是一定要把所有输入逻辑变量的取值组合列全，n 个输入变量共有 2^n 个取值组合，在此基础上才能列出输出逻辑变量即逻辑函数的全部对应值。有时输出变量不止一个，它们和输入变量之间都是逻辑函数关系，亦应在真值表中一一列出。

有时候为了简便，在真值表中只列出那些使函数值为 1 的输入变量取值组合，而不列出使函数值为 0 和不会出现的组合，也是允许的。

表 2.10 例 2.1 的真值表

A	B	C	Z
0	0	0	0
0	0	1	0
0	1	0	0
0	1	1	1
1	0	0	0
1	0	1	1
1	1	0	1
1	1	1	1

2) 函数表达式

用与、或、非等逻辑运算表示逻辑函数中各个变量之间逻辑关系的代数式，叫做函数表达式或逻辑表达式。这种表示方法书写简洁、方便，其主要优点是：① 便于利用逻辑代数的公式和定理进行运算、变换。② 便于画出逻辑图。只要用相应的逻辑关系的图形符号代表表达式中的有关运算，即可得到逻辑图，这在工程上用相应电路来实现逻辑函数时是很有用的。

它的缺点是不如真值表直观，尤其是在逻辑函数比较复杂时，难以直接从变量取值看出函数的值。

3) 逻辑图

逻辑图就是用逻辑图形符号来表示逻辑函数与变量之间的逻辑关系。一般图形符号都有相应的电路器件，所以，逻辑图也叫逻辑电路图，它比较接近工程实际。

4) 波形图

波形图就是用相对于时间的波形变换来表示逻辑函数与变量之间的逻辑关系。例如对于逻辑函数 $Z=AB$,其波形图如图2.5所示。

5) 卡诺图

卡诺图实际上是真值表的另一种表示形式,我们将在下面逻辑函数的化简部分中详细介绍。

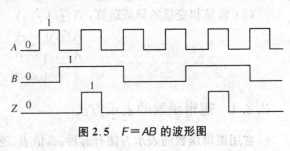

图2.5　$F=AB$ 的波形图

2.2.5　真值表和函数表达式之间的互相转换

1) 最小项的定义

对于 n 个变量,如果 P 是一个含有 n 个因子的乘积项,在 P 中每一个变量都以原变量或反变量的形式作为一个因子出现一次,且仅出现一次,则称 P 为 n 个变量的一个最小项。n 个变量共有 2^n 个最小项。

表2.10所示函数 Z 与变量 A、B、C 的逻辑关系真值表中,三个变量有八种取值组合:000、001、010、011、100、101、110、111;相应的乘积项也有八个:$\overline{A}\,\overline{B}\,\overline{C}$、$\overline{A}\,\overline{B}C$、$\overline{A}B\,\overline{C}$、$\overline{A}BC$、$A\overline{B}\,\overline{C}$、$A\overline{B}C$、$AB\overline{C}$、$ABC$。这八个乘积项都有三个因子,每一个变量都以原变量或者反变量的形式作为一个因子出现一次,且仅出现一次,我们把这八个乘积项称为三个变量 A、B、C 的最小项。

2) 最小项的性质

(1) 每一个最小项对应了一组变量取值,而任意一个最小项只有对应的那一组变量取值组合使其值为1;

(2) 任意两个最小项的积恒为0;

(3) 全体最小项之和恒为1;

(4) 具有相邻性的两个最小项之和可以合并成一项并消去一对因子。

如果两个最小项仅有一个因子不同,那么它们具有相邻性。例如:

$$\overline{A}BC + ABC = BC(\overline{A}+A) = BC$$

表2.11列出了三变量全部最小项的真值表。

表2.11　三变量最小项的真值表

ABC	$\overline{A}\,\overline{B}\,\overline{C}$ m_0	$\overline{A}\,\overline{B}C$ m_1	$\overline{A}B\,\overline{C}$ m_2	$\overline{A}BC$ m_3	$A\overline{B}\,\overline{C}$ m_4	$A\overline{B}C$ m_5	$AB\overline{C}$ m_6	ABC m_7
000	1	0	0	0	0	0	0	0
001	0	1	0	0	0	0	0	0
010	0	0	1	0	0	0	0	0
011	0	0	0	1	0	0	0	0
100	0	0	0	0	1	0	0	0
101	0	0	0	0	0	1	0	0
110	0	0	0	0	0	0	1	0
111	0	0	0	0	0	0	0	1

3）最小项的编号

对最小项进行编号主要是为了叙述和书写方便，编号的方法是：把与最小项对应的那一组变量取值组合当成二进制数，与其对应的十进制数，就是该最小项的编号。例如变量 A、B、C 的最小项 $\bar{A} \cdot \bar{B} \cdot \bar{C}$ 对应的变量取值组合是 000，相应的十进制数是"0"，因此其编号是"0"，记作 m_0。表 2.11 中列出了三变量 A、B、C 的每个最小项的相应编号。

4）由真值表求逻辑函数的标准与或式（最小项之和式）

在真值表中，挑出那些使函数值为 1 的变量取值组合所对应的最小项相加，即得到函数的标准与或式。例如由表 2.10 写出函数 Z 的标准与或式为：

$$Z = \bar{A}BC + A\bar{B}C + AB\bar{C} + ABC$$

也可写成：$Z(A,B,C) = m_3 + m_5 + m_6 + m_7 = \sum_m (3,5,6,7)$。

5）由函数表达式求真值表

有两种方法：① 把函数表达式中所有输入变量的全部状态取值组合（n 个变量有 2^n 个状态取值组合）——代入函数表达式中，分别计算对应的函数值后列表（真值表）即可；② 把函数表达式化为标准与或式（最小项之和式），再由标准与或式求真值表。

下面以第②种方法为例。

【例 2.3】　求函数 $Z = AB + BC + CA$ 的真值表。

解：$Z = AB + BC + CA = AB(C + \bar{C}) + BC(A + \bar{A}) + CA(B + \bar{B})$
$= ABC + AB\bar{C} + \bar{A}BC + A\bar{B}C$

显然，此例函数 Z 的真值表即为表 2.10。

【例 2.4】　求函数 $Z = \overline{(A + B + C)(\bar{A} + \bar{B} + \bar{C})}$ 的真值表。

解：$Z = \overline{(A + B + C)(\bar{A} + \bar{B} + \bar{C})}$
$= \overline{A + B + C} + \overline{\bar{A} + \bar{B} + \bar{C}} = \bar{A}\bar{B}\bar{C} + ABC$

表 2.12　例 2.4 的简化真值表

A	B	C	Z
0	0	0	1
1	1	1	1

其简化的真值表为表 2.12。

2.2.6　函数表达式和逻辑图之间的互相转换

1）由函数表达式画逻辑图

只要把函数表达式中的逻辑运算用相应的图形符号——代替画出即可。例如，函数 $Z = AB + \bar{A}C + BC$ 的逻辑图如图 2.6 所示。

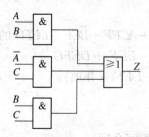

图 2.6　$Z = AB + \bar{A}C + BC$ 的逻辑图

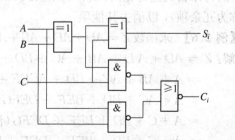

图 2.7　S_i、C_i 的逻辑图

2）由逻辑图求函数表达式

根据逻辑图，先逐级写出逻辑表达式，再写出输出逻辑函数式。例如，由图 2.7 可求出输出函数 S_i 和 C_i 的逻辑表达式为：

$$S_i = A \oplus B \oplus C$$

$$C_i = \overline{\overline{(A \oplus B)C + AB}}$$

2.2.7 逻辑函数的公式化简法

一个逻辑函数的真值表是唯一的，但函数表达式可以有多种形式。对逻辑函数进行化简，求得最简表达式，可使实现逻辑函数的逻辑电路及问题的分析简单化，在工程上可以做到节省元器件、提高电路的可靠性。逻辑函数化简有公式法和卡诺图法两种。

1）逻辑表达式的类型和最简与或表达式

一个逻辑函数按照其表达式中乘积项的特点以及各个乘积项间的关系分类，可大致分成五种：与或表达式、或与表达式、与非-与非表达式、或非-或非表达式、与或非表达式。例如，逻辑函数式 $Z = A\overline{B} + B\overline{C}$ 可以有五种表达式，其转换方法如下：

（1）原式 $Z = A\overline{B} + B\overline{C}$ 是与或表达式。

（2）将原式两次求反，再用反演律求得 $Z = \overline{\overline{A\overline{B} + B\overline{C}}} = \overline{\overline{A\overline{B}} \cdot \overline{B\overline{C}}}$，是与非-与非表达式。

（3）由与非-与非表达式，用反演律和附加公式求得 $Z = \overline{\overline{A}\overline{B} + BC}$，是与或非表达式。

（3）由与或非表达式，用反演律求得 $Z = (A + B)(\overline{B} + \overline{C})$，是或与表达式。

（4）将或与表达式两次求反，再用反演律求得 $Z = \overline{\overline{A + B} + \overline{\overline{B} + \overline{C}}}$，是或非-或非表达式。

最简与或表达式的要求是：乘积项的个数最少；每个乘积项中变量的个数也最少。化简逻辑函数时一般是先求最简与或表达式，如果工程上需要用其他电路形式来实现，再利用上述转换方法可求得所需逻辑函数表达式。

2）公式化简法

公式化简法就是利用逻辑代数中的公式和定理对函数进行化简。显然，这种方法的基础是熟记并灵活运用所学逻辑代数的公式，常用方法有：

（1）并项法：利用公式 $A + \overline{A} = 1$ 合并掉一个互补的变量。

（2）吸收法：利用公式 $A + AB = A$ 吸收多余的与项。

（3）消去法：利用公式 $A + \overline{A}B = A + B$ 消去多余的因子。

（4）配项法：利用公式 $A + \overline{A} = 1$ 乘以表达式中选定的项（其逻辑值不变），使其变成两项，然后再用公式进行化简。或者利用公式 $AB + \overline{A}C = AB + \overline{A}C + BC$ 在表达式中增加 BC 项（称为冗余项），以消去其他项。

【例 2.6】 求函数 $Z = AD + A\overline{D} + AB + \overline{A}C + BD + ACEF + \overline{B}EF + DEFG$ 的最简与或式。

解：$Z = AD + A\overline{D} + AB + \overline{A}C + BD + ACEF + \overline{B}EF + DEFG$

$\quad = A + AB + \overline{A}C + BD + ACEF + \overline{B}EF + DEFG$（并项）

$\quad = A + \overline{A}C + BD + \overline{B}EF + DEFG$（吸收）

$\quad = A + C + BD + \overline{B}EF + DEFG$（消去）

$\quad = A + C + BD + \overline{B}EF + DEF + DEFG$（配冗余项）

$\quad = A + C + BD + \overline{B}EF + DEF$（吸收）

$$= A + C + BD + \overline{B}EF(消去冗余项)$$

【例 2.7】 求函数 $Z = \overline{\overline{CD} + \overline{C}\overline{D} \cdot A\overline{C} + D}$ 的最简与或式。

解：$Z = \overline{\overline{CD} + \overline{C}\overline{D} \cdot A\overline{C} + D} = \overline{\overline{C}\overline{D} + CD + A\overline{C} + D}(反演律)$

$$= \overline{\overline{C}\overline{D} + A\overline{C} + D}(吸收) = \overline{\overline{C} + A\overline{C} + D}(消去)$$

$$= \overline{\overline{C} + D}(吸收) = C\overline{D}(反演律)$$

2.2.8 逻辑函数的卡诺图化简法

1) 逻辑变量的卡诺图

把所有组成逻辑函数的逻辑变量的最小项用小方格的形式表示出来即逻辑变量的卡诺图，图 2.8(a)、(b)、(c)分别为三变量、四变量和五变量的卡诺图。变量的卡诺图的画法是：

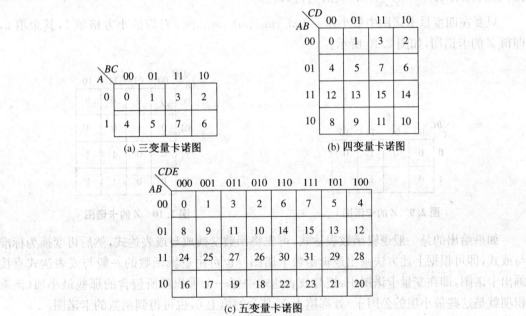

(a) 三变量卡诺图   (b) 四变量卡诺图

(c) 五变量卡诺图

图 2.8 变量的卡诺图

(1) n 个变量的卡诺图由 2^n 个小方格组成，每个小方格对应着这 n 个变量的一个最小项。

(2) 变量卡诺图中的最小项的编号可以在小方格的右下角标出，也可以不一一列出，而是在图形左上角标注变量，在左边和上边标注其对应的变量取值，这样每个小方格所代表的最小项编号，就是其左边和上边变量取值组合对应的最小项编号。

(3) 变量卡诺图的组成特点是把逻辑相邻的最小项安排在几何位置相邻的小方格中。

若两个最小项中除一个变量不同外，其他的变量都相同，这两个最小项就叫做逻辑上具有相邻性。例如 $m_7 = ABC$ 和 $m_6 = AB\overline{C}$ 是逻辑相邻的。

几何相邻包括三种情况：相接——紧挨着；相对——任意一行或一列的两头；相重——对折起来位置重合。

为了使几何相邻的最小项具有逻辑相邻性，变量取值的顺序要按照格雷码排列，例如图2.8(b)中，AB 和 CD 都是按照 00、01、11、10 的顺序排列的。这样的排列为逻辑函数的化简提供了有利条件，因为根据公式 $AB + \overline{A}B = B$ 可知，逻辑相邻的两个最小项相加时，可以消去互补的那一个变量而留下公因子项。例如图 2.8(a) 中，$m_5 + m_7 = A\overline{B}C + ABC = AC$。

2) 逻辑函数的卡诺图

在变量卡诺图的基础上，把逻辑函数值为 1 的变量取值组合对应的小方格填上 1，函数值为 0 的填 0，就可得到逻辑函数的卡诺图。

如果给出的是逻辑函数的真值表，只要一一对应填入函数值即可。例如对应表 2.10 所示真值表，画出函数 Z 的卡诺图如图 2.9 所示。

如果给出的是逻辑函数的标准与或式——最小项表达式，只要在变量卡诺图上找到函数表达式所包括的全部最小项对应的小方格，填上 1，其余的小方格填 0，即得函数的卡诺图。例如，函数表达式为：

$$Z = \overline{A}BC\overline{D} + \overline{A}BCD + A\overline{B}\overline{C}D + A\overline{B}CD + ABC\overline{D} + ABCD$$

即：$Z(A,B,C,D) = \sum_m(5,6,10,11,14,15)$。

只要在四变量卡诺图中最小项 m_5、m_6、m_{10}、m_{11}、m_{14}、m_{15} 对应的小方格填 1，其余填 0，即得 Z 的卡诺图，如图 2.10 所示。

A \ BC	00	01	11	10
0	0	0	1	0
1	0	1	1	1

图 2.9 Z 的卡诺图

AB \ CD	00	01	11	10
00	0	0	0	0
01	0	1	0	1
11	0	1	1	1
10	0	0	1	1

图 2.10 Z 的卡诺图

如果给出的是一般逻辑函数表达式，可先将函数变换成与或表达式，然后再变换为标准与或式，即可根据上述方法画出逻辑函数卡诺图。也可由逻辑函数的一般与或表达式直接画出卡诺图，即在变量卡诺图中，把与或表达式中每一个乘积项所包含的那些最小项（该乘积项就是这些最小项的公因子）处都填上 1，其余的填上 0，也可得到函数的卡诺图。

【例 2.8】 画出函数 $Z = (A \oplus B)C + \overline{B \oplus C}D$ 的卡诺图。

解：$Z = (A \oplus B)C + \overline{B \oplus C}D = (\overline{A}B + A\overline{B})C + (BC + \overline{B}\overline{C})D$

$\qquad = \overline{A}BC + A\overline{B}C + \overline{B}\overline{C}D + BCD$

式中：$\overline{A}BC = m_6 + m_7$；$A\overline{B}C = m_{10} + m_{11}$；$\overline{B}\overline{C}D = m_1 + m_9$；$BCD = m_7 + m_{15}$。

因此，只需在图 2.8 所示的四变量卡诺图中，m_1、m_6、m_7、m_9、m_{10}、m_{11}、m_{15} 填 1，其余填 0，即可得函数 Z 的卡诺图如图 2.11 所示。

AB \ CD	00	01	11	10
00	0	1	0	0
01	0	0	1	1
11	0	0	1	0
10	0	1	1	1

图 2.11 Z 的卡诺图

3) 用卡诺图化简逻辑函数的步骤

(1) 画出逻辑函数的卡诺图。

(2) 画矩形(或正方形)合并圈。将包含 $2^i (i = 0,1,2,3,\cdots)$ 个相邻为 1 的小方格圈起来，目的在于合并最小项，消去一些变量。

(3) 合并最小项，写出最简与或表达式。

卡诺图中所画的每一个合并圈，都可以写出一个相应的与项，将这些与项相加，即得最简与或式。画合并圈时应注意的问题是：

① 圈内 1 格的个数必须是 $2^i(i=0,1,2,3,\cdots)$，即为 $1,2,4,8,\cdots$ 因为 2^i 个最小项相加，提出公因子后，剩下的 2^i 个乘积项，恰好是要被消去的 i 个变量的全部最小项（根据最小项的性质，它们的和恒等于 1，所以可被消去），如图 2.12、图 2.13、图 2.14 所示。2 个 1 格合并可消去一个变量，4 个 1 格合并可消去两个变量，8 个 1 格合并可消去三个变量。

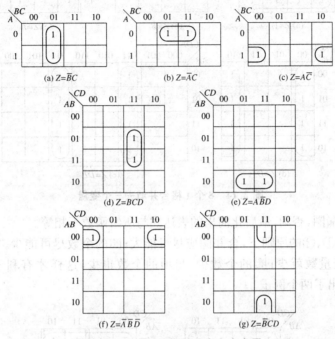

图 2.12　2 个 1 格合并消去一个变量

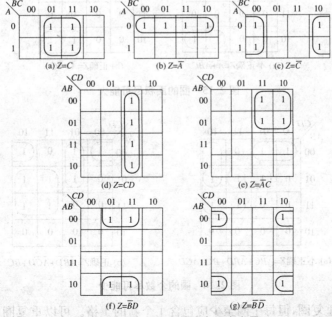

图 2.13　4 个 1 格合并消去两个变量

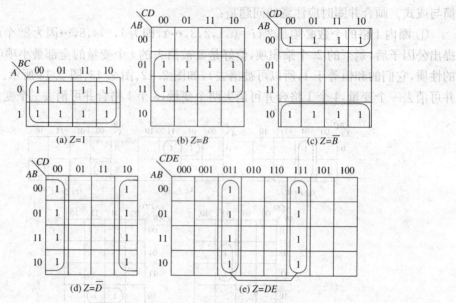

图 2.14　8 个 1 格合并消去三个变量

② 1 格不能漏圈,否则,最后化简出的表达式与所给函数不相等。

③ 在不违反①、②的原则下,合并圈应尽可能大;圈的个数尽可能少。圈大,消去的变量多,与项中的变量数就少;圈的个数少,与项的个数也少,这样才有利于达到最简。图 2.15、图 2.16 给出了两个例子。

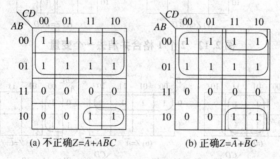

图 2.15　圈的面积尽可能大

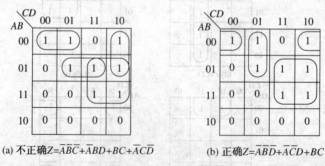

图 2.16　圈的个数尽可能少

④ 1 格允许重复圈,但每个圈至少应包含 1 个新的 1 格。可以重复圈的依据是同一律

$A+A=A$。但是,如果某个圈中的所有 1 格都已被其他圈圈过,那么这个圈对应的与项是多余项,如图 2.17 所示。

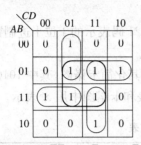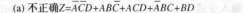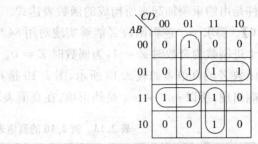

(a) 不正确 $Z=\overline{A}CD+AB\overline{C}+ACD+\overline{A}BC+BD$　　　(b) 正确 $Z=\overline{A}CD+AB\overline{C}+ACD+\overline{A}BC$

图 2.17　每个圈至少应包含一个新的最小项

卡诺图法化简逻辑函数时,由于合并最小项的方式不同,得到的最简与或式也会不同。

这种方法简单直观、容易掌握。但如果逻辑变量的个数大于 5 之后,就会因图形复杂而失去实用意义了。

【例 2.9】　用卡诺图法将下列逻辑函数化为最简与或式:

(1) $Z_1(A,B,C)=\sum(0,3,4,7)$;

(2) $Z_2(A,B,C,D)=\overline{B}CD+B\overline{C}+\overline{A}CD+A\overline{B}C$。

解:Z_1、Z_2 可直接由表达式画卡诺图,然后化简,如图 2.18(a)、(b)所示,化简得:

$$Z_1=\overline{B}\,\overline{C}+BC$$

$$Z_2=B\overline{C}+\overline{A}\,\overline{B}D+A\overline{B}C$$

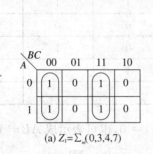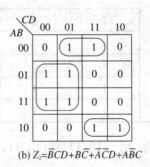

(a) $Z_1=\sum_m(0,3,4,7)$　　　　(b) $Z_2=\overline{B}CD+B\overline{C}+\overline{A}CD+A\overline{B}C$

图 2.18　例 2.9 函数的卡诺图

4) 用卡诺图法求反函数的最简与或表达式

在函数 Z 的卡诺图中,合并那些使函数值为 0 的最小项,即可得到 $\overline{Z}$ 的最简与或式。

例如,用卡诺图求函数 $Z=\overline{AB}+\overline{BC}+\overline{AC}$ 的反函数的最简与或表达式,只需画出 Z 的卡诺图,合并使函数值为 0 的最小项 m_3,m_5,m_6,m_7,即可得:$\overline{Z}=AB+AC+BC$。

2.2.9　具有约束的逻辑函数的化简

1) 约束、约束项、约束条件

约束是指逻辑函数的各个变量之间所具有的相互制约的关系。由有约束的变量所决定的逻辑函数,叫做有约束的逻辑函数。

约束项是指不会或不允许出现的变量取值组合所对应的最小项。

约束条件是由约束项加起来所构成的函数表达式。

【例 2.10】 要求一个逻辑函数 Z 能够实现对用 8421 码表示的 1 位十进制数 $ABCD$ 判断奇、偶。设十进制数为奇数时 $Z=1$,为偶数时 $Z=0$。

该逻辑函数 Z 的真值表如表 2.13 所示,图 2.19 是其化简卡诺图。其中 1010 ~ 1111 六个状态不可能出现,所以 m_{10} ~ m_{15} 是约束项,在真值表和卡诺图中用 × 表示。

表 2.13　例 2.10 的真值表

十进制数	输入变量				输出变量
	A	B	C	D	Z
0	0	0	0	0	0
1	0	0	0	1	1
2	0	0	1	0	0
3	0	0	1	1	1
4	0	1	0	0	0
5	0	1	0	1	1
6	0	1	1	0	0
7	0	1	1	1	1
8	1	0	0	0	0
9	1	0	0	1	1
不可能出现	1	0	1	0	×
	1	0	1	1	×
	1	1	0	0	×
	1	1	0	1	×
	1	1	1	0	×
	1	1	1	1	×

约束条件可写为 $\sum_d (10,11,12,13,14,15)=0$,也可表示成 $AB+AC=0$。函数 Z 的逻辑表达式可写成: $Z(A,B,C,D)=\sum_m (1,3,5,7,9)+\sum_d (10,11,12,13,14,15)$

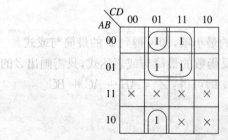

(a) 约束项 m_{11}、m_{13}、m_{15} 当做0画圈　(b) 约束项 m_{11}、m_{13}、m_{15} 当作1画圈

图 2.19　Z 的化简卡诺图

2) 具有约束的逻辑函数的化简

因为约束项是不可能出现的项,因此在合并最小项时,或者作"0",或者作"1",都可以。例 2.10 中,若将 m_{11},m_{13},m_{15} 当作"0"处理,如图 2.19(a)所示,化简后的函数为 $Z = \overline{A}D + \overline{B}\overline{C}D$;若将 m_{11},m_{13},m_{15} 当作"1"处理,如图 2.19(b)所示,化简后的函数为 $Z = D$。

显然,利用无关项化简逻辑函数,结果要简单。

习题 2

2.1 将十进制数 76、11.75 转换成二进制数、十六进制数和八进制数、8421BCD 码。

2.2 将二进制数 101010、1011001.101 转换成十进制数、十六进制数、八进制数和 8421BCD 码。

2.3 将十六进制数 732、1BA 转换成二进制数、十进制数和 8421BCD 码。

2.4 利用二进制补码实现下列运算:

(1) $1110100 - 1010111$;

(2) $10110 - 11011$。

2.5 写出下列逻辑函数的图形符号。并根据题图 2.20 给出的 A、B、C 波形画出 Z_1、Z_2、Z_4 的波形图。

(1) $Z_1 = \overline{ABC}$;

(2) $Z_2 = \overline{A + B + C}$;

(3) $Z_3 = \overline{AB + CD + EF}$;

(4) $Z_4 = A \oplus B$;

(5) $Z_5 = \overline{A \oplus B}$。

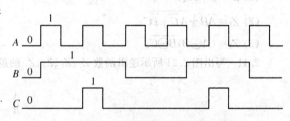

图 2.20 习题 2.5 用图

2.6 求下列各逻辑函数的反函数和对偶式。

(1) $Z_1 = A + ABC + \overline{A}C$;

(2) $Z_2 = (A + B)(A + \overline{AB})C + \overline{A}(B + \overline{C})$;

(3) $Z_3 = A + \overline{\overline{B} + \overline{CD}} + \overline{AD}\,\overline{B}$;

(4) $Z_4 = \overline{A}\overline{B} + B\overline{D} + \overline{C} + AB + \overline{B} + D$。

2.7 用基本公式和定理证明下列等式:

(1) $A\overline{B} + D + DCE + D\overline{A} = A\overline{B} + D$;

(2) $BC + D + \overline{D}(\overline{B} + \overline{C})(DA + B) = B + D$;

(3) $\overline{A}\overline{B} + B\overline{C} + C\overline{D} + D\overline{A} = \overline{A}\,\overline{B}\,\overline{C}\,\overline{D} + ABCD$;

(4) $\overline{A \oplus B \oplus C} = \overline{A} \oplus B \oplus C$。

2.8 列出下列各函数的真值表,并说明 Z_1、Z_2、Z_3、Z_4 有何关系。

(1) $Z_1 = \overline{A}B + \overline{B}C + C\overline{A}$;

(2) $Z_2 = A\overline{B} + B\overline{C} + C\overline{A}$;

(3) $Z_3 = \overline{A \oplus B \oplus C}$;

(4) $Z_4 = ABC + A\overline{B}\,\overline{C} + \overline{A}B\overline{C} + \overline{A}\,\overline{B}C$。

2.9 逻辑函数 $Z_1 \sim Z_4$ 的真值表如表 2.14,试分别写出它们的标准与或式,并画出逻辑图。

表 2.14　习题 2.9 用表

A	B	C	Z_1	Z_2	Z_3	Z_4
0	0	0	1	0	1	0
0	0	1	0	1	1	0
0	1	0	0	1	0	0
0	1	1	1	0	0	1
1	0	0	0	0	0	1
1	0	0	1	1	0	1
1	1	0	0	1	0	0
1	1	1	0	0	1	0

2.10　将下列函数展开成最小项表达式：

(1) $Z_1 = S + \overline{R}Q$；

(2) $Z_2 = \overline{A}B + A\overline{C} + \overline{B}C$；

(3) $Z_3 = (A \oplus B)\overline{B \oplus C}$。

2.11　写出图 2.21 所示逻辑函数 Z_1、Z_2、Z_3、Z_4 的逻辑表达式。

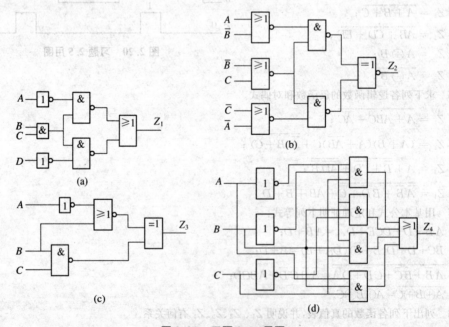

图 2.21　习题 2.11 用图

2.12　试画出下列逻辑函数的逻辑图。

(1) $Z_1 = ABC + \overline{AB} + AC$；

(2) $Z_2 = \overline{A \oplus B} + \overline{(\overline{B} + C)(C + \overline{A})}$。

2.13　用公式法将下列逻辑函数化简成最简与或表达式，并转换成与非-与非式。

(1) $Z = (AB + A\overline{B} + \overline{A}B)(A + B + D + \overline{ABD})$；

(2) $Z = B + \overline{\overline{A} + \overline{C}\overline{D}} + \overline{A}\,\overline{BD}$；

(3) $Z = \overline{(A + B)CD + \overline{A}CD} + AC(\overline{A} + D)$；

(4) $Z = \overline{\overline{AB} + A\overline{B} \cdot \overline{A}\,\overline{B} + AB}$；

(5) $Z = A\,\overline{B}CD + ABD + A\,\overline{C}D$；

(6) $Z = A\,\overline{B}(\overline{A}CD + \overline{AD} + \overline{B}\,\overline{C})(\overline{A} + B)$；

(7) $Z = B\overline{C} + AB\,\overline{C}E + \overline{B}\,(\overline{\overline{A}\,\overline{D}} + AD) + B(A\overline{D} + \overline{A}D)$；

(8) $Z = AC(\overline{\overline{C}D} + \overline{A}B) + BC(\overline{\overline{B} + AD} + C)$；

(9) $Z = AC + A\overline{C}D + A\overline{B}\,\overline{E}F + B(D \oplus E) + B\overline{C}\overline{D}E + B\overline{C}\,\overline{D}E + AB\,\overline{E}F + A\,\overline{E}\overline{F}$；

(10) $Z = \overline{A \oplus B \oplus C \cdot \overline{B \oplus C}}$。

2.14　用卡诺图法将下列逻辑函数化简成最简与或表达式,并转换成与非-与非式。

(1) $Z(A, B, C) = \sum_m (1, 3, 5, 7)$；

(2) $Z(A, B, C) = \sum_m (0, 2, 3, 4, 6)$；

(3) $Z(A, B, C, D) = \sum_m (0, 1, 2, 8, 9, 10)$；

(4) $Z(A, B, C, D) = \sum_m (3, 7, 8, 9, 11, 12, 13, 15)$；

(5) $Z(A, B, C, D) = \sum_m (0, 2, 5, 7, 8, 11, 13, 15)$；

(6) $Z(A, B, C, D) = \sum_m (1, 3, 8, 9, 10, 11, 13, 15)$；

(7) $Z(A, B, C, D) = \sum_m (5, 7, 8, 9, 10, 12, 13, 14, 15)$；

(8) $Z(A, B, C, D) = \sum_m (0, 2, 4, 6, 10, 11, 12, 13, 14, 15)$。

2.15　用卡诺图法将下列函数化成最简与或式。

(1) $Z = \overline{A}\,\overline{B}\,\overline{C}D + \overline{A}BCD + \overline{A}BCD + AB\overline{C}\,\overline{D} + AB\,\overline{C}D$；

(2) $Z = \overline{A}\,\overline{B}C + AD + B\overline{D} + C\overline{D} + A\overline{C}$。

2.16　用卡诺图法将下列具有约束条件 $\sum_d$ 的逻辑函数化简成最简与或式。

(1) $Z(A, B, C) = \sum_m (0, 1, 2) + \sum_d (6, 7)$；

(2) $Z(A, B, C, D) = \sum_m (0, 1, 2, 3, 8, 9) + \sum_d (10, 11, 12, 13, 14, 15)$；

(3) $Z(A, B, C, D) = \sum_m (0, 2, 4, 5, 6, 11, 12) + \sum_d (8, 9, 10, 13, 14, 15)$；

(4) $Z(A, B, C, D) = \sum_m (0, 2, 4, 6, 8, 9) + \sum_d (12, 13, 14, 15)$。

2.17　用卡诺图法将下列具有约束条件的逻辑函数化简为最简与或式。

(1) $Z = \overline{A}\,\overline{B}(C \oplus D) + \overline{A}B\,\overline{D} + A\,\overline{B}\,\overline{C}$；

约束条件 $AB + AC = 0$。

(2) $Z = \overline{A}\,\overline{C}\overline{D} + \overline{A}B\,\overline{C} + BC\overline{D}$；

约束条件 $AB + A\overline{C} = 0$。

2.18　用卡诺图法将下列逻辑函数的反函数化简为最简与或表达式。

(1) $Z(A, B, C) = \sum_m (0, 1, 2, 4)$；

(2) $Z(A, B, C, D) = \sum_m (0, 2, 4, 5, 6, 8, 10, 12, 13)$；

(3) $Z(A, B, C, D) = \sum_m (3, 4, 5, 6, 7, 11, 12, 13, 14, 15)$；

(4) $Z(A, B, C, D) = \sum_m (4, 6, 9, 11, 12, 13)$；

(5) $Z = AC + \overline{B}C + \overline{CD}$ 。

2.19　楼梯上有一盏灯 Z ,楼上和楼下各有一个控制该灯的开关 A 和 B ,要求上楼时,可在楼下开灯,上楼后在楼上顺手关灯;下楼时可在楼上开灯,下楼后在楼下顺手关灯。设开关 AB 初始逻辑状态 00 时,灯不亮, $Z = 0$ 。试分析 Z 与 A 、 B 的逻辑关系,列出真值表,求逻辑表达式,并画出逻辑图。

3 逻辑门

内容提要：

(1) 数字电路基础：N 型半导体和 P 型半导体的特点，PN 结的单向导电性。半导体二极管、三极管和场效应管的开关特性。

(2) 常用集成逻辑门的类型。

(3) TTL 门电路的电气特性和使用时的注意事项。

(4) CMOS 门电路的电气特性和使用时的注意事项。

3.1 数字电路基础

在数字电路中，实现基本逻辑运算功能的电路称为逻辑门电路。本章主要介绍数字电路中的基本逻辑单元部件——逻辑门，着重讨论其逻辑功能、电气特性及使用注意事项，对部件的内部结构只作简要的阐述。因此，首先介绍组成门电路的基础元件及电路原理。

3.1.1 半导体的基础知识

物质按其导电性能进行分类，可分为三种类型：导体、半导体和绝缘体。

极易导电的物质被称为导体，如铜、铝等；极不易导电的物质称为绝缘体，如塑料、玻璃等；导电能力介于导体和绝缘体之间的称为半导体，如硅、锗等。

半导体材料具有下列独特的导电性能：

(1) 热敏性：当温度升高时，其导电性能将增强。利用这种特性可制成热敏元件。

(2) 光敏性：当光照增强时，其导电性能增强。利用这种特性可制成光敏元件。

(3) 在半导体材料中掺入杂质元素，其导电性能也将大大增强。利用这种特性可制成各种不同用途的半导体器件。

1) 本征半导体

半导体材料硅和锗的原子结构如图 3.1 所示。它们均为 4 价元素，即原子最外层都有 4 个价电子，其简化模型如图 3.2 所示。

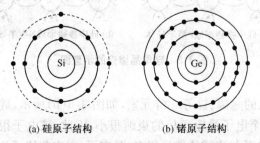

(a) 硅原子结构　　　　(b) 锗原子结构

图 3.1　硅、锗原子结构平面示意图

图 3.2　硅、锗原子结构简化模型

当把硅、锗等半导体材料制成单晶体时,其原子排列就由杂乱无章的状态变成了非常整齐的状态。每个原子的 4 个价电子分别和相邻的 4 个原子的价电子构成 4 对共价键,如图 3.3 所示。这种单晶体结构的纯净半导体称为本征半导体。

在本征半导体中,不仅有电子载流子,还有一种叫空穴的载流子。在一定温度下,由于热运动,少数价电子会挣脱共价键的束缚而成为自由电子,即电子载流子,同时在共价键中留下一个空位,如图 3.4 所示,这种现象叫做本征激发。有了这样一个空位,邻近的价电子就很容易移过来进行填补,从而形成价电子填补空位子的运动。这种运动,无论是在效果上还是现象上,都好像一个带正电(电量与电子相等)的"空位子"在移动,我们把这种运动叫做空穴运动,把"空位子"叫做"空穴"。由此可见,空穴也是一种载流子(带电且能移动)。

所以,在半导体中,不仅有电子载流子,还有空穴载流子,这是半导体导电的一个重要特征。

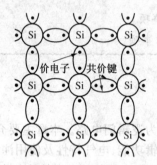

图 3.3　硅晶体结构的共价键示意图

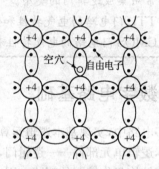

图 3.4　本征半导体结构示意图

2)P 型半导体和 N 型半导体

在本征半导体中,自由电子和空穴总是成对产生的,且在常温下数量很少,故导电能力较差。为此,人们发明了杂质半导体,其导电能力远大于本征半导体。

在本征半导体中掺杂少量杂质时,半导体晶体点阵的某些位置上,半导体原子被杂质原子所替代。根据掺入杂质的不同分为 P 型半导体和 N 型半导体。

P 型半导体　这是种在本征半导体中(例如硅半导体中)掺入少量的 3 价元素(如硼元素等)的半导体。硼原子最外层只有 3 个电子,所以当它与硅原子组成共价键时,就会因缺少一个电子而形成空穴(见图 3.5(a))。在这种半导体中,空穴浓度远远大于自由电子的浓度,所以把空穴叫做多数载流子(简称多子),把自由电子叫做少数载流子(简称少子)。这种半导体主要靠空穴导电,所以叫做空穴半导体,简称 P 型半导体。

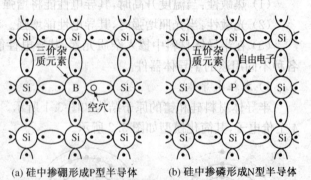

(a) 硅中掺硼形成P型半导体　　(b) 硅中掺磷形成N型半导体

图 3.5　硅单晶掺杂的示意图

N 型半导体　如果在本征半导体中掺入的是磷、锌等 5 价元素,如图 3.5(b)所示,硅原子和磷原子组成共价键后,磷原子多出的一个电子受原子核的束缚很小,因此,该电子很容易成为自由电子。所以,在这种半导体中,电子载流子的数目很多,是多子;空穴载流子的数目很少,是少子。这种半导体主要靠自由电子导电,故叫电子半导体,简称 N 型半导体。

3) PN 结及其单向导电特性

(1) PN 结的形成

当采用不同的掺杂工艺使半导体的一边是 P 型半导体,另一边是 N 型半导体时,交界的地方必然会发生由于浓度差而引起电子和空穴的扩散运动,即 P 区的空穴向 N 区扩散,N 区的自由电子向 P 区扩散。随着扩散的进行,交界处 P 区空穴减少,出现负离子区(用⊖表示);N 区自由电子减少,出现正离子区(用⊕表示),形成空间电荷区(又称耗尽层)。由于正负离子的相互作用,在交界面的两边便产生了内部电场,其方向由 N 区指向 P 区,见图3.6。这样,扩散将受到这个内部电场的阻力作用。虽然内部电场阻止多子的扩散,但是对于少子却起着吸引作用,只要它们靠近交界面,就会被内部电场拉到对方区域中去,这种在内部电场作用下少数载流子所作的定向运动称为漂移。扩散运动和漂移运动最后必将达到动态平衡。在动态平衡状态,当 P 区空穴向 N 区扩散产生扩散电流时,必然会有数量相同的空穴漂移电流由 N 区流向 P 区,两者方向相反,数值相等。同理,自由电子扩散电流也必然被自由电子的漂移电流所抵消。动态平衡时,空间电荷区的宽度相对稳定,PN 结也就形成了。

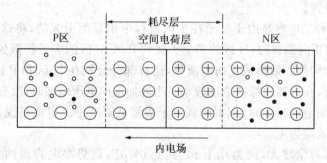

图 3.6　PN 结的形成

(2) PN 结的单向导电特性

PN 结加正向电压(称正向偏置)导通:将电源正极接 P 区,负极接 N 区,这种连接方式称为正向接法,见图3.7。由于外加电场与内部电场方向相反,因而削弱了内部电场,使空间电荷量和耗尽层的宽度都减少,N 区和 P 区中的多子都能较顺利地越过 PN 结,形成较大的扩散电流。因此,正向接法使 PN 结呈现导通状态,导通时电阻很小。

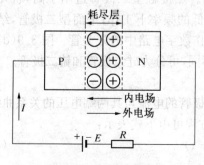

图 3.7　PN 结正向偏置

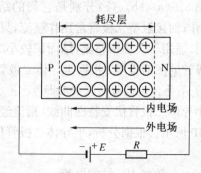

图 3.8　PN 结反向偏置

　　PN 结加反向电压(称反向偏置)截止：将电源正极接 N 区,负极接 P 区,这种连接方式称为反向接法,见图 3.8。反向接法时,外加电场与内部电场方向一致,空间电荷量增加,耗尽层变厚,因此,多子扩散运动难以进行,通过 PN 结的电流主要是漂移电流。反向接法时产生的电流称为反向电流。由于少数载流子是由本征激发所产生的,少子数值取决于温度,所以温度不变时,少子浓度不变,因而反向电流基本不随外加电压的变化而变化,故又称反向饱和电流,因为少子的数量少,所以反向饱和电流可认为近似为 0,因此反向接法时,PN 结呈现截止状态。反向饱和电流虽然数值小,但受温度的影响很大,使用时应注意。

　　3) PN 结的电容效应

　　PN 结的空间电荷层的一侧是正电荷,另一侧是负电荷,就好像一个带有电荷的电容器,也就随之出现了电容效应,称之为 PN 结的结电容,根据产生原因的不同分为势垒电容 C_B 和扩散电容 C_D。

　　当外加在 PN 结的电压值改变时,必然将引起空间电荷区的宽度变化,这种变化与普通电容在外加电压作用下的充放电过程非常相似,空间电荷区宽窄变化等效的电容效应称为势垒电容。PN 结反向偏置时以势垒电容为主。利用这种反向偏置的 PN 结的结电容特性可以制成变容二极管。

　　PN 结的另一种结电容是由于多子在扩散过程中积累而引起的,将这种结电容称为扩散电容。当 PN 结正向偏置时,N 区的多子扩散到 P 区,P 区的多子扩散到 N 区,这些载流子除了一部分继续向前扩散形成正向电流外,还有部分分别在 N 区和 P 区储存,使得在结的边缘区浓度较大,在远离边缘区浓度较小。当外加正向电压增加时,就有更多的载流子积累起来,当外加正向电压减小时,积累的载流子数量就要减小。也就是说,在 PN 结正向偏置时,以扩散电容效应为主。

　　一般扩散电容容量较大,约为几十 pF 到 $0.01~\mu F$,而势垒电容量约为 $0.5\sim100~pF$。PN 结在低频线路中,可以不考虑结电容的影响,但在高频线路中,PN 结的结电容则必须充分考虑。

3.1.2　半导体二极管

　　半导体二极管是由 PN 结加上引出导线和管壳构成的。

　　根据半导体二极管生产工艺的不同,可将其分为三种类型：点接触型、面接触型和平面型。图 3.9(a)、(b)、(c)分别是它们的结构示意图。点接触型二极管适用于高频(几百兆赫)工作;面接触型二极管常用作整流,只适宜在较低的频率下工作;平面型二极管,结面积较大时,适用于大功率整流,结面积较小时,则适宜作数字电路中的开关管。图 3.9(d)所示为二极管的图形符号。根据半导体二极管材料的不同,可分为硅二极管和锗二极管。

　　1) 半导体二极管的伏安特性

　　半导体二极管伏安特性曲线(指流经半导体二极管的电流与其两端电压的关系曲线)如图 3.10 所示。根据分析,半导体二极管伏安特性方程可由下式表示：

$$i = I_S(e^{u/U_T} - 1) \qquad\qquad (3-1)$$

式中：i—— 流经 PN 结的电流;

　　　I_S—— 反向饱和电流;

u——外加电压；

U_T——温度的电压当量，在室温下 $U_T = 26$ mV。

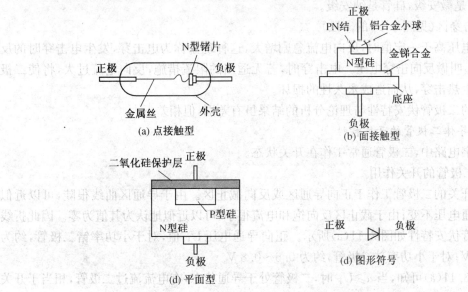

(a) 点接触型

(b) 面接触型

(d) 平面型

(d) 图形符号

图 3.9 半导体二极管的结构及图形符号

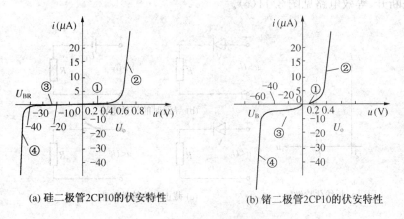

(a) 硅二极管2CP10的伏安特性

(b) 锗二极管2CP10的伏安特性

图 3.10 半导体二极管的伏安特性

当二极管加正向电压，且 u 大于 U_T 几倍时，式中的 $e^{u/U_T} \gg 1$，第二项可略去，则管子的电流与电压成指数关系，即为图 3.10 特性曲线的 ② 段；当二极管加反向电压时，u 为负，若 $|u|$ 大于 U_T 几倍时，指数项近似为 0，故 $i = -I_S$。即为图 3.10 特性曲线的 ③ 段。

二极管的伏安特性曲线可以分为下列四个区域：

(1) 死区（见图 3.10 的①段）

当正向电压比较小时（$u < U_{th}$）。由于外部电场还不足以克服内部电场对载流子扩散运动所造成的阻力，因此正向电流几乎为零，U_{th} 称为死区电压。硅管的死区电压一般为 $0.5 \sim 0.6$ V，锗管为 $0.1 \sim 0.2$ V。

(2) 导通区（见图 3.10 的②段）

当二极管两端的电压超过 U_{th} 以后，内部电场将被大大削弱，正向电流显著增加。

（3）截止区（见图 3.10 的③段）

二极管加反向电压时，反向电流的数值很小。在同样的温度下，硅管的反向电流比锗管更小，锗管是微安级，硅管是纳安级。

（4）击穿区（见图 3.10 的④段）

反向电压高于一定值时，反向电流急剧增大，这种现象称为电击穿，发生电击穿时的反向电压 U_{BR} 叫做反向击穿电压。电击穿时，若无适当的限流措施，反向电流过大，将使二极管过热发生热击穿，从而造成永久性的损坏。

实测的二极管伏安特性与理论分析的结果虽有差别，但相差不大。

2）半导体二极管的开关特性

在数字电路中，二极管通常工作在开关状态。

（1）二极管的开关作用

作为开关的二极管工作于正向导通区或反向截止区。由于导通区曲线很陡，可以近似地认为导通电压不变；由于截止区反向饱和电流很小，可以近似地认为其值为零。因此折线化的二极管伏安特性如图 3.11(a)所示。正向导通电压 U_F 值，对于小功率锗二极管，约为 0.2～0.3 V；对于小功率硅二极管，约为 0.6～0.8 V。

由图 3.11(a)可知，当 $u \geqslant U_F$ 时，二极管处于导通状态，有电流流过二极管，相当于开关合上，且二极管两端压降为 U_F，等效电路见图 3.11(b)；当 $U < U_F$ 时，流过二极管电流为零，相当于开关断开，等效电路见图 3.11(c)。

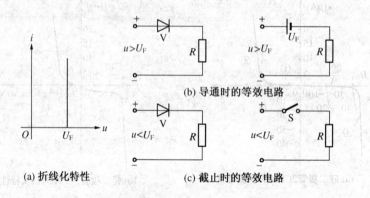

（a）折线化特性　　　（c）截止时的等效电路

图 3.11　二极管折线化的伏安特性和等效电路

在分析估算中，有时甚至连正向导通压降 U_F 也常忽略不计，这样二极管就等效为一个理想开关，其等效电路如图 3.12 所示。

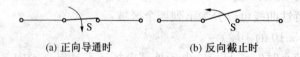

（a）正向导通时　　　（b）反向截止时

图 3.12　理想化的二极管等效电路

（2）二极管的实际开关特性

在图 3.13(a)所示电路中，当输入电压 u_i 从 $+U_1$ 跳变到 $-U_2$（见图 3.13(b)）。如果二极管 VD 是理想的开关，则负载电阻 R_L 上的电流波形理论上应为如图 3.13(c)所示的波形,即正向电流 $i = U_1/R_L$,反向电流 $i_R \approx 0$。但实际电流的波形如图 3.13(d)所示,负跳变瞬间,二极管仍然导通,只有经过反向恢复时间 t_{re} 之后,二极管才进入截止状态,这是因为扩散电容效应所致。因此,当输入电压频率非常高,以至它的负半周的宽度小于 t_{re} 时,二极管将失去单向导电作用,在使用中应予以注意其最高工作频率。

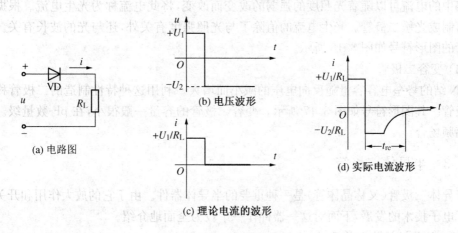

(a) 电路图　　(b) 电压波形　　(c) 理论电流的波形　　(d) 实际电流波形

图 3.13　二极管的开关特性

3) 特殊二极管

(1) 稳压二极管

稳压二极管是工作于反向击穿区用于稳压的一种特殊二极管,其伏安特性和普通二极管相似(见图 3.10),只不过它一般工作在电击穿区,设击穿电压为 U_Z,当外加 $u > U_Z$ 时电流在很大范围内变化,管子两端电压 U_Z 却变化很少,因而,可以起到稳定电压的作用。图 3.14 为稳压二极管的图形符号。当然,使用稳压二极管的电路必须有限流措施,即串联限流电阻,使电击穿不致引起热击穿而损坏稳压二极管。

(2) 发光二极管

制造发光二极管的材料不再使用硅和锗,通常采用元素周期表中的 III、V 族元素的化合物,如砷化镓、磷化镓等。砷化镓的光在红外范围内,人眼看不见,如加入少量的磷,便可发出红色的可见光,如果要发出绿光,可以加入磷化镓。发光二极管的图形符号如图 3.15所示。

发光二极管常用来作为显示器件,简称为 LED,可单个使用,也可制成 7 段式或矩阵式。工作电流一般为几毫安到几十毫安,正向导通压降为 1.8~2.2 V。使用中一般应接入限流电阻。

图 3.14　稳压二极管
的图形符号　　**图 3.15　发光二极管**
的图形符号　　**图 3.16　光电二极管**
的图形符号　　**图 3.17　变容二极管**
的图形符号

（3）光电二极管

光电二极管又称光敏二极管。其结构与普通二极管相似，只是在管壳上留有一个透光的窗口。由于半导体材料的光敏性，当二极管的某个区受到光照时，在该区内将大量产生自由电子—空穴对，也就提高了少子的浓度。在反向偏置电压作用下，反向电流将增加，而且，外电路中的电流可以随着光照度的强弱的改变而改变，将此电流称为光生电流。根据这一原理可制成光敏二极管。光生电流的值除了与光照强度有关外，还与光的波长有关。光电二极管的图形符号如图 3.16 所示。

（4）变容二极管

PN 结的势垒电容容量随反向电压的减小而增大。利用这种特性制造的二极管称为变容二极管。其图形符号如图 3.17 所示。变容二极管的容量一般很小，在 pF 数量级。主要用于高频场合。

3.1.3　半导体三极管

半导体三极管（又称晶体管）是一种重要的半导体器件。由于它的放大作用和开关作用促使了电子技术的发展，下面对这一器件作一个较为全面地介绍。

1）三极管的结构和符号

根据半导体材料的不同，三极管可分为硅管和锗管；根据结构的不同，又可分为 NPN 和 PNP 两种型式。图 3.18(a)、(b)给出了 NPN 型三极管的结构和示意图，它有两个 PN 结——发射结和集电结，三个区——发射区、基区和集电区，从三个区引出的 3 个电极，分别叫发射极 e、基极 b、集电极 c。如果用 P 型半导体做成发射区和集电区，用 N 型半导体做成基区，则可得到 PNP 型的三极管。图 3.18(c)是 NPN 和 PNP 两种不同类型三极管的图形符号，发射极的箭头代表发射结正向偏置时的电流方向。由于两种管子工作原理相同，下面仅以 NPN 型三极管为例进行说明。

三极管在制造时具有下列几个特殊的结构特点，这些结构特点同时也是三极管之所以能够工作于放大状态的外部条件。

（1）基区做得很薄，厚度只有几个微米，并且掺杂浓度很低；

（2）发射区的掺杂浓度很高，使得发射区的多子浓度远远高于基区的多子浓度；

（3）集电结的结面积远远大于发射结的结面积。

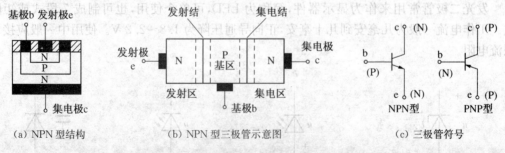

（a）NPN 型结构　　　　（b）NPN 型三极管示意图　　　　（c）三极管符号

图 3.18　三极管的结构、示意图和符号

2）三极管中载流子运动和电流分配情况

使三极管的发射结正向偏置，集电结反向偏置，对 NPN 管来说，实际电路接法如图

3.19 所示，V_{BB} 保证了发射结正偏；可取 $V_{CC} > V_{BB}$，并使 $U_C > U_B$，保证集电结反偏（发射结正偏、集电结反偏是三极管工作于放大状态的内部条件）。此时，三极管中载流子的运动和电流分配情况大致如下：

(1) 发射区向基区发射电子的过程

由于发射结正偏，即 $U_B > U_E$，使发射区的电子源源不断地越过发射结扩散到基区。

(2) 电子在基区扩散复合的过程

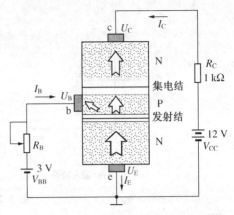

电子到达基区后，不断地与基区空穴相遇而复合，复合掉的空穴由 V_{BB} 来补充，从而形成基极电流

图 3.19 三极管中载流子运动情况

I_B；由于三极管的基区很薄，且基区空穴浓度比发射区电子浓度小得多，因而绝大部分电子没有复合而是扩散到集电结边界。

(3) 电子被集电极收集的过程

由于集电结反偏，即 $U_C > U_B$，从而使基区扩散来的电子被收集到集电极，形成集电极电流 I_C。

(4) 电流分配情况

每一个三极管制成后，三个区中杂质掺杂浓度一定，因此，在一定温度下载流子浓度一定，I_C 和 I_B 的比例也就基本上保持一定。通常把 I_C 和 I_B 的比值称为三极管的共射直流电流放大系数，用 $\bar{\beta}$（一般数值在 $20 \sim 200$）表示：

$$\bar{\beta} = \frac{I_C}{I_B}$$

上式表明，三极管工作于放大状态时的集电极电流是基极电流的 $\bar{\beta}$ 倍。也就是说，可以用较小的基极电流去控制三极管，从而获得较大的集电极电流，这就是三极管的电流放大作用。正是由于 I_B 对 I_C 的这种控制作用，因此常把三极管称作电流控制器件。

如果把三极管看作一个大结点，则有 $I_E = I_C + I_B$。

由于上述三极管中，电子载流子和空穴载流子都参加导电，所以通常把这类三极管称为双极型三极管（或双极型晶体管），在不致造成混淆的情况下，可简称为三极管。

3) 三极管的特性曲线

为了全面反映三极管各电极电压与电流之间的关系，最常用的特性曲线是共射输入特性曲线和共射输出特性曲线。

(1) 共射输入特性

共射输入特性是指当集射电压 u_{CE} 为某一常数时，三极管基射电压 u_{BE} 与基极电流 i_B 之间的关系曲线，用函数式表示为

$$i_B = f(u_{BE}) \big|_{u_{CE}=\text{常数}}$$

输入特性应为一组曲线，但实际上由于 $u_{CE} > 1\ \text{V}$ 时的曲线几乎与 $u_{CE} = 1\ \text{V}$ 时的曲线重合，故通常只画出 $u_{CE} = 1\ \text{V}$ 的曲线来代表整个输入特性曲线，见图 3.20(a)。显然，它与二极管的伏安特性极为相似。

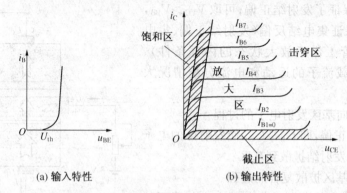

(a) 输入特性　　　　　　　　　(b) 输出特性

图 3.20　三极管特性曲线

(2) 共射输出特性

共射输出特性是在基极电流 i_B 一定的情况下，三极管集射电压 u_{CE} 与集电极电流 i_C 之间的关系曲线，用函数式表示为

$$i_C = f(u_{CE})\ |_{i_B=常数}$$

图 3.20(b)为三极管的光射输出特性，由图分析可知，三极管的工作状态可以分成三个区域。

截止区：把 $i_B \leqslant 0$ 的区域称为截止区。工作在截止区的三极管发射结反偏(应为 $u_{BE} < U_{th}$(死区电压))的范围，集电结也反偏，因而发射区基本上没有电子注入基区，对应的集电极电流也接近于零($i_B \approx 0, i_C \approx 0$)。

放大区：当发射结正偏、集电结反偏时为放大区。在放大区曲线近似水平，即三极管工作在放大状态，$\Delta i_C / \Delta i_B = \beta(\beta \approx \bar{\beta})$，$\beta$ 为三极管的交流放大系数。

饱和区：参看图 3.19 的电路，当电源 V_{CC} 一定，i_C 增大时，$u_{CE}(= V_{CC} - i_C R_C)$ 减小，u_{CE} 减小到一定程度后，使集电结变为正偏，集电极收集电子的能力大大减弱，这时如 i_B 再增大，i_C 已基本上不再增大，三极管将失去放大作用，这种情况称为饱和。一般将饱和时三极管的集射电压 u_{CE} 用 $U_{CE(sat)}$ 表示，称作饱和压降。$U_{CE(sat)}$ 很小，通常小功率硅管 $U_{CE(sat)} \approx 0.3\ V$。锗管 $U_{CE(sat)} \approx 0.1\ V$，大功率管较大些。把饱和时的集电极电流用 I_{CS} 表示，称为集电极饱和电流。图 3.19 电路中的 $I_{CS} = \dfrac{V_{CC} - U_{CE(sat)}}{R_C} \approx \dfrac{V_{CC}}{R_C}$。

不论三极管工作于那个区，三个电极的电流均满足 $i_E = i_C + i_B$ 的关系。

表 3.1 列出三极管在三个区域工作状态的特点，以便比较。

表 3.1　NPN 型硅三极管截止、放大、饱和工作状态的特点

工作状态		截　　止	放　　大	饱　　和
条　　件		$i_B \approx 0$	$0 < i_B < I_{CS}/\beta$	$i_B \geqslant I_{CS}/\beta$
工作特点	偏置情况	发射结、集电结都反偏或零偏	发射结正偏、集电结反偏	发射结、集电结都正偏
	集电极电流	$i_C \approx 0$	$i_C = \beta i_B$	$i_C = I_{CS} \approx V_{CC}/R_C$
	管 压 降	$u_{CE} \approx V_{CC}$	$u_{CE} = V_{CC} - i_C R_C$	$U_{CE(sat)} \approx 0.3\ V$
	c,e 间的等效电阻	很大，可视为开关断开	约为几百千欧，可变	很小，约为几百欧，可视为开关闭合

4) 三极管的开关特性

三极管是数字电路中最基本的开关元件,通常不是工作在饱和区就是工作在截止区,放大区只是出现在三极管由饱和变为截止或由截止变为饱和的过渡过程中,是瞬间即逝的。

(1) 三极管的开关作用

由三极管输入特性和输出特性可知,对 NPN 型硅管来说饱和时的特点是 $u_{BE} \approx 0.7$ V,$U_{CE(Sat)} \approx 0.3$ V,这就如同闭合的开关,等效电路见图 3.21(a);而截止时的特点是 $i_B \approx 0$,$i_C \approx 0$,此时如同断开的开关,等效电路见图 3.21(b)。可见只要控制管子工作在截止区或饱和区,就可达到开与关的目的。

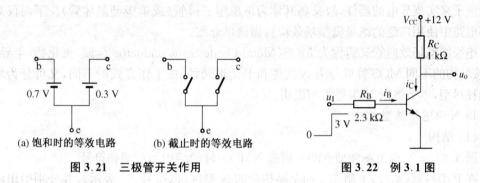

(a) 饱和时的等效电路　(b) 截止时的等效电路

图 3.21　三极管开关作用　　　　图 3.22　例 3.1 图

(2) 三极管的开关条件

要使三极管工作在开关状态,必须满足一定的条件。由三极管的输入特性可知,当 $u_{BE} < U_{th}$ 时,$i_B \approx 0$,管子基本上是截止的,因此在数字电路的分析估算中,常把 $u_{BE} < U_{th} \approx 0.5$ V 作为硅三极管截止的条件。如果用 I_{BS} 表示三极管临界饱和时的基极电流,则 $I_{BS} = I_{CS}/\bar{\beta}$.我们知道,三极管达到临界饱和状态前,$i_C$ 随 i_B 成比例地增加,但是饱和以后,i_B 再增加,i_C 基本上就不再增加,三极管已没有电流放大作用。因此,在数字电路的分析估算中,常把 $i_B \geq I_{BS}$ 作为判断三极管饱和导通的条件。

【例 3.1】　图 3.22 所示电路中,硅三极管的 $\bar{\beta} = 50$,当输入电压为 u_I 时,试判定三极管的工作状态,并求出相应的输出电压 u_O。

解:当 $u_I = 0$ V 时,由于 $u_{BE} < 0.5$ V,因而三极管工作于截止区,$i_B \approx 0$,$i_C \approx 0$。此时,三极管相当于开关断开,所以输出电压 $u_O \approx 12$ V。当 $u_I = 3$ V 时,发射结由于正偏而导通,$u_{BE} \approx 0.7$ V,产生的基极电流为:

$$i_B = \frac{u_I - u_{BE}}{R_B} \approx \frac{3 - 0.7}{2.3 \times 10^3} = 1(\text{mA})$$

而临界饱和时的基极电流为:

$$I_{BS} = \frac{I_{CS}}{\beta} = \frac{V_{CC} - U_{CE(sat)}}{\beta R_C} \approx \frac{V_{CC}}{\beta R_C} = \frac{12}{50 \times 1 \times 10^3} = 0.24(\text{mA})$$

满足 $i_B > I_{BS}$ 条件,故此时三极管工作于饱和区,相当于开关闭合,其输出电压为 $U_{CE(sat)} \approx 0.3$ V。

(3) 三极管的开关时间

由于 PN 结的结电容效应,三极管的开关过程需要一定时间。三极管由截止到饱和导通所需的时间称为开启时间,用 t_{ON} 表示;由饱和导通到截止所需的时间称为关闭时间,用

t_{OFF} 表示。t_{ON} 和 t_{OFF} 一般在纳秒数量级,使用时应予以注意。

3.1.4 绝缘栅型场效应管

场效应管是利用电场效应来控制电流变化的一种半导体器件。它除了具有一般三极管的体积小、重量轻、耗电省、寿命长等特点外,还具有输入电阻非常高、制造工艺简单、易于集成、噪声低、温漂小等优点,因而得到了广泛的应用,并且为集成电路的发展,特别是为大规模和超大规模集成电路的发展提供了更大的空间。

根据结构的不同,场效应管分为两大类:绝缘栅型和结型。它们都是依靠半导体中的多数载流子来实现导电的器件,故又将其称为单极型三极管(或单极型晶体管)。下面仅对在数字电路中使用广泛的绝缘栅型场效应管做简单介绍。

绝缘栅型场效应管又简称为 MOS(Metal-Oxide-Semiconductor 金属-氧化物-半导体)管,按结构的不同 MOS 管可分为 N 沟道和 P 沟道两种,按工作方式的不同,又可分为增强型和耗尽型,本节将以 N 沟道为例说明。

1) N 沟道增强型 MOS 管

(1) 结构

图 3.23 是 N 沟道增强型 MOS(简称 NMOS)管的结构示意图和符号。

在 P 型衬底(基片)上制作了两个高掺杂的 N 型区(以符号 N^+ 表示),并分别引出电极 S(源极)和 D(漏极)。在漏极和源极之间的绝缘层(SiO_2)上制作一个金属电极 G(栅极),同时,衬底也引出了一个电极 B。通常 B 与 S 相连,这样就构成了一个增强型的 NMOS 管。

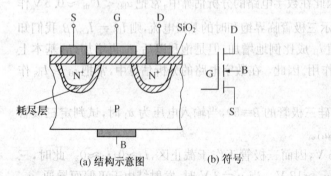

(a) 结构示意图   (b) 符号

图 3.23 N 沟道增强型 MOS 管

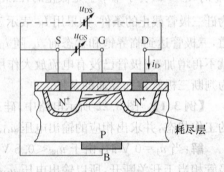

图 3.24 N 沟道增强型 MOS 管的工作原理图

(2) 基本工作原理

在 G、S 之间不加电压时,无论在 D、S 之间怎么加电压,其内部相当于总有一个 PN 结处于截止状态,故 $i_D=0$。如果在 G、S 间加正向电压,如图 3.24 所示,即在栅极和衬底之间会形成垂直向下的电场。此电场使衬底中的多子(空穴)向衬底下方运动,吸引少子(电子)向上运动。当栅源电压 u_{GS} 达到一定数值时,在衬底表面上将形成电子薄层(也称反型层或导电沟道),从而把 S 极和 D 极沟通起来。我们把开始形成导电沟道所需的栅源电压叫做开启电压,用 $U_{\mathrm{GS(th)}}$ 来表示。由于导电沟道是 N 型的,所以称为 NMOS 管。随着栅源电压 u_{GS} 的继续增大,吸引到衬底表面的电子越多,导电沟道也就越厚,当在 D、S 间加正向电压 u_{DS} 时,在漏极和源极之间将有漏极电流 i_D 流通。显然,通过改变栅源电压 u_{GS},就可以改变导电沟道的厚度,也就可以有效地控制漏极电流 i_D 的大小。这就是 N 沟道增强型 MOS

管的基本工作原理。

由此可见,我们可以把 MOS 管的 D 极和 S 极当作一个受栅源电压控制的开关使用,即当 $u_{GS} \geqslant U_{GS(th)}$ 时,有电流 i_D 流过,相当于开关闭合;而当 $u_{GS} < U_{GS(th)}$ 时,D 极和 S 极之间没有形成导电沟道,$i_D = 0$,就如同开关断开一样。因为栅极几乎不取用电流,故把 MOS 管看做是电压控制型器件。

（3）特性曲线

图 3.25(a)为 N 沟道增强型 MOS 管的输出特性曲线,输出特性可分为下列几个区域:

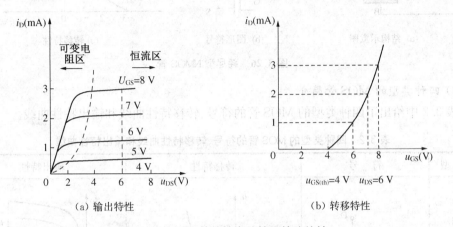

（a）输出特性　　　　　　　　（b）转移特性

图 3.25　MOS 管的输出特性及转移特性

① 可变电阻区:在此区域中,u_{GS} 一定时,i_D 随 u_{DS} 的增加而增加。该区相当于三极管的饱和区。

② 恒流区:在此区域,u_{GS} 对 i_D 有强烈的控制作用,即当 u_{GS} 变化时,i_D 将随之而变。但 i_D 基本不随 u_{DS} 的变化而变化。该区相当于三极管的放大区。

③ 截止区:当 $u_{GS} < U_{GS(th)}$ 时,$i_D = 0$,MOS 管截止。

图 3.25(b)所示转移特性是在 u_{DS} 一定时,i_D 和 u_{GS} 之间的关系曲线,转移特性表达了 u_{GS} 对 i_D 的控制作用。当增强型 MOS 管工作于恒流区时,转移特性的方程为:

$$i_D = I_{DO} \left(\frac{u_{GS}}{U_{GS(th)}} - 1 \right)^2 \quad (u_{GS} \geqslant U_{GS(th)})$$

式中:I_{DO} 为 $u_{GS} = 2U_{GS(th)}$ 时的 i_D 值。

2）N 沟道耗尽型 MOS 管

对于 N 沟道增强型的 MOS 管,当 $u_{GS} = 0$ 时,不存在导电沟道,只有当 $u_{GS} \geqslant U_{GS(th)}$ 后,才有导电沟道产生。如果在制造管子时,人为地在栅极下的 SiO_2 介质中掺入正离子,那么当 $u_{GS} = 0$ 时,就已有导电沟道的存在,这类管子称为耗尽型 MOS 管。显然,N 沟道耗尽型 MOS 管当 $u_{GS} = 0$ 时,在 u_{DS} 的作用下,可以形成 i_D。当 u_{GS} 变为负值,导电沟道变薄,i_D 减小。当小到 $u_{GS} = U_{GS(off)}$ 时,刚好使 $i_D = 0$。将 $U_{GS(off)}$ 称为夹断电压。图 3.26(a)、(b)、(c)分别为 N 沟道耗尽型 MOS 管的结构示意图、图形符号和转移特性曲线。工作在恒流区时,其转移特性方程为:

$$i_D = I_{DSS} \left(1 - \frac{u_{GS}}{U_{GS(off)}} \right)^2$$

式中,I_{DSS} 称为零偏漏极电流,是 $u_{GS} = 0$ 时的漏极电流。

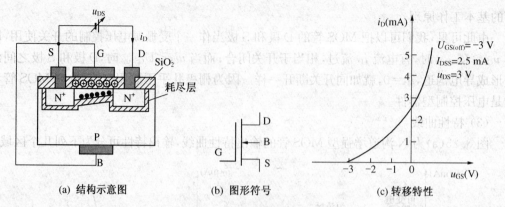

(a) 结构示意图　　　　(b) 图形符号　　　　(c) 转移特性

图 3.26　耗尽型 NMOS 管

3) 四种类型的 MOS 管简介

表 3.2 中给出了四种类型的 MOS 管的符号、转移特性曲线和输出特性曲线。

表 3.2　四种类型的 MOS 管的符号、转移特性曲线和输出特性曲线

管　型	符　号	转移特性	输出特性
N 沟道增强型			
N 沟道耗尽型			
P 沟道增强型			
P 沟道耗尽型			

4) 场效应管的开关特性

MOS管与双极型三极管一样,也可以当作"开关"来使用。下面以 NMOS管为例来加以说明。图 3.27(a)为增强型 NMOS管作为开关使用时的原理图,图中 R_D 为负载电阻,其值一般为几百千欧。

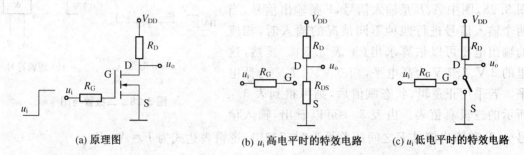

| (a) 原理图 | (b) u_i 高电平时的特效电路 | (c) u_i 低电平时的特效电路 |

图 3.27 NMOS 管开关电路原理图及其等效电路

当输入电压 u_i 为高电平时(大于开启电压 $U_{GS(th)}$,近似等于电源电压 V_{DD}),如图 3.27(b)所示,则 NMOS管导通,此时 D、S之间导通电阻 R_{DS} 较小,仅为几百欧姆,而 R_D 为几百千欧,所以输出电压 $u_o \approx 0$。

当 u_i 为低电平时(小于开启电压 $U_{GS(th)}$,见图 3.27(c)),NMOS管截止,D、S间相当于开关断开,这时输出电压 $u_o \approx V_{DD}$。

对于 PMOS管,只要输入电压极性和大小满足开启电压要求,和 NMOS管相类似,同样也可以作为开关使用。

2) 使用 MOS管的注意事项

(1) MOS管的突出优点是输入电阻高,但随之也带来了突出的缺点——绝缘层极易被击穿。因为输入电阻高,栅极静电感应的电荷 Q 不易泄放掉,而栅极电容 C 又很小,故绝缘层上将产生较高电压 $U=Q/C$,很容易将绝缘层击穿。因此,使用时要求一切测试仪器、烙铁、线路都须良好接地,存放时,使 MOS管各电极之间短接,避免栅极悬空。

(2) 对有 4 个电极的 MOS管,S和 D极可互换使用;而对只有 3 个电极的 MOS管,由于衬底 B已与 S极在内部连接,故不可互换使用。

3.1.5 分立元件逻辑门电路举例

1) 逻辑门 逻辑电平 逻辑约定

逻辑门就是实现一些基本逻辑关系的电路。分立元件门电路目前已很少使用,但所有的集成门电路都是在分立元件门电路的基础上发展、演变而来的,所以有必要了解它们的工作原理。

在数字电路中,用高电平和低电平来描述两个逻辑状态,被称为逻辑电平,它们对应两个不同而具有确定范围的高、低电压,高电平对应相对较高的电压,而低电平则对应相对较低的电压,它们表示的都是一定的电压范围,而不是一个固定不变的数值。

在数字电路中,有两种逻辑约定。一种是正逻辑约定,即将高电平用"1"表示,低电平用"0"表示;另一种是负逻辑约定:高电平用"0"表示,低电平用"1"表示。本书如果不特殊声明,均采用正逻辑约定。

2) 二极管门电路

(1) 二极管与门

实现与逻辑关系的电路称为与门。一个硅二极管与门的电路和二输入与门的图形符号见图 3.28。图中 A、B 是输入信号，F 是输出信号，当两个输入信号进行四种不同情况的输入时，相应的输出电压可以估算求出(见表 3.3)。显然，这里的 3 V、3.7 V 为高电平，而 0 V、0.7 V 为低电平。若采用正逻辑，状态赋值后，则可得到表 3.4所示的逻辑真值表。由表 3.4 可以看出，输入信号 A、B 和输出信号 F 之间的关系为"与"逻辑，逻辑表达式为 $F = A \cdot B$。

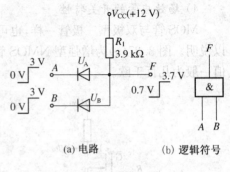

图 3.28　二极管与门

表 3.3　图 3.28 电路电压功能表

U_A(V)	U_B(V)	U_F(V)
0	0	0.7
0	3	0.7
3	0	0.7
3	3	3.7

表 3.4　与门真值表

A	B	F
0	0	0
0	1	0
1	0	0
1	1	1

(2) 二极管或门

实现或逻辑关系的电路称为或门。一个硅二极管或门的电路和二输入或门的图形符号见图 3.29。通过分析估算可列出表 3.5 所示的电压功能表。同样采用正逻辑约定，则可得到表 3.6 所示的逻辑真值表，因此，输入 A、B 和输出 F 之间的关系为"或"逻辑关系，其逻辑表达式为 $F = A + B$。

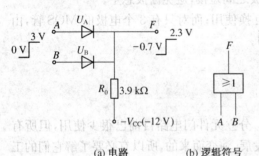

图 3.29　二极管或门

表 3.5　图 3.29 电路的电压功能表

U_A(V)	U_B(V)	U_F(V)
0	0	−0.7
0	3	2.3
3	0	2.3
3	3	2.3

表 3.6　或门的真值表

A	B	F
0	0	0
0	1	1
1	0	1
1	1	1

(3) 三极管非门(反相器)

实现非逻辑关系的电路称为非门。一个三极管非门的电路和非门的图形符号见图 3.30。当输入 A 为高电平时，选择合适的 R_B、R_C，使三极管工作在饱和区，则输出 F 为低电平；当输入 A 为低电平时，三极管工作在截止区，则输出 F 为高电平。因此，该电路的电压功能表应为表 3.7。当采用正逻辑约定时，即可得表 3.8 所示的逻辑真值表。显然，输入 A

与输出 F 之间的关系为"非"逻辑关系,其逻辑表达式为 $F=\overline{A}$。

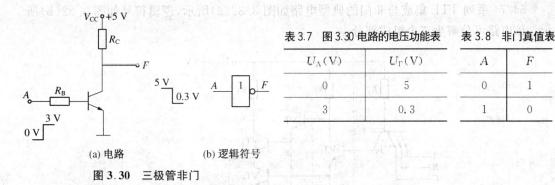

表 3.7 图 3.30 电路的电压功能表

U_A(V)	U_F(V)
0	5
3	0.3

表 3.8 非门真值表

A	F
0	1
1	0

(a) 电路　　　　(b) 逻辑符号

图 3.30　三极管非门

（4）MOS 管非门

MOS 管非门(反相器)的电路如图 3.31 所示,其中 VT_1 为 N 沟道增强型 MOS,VT_2 为 P 沟道增强型 MOS。VT_1 和 VT_2 的栅极接在一起作为反相器的输入端,漏极连在一起作为输出端,工作时 VT_2 的源极接电源正端,VT_1 的源极接地。一般取 $V_{DD}>U_{GS(th)1}$ $+|U_{GS(th)2}|$,$U_{GS(th)1}$ 和 $U_{GS(th)2}$ 分别为 VT_1 和 VT_2 的开启电压。

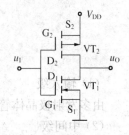

当 $u_1=0$ 时,$u_{GS1}=0$,此时 VT_1 截止,相当于在 D_1、S_1 之间有一个开关断开。而 $u_{GS2}=-V_{DD}$,即 $|u_{GS2}|>|U_{GS(th)2}|$,使 VT_2 导通,相当于在 D_2、S_2 之间有一个开关闭合。所以 $u_O\approx V_{DD}$,输出为高电平。

图 3.31　MOS 管非门

当 $u_1=V_{DD}$ 时,$u_{GS1}=V_{DD}>U_{GS(th)1}$,$VT_1$ 导通,相当于在 D_1、S_1 之间有一个开关闭合。$u_{GS2}=0$,VT_2 截止,相当于在 D_2、S_2 之间有一个开关断开。所以 $u_O\approx 0$,输出为低电平。

以上分析表明,该电路具有非逻辑功能。由于电路采用互补的 NMOS 和 PMOS 管,称为 CMOS 电路,工作时两只管子一个导通,另一个截止,电路内部工作电流几乎为 0,功耗很小。因此 CMOS 结构的电路在集成电路中得到广泛应用。

3.2　TTL 集成电路门

逻辑门电路按其逻辑功能的复杂性可分为简单逻辑门电路和复合逻辑门电路;按其制作的半导体材料可分为 TTL(Transistor-Transistor-Logic)门电路和 MOS(Metal-Oxide-Semiconductor)门电路。常用的 MOS 门电路又分为 NMOS 门电路及 CMOS 门电路。不论哪一种材料的同类门电路,其所实现的逻辑功能是相同的。

TTL 型集成电路是一种单片集成电路,是在分立元件门电路的基础上发展、演变而来的,其逻辑电路的所有元件和连线,都制作在同一块半导体基片上。这种电路的输入端和输出端电路的结构形式都采用了半导体三极管,所以称为晶体管——晶体管逻辑电路,简称 TTL 电路。

3.2.1　TTL 与非门

在双极型数字集成电路中应用最广泛的是 TTL 电路,而与非门则是 TTL 的基本电路形式,现通过对 TTL 与非门的分析,来了解 TTL 门电路的结构特点及外部特性。

1) 电路结构

54/74 系列 TTL 集成与非门的典型电路如图 3.32(a)所示,逻辑符号如图 3.32(b)所示。该电路可分解为三个组成部分。

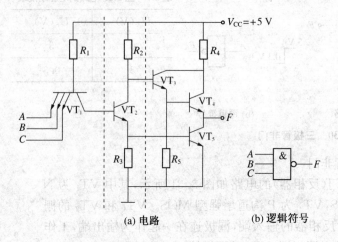

(a) 电路　　　　　　　　　　(b) 逻辑符号

图 3.32　典型的 TTL 与非门

（1）输入级

由多发射极晶体管 VT_1 和电阻 R_1 组成,实现“与”逻辑功能。

（2）中间级

由晶体管 VT_2 和电阻 R_2、R_3 组成,其主要作用是从 VT_2 管的集电极和发射极同时输出两个相位相反的信号,分别驱动 VT_3、VT_5。

（3）输出级

由晶体管 VT_3、VT_4、VT_5 和电阻 R_4、R_5 组成。VT_5 是个反相器,VT_3、VT_4 组成复合管构成一个射极跟随器,作为 VT_5 管的有源负载,这种输出通常称之为推拉式输出电路或图腾输出,具有很小的输出电阻,带负载能力较强。

2) 逻辑功能

当输入全部为高电平(3.6 V)时的工作情况如图 3.33(a)所示,这时,输出管 VT_5 处于饱和导通状态,因而输出为低电平(0.3 V)。一般称此为导通状态或开门状态(简称开态)。

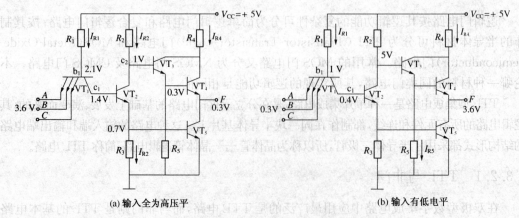

(a) 输入全为高压平　　　　　　　　　　(b) 输入有低电平

图 3.33　典型 TTL 与非门的工作情况

当输入至少有一个输入端为低电平(0.3 V)时的工作情况如图 3.33(b)所示,这时,输出高电平(3.6 V),由于在此状态下输出管 VT_5 截止,故称此为截止状态或关门状态(简称关态)。

根据电路的工作情况,可做出图 3.32 电路的逻辑电平表(见表 3.9)。当采用正逻辑约定时,便可得到逻辑真值表(见表 3.10),其逻辑表达式为:$F = \overline{A \cdot B \cdot C}$。

<table>
<tr><td colspan="4">表 3.9 图 3.32 电路的逻辑电平表</td></tr>
<tr><td>A</td><td>B</td><td>C</td><td>F</td></tr>
<tr><td>L</td><td>L</td><td>L</td><td>H</td></tr>
<tr><td>L</td><td>L</td><td>H</td><td>H</td></tr>
<tr><td>L</td><td>H</td><td>L</td><td>H</td></tr>
<tr><td>L</td><td>H</td><td>H</td><td>H</td></tr>
<tr><td>H</td><td>L</td><td>L</td><td>H</td></tr>
<tr><td>H</td><td>L</td><td>H</td><td>H</td></tr>
<tr><td>H</td><td>H</td><td>L</td><td>H</td></tr>
<tr><td>H</td><td>H</td><td>H</td><td>L</td></tr>
</table>

表 3.9 图 3.32 电路的逻辑电平表

A	B	C	F
L	L	L	H
L	L	H	H
L	H	L	H
L	H	H	H
H	L	L	H
H	L	H	H
H	H	L	H
H	H	H	L

表 3.10 正与非门的真值表

A	B	C	F
0	0	0	1
0	0	1	1
0	1	0	1
0	1	1	1
1	0	0	1
1	0	1	1
1	1	0	1
1	1	1	0

3) 电气特性

(1) 电压传输特性

电压传输特性是描述输出电压与输入电压之间对应关系的曲线。基本型 TTL 与非门的电压传输特性如图 3.34 所示,一般将电压传输特性分为 AB 段(截止区)、BC 段(线性区)、CD 段(过渡区)和 DE 段(饱和区)四个区段。由图可见,输出的高电平 $U_{OH} = 3.6$ V,输出的低电平 $U_{OL} = 0.3$ V。为确保门电路的正常工作,通常规定输出高电平的下限值 $U_{OHmin} = 2.4$ V,输出低电平的上限值 $U_{OLmax} = 0.4$ V。根据这两个值可以从电压传输特性上查出相对应的 U_{ILmax} 和 U_{IHmin}。当 u_I

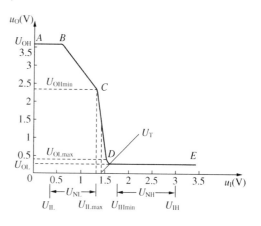

图 3.34 TTL 与非门的电压传输特性

$< U_{ILmax}$ 时,电路处于关门状态(因此 U_{ILmax} 也称为关门电平 U_{OFF}),输出高电平;当 $u_I > U_{IHmin}$ 时,电路则处于开门状态(U_{IHmin} 也称为开门电平 U_{ON}),输出低电平。电压传输特性中 CD 段的中点所对应的输入电压叫阈值电压 U_T(或门槛电压),$U_T = 1.4$ V。

实际使用中,由于存在各种干扰电压,因此将影响到输入低电平或高电平的数值,当输入端干扰电压超过一定限度时,就可能会破坏与非门输出的逻辑状态。从电压传输特性中可以看到,当输入低电平时,若干扰使实际输入的低电平值不超过 U_{ILmax},电路的关态不会受到破坏;当输入高电平时,若干扰使实际输入的高电平值不低于 U_{IHmin},电路的开态也不会受到破坏。

为消除电压传输特性上 BC 段线性区,改进型的 TTL 与非门引入了有源泄放电路、抗饱和电路、肖特基势垒二极管等等,使得电压传输特性具有快速的、理想化的跃变特性。

（2）输入端负载特性

与非门在实际应用中,其输入端有时要经过外接电阻 R 接地,如图 3.35 所示,此时有电流流过电阻 R,并在电阻上产生电压降,这时,当电阻 R 由 0 增至∞时,与非门的输出状态将由高电平转为低电平。这就表明,输入端虽不曾直接接入输入电压,但其效果却与接输入电压相类似,当电阻 R 由 0 增至∞,就相当于输入端由低电平转变为高电平,由此可以推断,电阻 R 在大于 0 的某个范围内相当于输入低电平,而在小于∞的某个范围内却相当于输入高电平,我们把相当于低电平输入的最大电阻称为关门电阻 R_{OFF}（约700 Ω）,因为此时与非门处于关态;而把相当于高电平输入的最小电阻称为开门电阻 R_{ON}（约 2 kΩ）,因为此时与非门处于开态。即若输入端电阻 $R < R_{OFF}$ 时,可保证门电路输入为低电平;若输入电阻 $R > R_{ON}$,则可保证输入为高电平。上述结论对于各种 TTL 门电路都是适合的,因此,在 TTL 门电路中,输入端悬空（$R = \infty$）等效输入高电平。但在实际应用中,处理多余需接高电平的输入端时,往往不悬空,因为悬空可能引入干扰。

图 3.35　R 对门工作　　　　　　　图 3.36　TTL 与非门输出端接负载
状态的影响

（3）输出端负载特性

若在 TTL 与非门的输出端接上负载（见图 3.36）,就要产生负载电流,此电流也在影响输出电压的大小。由输出电压与负载电流之间的关系,可得到输出端的负载特性曲线,见图 3.37。

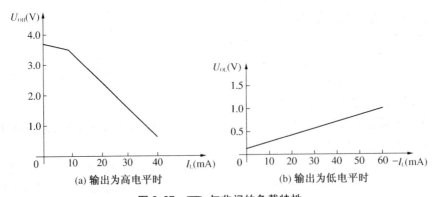

图 3.37　TTL 与非门的负载特性

当 TTL 与非门输出高电平时,形成拉电流负载;随着负载电流的增加,输出高电平将逐渐下降,以至无法保证正常的高电平输出;而当 TTL 与非门输出低电平时,形成灌电流负载,随着负载电流的增加,输出的低电平将逐渐上升,以致无法保证正常低电平的输出。由此可见,要保证输出正常的高、低电平,TTL 与非门所能提供的负载电流是有限的,即 TTL 门电路带负载的能力是有限的,如超出能力范围,将造成逻辑功能的混乱。通常,把一个门最多可以驱动几个同类门的数目称其为门电路的扇出系数 N_0。以此来衡量一个门的带负载能力。显然，N_O 越大，驱动同类门的数目就越多，所能提供的负载电流也就越大，则带负载能力就越强。

（4）传输时间

由于 TTL 门电路中各级三极管存在着一定的开关时间等原因，使得其输出不能立即响应输入信号的变化，而有一定的延迟，如图 3.38 所示。

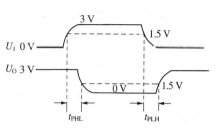

图 3.38　TTL 与非门的传输时间

通常把输出波形相对于输入波形滞后的时间，称为传输延迟时间（又称为传输时间）。其中，t_{PHL} 为输出高电平跳变为低电平的导通传输时间，t_{PLH} 为输出低电平跳变为高电平的截止传输时间。手册上通常给出的是平均传输时间 t_{pd}，其表达式为：$t_{pd} = \dfrac{1}{2}(t_{PHL} + t_{PLH})$，

由于 t_{pd} 的数值很难准确计算，所以，一般都是用实验方法测定的。

为了方便实现各种逻辑关系，TTL 门电路除了与非门以外，还有其他逻辑功能的门电路，如与门、或门、或非门、与或非门、异或门和同或门（异或非门）等等。这些门电路，除逻辑功能和与非门存在差异外，其输入端负载特性和输出端负载特性等方面均和与非门类似，因此，不再一一赘述。

4）主要参数

（1）输出高电平 U_{OH}

U_{OH} 是指与非门有一个（或几个）输入端为低电平时的输出电平值，典型值为 3.6 V，最小值为 2.4 V。

（2）输出低电平 U_{OL}

U_{OL} 是指与非门输入全部为高电平时的输出低电平值，典型值为 0.3 V，最大值为 0.4 V。

（3）输入短路电流 I_{IL}

I_{IL} 是指当有一输入端接地，其余输入端悬空时，流出这个输入端的电流，典型值为 1.4 mA。

（4）输入漏电流 I_{IH}

I_{IH} 是指当一个输入端接高电平，其余输入端接地时，流入这个输入端的电流，典型值为 10 μA。

（5）开门电平 U_{IHmin}

输出为标准低电平时，所允许的最小输入高电平值，一般记作 U_{ON}，典型值为 1.8 V。

（6）关门电平 U_{ILmax}

输出为标准高电平时，所允许的最大输入低电平值，一般记作 U_{OFF}，典型值为 0.8 V。

（7）扇出系数 N_O

能够驱动同类型门的个数，典型值为 8。

（8）空载导通功耗 P_O

输出为低电平且不加负载时的功耗。

（9）平均传输时间 t_{pd}

产品型号不同，t_{pd} 差异很大，一般在几至几十纳秒量级。

（10）输入信号噪声容限 U_N

这是衡量门电路抗干扰能力的参数,分为输入低电平时的噪声容限(U_{NL})和输入高电平时的噪声容限(U_{NH})。

输入低电平时的噪声容限为:$U_{NL} = U_{OFF} - U_{IL}$。

输入高电平时的噪声容限为:$U_{NH} = U_{IH} - U_{ON}$。

3.2.2 集电极开路门(OC门)

在实际应用中,常希望把几个逻辑门的输出端直接并连在一起,完成"与"的逻辑功能,这种不用门电路而直接利用连线实现与逻辑功能的方法称作"线与",如图3.39所示。但利用普通的 TTL 门电路是无法实现线与的,原因是其输出电路结构不允许这种连接。图 3.40 是两个普通 TTL 门输出端直接并联的情况,当上面的门为关态(输出高电平),下面的门为开态(输出低电平)时,将有很大电流从关态门电路的三极管 VT_4 流出,灌入开态门电路的输出管 VT_5,此大电流不仅会使 VT_5 管脱离饱和,造成并联输出既非 0 又非 1 的状态,破坏逻辑关系,而且还可能烧坏 VT_5 管,因此,为了解决这个问题,引入了一种特殊结构的门电路——集电极开路(Open Collector)门电路,简称 OC 门。

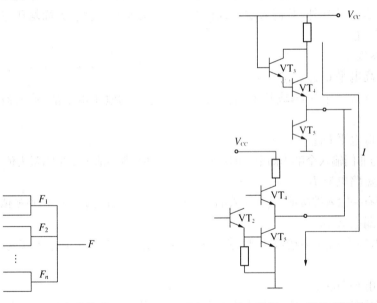

图 3.39 门输出的并联   图 3.40 两个普通 TTL 门输出端直接并联

1)电路结构

集电极开路与非门是将 TTL 逻辑门输出级反相器 VT_5 管的集电极有源负载 VT_3、VT_4 及 R_4、R_5 去掉后得到的,其电路结构和逻辑符号见图 3.41。在集电极开路门中,输出管 VT_5 的集电极是开路呈悬空状的。

要使集电极开路门正常工作,必须在输出端外接集电极负载电阻 R_L(又称上拉电阻)和正电源 V_{CC},见图 3.42(a);当几个集电极开路门线与输出时,可以共用一个集电极负载电阻 R_L 和电源 V_{CC},见图 3.42(b)。

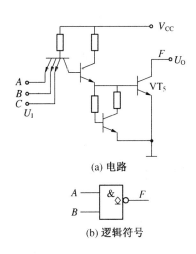

(a) 电路

(b) 逻辑符号

图 3.41　集电极开路与非门

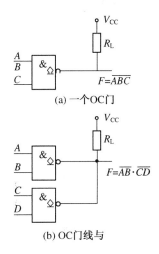

(a) 一个OC门

(b) OC门线与

图 3.42　集电极开路门的正确使用

从图 3.41(a) 和图 3.42(a) 可以看到，当输入端全部为高电平时，输出管 VT_5 饱和，输出低电平 0.3 V；当有低电平输入时，输出管 VT_5 截止，由于此时流过 R_L 的电流为零，所以，输出的高电平为 V_{CC}，显然，选择不同的外接电源电压 V_{CC}，将得到不同的高电平输出。因此，可采用集电极开路门电路的方法实现电平移动。当电源电压选定后，还需要确定外接电阻 R_L 的大小。

2）负载电阻 R_L 的选择

外接负载电阻 R_L 选择的原则是：要保证 OC 门的输出高电平不低于 U_{OHmin}；输出低电平不高于 U_{OLmax}，且门电路不被烧毁。

若有 n 个集电极开路与非门线与输出去驱动 m 个一般 TTL 与非门，当 n 个 OC 门的输出为高电平时，线与结果为高电平，如图 3.43(a) 所示。由图可得：

$$U_{OH} = V_{CC} - (nI_{OH} + mI_{IH})R_L$$

式中：I_{OH} 为 OC 门输出管 VT_5 截止时的漏电流，I_{IH} 为被驱动门的输入漏电流，两参数均可由手册查得。

为保证输出高电平不低于规定的 U_{OHmin} 值，则要求 R_L 取值不能太大，即

$$V_{CC} - (nI_{OH} + mI_{IH})R_L \geqslant U_{OHmin}$$

就有 R_L 的最大值 R_{Lmax} 为：

$$R_{Lmax} = \frac{V_{CC} - U_{OHmin}}{nI_{OH} + mI_{IH}}$$

当 OC 门线与输出为低电平时，从最不利的情况考虑，设只有一个 OC 门导通，输出低电平，其他 OC 门都截止，输出高电平，如图 3.43(b) 所示。可得：

$$U_{OL} = V_{CC} - (I_{OL} - mI_{IL})R_L$$

式中，$I_{OL}(I_{OL} = I_{RL} + mI_{IL})$ 为 OC 门导通时的负载电流，I_{IL} 为被驱动门的输入短路电流。

这时，R_L 值不能选得太小，应能保证在所有的负载电流全部灌入导通的 OC 门时，线与

输出低电平仍能低于规定的 U_{OLmax},并避免导通的 OC 门被烧毁,即

$$V_{\text{CC}}-(I_{\text{OL}}-mI_{\text{IL}})R_{\text{L}}\leqslant U_{\text{OLmax}}$$

若把 I_{OLmax} 表示为 OC 门允许的最大负载电流。则 R_{L} 的最小值 R_{Lmin} 为:

$$R_{\text{Lmin}}=\frac{V_{\text{CC}}-U_{\text{OLmax}}}{I_{\text{OLmax}}-mI_{\text{IL}}}$$

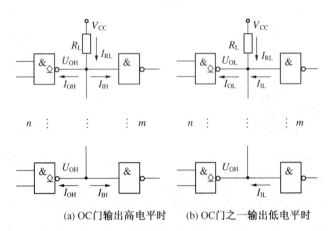

(a) OC门输出高电平时　　(b) OC门之一输出低电平时

图 3.43　OC 门计算负载电阻 R_{L} 的两种工作情况

在实际运用中,外接电阻 R_{L} 的值应取在 R_{Lmin} 和 R_{Lmax} 两者之间,即

$$R_{\text{Lmin}}\leqslant R_{\text{L}}\leqslant R_{\text{Lmax}}$$

【例 3.2】　试用 74LS03 中的 2 输入集电极开路四与非门作"线与"连接,去驱动 74LS10 中的 3 输入三与非门,见图 3.44。试选择合适的 R_{L}。

解:由图可知:$n=4,m=3$。

由手册可查得参数:74LS03的 $I_{\text{OH}}=100\,\mu\text{A}$,$I_{\text{OLmax}}=8\,\text{mA}$,74LS10 的 $I_{\text{IH}}=20\,\mu\text{A}$,$I_{\text{IL}}=0.4\,\text{mA}$。并且,$U_{\text{OHmin}}=2.4\,\text{V}$,$U_{\text{OLmax}}=0.3\,\text{V}$。

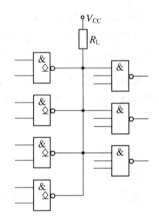

图 3.44　四门线与驱动三个门电路

外接电源电压 $V_{\text{CC}}=5\,\text{V}$。

$$R_{\text{Lmax}}=\frac{V_{\text{CC}}-U_{\text{OHmin}}}{nI_{\text{OH}}+mI_{\text{IH}}}$$

$$=\frac{5\,\text{V}-2.4\,\text{V}}{4\times100\,\mu\text{A}+3\times20\,\mu\text{A}}=\frac{2.6\,\text{V}}{0.46\,\text{mA}}=5.6\,\text{k}\Omega$$

$$R_{\text{Lmin}}=\frac{V_{\text{CC}}-U_{\text{OLmax}}}{I_{\text{OLmax}}-mI_{\text{IL}}}=\frac{5\,\text{V}-0.3\,\text{V}}{8\,\text{mA}-3\times0.4\,\text{mA}}=\frac{4.7\,\text{V}}{6.8\,\text{mA}}=691\,\Omega$$

可取标称值 $R_{\text{L}}=1\,\text{k}\Omega$。

对于其他类型的集电极开路 TTL 门电路,无论它实现的逻辑功能是什么,只要输出级的三极管集电极是开路的,就都允许接成线与形式,并可按上述 R_{Lmax} 和 R_{Lmin} 的公式决定其

外接集电极负载电阻 R_L 的取值范围。

3）OC 门的应用

（1）实现与或非逻辑

将几个与非逻辑的 OC 门线与，即把输出端直接并联在一起，然后通过一个公共上拉电阻 R_L 接到电源 V_{CC} 上，就可以实现与或非的逻辑功能。

【例 3.3】 用 OC 与非门实现逻辑函数 $L = \overline{AB + CD + EF}$，试画出逻辑电路图。

解：$L = \overline{AB + CD + EF} = \overline{AB} \cdot \overline{CD} \cdot \overline{EF}$。

通过逻辑变换，逻辑函数 L 从与或非变换为与非、与，因此，可用多个 OC 与非门输出端连接在一起实现线与功能，从而完成与或非逻辑的实现。电路如图 3.45 所示。

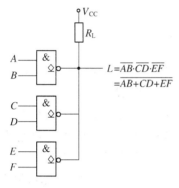

图 3.45 OC 门实现与或非逻辑

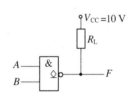

图 3.46 OC 门实现电平转换

（2）实现电平转换

在数字系统的接口（与外部设备相联系的电路）需要有电平转换时，一般的 TTL 电路输出的高电平为 3.6 V，若要使输出的逻辑高电平更高，则可以使用 OC 门电路，在图 3.46 所示的电路中，当需要把输出高电平转换为 10 V 时，可将外接的上拉电阻接到 10 V 电源上。这样 OC 门的输入端电平与一般与非门一致，而输出的高电平就可以变为 10 V。

（3）用作驱动器

用 OC 门来驱动指示灯、继电器和脉冲变压器等。当用于驱动指示灯时，上拉电阻 R_L 由指示灯来代替，指示灯的一端与 OC 门的输出相连，另一端接上电源即可。如电流过大，可串入一个适当的限流电阻。

3.2.3 三态门（TS 门）

三态输出门与一般的门电路不同，它的输出端除了可以出现高电平、低电平两种状态之外，还可以出现第三种状态——高阻状态（或称禁止状态、开路状态）。

1）电路结构

三态与非门的电路结构和逻辑符号如图 3.47 所示。

图 3.47（a）是一个三态输出与非门的电路结构图。此电路实际上是由一个普通与非门加上一个二极管 VD 和一个非门所构成的。当控制端 EN 为低电平时，经非门反相，使 P 点为高电平，此时，二极管 VD 截止，电路相当于普通 TTL 与非门。因此，实

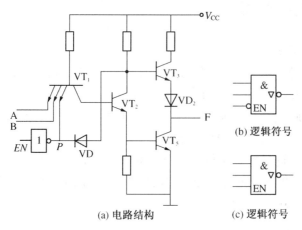

图 3.47　三态输出与非门

现的逻辑功能是 $L = \overline{A \cdot B}$；而当 EN 为高电平时，通过非门反相后的 P 点变为低电平，它一方面作用于多发射极管 VT_1，使三极管 VT_2、VT_5 截止，另一方面，通过二极管 VD_1 的导通，迫使三极管 VT_3 的基极电位箝位在 1 V 左右，从而使二极管 VD_2 截止，由于此时该门电路的管 VT_4 和 VT_5 同时截止，从输出端 F 看，对地和对电源均相当于开路，故输出端呈现高阻状态。EN 所对应的输入端是控制端，或称使能输入端，图 3.47(b)中 EN 处的小圆圈表示此端接低电平($\overline{EN} = 0$)时为工作状态，即实现门电路 $L = \overline{A \cdot B}$ 的逻辑功能，而 $\overline{EN}$ 接高电平时，电路处于高阻(或禁止)状态，图 3.47(b)所示的就是这种控制端低电平有效的三态输出与非门的逻辑符号，有时也用 $\overline{EN}$ 来表示低电平有效；实际中，还常常使用另一种三态输出门，符号如图 3.47(c)所示，这种三态门在 EN 处没有小圆圈，它表示此端接高电平($EN = 1$)时为工作状态，而接低电平时，电路处于高阻状态。因此，在使用三态门电路时，应注意区分。

　　2) 三态门的应用

　　(1) 总线传输

　　三态门最重要的一个用途是可以实现用同一根导线轮流传送几组不同的数据，如图 3.48所示。通常把接受三个或三个以上门的输出信号的线叫做总线，总线是具有控制功能的传送数据的公共通路。

　　多个三态门的输出端可以直接相连，但与 OC 门线与不同的是，在任何时候只能有一个三态门处于工作状态，不允许两个或两个以上三态门同时工作。因此，连在一起的三态门是分时工作的。这就需要对各个三态门的使能端 EN 进行适当控制。当两个三态门同时改变工作状态时，就应该保证从工作状态转为高阻状态的速度要比从高阻状态转为工作状态的速度来得快，否则就可能出现两个三态门同时工作的状态，从而使输送的状态不正常。

　　在图 3.48 所示的总线连接中，若令 C_1、C_2、…、C_N 轮流地接高电平控制信号，那么由多个三态门输出的多组数据，就会一个一个轮流地送到总线上，这样，就实现了一线多用。这种利用总线传送数据的方法，使三态门在计算机总线结构中有着极为广泛的应用。

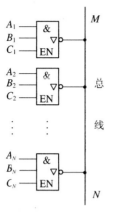

图 3.48 三态门连接到总线上

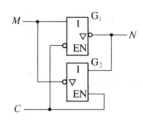

图 3.49 双向传输

（2）双向传输

利用三态非门实现数据的双向传输，如图 3.49 所示。当 $C=0$ 时，门电路 G_1 工作，门电路 G_2 为高阻状态，数据由 M 传向 N；当 $C=1$ 时，G_1 为高阻状态，G_2 工作，数据由 N 传向 M。通过控制信号 C 的控制实现 M、N 的双向传输。

3.2.4　TTL 集成电路系列简介

在数字集成电路中，常用的双极型逻辑门电路，主要有 TTL(Transistor -Transistor Logic)、ECL(Emitter -Coupled Logic)和 I^2L(Integrated Injection Logic)等类型。而在各类数字集成电路中，TTL 集成电路是我国和世界上生产历史最悠久和生产数量最多的一种集成电路，也是使用最为广泛、性价比较高的两类逻辑门电路之一。随着各种类型的数字集成电路的不断涌现，TTL 集成电路自身也经历着结构改进及性能提高的过程，就工作范围而言，TTL 系列可分为 54(军用)和 74(商用)两大系列，如表 3.11 所示。54 系列与 74 系列有相同的子系列，功能、编号相同的 54 系列芯片与 74 系列芯片的逻辑功能完全相同。

表 3.11　54 系列与 74 系列比较

应用范围	系　列	温度范围	电源范围
军　　用	54	$-55\sim+125℃$	$+4.5\sim+5.5$ V (DC)
工业(商)用	74	$0\sim+70℃$	$+4.75\sim+5.25$ V (DC)

自 1963 年，美国得克萨斯仪器公司将 TTL54/74 标准系列(相当于国产 T1000 系列)投入市场以后，又相继开发了若干子系列，有为了提高其工作速度的 54/74H(高速)系列(相当于国产 T2000 系列)，54/74S(肖特基)系列(相当于国产 T3000 系列)，54/74AS(先进肖特基)系列；及为了降低功耗，而先后开发的 54/74L(低功耗)系列，54/74LS(低功耗肖特基)系列(相当于国产 T4000 系列)和 54/74ALS(先进低功耗肖特基)系列。以上各系列主要差别在于平均传输时间和平均功耗两个参数，其他参数和外引线排列基本上彼此兼容。表 3.12 为几种 TTL 集成电路系列的主要参数表。

表 3.12　TTL 电路系列的分类

参　　数	系　　列			
	54/74LS	54/74	54/74H	54/74L
每门平均传输时间 t_{pd}(ns)	10	6	3	9.5
每门平均功耗 P(mW)	10	22	19	2
最高工作频率 f_{max}(MHz)	35	50	125	45

3.3　CMOS 门电路

在数字集成电路中,除双极型逻辑门电路外,还有单极型逻辑门电路。常用的单极型逻辑门电路,主要有 NMOS、PMOS、CMOS 和 HCMOS 等类型。从应用的角度来看,CMOS 逻辑门电路与 TTL 逻辑门电路一样,是使用最为广泛、性价比较高的逻辑门电路之一。

CMOS 门电路是指利用 PMOS 管和 NMOS 管构成的互补型 MOS 门电路,尽管 CMOS 门电路和相应的 TTL 门电路结构不尽相同,但由于其具有的逻辑功能完全一样,因此,对众多的 CMOS 门电路结构仅选择其中的一种进行简单介绍。我们将着重介绍 CMOS 门的特点和使用方法。

3.3.1　CMOS 门举例

在第 3.1.5 节中介绍了 CMOS 非门。下面简单介绍 CMOS 与非门的内部结构和工作原理,其电路及逻辑符号如图 3.50 所示。图中 MOS 管的符号为简化画法。管 VT_1、VT_2 为 NMOS 增强型,管 VT_3、VT_4 为 PMOS 增强型,A、B、F 的逻辑 1 电平近似为 V_{DD}。根据 MOS 管开关特性,可分析管子工作状态如表 3.13 所示。由表可得逻辑函数式为 $F=\overline{AB}$。

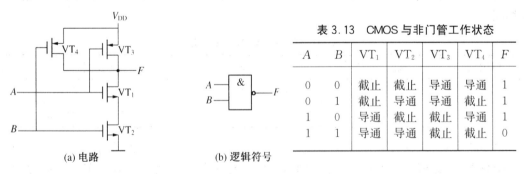

表 3.13　CMOS 与非门管工作状态

A	B	VT_1	VT_2	VT_3	VT_4	F
0	0	截止	截止	导通	导通	1
0	1	截止	导通	导通	截止	1
1	0	导通	截止	截止	导通	1
1	1	导通	导通	截止	截止	0

(a) 电路　　　　(b) 逻辑符号

图 3.50　CMOS 与非门

3.3.2　CMOS 传输门

CMOS 传输门是 CMOS 逻辑电路的一种基本单元电路,其功能是一种传输信号的可控开关电路。图 3.51 所示的是 CMOS 传输门的电路及逻辑符号。它是利用结构上完全对称的 NMOS 管 VT_1 和 PMOS 管 VT_2,将源极和漏极分别连在一起,作为传输门的输入端和输出端;在两管的栅极上,加上互补的控制信号 C 和 $\bar{C}$。设:控制信号 C 的高电平 $U_{CH}=V_{DD}$,低电平 $U_{CL}=0$ V;NMOS 管和 PMOS 管的开启电压绝对值小于 $U_{CH}/2$。

当 $C=1(\bar{C}=0)$ 时,若输入信号 U_1 接近于 U_{CH},则 $U_{GS1}\approx0$ V,$U_{GS2}\approx-U_{CH}$,故 VT$_2$ 导通,VT$_1$ 截止;如果 U_1 接近于 0 V,则 VT$_1$ 导通,VT$_2$ 截止;如果 U_1 接近于 $U_{CH}/2$,则 VT$_1$、VT$_2$ 同时导通。所以,这时总有管子处于导通状态,导通电阻约几百欧姆,就相当于一个开关接通一样。

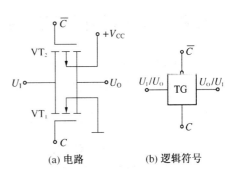

图 3.51　CMOS 传输门

反之,当 $C=0(\bar{C}=1)$ 时,只要 U_1 在 $0\sim V_{DD}$ 之间,则 VT$_1$、VT$_2$ 都截止,这时截止电阻很高,可大于 $10^9\,\Omega$,仅有皮安数量级的漏电流通过,相当于开关断开一样。

由于 MOS 管的结构是对称的,即源极和漏极可互换使用,所以传输门的输入端和输出端也可以互换,因此,CMOS 传输门具有双向性,也称双向传输开关。

利用 CMOS 传输门和非门可构成模拟开关,如图 3.52 所示。当 $C=1$ 时,模拟开关导通,$U_0=U_1$;当 $C=0$ 时,模拟开关截止,输出和输入之间断开。另外,传输门和逻辑门组合在一起,还可以构成各种复杂的 CMOS 电路,例如触发器、计数器、移位寄存器、微处理器及存储器等。

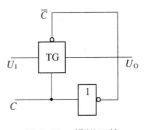

图 3.52　模拟开关

3.3.3　CMOS 集成系列简介

与 TTL 门电路类似,CMOS 门电路的工作范围一般也有两种,主要区别在于逻辑电路的外封装工艺。CD4000A 系列的工作范围如表 3.13 所示。

表 3.13　CD4000A 系列工作范围比较

封装形式	温度范围	电源范围
陶瓷封装	$-55\sim+125$℃	$+3\sim+12$ V (DC)
塑料封装	$-40\sim+85$℃	$+3\sim+12$ V (DC)

1968 年,美国 RCA 公司率先将 CMOS 电路商品化,推出 4000 系列。该系列电路主要优点是微功耗和高抗干扰性,但在工作速度方面与 TTL 相比还存在一定的差距。1981 — 1982 年世界各主要集成电路公司相继开发了 54/74HC(高速)系列,其工作速度达到了 TTL 的水平(工作频率达 50 MHz),而静态功耗仍保持 4000 系列微功耗的特点。

高速 CMOS 包括三个子系列:54/74HC、54/74HCT 和 54/74HCU,其逻辑功能、引出端排列与相同代号的 TTL 电路一致。HC 系列和 HCT 系列的输出有缓冲级,且具有对称的特性。HC 系列为 CMOS 工作电平;HCT 系列的 T 表示与 TTL 兼容,其工作电源电压为 4.5～5.5 V;HCU 系列的 U 表示非缓冲,该系列实际上只有一个产品 54HCU04/74HCU04。

3.4　集成门电路使用中应注意的几个问题

在实际使用各种逻辑门电路时,由于 TTL 与 CMOS 两种电路的存在,经常会遇到诸如门电路多余端的处理和不同门电路之间接口匹配等问题,这在集成门电路使用中必须加以注意。

3.4.1　TTL 逻辑电路的使用

TTL 逻辑门电路的使用比较简单、方便,但应注意以下几点:

(1) TTL 逻辑门对电源电压要求比较严格,在配备电源电压时,一定要精确,选用 5 V±0.25 V,不能超过 5.25 V,以防损坏集成电路。严禁颠倒电源极性。

(2) TTL 逻辑门由于功耗比较大,在需要扇出数较大的情况下,一定要考虑它的带负载能力和总的功耗,以防驱动能力下降。

(3) TTL 逻辑门在使用时如果有多余的输入端,应妥善处理,以防影响其逻辑功能的实现。

① 与门及与非门的多余输入端应接高电平,其处理方法为:

a. 悬空相当于逻辑高电平,但通常情况下不这样处理,以防止干扰的窜入;

b. 通过一个上拉电阻接至电源正端;

c. 接标准高电平;

d. 与其他信号输入端并接使用。

② 或门及或非门的多余输入端应接低电平,其处理方法为:

a. 接地;

b. 与其他信号输入端并接使用。

③ 与或非门中的多余与门不用时,其输入端应接低电平。

3.4.2　CMOS 电路的操作保护措施

CMOS 电路的输入端是绝缘栅极,具有很高的输入阻抗,很容易因静电感应而被击穿。虽然在器件的输入端上设计了保护网络,但是由于常用的塑料、普通的织物、不接地的人体表面等等都会产生和储存静电荷,因此在操作 CMOS 电路时难免会遭遇较强的静电感应。为此,应遵守下列保护措施:

(1) 组装调测时,所用仪器仪表、电路箱、板都必须可靠接地;

(2) 焊接时,采用内热式电烙铁,功率不宜过大,烙铁必须要有外接地线,以屏蔽交流电场,最好是烧热后断电再焊接;

(3) CMOS 电路应在防静电材料中储存或运输;

(4) 虽然 CMOS 电路对电源电压的适应范围比较宽,但也不能过高,或超出电源电压的极限,更不能将极性接反,以免烧坏器件;

(5) CMOS 电路不用的多余输入端或者多余的门都不能悬空,应以不影响逻辑功能为原则分别接电源、地或与使用的输入端并联。

3.4.3　CMOS 与 TTL 电路接口

若要设计一个性能优良的数字系统,往往需要根据系统各个部分的不同要求选用性能优异的器件。例如,在对速度要求不高的前提下,应尽量降低功耗,就要考虑选用 CMOS 器件;反之,在对工作速度有一定要求而在外界噪声不大的条件下,则考虑选择 TTL 的 LS 系列器件。这就出现了同一系统中器件混用的问题。一般来说,不同类型的器件在混合使用时,都应当采用相应的接口电路,使之相互匹配。

在数字系统中,以 TTL 与 CMOS 电路的混用最为常见。

1) TTL 输出驱动高速 CMOS 输入

工作在同一个 5 V 电源下,TTL 的输出高、低电平与 CMOS 系列的输入高、低电平如表 3.14 所示。由表可见,两者的低电平是兼容的,而 HC 系列的高电平是不兼容的,即 TTL 的输出高电平达不到高速 CMOS 中 HC 系列的输入高电平的要求。

表 3.14 TTL 和高速 CMOS 输入、输出高低电平

TTL 的输出电平	54/74HC 的输入电平	54/74HCT 的输入电平
$U_{OL} \leqslant 0.3$ V	$U_{IL} \leqslant 1.0$ V$(0.2V_{CC})$	$U_{IL} \leqslant 0.8$ V
$U_{OH} \geqslant 2.4$ V	$U_{IH} \geqslant 3.5$ V$(0.7V_{CC})$	$U_{IH} \geqslant 2.0$ V

解决的方法有两个:一种方法是在 TTL 输出端与 V_{CC} 之间接一个上拉电阻 R (2~14 kΩ),如图 3.53(a)所示,以提高 TTL 的输出高电平。但若 CMOS 的电源电压较高,则 TTL 电路需采用 OC 门,在其输出端接一上拉电阻,如图 3.53(b)所示,上拉电阻的大小将影响其工作速度。

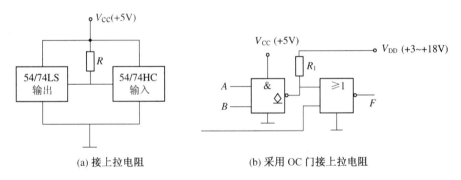

(a) 接上拉电阻　　　　　　　　(b) 采用 OC 门接上拉电阻

图 3.53 TTL 驱动 CMOS 接口电路 —— 接上拉电阻

另一种方法是采用专用的接口电路,例如在 TTL 输出端和 54/74HC 输入端之间接一个 54/74HCT 电平转换器,如图 3.54 所示,54/74HCT 的输入、输出电平见表 3.14 和表 3.15,它与 TTL 及 54/74HC 均兼容。

2) 高速 CMOS 输出驱动 TTL 输入

高速 CMOS 的输出高、低电平和 TTL 的输入高、低电平如表 3.15 所示。由表可知高速 CMOS 的输出电平同 TTL 的输入电平兼容,若 CMOS 电路的电源电压为 +5 V 时,则两者可直接相连,如图 3.55(a)所示;当 CMOS 电源电压较高时,可采用专用的电平转换电路,或用三极管反相器作为接口电路,如图 3.55(b)所示。

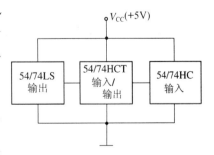

图 3.54 TTL 驱动 CMOS 接口电路
——接电平转换器

表 3.15　高速 CMOS 和 TTL 输入、输出高低电平

54/74HC 的输出电平	54/74HCT 的输出电平	TTL 的输入电平
$U_{OL} \leqslant 0.1$ V	$U_{OL} \leqslant 0.1$ V	$U_{IL} \leqslant 0.8$ V
$U_{OH} \geqslant 4.9$ V$(V_{CC} - 0.1$ V$)$	$U_{OH} \geqslant 4.4$ V	$U_{IH} \geqslant 2.0$ V

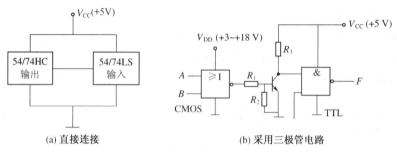

(a) 直接连接　　　　　　(b) 采用三极管电路

图 3.55　CMOS 驱动 TTL 接口电路

习题 3

3.1　P 型半导体的多数载流子是什么? P 型半导体带正电吗? N 型半导体的多数载流子是什么? N 型半导体带负电吗?

3.2　半导体二极管的开、关条件是什么? 导通和截止时各有什么特点? 和理想开关相比较有何主要缺点?

3.3　判断图 3.56 电路中的二极管是导通还是截止,并求输出电压 U_O(设二极管为硅管,电阻 R 为 100 Ω)。

3.4　图 3.57 所示的电路中硅稳压管 VD_1 和 VD_2 的稳压值 $U_{Z1} = 7$ V,$U_{Z2} = 13$ V,求各电路的输出电压 U_O。

3.5　八个三极管的电极电位已列入表 3.16 中,试分析各管处于什么工作状态。

3.6　硅三极管接成的电路如图 3.58 所示,判断各管的工作状态,并简述理由。

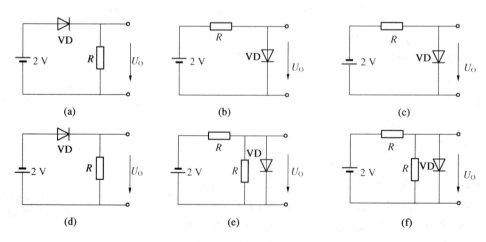

图 3.56　习题 3.3 用图

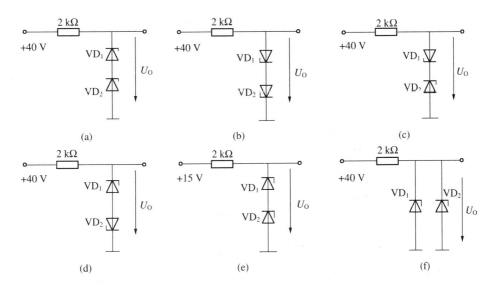

图 3.57　习题 3.4 用图

表 3.16　习题 3.5 表

序号	类型	材料	发射极	基极	集电极	工作状态
1	NPN	硅	-3 V	-3.3 V	0 V	
2			-3.5 V	-2.8 V	-1.3 V	
3		锗	1.5 V	1.8 V	3.7 V	
4			1 V	1.3 V	1.1 V	
5	PNP	硅	0.7 V	0 V	-2.3 V	
6			0 V	-0.7 V	-0.3 V	
7		锗	1 V	0.7 V	-2 V	
8			1.5 V	1.2 V	1.4 V	

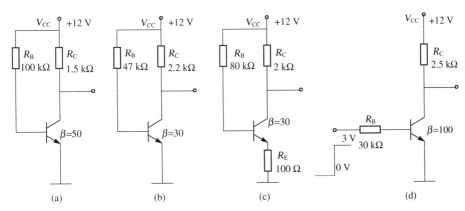

图 3.58　习题 3.6 用图

3.7　在使用场效应管时,为什么 MOS 管的栅极不能悬空?

3.8　如图 3.59 所示的电路中,VD_1、VD_2 为硅管,$V_{CC}=+5$ V,$R_1=1$ kΩ ,试求:

(1) 若 $U_A=U_B=3$ V,F 点的输出电位是多少?二极管工作于什么状态?

(2) A、B 两点的输入波形如图(b)所示,求输出波形。

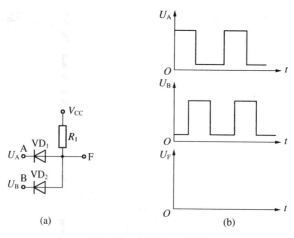

图 3.59　习题 3.8 用图

3.9　试分析图 3.60 所示的各电路中的逻辑关系,并写出 $Z_1 \sim Z_4$ 的逻辑表达式。

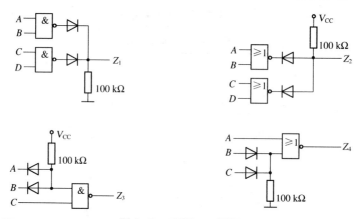

图 3.60　习题 3.9 用图

3.10　什么叫正逻辑? 什么叫负逻辑? 什么叫混合逻辑?

3.11　试说明能否将与非门、或非门、异或门当做反相器使用? 如果可以,各输入端应如何连接?

3.12　TTL 门电路及输入电压波形如图 3.61 所示,试画出 $Z_1 \sim Z_6$ 的波形。

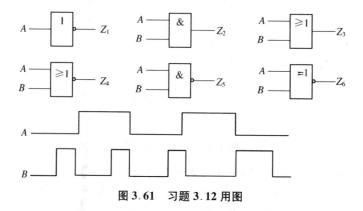

图 3.61　习题 3.12 用图

3.13　求图 3.62 所示电路的输出逻辑函数表达式。

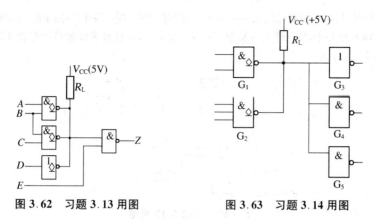

图 3.62 习题 3.13 用图　　　　图 3.63 习题 3.14 用图

3.14 在图 3.63 中，G_1、G_2 是两个 TTL 集电极开路与非门，每个门输出低电平时允许灌入的最大电流为 13 mA，输出高电平时的漏电流小于 250 μA，G_3、G_4、G_5 是三个 TTL 门，它们的 $I_{IL} = 1.6$ mA，$I_{IH} < 50$ μA，问 R_L 应选多大？

3.15 图 3.64 中的各逻辑门电路均为 TTL 门，$R_{ON} = 2$ kΩ，$R_{OFF} = 0.8$ kΩ，带拉电流负载的能力小于 5 mA，带灌电流负载的能力小于 15 mA，试问各电路输入与输出之间能否实现其相应的逻辑关系？并简述理由。

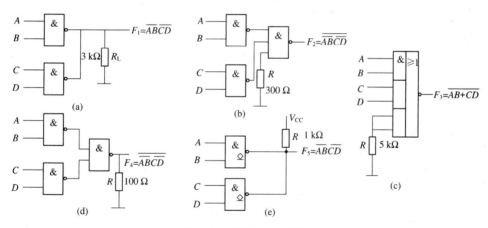

图 3.64 习题 3.15 用图

3.16 三态门及其输入信号波形如图 3.65 所示，试画出 Z 的输出波形。

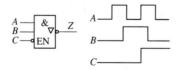

图 3.65 习题 3.16 用图

3.17 图 3.66 中，TTL 与非门输入端 1、2 是多余的，指出哪些接法是错误的？

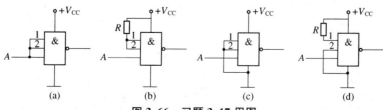

图 3.66 习题 3.17 用图

3.18　输入信号 A、B、C 波形见图 3.67(b),试对应画出图(a)所示各个门电路输出的波形。

3.19　在 CMOS 电路中,输入端允许悬空吗? 有人说允许,而且其等效逻辑状态和 TTL 电路中的一样,相当于 1,对吗? 为什么?

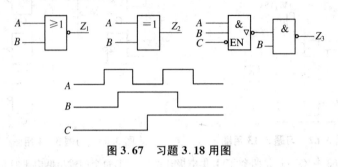

图 3.67　习题 3.18 用图

4 组合逻辑电路

内容提要：
(1) 组合逻辑电路的特点及逻辑功能表示方法。
(2) 组合逻辑电路的分析方法和设计方法。
(3) 几种常用组合逻辑电路——数值比较器、加法器、数据选择器、编码器、译码器的逻辑功能，要求会看其功能表，并掌握其实际应用。
(4) 组合逻辑电路中的竞争冒险问题。

4.1 组合逻辑电路的特点及逻辑功能表示方法

数字电路是对数字量信息进行传送、运算、变换、比较、存储等操作。按逻辑功能的不同特点，可以把数字电路分成两类：组合逻辑电路（简称组合电路）和时序逻辑电路（简称时序电路，将在第 5 章中介绍）。

组合逻辑电路(Combinational Logic Circuit)的主要特点是：电路在任意时刻的输出状态，仅取决于该时刻输入状态的组合，而与电路原先的状态无关，也就是说电路没有记忆功能。它在电路结构上的特点是由门电路组成。组合逻辑电路可用图 4.1 的框图表示。

$X_1, X_2, \cdots, X_n$ 为输入信号（变量），$Z_1, Z_2, \cdots, Z_m$ 为输出信号（变量）。每一个输出变量是全部或部分输入变量的函数。组合电路的逻辑功能，经常用函数表达式、真值表、逻辑图、卡诺图和工作波形图表示。其逻辑表达式可表示为：

$$Z_1 = f_1(X_1, X_2, \cdots, X_n)$$
$$Z_2 = f_2(X_1, X_2, \cdots, X_n)$$
$$\vdots$$
$$Z_m = f_m(X_1, X_2, \cdots, X_n)$$

图 4.1 组合逻辑电路框图

4.2 组合逻辑电路的分析

4.2.1 组合逻辑电路的分析方法

工程上经常会遇到"读图"问题，组合逻辑电路的分析就是组合逻辑电路的"读图"，即从给定的逻辑电路图，找出电路输入变量和输出变量之间的逻辑关系，进行逻辑功能评述。

组合电路分析的一般步骤是：

（1）根据逻辑图从输入到输出逐级写逻辑表达式，直至写出输出端的逻辑函数表达式。

（2）用公式法或卡诺图法化简输出端逻辑函数表达式。需要时化为最简式。

（3）根据化简后的逻辑表达式列真值表。将各种可能的输入函数状态组合代入简化了的表达式中进行计算并求出真值表。

（4）功能评述。根据真值表或函数表达式，概括出对电路逻辑功能的文字描述，并对原电路的设计进行讨论，或提出改进意见。

【例 4.1】 分析如图 4.2 所示电路的逻辑功能。

解：（1）逐级写逻辑表达式：

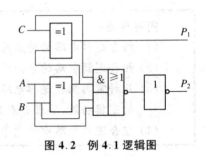

$$P_1 = A \oplus B \oplus C$$

$$P_2 = \overline{\overline{AB} + \overline{(A \oplus B)C}}$$

（2）化简 P_2：

$$P_2 = AB + (A \oplus B)C$$

$$= AB + A\overline{B}C + \overline{A}BC$$

$$= AB + AC + BC$$

图 4.2　例 4.1 逻辑图

（3）列真值表（见表 4.1）：

表 4.1　例 4.1 的真值表

输 入 变 量			输 出 变 量	
A	B	C	P_1	P_2
0	0	0	0	0
0	0	1	1	0
0	1	0	1	0
0	1	1	0	1
1	0	0	1	0
1	0	1	0	1
1	1	0	0	1
1	1	1	1	1

（4）逻辑功能分析：由 P_1、P_2 的逻辑表达式和真值表可知电路的逻辑功能。P_1 为 A、B、C 的异或逻辑函数；A、B、C 三变量中，只要有任意两变量同时为 1，P_2 即等于 1。原电路是用异或门和与非门实现的，带负载能力较强。

从此例可知，组合电路分析步骤中列真值表一步，当化简后的逻辑表达式很简单，可由表达式直接分析出电路的逻辑功能时，是可以省略的。

4.2.2　MSI 组合逻辑电路的分析方法

对于中规模集成（MSI）组合逻辑电路，虽然也可以用第 4.2.1 节的步骤来分析，但对于其中复杂的电路,分析过程很繁琐,故一般情况下采用功能表分析法,即根据集成电路器件手册给出的功能表来分析器件的功能。下面举例说明。

【例4.2】 分析 MSI 4 位数码比较器(54/74)85 的逻辑功能。

解:由手册查得 MSI 4 位数码比较器(54/74)85 的逻辑图较复杂,其功能表如表 4.2 所示,图 4.3 为其器件引脚图。

表 4.2 (54/74)85 功能表

数码输入				级联输入			输 出		
A_3B_3	A_2B_2	A_1B_1	A_0B_0	$I_{A>B}$	$I_{A=B}$	$I_{A<B}$	$Q_{A>B}$	$Q_{A=B}$	$Q_{A<B}$
$A_3 > B_3$	$\times$	$\times$	$\times$	$\times$	$\times$	$\times$	H	L	L
$A_3 < B_3$	$\times$	$\times$	$\times$	$\times$	$\times$	$\times$	L	H	L
$A_3 = B_3$	$A_2 > B_2$	$\times$	$\times$	$\times$	$\times$	$\times$	H	L	L
$A_3 = B_3$	$A_2 < B_2$	$\times$	$\times$	$\times$	$\times$	$\times$	L	H	L
$A_3 = B_3$	$A_2 = B_2$	$A_1 > B_1$	$\times$	$\times$	$\times$	$\times$	H	L	L
$A_3 = B_3$	$A_2 = B_2$	$A_1 < B_1$	$\times$	$\times$	$\times$	$\times$	L	H	L
$A_3 = B_3$	$A_2 = B_2$	$A_1 = B_1$	$A_0 > B_0$	$\times$	$\times$	$\times$	H	L	L
$A_3 = B_3$	$A_2 = B_2$	$A_1 = B_1$	$A_0 < B_0$	$\times$	$\times$	$\times$	L	H	L
$A_3 = B_3$	$A_2 = B_2$	$A_1 = B_1$	$A_0 = B_0$	H	L	L	H	L	L
$A_3 = B_3$	$A_2 = B_2$	$A_1 = B_1$	$A_0 = B_0$	L	H	L	L	H	L
$A_3 = B_3$	$A_2 = B_2$	$A_1 = B_1$	$A_0 = B_0$	L	L	H	L	L	H

由功能表结合引脚图可以很容易分析得知:两个被比较的 4 位二进制数 $A(A_3A_2A_1A_0)$ 和 $B(B_3B_2B_1B_0)$,分别从数码输入端 A_3、A_2、A_1、A_0 和 B_3、B_2、B_1、B_0 输入,比较结果从 $Q_{A>B}$、$Q_{A=B}$ 和 $Q_{A<B}$ 三端输出。比较方法是从最高位向最低位逐位进行比较,若 $A_3 > B_3$,则必定有 $A > B$,即 $Q_{A>B} = 1$,且 $Q_{A=B} = Q_{A<B} = 0$;若 $A_3 < B_3$,必定有 $A < B$,即 $Q_{A<B} = 1$,$Q_{A>B} = Q_{A=B} = 0$;若 $A_3 = B_3$,则比较两数的次高位 A_2、B_2,以此类推;当 $A(A_3A_2A_1A_0) = B(B_3B_2B_1B_0)$ 时,还必须在 $I_{A=B} = 1$,$I_{A>B} = I_{A<B} = 0$ 情况下,才能得到 $Q_{A=B} = 1$,$Q_{A>B} = Q_{A<B} = 0$ 的结果。

三个级联输入端 $I_{A>B}$、$I_{A=B}$、$I_{A<B}$ 是在供扩展比较位数时级联使用的。将低位比较器芯片的输出端 $Q_{A>B}$、$Q_{A=B}$ 和 $Q_{A<B}$ 分别接到高位比较器芯片的扩展输入端 $I_{A>B}$、$I_{A=B}$、$I_{A<B}$,就可以扩大数码比较位数。

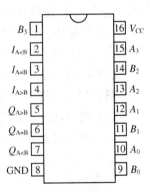

图 4.3 4 位数值比较器(54/74) 85 器件引脚图

4.3　组合逻辑电路的设计

在工程上经常遇到两类问题:一类是给出逻辑图,分析其逻辑功能;另一类是,要求画出能实现某种逻辑功能的逻辑电路图。组合逻辑电路的分析属于前者,组合逻辑电路的设计属于后者。

4.3.1　组合逻辑电路的实现方法

设计一个组合逻辑电路,应根据任务的复杂程度和具体技术要求来选择不同集成度的器件。因此有下列三种实现方法:

(1) 用集成逻辑门(SSI)实现,这是实现组合逻辑电路的最基本的方法,具体步骤按照第4.3.2节所述。

(2) 用 MSI 器件实现,这就要求把待实现的逻辑函数变换成与所用器件的逻辑函数式相同或类似的形式。具体方法在介绍 MSI 组合逻辑电路器件应用时会分别述及,特别是MSI 数据选择器和译码器可以很方便地实现逻辑函数,应很好掌握。

(3) 用存储器和可编程逻辑器件实现设计。这种方法在实现复杂电路时是最先进、最有效的设计方案,在第8章将会介绍。

4.3.2　组合逻辑电路设计的一般步骤

(1) 分析实际问题对逻辑功能的要求,设定输入变量和输出变量(一般是把引起事件的原因定为输入变量,把事件的结果定为输出变量),对它们进行状态赋值(即规定输入、输出变量0、1两种逻辑状态的具体含义)。

(2) 根据逻辑功能列真值表。

(3) 根据真值表写出输出函数的逻辑表达式,可借助卡诺图法或公式法化简成最简与或表达式,并且转换成适合命题要求的逻辑函数表达式。

(4) 根据表达式画出用门电路实现的逻辑图;或者根据需要选择合适的 MSI 器件、存储器或可编程逻辑器件实现,画出相应的接线图。

【例 4.3】　设计一个可以比较两个1位二进制数 A 和 B 的数值大小的逻辑电路。

解:(1) 设用 $L=1$ 表示 $A>B$;$G=1$ 表示 $A=B$;$M=1$ 表示 $A<B$。

(2) 列出真值表如表 4.3 所示。

(3) 由真值表可写出各输出变量的逻辑表达式为:

$$L = A\overline{B} = \overline{A \, \overline{AB}}$$

$$G = \overline{A}\,\overline{B} + AB = \overline{A \oplus B} = \overline{\overline{A \, \overline{AB}} \cdot \overline{B \, \overline{AB}}}$$

$$M = \overline{A}B = \overline{B \, \overline{AB}}$$

(4) 由表达式可以画出一位数值比较器的框图(也是其图形符号)和逻辑图,如图 4.4 (a)和(b)所示。

需要指出的是,上述步骤并非固定不变的,可以根据具体情况灵活掌握。此外,还需注意以下三点:

(1) 状态赋值不同,输入、输出之间的逻辑关系也不同,得到的真值表也不一样。

（2）一个逻辑函数的表达式可以有多种不同形式，也就是说可以用不同的门电路来实现，在设计时应从工程实际出发，尽量减少设计电路所需元件的数量和品种，或根据题目要求进行表达式的转换。

（3）当学习了下面介绍的常用组合逻辑电路后，在实际设计中应尽量采用 MSI 芯片。

表 4.3　1 位数值比较器的真值表

输　入		输　　出		
A	B	L	G	M
0	0	0	1	0
0	1	0	0	1
1	0	1	0	0
1	1	0	1	0

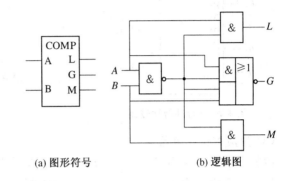

(a) 图形符号　　　　(b) 逻辑图

图 4.4　1 位数值比较器

4.4　常用组合逻辑电路

我们在实践中会遇到各种需要实现的逻辑问题，也就可以设计出许多逻辑电路。但是，人们在实践中发现有些逻辑电路经常出现在各种数字系统中，为了使用方便，已经把这些逻辑电路制成了标准化集成电路产品，它们多为 MSI 芯片，下面将介绍的数值比较器、加法器、数据选择器、编码器、译码器等就是这样一类常用组合逻辑电路。同时，本节进一步说明组合电路的分析与设计方法。

4.4.1　数值比较器

用来比较两个二进制数的数值（大小或相等）的电路，称为数值比较器（Comparator）。数值比较器的工作原理通过第 4.2 节和第 4.3 节的分析和设计已做了介绍。

常用的集成数值比较器产品如表 4.4 所示。

表 4.4　常用的集成数值比较器产品

名　　称	型　　　　号
4 位数值比较器	(54/74)85、4063、4585
8 位数值比较器	74HC682、74LS686、74LS687(OC)、74LS688/689、74HC688、74521(等值监测器)

下面介绍 4 位数值比较器的典型应用。

（1）组成 4 位并行比较器

只要把级联输入端 $I_{A>B}$、$I_{A<B}$ 接 0，$I_{A=B}$ 接 1，即可比较两个 4 位二进制数，如图 4.5 所示。

（2）组成 5 位并行比较器

设有两个 5 位二进制数 $A_4A_3A_2A_1A_0$ 和 $B_4B_3B_2B_1B_0$ 进行比较,只要如图 4.6 所示接线即可。

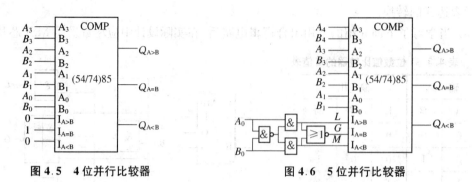

图 4.5　4 位并行比较器　　　　图 4.6　5 位并行比较器

(3) 组成多位比较器

位数多于 5 时,可用多片 4 位数值比较器适当联接,实现比较。有串联和并联两种方法。如图 4.7 所示为用两个 (54/74)85 比较两个 8 位二进制数 $A_7A_6A_5A_4A_3A_2A_1A_0$ 和 $B_7B_6B_5B_4 \ B_3B_2B_1B_0$ 的连接图,是串联接法。

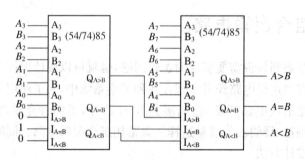

图 4.7　用 85 实现两个 8 位二进制数比较

4.4.2　加法器

计算机中的加、减、乘、除运算,都是用加法运算来实现的,因此,加法运算电路是计算机中最基本的运算电路。本节先介绍加法运算的核心部件——半加器和全加器,再介绍集成加法器及其应用。

1) 半加器

两个 1 位二进制数相加,称为半加,实现半加操作的电路,叫做半加器(Half Adder)。设计一个半加器的过程如下:

(1) 设定输入、输出变量,并进行状态赋值

设两个 1 位二进制数分别为 A、B,它们的"和"输出用 S 表示,"进位"输出用 C 表示。

(2) 列真值表

半加器的真值表如表 4.5 所示。

(3) 由真值表求逻辑表达式

$$S = \overline{A}B + A\overline{B} = A \oplus B$$
$$C = AB$$

（4）画逻辑图

半加器的逻辑图如图 4.8(a)所示，图 4.8(b)是半加器的逻辑符号。

表 4.5 半加器真值表

A	B	S	C
0	0	0	0
0	1	1	0
1	0	1	0
1	1	0	1

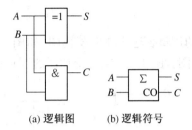

(a) 逻辑图　　　(b) 逻辑符号

图 4.8 半加器

2）全加器

全加运算是指两个多位二进制数相加时，第 i 位的加数 A_i 和 B_i 及来自第 $i-1$ 位的进位数 C_{i-1} 三者相加，得到本位的和数 S_i 和向高位的进位数 C_i。实现全加运算的电路叫全加器。根据全加运算的逻辑关系，可列出全加器的真值表 4.6。由表 4.6 可画出 S_i、C_i 的卡诺图如图 4.9 所示。

利用卡诺图可以很容易地求出 S_i、C_i 的最简与或表达式。由图 4.9(a)可得

$$S_i = \overline{A_i}\,\overline{B_i}C_{i-1} + \overline{A_i}B_i\,\overline{C_{i-1}} + A_i\overline{B_i}\,\overline{C_{i-1}} + A_iB_iC_{i-1};$$

由图 4.9(b)可得

$$C_i = A_iB_i + A_iC_{i-1} + B_iC_{i-1}$$

表 4.6 全加器真值表

输	入		输	出
A_i	B_i	C_{i-1}	S_i	C_i
0	0	0	0	0
0	0	1	1	0
0	1	0	1	0
0	1	1	0	1
1	0	0	1	0
1	0	1	0	1
1	1	0	0	1
1	1	1	1	1

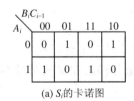

(a) S_i的卡诺图

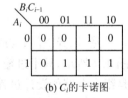

(b) C_i的卡诺图

图 4.9 S_i、C_i 的卡诺图

由以上 S_i 和 C_i 的最简与或表达式可以画出用与或门实现的全加器逻辑电路图。但在集成电路中经常用与或非门组成，为此，我们由图 4.9 求 S_i 和 C_i 的反函数：

$$\overline{S_i} = \overline{A_i}\,\overline{B_i}\,\overline{C_{i-1}} + \overline{A_i}B_iC_{i-1} + A_i\overline{B_i}C_{i-1} + A_iB_i\overline{C_{i-1}}$$

$$\overline{C_i} = \overline{A_i}\,\overline{B_i} + \overline{B_i}\,\overline{C_{i-1}} + \overline{A_i}\,\overline{C_{i-1}}$$

对上式两边求反得逻辑表达式：

$$S_i = \overline{\overline{A_i}\,\overline{B_i}\,\overline{C_{i-1}} + \overline{A_i}B_iC_{i-1} + A_i\overline{B_i}C_{i-1} + A_iB_i\overline{C_{i-1}}}$$

$$C_i = \overline{\overline{A_i}\,\overline{B_i} + \overline{B_i}\,\overline{C_{i-1}} + \overline{A_i}\,\overline{C_{i-1}}}$$

由上面的逻辑表达式画出逻辑图，如图4.10(a)所示，也就是MSI双全加器74LS183 (1/2)的逻辑图。图4.10(b)是全加器的逻辑符号。

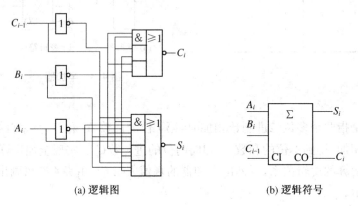

(a) 逻辑图　　　　　　　　　　　　(b) 逻辑符号

图4.10　中规模集成双全加器74183(1/2)

为了尽量简化电路，还可以对S_i、C_i的函数式进行转换：

$$S_i = \overline{A_i}\,\overline{B_i}C_{i-1} + \overline{A_i}B_i\overline{C_{i-1}} + A_i\overline{B_i}\,\overline{C_{i-1}} + A_iB_iC_{i-1}$$

$$= \overline{A_i}(\overline{B_i}C_{i-1} + B_i\overline{C_{i-1}}) + A_i(\overline{B_i}\,\overline{C_{i-1}} + B_iC_{i-1})$$

$$= \overline{A_i}(B_i \oplus C_{i-1}) + A_i(\overline{B_i \oplus C_{i-1}})$$

$$= A_i \oplus B_i \oplus C_{i-1}$$

$$C_i = \overline{A_i}B_iC_{i-1} + A_i\overline{B_i}C_{i-1} + A_iB_i\overline{C_{i-1}} + A_iB_iC_{i-1}$$

$$= (A_i \oplus B_i)C_{i-1} + A_iB_i$$

$$= \overline{\overline{(A_i \oplus B_i)C_{i-1} + A_iB_i}}$$

显然，用异或门、与或非门实现经上述转换后的S_i表达式和C_i表达式的全加器逻辑图如图4.2所示，只不过输入变量与输出变量的符号不同而已。实际上，上述对全加器的讨论也是组合电路的设计过程。

3) 集成加法器简介及其应用

常用74LS系列加法器产品如表4.7所示。

表4.7　集成加法器产品简介

名　称	常用型号	功　能
双保留进位全加器	74H183、74LS183、74HC183	具有两个独立的全加器，若把某一全加器的进位输出连至另一全加器的进位输入端，可构成2位串行进位加法器
2位二进制全加器	7482	执行两个二进制数的加法，每一位都有和（$\sum$）输出，由第二位产生最后的进位

（续表 4.7）

名　称	常用型号	功　能
3 位串行加法器	4032（同相）、4038（反相）	4038 与 4032 引脚相同，但为反相输出
4 位二进制超前进位加法器	7483A、74LS83A、74HC83、74C83、 74283、 74LS283、74F283、74S283、74HC283、74HC583、74F583、4008	可完成两个 4 位二进制数的加法运算，采用超前进位方式，速度快
BCD 加法器	4560	输入、输出的都是 BCD 码

（1）集成加法器的应用

① 组成多位加法器：多个全加器串接可构成多位加法器，图 4.11 所示为 4 位串行进位加法器连接图。而只要把高位集成加法器芯片的进位输入端 CI 与低位片的进位输出端 CO 相连，就可构成任意位数的二进制加法器。图 4.12 是用两个 74LS283 构成 8 位二进制加法器的连接图。

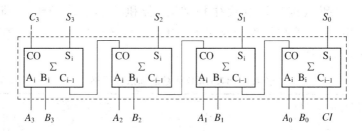

图 4.11　4 位串行进位加法器片内连接图

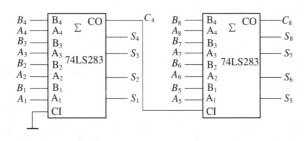

图 4.12　8 位二进制并行加法器电路图

② 组成减法器：图 4.13 为一个用 74LS283 组成的 4 位二进制减法器。减数 B 通过反相器变为反码输入，同时使进位输入端 CI＝1，得减数的补码，即将 $A-B$ 的运算变为 $A+[B]_{补}$ 的运算。差数 $S_1 \sim S_4$ 以补码形式输出，进位输出端 CO 输出差数的符号位 C。因为符号位没有参加运算，所以，当 $C＝1$ 时，表示 $A>B$，输出为正数的原码；当 $C＝0$ 时，表示 $A<B$，输出为负数的补码。

用多片集成加法器和相应数量的反相器即可组成多位二进制减法器。

③ 组成二进制加/减器：图 4.14 所示为用一个 74LS283 组成的并行加/减器，M 为控制端。当 $M＝0$ 时，执行加法运算；$M＝1$ 时，执行减法运算。

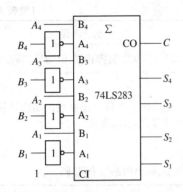

图 4.13 用 74LS283 构成 4 位二
进制减法器

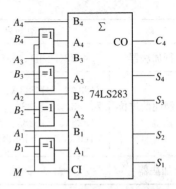

图 4.14 用 742LS283 构成 4 位二
进制加/减法器

④ 组成 BCD 码数加法器:在一些计算机和数字系统中经常直接采用十进制运算,相应的运算电路往往要求实现对 BCD 码数的运算。我们用二进制加法器加上校正电路,即可构成 BCD 码数加法器。

两个 8421BCD 码数按二进制规律相加时,若和数小于或等于 9(即 1001),仍是 8421BCD 码,不用校正;若和数等于或大于 10(1010),必须作 +6(0110)校正,以恢复到 8421BCD 码,如表 4.8 所示。

表 4.8 8421BCD 码数的加法校正表

两个 8421 码数的和及进位					十进制数	8421BCD 码					校正规律
C_4	S_4	S_3	S_2	S_1		C_4'	S_4'	S_3'	S_2'	S_1'	
0	0	0	0	0	0		0	0	0	0	
0	0	0	0	1	1		0	0	0	1	
0	0	0	1	0	2		0	0	1	0	
0	0	0	1	1	3		0	0	1	1	
0	0	1	0	0	4		0	1	0	0	不校正
0	0	1	0	1	5		0	1	0	1	
0	0	1	1	0	6		0	1	1	0	
0	0	1	1	1	7		0	1	1	1	
0	1	0	0	0	8		1	0	0	0	
0	1	0	0	1	9		1	0	0	1	
0	1	0	1	0	10	1	0	0	0	0	
0	1	0	1	1	11	1	0	0	0	1	
0	1	1	0	0	12	1	0	0	1	0	
0	1	1	0	1	13	1	0	0	1	1	+0110(+6) 校正
0	1	1	1	0	14	1	0	1	0	0	
0	1	1	1	1	15	1	0	1	0	1	
1	0	0	0	0	16	1	0	1	1	0	
1	0	0	0	1	17	1	0	1	1	1	
1	0	0	1	0	18	1	1	0	0	0	

由此可见,8421BCD 码加法器可由 4 位二进制加法器和判断过 9 补 6 的逻辑电路组

合实现。过 9 补 6 校正电路的卡诺图可由表 4.8 画出,如图 4.15 所示。化简得逻辑表达式为:

$$Z = S_4 S_3 + S_4 S_2 + C_4 = \overline{\overline{S_4 S_3} \ \overline{S_4 S_2} \ \overline{C_4}}$$

$C_4 S_4$ \ $S_3 S_2 S_1$	000	001	011	010	110	111	101	100
00	0	0	0	0	0	0	0	0
01	0	0	1	1	1	1	1	1
11	×	×	×	×	×	×	×	×
10	1	1	×	1	×	×	×	×

图 4.15　过 9 补 6 校正电路卡诺图

由此得到用两个 74LS83 和过 9 补 6 校正电路组成的 8421BCD 码加法器逻辑图,如图 4.16 所示。

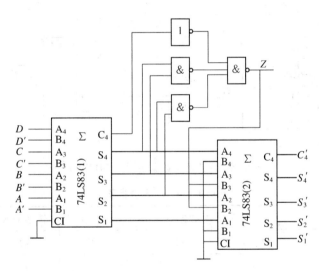

图 4.16　用二进制加法器构成 8421BCD 码加法器

· 两个余 3 码表示的二-十进制数相加,输出仍然要用余 3 码表示,即要构成余 3 码加法器。若用二进制加法器来实现,则两个余 3 码相加,当和数小于或等于 9 即无进位时,因为每个码都余 3,其和余 6,结果需减 3;如果和数大于 9 即有进位时,因二进制加法器按二进制规律进位,进 1 相当于减去 16 而不是 10,故结果需加 3。所以用两个 4 位二进制加法器构成余 3 码加法器时,其校正电路的逻辑功能为当有进位($C_4 = 1$)时,做 +3(即 +0011)校正;当无进位($C_4 = 0$)时,做 −3(即 +1101)校正。用集成加法器构成余 3 码加法器的逻辑图如图 4.17 所示。

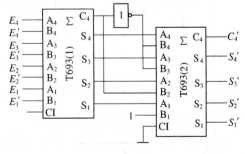

图 4.17　用二进制加法器构成余 3 码加法器

4.4.3 数据选择器

数据选择器(Mullipexer)又称多路选择器或多路开关,它的逻辑功能是实现从多个数据输入信号中选择一个作为输出。MSI 数据选择器实用性很强,可以用来实现各种逻辑函数。

1) 数据选择器的工作原理

图 4.18(a)和(b)为双 4 选 1 数据选择器 74LS153 的图形符号和逻辑图。

根据逻辑图可以写出 153(1/2)的输出表达式:

$$Y = \overline{\overline{ST}}[(\overline{A_1}\,\overline{A_0})D_0 + (\overline{A_1}A_0)D_1 + (A_1\,\overline{A_0})D_2 + (A_1A_0)D_3]$$

其功能表如表 4.9 所示。

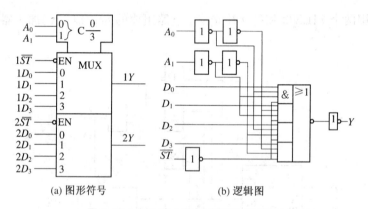

(a) 图形符号　　　　(b) 逻辑图

图 4.18　双 4 选 1 数据选择器 74LS153

表 4.9　74LS153 功能表

选择输入		数据输入				选通输入	输　出
A_1	A_0	D_0	D_1	D_2	D_3	$\overline{ST}$	Y
×	×	×	×	×	×	H	L
L	L	L	×	×	×	L	L
L	L	H	×	×	×	L	H
L	H	×	L	×	×	L	L
L	H	×	MSI	×	×	L	H
H	L	×	×	L	×	L	L
H	L	×	×	H	×	L	H
H	H	×	×	×	L	L	L
H	H	×	×	×	H	L	H

$\overline{ST}$为选通输入端,又叫使能端,输入低电平有效:当$\overline{ST}=0$ 时,芯片工作,若选择输入A_1、A_0 分别为 00、01、10、11,则相应的把数据输入 D_0、D_1、D_2、D_3 送到输出端 Y 去;当$\overline{ST}=$

1 时,芯片不工作,输出 Y 恒为 0。此外,还应注意,A_1、A_0 两个选择输入端为两个 4 选 1 数据选择器所共用。

2) 常用集成数据选择器简介

部分常用 54/74 系列、4000CMOS 系列及国产数据选择器产品如表 4.10 所示。

表 4.10　常用数据选择器产品简介

名　　称	型　　号
四 2 选 1 数据选择器	74LS157(同相)、74LS158(反相)、74LS257(三态、同相)、74LS258(三态、反相)、74LS398(双端输出)、74LS399(单端输出)、4019
双 4 选 1 数据选择器	74LS153、74LS253(三态)、74LS352(反相)、74LS353(三态、反相)、4539
8 选 1 数据选择器	74LS151、74LS152、74LS251(三态)、74LS354(三态、带地址锁存)、4512
双 8 选 1 数据选择器	74LS351(三态)、74LS356(三态、带地址锁存)
16 选 1 数据选择器	74LS150(反相)

图 4.19 为 8 选 1 数据选择器(54/74)151 的图形符号,表 4.11 是其功能表。它有 8 个数据输入端,3 个选择输入端,两个互补的数据输出端 Y 和 $\overline{Y}$。其逻辑表达式为:

$$Y = \overline{\overline{ST}(\overline{A}_2\,\overline{A}_1\,\overline{A}_0 D_0 + \overline{A}_2\,\overline{A}_1 A_0 D_1 + \overline{A}_2 A_1\,\overline{A}_0 D_2 + \overline{A}_2 A_1 A_0 D_3 + A_2\,\overline{A}_1\,\overline{A}_0 D_4}$$
$$\overline{+ A_2\,\overline{A}_1 A_0 D_5 + A_2 A_1\,\overline{A}_0 D_6 + A_2 A_1 A_0 D_7)}$$

表 4.11　(54/74)151 功能表

输　　入				输　　出	
$\overline{ST}$	A_2	A_1	A_0	Y	$\overline{Y}$
H	X	X	X	L	H
L	L	L	L	D_0	$\overline{D_0}$
L	L	L	H	D_1	$\overline{D_1}$
L	L	H	L	D_2	$\overline{D_2}$
L	L	H	H	D_3	$\overline{D_3}$
L	H	L	L	D_4	$\overline{D_4}$
L	H	L	H	D_5	$\overline{D_5}$
L	H	H	L	D_6	$\overline{D_6}$
L	H	H	H	D_7	$\overline{D_7}$

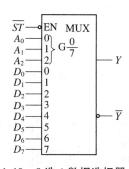

图 4.19　8 选 1 数据选择器
(54/74)151 图形符号

3) 集成数据选择器的典型应用

(1) 数据传送及构成可编程逻辑信号发生器

从多路输入数据中选择一路数据输出是数据选择器的基本用途。此外,它可以将多位并行输入数据转换为串行输出。例如,把数据 $D_0 \sim D_{15}$ 并行输入 16 选 1 数据选择器的 16 个数据输入端,当选择输入端 $A_3 A_2 A_1 A_0$ 的二进制数据依次由 0000 递增到 1111 时,16 个并行输入数据 $D_0 \sim D_{15}$ 便依次传送到输出端,转换成串行数据。如果并行输入数据 $D_0 \sim D_{15}$ 各自先预置成 0 或 1,则在选择输入端的控制下,数据选择器将输出所要求的序列信号,这就是"可编程逻辑信号发生器"。

（2）实现逻辑函数

用4选1数据选择器可以实现二变量和三变量的逻辑函数；用8选1数据选择器可以实现三变量和四变量的逻辑函数；而用16选1数据选择器可以实现四变量和五变量的逻辑函数。下面举例说明。

【例4.4】 用数据选择器74LS153实现逻辑函数 $L=A\overline{C}+\overline{A}B+B\overline{C}$。

解： 74LS153是双4选1数据选择器，其1/2输出逻辑表达式为：

$$Y = \overline{\overline{ST}}[(\overline{A_1}\,\overline{A_0})D_0 + (\overline{A_1}A_0)D_1 + (A_1\,\overline{A_0})D_2 + (A_1A_0)D_3]$$

而要求它实现的函数：

$$\begin{aligned}
L &= A\overline{C}+\overline{A}B+B\overline{C} = A\overline{C}+\overline{A}B \\
&= A\overline{C}(B+\overline{B})+\overline{A}B(C+\overline{C}) \\
&= \overline{A}\,\overline{B}\cdot 0+\overline{A}B\cdot 1+A\overline{B}\,\overline{C}+AB\overline{C}
\end{aligned}$$

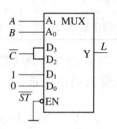

比较上面两式可知，将函数 L 的输入变量 A、B 接入74LS153的选择输入端 A_1、A_0，令 $\overline{ST}=0$，$D_0=0$，$D_1=1$，$D_2=D_3=\overline{C}$，74LS153的输出 Y 就等于 L，即实现了逻辑函数 L，如图4.20所示。

图4.20 用74LS153实现
$L=A\overline{C}+\overline{A}B+B\overline{C}$

【例4.5】 用74LS151实现逻辑函数 $L=A\overline{C}+\overline{A}B+B\overline{C}$。

解： 74LS151是8选1数据选择器，其输出逻辑表达式为：

$$\begin{aligned}
Y = \overline{\overline{ST}}(&\overline{A_2}\,\overline{A_1}\,\overline{A_0}D_0 + \overline{A_2}\,\overline{A_1}A_0D_1 + \overline{A_2}A_1\,\overline{A_0}D_2 \\
&+ \overline{A_2}A_1A_0D_3 + A_2\overline{A_1}\,\overline{A_0}D_4 + A_2\overline{A_1}A_0D_5 \\
&+ A_2A_1\,\overline{A_0}D_6 + A_2A_1A_0D_7)
\end{aligned}$$

而要求它实现的函数：

$$\begin{aligned}
L &= A\overline{C}+\overline{A}B+B\overline{C} \\
&= \overline{A}\,\overline{B}\,\overline{C}\cdot 0+\overline{A}\,\overline{B}C\cdot 0+\overline{A}B\overline{C}\cdot 1+\overline{A}BC\cdot 1+A\overline{B}\,\overline{C}\cdot 1+A\overline{B}C\cdot 0 \\
&\quad + AB\overline{C}\cdot 1+ABC\cdot 0
\end{aligned}$$

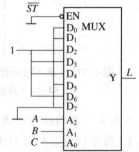

比较上面两式可知，将函数 L 的自变量 A、B、C 接入74LS151的选择输入端 A_2、A_1、A_0，令选通输入端 $\overline{ST}$ 接0，数据输入端 D_2、D_3、D_4 和 D_6 接1，D_0、D_1、D_5 和 D_7 接0，即实现了逻辑函数 L，如图4.21所示。

如果逻辑函数给出的是真值表或卡诺图形式，用数据选择器实现就更容易了。方法是由真值表或卡诺图写出逻辑函数的标准与或式（即最小项之和式），与数据选择器函数表达式相对照，确定数据选择器的选择输入端和数据输入端与逻辑函数自变量之间的一一对应关系，画出类似图4.20、图4.21的逻辑图即可。

图4.21 用74LS151实现
$L=A\overline{C}+\overline{A}B+B\overline{C}$

4.4.4　编码器

在数字系统中，有时需要把具有某种特定含义的信息（例如十进制数、文字、符号等）编成相应的二进制代码或二-十进制代码,这一过程称为编码,实现编码操作的电路称为编码器(Encoder)。这是一种多输入、多输出的组合逻辑电路。编码器分为二进制编码器、BCD码编码器和优先编码器等类型。最常用的编码器是微机的键盘电路。

n 位二进制代码有 2^n 个不同取值组合,可以给 2^n 个或 2^n 以下个的信息编码。对 m 个信号进行编码时,可用公式 $2^n \geq m$ 来确定要使用的二进制代码的位数 n,例如对 8 个信号进行编码,需用 3 位二进制代码,编码器应有 8 线输入,3 线输出;对 10 个信号进行编码。需用 4 位二进制代码,编码器应有 10 线输入,4 线输出。

1)二进制编码器

二进制编码器是将 2^n 个信号转换成 n 位二进制代码的电路。下面举例说明该编码器的工作原理。

【例 4.6】 设计一个对 $Y_0 \sim Y_7$ 等八个信号进行二进制编码的电路,要求用与非门实现。

解:此处要编码的信号 $m=8$,根据 $2^n \geq m$ 的关系可知 $n=3$,即编码器要输出 3 位二进制代码,设用 A、B、C 表示。因为 8 个被编码信号 $Y_0 \sim Y_7$ 中每次只能输入一个信号(编码器每次只对一个信号编码),所以可列出 $Y_0 \sim Y_7$ 与 A、B、C 逻辑关系的简化真值表即编码表,如表 4.12 所示。

表 4.12 8 线-3 线编码表

编码输入	编码输出		
	A	B	C
Y_0	0	0	0
Y_1	0	0	1
Y_2	0	1	0
Y_3	0	1	1
Y_4	1	0	0
Y_5	1	0	1
Y_6	1	1	0
Y_7	1	1	1

由编码表可得 A、B、C 的逻辑表达式为:

$$A = Y_4 + Y_5 + Y_6 + Y_7$$
$$B = Y_2 + Y_3 + Y_6 + Y_7$$
$$C = Y_1 + Y_3 + Y_5 + Y_7$$

题目要求用与非门实现,因此将上述与或式转换成与非-与非表达式:

$$A = \overline{\overline{Y_4 + Y_5 + Y_6 + Y_7}} = \overline{\overline{Y_4}\,\overline{Y_5}\,\overline{Y_6}\,\overline{Y_7}}$$
$$B = \overline{\overline{Y_2 + Y_3 + Y_6 + Y_7}} = \overline{\overline{Y_2}\,\overline{Y_3}\,\overline{Y_6}\,\overline{Y_7}}$$
$$C = \overline{\overline{Y_1 + Y_3 + Y_5 + Y_7}} = \overline{\overline{Y_1}\,\overline{Y_3}\,\overline{Y_5}\,\overline{Y_7}}$$

由此可画逻辑图,如图 4.22。图中隐含对 Y_0 的编码,当 $Y_1 \sim Y_7$ 均为 0 时,输出就是对 Y_0 的编码 000。

2)BCD 码编码器

将十进制数 0~9 转换成二进制代码的电路,称为 BCD 码编码器,因为根据 $2^n \geq m$,可知 $n=4$,所以 BCD 码编码器为 10 线输入,4 线输出。在第 2 章中曾介绍了常用的 BCD 码有 8421 码、余 3 码、2421 码和 5421 码等,因而相应地有不同的 BCD 码编码器。下面以最常用的 8421BCD 编码器为例加以介绍。

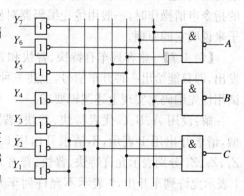

图 4.22 8 线-3 线编码器逻辑图

设用 $DCBA$ 表示十进制数的 4 位二进制代码,8421BCD 码的编码表如表 4.13 所示。

同样,这里 10 个输入信号 $Y_0 \sim Y_9$ 也是互相排斥的,由表 4.13 求出输出函数的表达式:

$$D = Y_8 + Y_9 = \overline{\overline{Y_8} \, \overline{Y_9}}$$

$$C = Y_4 + Y_5 + Y_6 + Y_7 = \overline{\overline{Y_4} \, \overline{Y_5} \, \overline{Y_6} \, \overline{Y_7}}$$

$$B = Y_2 + Y_3 + Y_6 + Y_7 = \overline{\overline{Y_2} \, \overline{Y_3} \, \overline{Y_6} \, \overline{Y_7}}$$

$$A = Y_1 + Y_3 + Y_5 + Y_7 + Y_9 = \overline{\overline{Y_1} \, \overline{Y_3} \, \overline{Y_5} \, \overline{Y_7} \, \overline{Y_9}}$$

由上述表达式可以画出如图 4.23 所示的逻辑图。

表 4.13　8421BCD 码编码表

编码输入	对应十进制数	编码输出			
		D	C	B	A
Y_0	0	0	0	0	0
Y_1	1	0	0	0	1
Y_2	2	0	0	1	0
Y_3	3	0	0	1	1
Y_4	4	0	1	0	0
Y_5	5	0	1	0	1
Y_6	6	0	1	1	0
Y_7	7	0	1	1	1
Y_8	8	1	0	0	0
Y_9	9	1	0	0	1

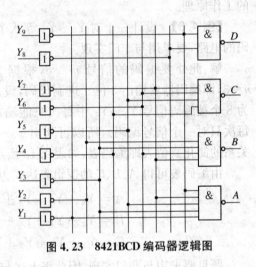

图 4.23　8421BCD 编码器逻辑图

3) 优先编码器

上述编码器要求输入信号必须是互相排斥的,即每次只能有一个信号输入编码器,否则输出会发生混乱,而优先编码器不存在此问题。

当同时有一个以上的信号输入编码电路时,电路只能对其中一个优先级别最高的信号进行编码,这种编码器称为优先编码器。例如计算机可以处理多个指令,当同时有一个以上的指令申请操作时,一般用优先编码器对优先级别最高的指令进行操作。下面通过一个例子来说明它的原理。

【例 4.7】 旅客列车有特快、普快和普客三种,在同一时间,只允许有一列客车从车站发出,即只能给出一种开车信号,上述三种客车的优先级别是特快最高,其次是普快、普客。试用优先编码器实现上述逻辑要求。

解: 设用 A、B、C 代表特快、普快、普客三种类型,请求开出用 1 表示,不请求开出用 0 表示。用 Z_1、Z_2、Z_3 分别表示允许特快、普快、普客开出信号,1 表示允许列车开出,0 表示不允许列车开出,可列出表示它们逻辑关系的真值表,如表 4.14 所示。

由真值表可求得开出信号 Z_1、Z_2、Z_3 逻辑表达式为:

表 4.14　列车优先编码真值表

编码输入			编码输出		
A	B	C	Z_1	Z_2	Z_3
0	0	0	0	0	0
0	0	1	0	0	1
0	1	$\times$	0	1	0
1	$\times$	$\times$	1	0	0

$$Z_1 = A$$
$$Z_2 = \bar{A}B$$
$$Z_3 = \bar{A}\,\bar{B}C$$

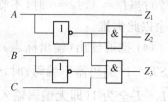

根据表达式，可画出对应的优先编码器逻辑电路图，如图 4.24 所示。

图 4.24 列车优先开出编码器逻辑图

4）集成优先编码器简介

常用的集成编码器多为优先编码器，如表 4.15 所示。

表 4.15 集成优先编码器产品

名　　称	型　　号
8 线-3 线优先编码器	74148、74LS148、74F148、74HC148、4532
10 线-4 线 BCD 码优先编码器	74147、74LS147、74HC147、40147
8 线-8 线优先编码器	74HC149

表 4.16 是 8 线-3 线优先编码器 148 的功能表，图形符号如图 4.25 所示。

表 4.16 8 线-3 线优先编码器 148 的功能表

选通输入	编码输入								编码输出			扩展输出	选通输出
$\overline{ST}$	$\bar{I}_0$	$\bar{I}_1$	$\bar{I}_2$	$\bar{I}_3$	$\bar{I}_4$	$\bar{I}_5$	$\bar{I}_6$	$\bar{I}_7$	$\bar{Y}_2$	$\bar{Y}_1$	$\bar{Y}_0$	$\bar{Y}_{EX}$	$\bar{Y}_S$
H	×	×	×	×	×	×	×	×	H	H	H	H	H
L	H	H	H	H	H	H	H	H	H	H	H	H	L
L	×	×	×	×	×	×	×	L	L	L	L	L	H
L	×	×	×	×	×	×	L	H	L	L	H	L	H
L	×	×	×	×	×	L	H	H	L	H	L	L	H
L	×	×	×	×	L	H	H	H	L	H	H	L	H
L	×	×	×	L	H	H	H	H	H	L	L	L	H
L	×	×	L	H	H	H	H	H	H	L	H	L	H
L	×	L	H	H	H	H	H	H	H	H	L	L	H
L	L	H	H	H	H	H	H	H	H	H	H	L	H

由功能表可分析出 148 的逻辑功能特点如下：

（1）$\overline{ST}$ 为选通输入端（即控制输入端），只有在 $\overline{ST}=0$ 时，编码器才执行编码功能；$\overline{ST}=1$ 时，编码器不工作（$\bar{Y}_2\,\bar{Y}_1\,\bar{Y}_0=111$）。

（2）编码输入 $\bar{I}_0 \sim \bar{I}_7$ 低电平有效，编码输出 $\bar{Y}_0 \sim \bar{Y}_2$ 采用反码形式。

（3）$\bar{I}_0 \sim \bar{I}_7$ 中，$\bar{I}_7$ 优先级别最高，依次降低，$\bar{I}_0$ 最低。例如，当 $\bar{I}_7 = 0$ 时，不管其他编码输入什么状态，输出对 $\bar{I}_7$ 的编码，即 $\bar{Y}_2\bar{Y}_1\bar{Y}_0 = 000$（采用反码表示，代

图 4.25 8 线-3 线优先编码器 148 的图形符号

表 7);当 $\overline{I}_7 = 1$, $\overline{I}_6 = 0$ 时,不管其他编码输入什么状态,输出 $\overline{Y}_2 \overline{Y}_1 \overline{Y}_0 = 001$,对 $\overline{I}_6$ 编码;其余以此类推。

(4) 选通输出(输出标志)端 $\overline{Y}_S$ 和扩展输出(使能输出)端 $\overline{Y}_{EX}$ 用来进行功能扩展。当 $\overline{ST} = 1$(编码器不编码)时,恒有 $\overline{Y}_S = \overline{Y}_{EX} = 1$。当 $\overline{ST} = 0$(编码器执行编码操作)时,若 $\overline{I}_0 \sim \overline{I}_7$ 全为 1(即无编码输入信号),则有 $\overline{Y}_S = 0$,$\overline{Y}_{EX} = 1$;若 $\overline{I}_0 \sim \overline{I}_7$ 不全为 1(即有编码输入信号),则有 $\overline{Y}_S = 1$,$\overline{Y}_{EX} = 0$。利用 $\overline{ST}$、$\overline{Y}_S$ 和 $\overline{Y}_{EX}$,可以扩展 148 的逻辑功能。例如图 4.26 即为利用此功能用两片 8 线-3 线优先编码器 148 组成 16 线-4 线优先编码器接线图。

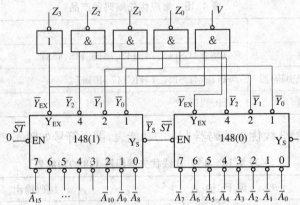

图 4.26　两片 148 组成 16 线-4 线优先编码器

图中,$\overline{A}_0 \sim \overline{A}_{15}$ 为编码输入,$\overline{A}_{15}$ 优先级别最高,$\overline{A}_0$ 最低,所以,148(1)的优先级别高于 148(0)。当 $\overline{A}_{15} \sim \overline{A}_8$ 有编码信号输入时,148(1)的输出端 $\overline{Y}_S = 1$,$\overline{Y}_{EX} = 0$,使 148(0)的选通输入端 $\overline{ST} = 1$,148(0)不进行编码操作,其输出 $\overline{Y}_2 \overline{Y}_1 \overline{Y}_0 = 111$,不影响 148(1)对 $\overline{A}_{15} \sim \overline{A}_8$ 的编码操作($Z_3 Z_2 Z_1 Z_0$ 编码输出);当 $\overline{A}_{15} \sim \overline{A}_8$ 均无信号输入时(都为高电平),148(0)对 $\overline{A}_7 \sim \overline{A}_0$ 进行优先编码操作。

例如,$\overline{A}_{12} = 0$ 时,148(1)的 $\overline{Y}_S = 1$,$\overline{Y}_{EX} = 0$,输出 $\overline{Y}_2 \overline{Y}_1 \overline{Y}_0 = 011$;148(0)被封锁,其输出 $\overline{Y}_2 \overline{Y}_1 \overline{Y}_0 = 011$,此时 $Z_3 Z_2 Z_1 Z_0 = 1100$,实现了对 $\overline{A}_{12}$ 的编码;当 $\overline{A}_{15} \sim \overline{A}_8$ 全为高电平时,148(1)的 $\overline{Y}_S = 0$,$\overline{Y}_{EX} = 1$,其输出 $\overline{Y}_2 \overline{Y}_1 \overline{Y}_0 = 111$,148(0)可以进行编码,若此时 $\overline{A}_5 = 0$ 时,则 148(0)的输出 $\overline{Y}_2 \overline{Y}_1 \overline{Y}_0 = 010$,$Z_3 Z_2 Z_1 Z_0 = 0101$,实现了对 $\overline{A}_5$ 的编码。

图 4.27　优先编码器 (54/74)147 图形符号

输出端 V 的作用是可以根据其电平高低作为有无编码的标志。当 148(1)和 148(0)都无编码时,其输出 $\overline{Y}_{EX}$ 均为高电平,则 V 输出低电平,表示无编码;只要 148(1)和 148(0)中任何一个在进行编码操作(即 $\overline{A}_0 \sim \overline{A}_{15}$ 中有低电平输入),则它的 $\overline{Y}_{EX}$ 定为低电平,V 即输出高电平,标志着有编码。

图 4.27 是 10 线-4 线(8421BCD 码)优先编码器(54/74)147 的图形符号,表 4.17 是它的功能表,读者可自行分析其逻辑功能。

表 4.17 8421BCD 码 10 线-4 线优先编码器 147 功能表

编码输入									编码输出			
$\overline{I}_1$	$\overline{I}_2$	$\overline{I}_3$	$\overline{I}_4$	$\overline{I}_5$	$\overline{I}_6$	$\overline{I}_7$	$\overline{I}_8$	$\overline{I}_9$	$\overline{Y}_3$	$\overline{Y}_2$	$\overline{Y}_1$	$\overline{Y}_0$
H	H	H	H	H	H	H	H	H	H	H	H	H
×	×	×	×	×	×	×	×	L	L	H	H	L
×	×	×	×	×	×	×	L	H	L	H	H	H
×	×	×	×	×	×	L	H	H	H	L	L	L
×	×	×	×	×	L	H	H	H	H	L	L	H
×	×	×	×	L	H	H	H	H	H	L	H	L
×	×	×	L	H	H	H	H	H	H	L	H	H
×	×	L	H	H	H	H	H	H	H	H	L	L
×	L	H	H	H	H	H	H	H	H	H	L	H
L	H	H	H	H	H	H	H	H	H	H	H	L

图 4.28 是 8 线-8 线优先编码器 74HC149 的引脚图,它的功能表为表 4.18。

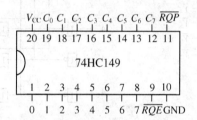

图 4.28 74HC149 的引脚图

表 4.18 8 线-8 线优先编码器 74HC149 的功能表

输 入									输 出								
$\overline{RQE}$	0	1	2	3	4	5	6	7	C_0	C_1	C_2	C_3	C_4	C_5	C_6	C_7	$\overline{RQP}$
H	×	×	×	×	×	×	×	×	H	H	H	H	H	H	H	H	H
L	H	H	H	H	H	H	H	H	H	H	H	H	H	H	H	H	H
L	×	×	×	×	×	×	×	L	H	H	H	H	H	H	H	L	L
L	×	×	×	×	×	×	L	H	H	H	H	H	H	H	L	H	L
L	×	×	×	×	×	L	H	H	H	H	H	H	H	L	H	H	L
L	×	×	×	×	L	H	H	H	H	H	H	H	L	H	H	H	L
L	×	×	×	L	H	H	H	H	H	H	H	L	H	H	H	H	L
L	×	×	L	H	H	H	H	H	H	H	L	H	H	H	H	H	L
L	×	L	H	H	H	H	H	H	H	L	H	H	H	H	H	H	L
L	L	H	H	H	H	H	H	H	L	H	H	H	H	H	H	H	L

4.4.5 译码器

译码是编码的逆过程,即把输入的二进制代码"翻译"成相应的输出信号或另一种代码。实现译码操作的电路称译码器(Decoder)。按照功能的不同,可以把译码器分为三类:二进制译码器、二-十进制译码器(4 线-10 线译码器)、显示译码器。

下面对这三种译码器分别加以介绍。

1) 二进制译码器

这种译码器的输入为 n 位二进制码,有 2^n 个输出端,每个输出函数对应于 n 个输入变量的一个最小项。译码器的变量输入端也叫地址输入端,常用的二进制译码器有 2 线-4 线译码器、3 线-8 线译码器、4 线-16 线译码器等。我们以 3 线-8 线集成译码器 74LS138 为例介绍二进制译码器的工作原理。图 4.29(a)、(b)是它的图形符号和逻辑图,表 4.19 是它的逻辑功能表。

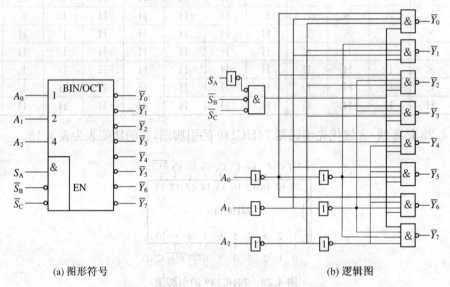

(a) 图形符号　　　　　　　　　　(b) 逻辑图

图 4.29　3 线-8 线集成译码器 74LS138

表 4.19　3 线-8 线集成译码器 74LS138 的功能表

使能输入		译码输入			译码输出							
S_A	$\overline{S}_B + \overline{S}_C$	A_2	A_1	A_0	$\overline{Y}_0$	$\overline{Y}_1$	$\overline{Y}_2$	$\overline{Y}_3$	$\overline{Y}_4$	$\overline{Y}_5$	$\overline{Y}_6$	$\overline{Y}_7$
×	H	×	×	×	H	H	H	H	H	H	H	H
L	×	×	×	×	H	H	H	H	H	H	H	H
H	L	L	L	L	L	H	H	H	H	H	H	H
H	L	L	L	H	H	L	H	H	H	H	H	H
H	L	L	H	L	H	H	L	H	H	H	H	H
H	L	L	H	H	H	H	H	L	H	H	H	H
H	L	H	L	L	H	H	H	H	L	H	H	H
H	L	H	L	H	H	H	H	H	H	L	H	H
H	L	H	H	L	H	H	H	H	H	H	L	H
H	L	H	H	H	H	H	H	H	H	H	H	L

由逻辑图和功能表可以写出 74LS138 译码器输出的逻辑表达式为：

$$\overline{Y_0} = \overline{S_A \, \overline{\overline{S_B}} \, \overline{\overline{S_C}} \cdot \overline{A_2} \, \overline{A_1} \, \overline{A_0}}$$

$$\overline{Y_1} = \overline{S_A \, \overline{\overline{S_B}} \, \overline{\overline{S_C}} \cdot \overline{A_2} \, \overline{A_1} A_0}$$

$$\vdots$$

$$\overline{Y_7} = \overline{S_A \, \overline{\overline{S_B}} \, \overline{\overline{S_C}} \cdot A_2 A_1 A_0}$$

由功能表和逻辑表达式可知：

（1）三个使能端 S_A、$\overline{S_B}$、$\overline{S_C}$ 必须分别为 H、L、L 时译码器才能正常译码；否则，不管译码输入 $A_2 A_1 A_0$ 为何值，译码输出 $\overline{Y_7} \sim \overline{Y_0}$ 都输出高电平，所以，使能端的基本作用是决定译码器能否正常进行译码操作，使能端还可用于译码器的功能扩展。

（2）74LS 138 的译码输入 $A_2 \sim A_0$ 高电平有效，译码输出 $\overline{Y_7} \sim \overline{Y_0}$ 低电平有效，每个输出端为译码输入的三变量 A_2、A_1、A_0 的一个最小项的非。

2）二–十进制译码器（4 线–10 线译码器）

这种译码器的功能是把 BCD 码，例如 8421BCD 码转换成对应的十进制代码的 10 个输出信号，它有 4 个地址输入端，10 个译码输出端，故又叫 4 线–10 线译码器。若 4 个地址输入对应有 16 个译码输出，叫"全译码"。而在 4 线–10 线译码器中，4 个地址输入的状态组合中，有 6 个输出无对应的代码，称为伪码。输出能拒绝伪码或输入伪码对输出不起作用的译码器也称"全译码器"。

4 线–10 线全译码器 74LS42 的逻辑图和图形符号如图 4.30(a)、(b)所示。表 4.20 是它的功能表。

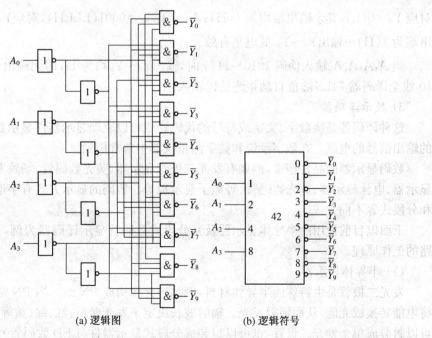

(a) 逻辑图　　　　　　　(b) 逻辑符号

图 4.30　4 线–10 线全译码器 74LS42

表 4.20　4 线-10 线全译码器 74LS42 的功能表

对应十进制数	地址输入				译码输出									
	A_3	A_2	A_1	A_0	$\overline{Y}_9$	$\overline{Y}_8$	$\overline{Y}_7$	$\overline{Y}_6$	$\overline{Y}_5$	$\overline{Y}_4$	$\overline{Y}_3$	$\overline{Y}_2$	$\overline{Y}_1$	$\overline{Y}_0$
0	L	L	L	L	H	H	H	H	H	H	H	H	H	L
1	L	L	L	H	H	H	H	H	H	H	H	H	L	H
2	L	L	H	L	H	H	H	H	H	H	H	L	H	H
3	L	L	H	H	H	H	H	H	H	H	L	H	H	H
4	L	H	L	L	H	H	H	H	H	L	H	H	H	H
5	L	H	L	H	H	H	H	H	L	H	H	H	H	H
6	L	H	H	L	H	H	H	L	H	H	H	H	H	H
7	L	H	H	H	H	H	L	H	H	H	H	H	H	H
8	H	L	L	L	H	L	H	H	H	H	H	H	H	H
9	H	L	L	H	L	H	H	H	H	H	H	H	H	H
伪　码　10	H	L	H	L	H	H	H	H	H	H	H	H	H	H
⋮	⋮	⋮	⋮	⋮	⋮	⋮	⋮	⋮	⋮	⋮	⋮	⋮	⋮	⋮
15	H	H	H	H	H	H	H	H	H	H	H	H	H	H

根据逻辑图和功能表,可知其输出函数表达式为:

$$\overline{Y}_0 = \overline{\overline{A}_3\,\overline{A}_2\,\overline{A}_1\,\overline{A}_0}$$

$$\overline{Y}_1 = \overline{\overline{A}_3\,\overline{A}_2\,\overline{A}_1 A_0}$$

$$\vdots$$

$$\overline{Y}_9 = \overline{A_3\,\overline{A}_2\,\overline{A}_1 A_0}$$

由功能表和逻辑表达式可知,74LS42 译码器地址输入端 A_3、A_2、A_1、A_0 输入 8421BCD 码时,输出端 $\overline{Y}_0 \sim \overline{Y}_9$ 之中的一个有相应的输出 0(L)。例如,$A_3A_2A_1A_0=0000$(LLLL)时,对应 $\overline{Y}_0=0$(L),其余输出端均为 1(H);$A_3A_2A_1A_0=0001$(LLLH),对应 $\overline{Y}_1=0$(L),其余输出端为 1(H)…输出 $\overline{Y}_1 \sim \overline{Y}_9$ 低电平有效。

当 $A_3A_2A_1A_0$ 输入伪码 1010~1111 时,输出 $\overline{Y}_0 \sim \overline{Y}_9$ 均为 H,即无输出信号,说明 4 线-10 线全译码器 74LS42 能自动拒绝伪码输入。

3) 显示译码器

这种译码器是将数字、文字或符号的代码译成可以驱动显示器件显示数字、文字或符号的输出信号的电路。在数字系统和数字测量仪器中常常用到。

数码显示器的品种很多,例如有发光二极管显示器、荧光数码管、场致发光数字板、液晶显示器、电泳显示器、辉光数码管、等离子显示板等。数码的显示方式有字形重叠式、点阵式和分段式等不同方式。

下面以目前常用的半导体显示器及其分段式数码管显示译码器为例,介绍数字显示电路的工作原理。

(1) 半导体显示器

发光二极管是由特殊的半导体材料,例如砷化镓构成 PN 结。当 PN 结正向导通时,可将电能转换成光能,从而辐射发光。辐射波长决定了发光颜色:红、绿、黄等。发光二极管既可以封装成单个发光二极管,也可以封装成分段式显示器件(LED 数码管)。发光二极管的常用驱动电路如图 4.31(a)、(b)所示,图(a)是用三极管驱动,图(b)是由 TTL 与非门直接驱动的。LED 数码管符号及其 7 段显示的 0～9 十进制数码示意如图 4.32 所示。

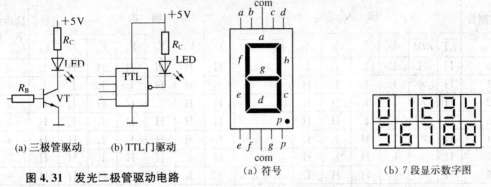

(a) 三极管驱动　(b) TTL门驱动

图 4.31　发光二极管驱动电路

(a) 符号

(b) 7 段显示数字图

图 4.32　LED 数码管

LED 数码管的内部结构原理有如图 4.33(a)、(b)所示两种,分别称为共阳数码管和共阴数码管。图(a)为共阳极接法,即公共端 com 通过电阻接 V_{CC} 显示段 a～g 接低电平时发光;图(b)为共阴极接法,即 com 接地,a～g 接高电平时显示段发光。

表4.21列出了几种常用半导体发光数码管的特性参数,供使用时参考。

表 4.21　几种常用半导体发光数码管的特性参数

型　　号	正向工作电压 $U_V(V)$ 每段 $I_V=10$ mA	直流工作电流 $I_F(mA)$ 全亮	极限工作电流 $I_{fm}(mA)$	反向击穿电压 $U_R(V)$	发光颜色	连接形式
BS201	≤1.8	40	100	≥5	红色	共阴
BS202	≤1.8	60	200	≥5	红色	共阴
BS204	≤1.8	60	200	≥5	红色	共阳
BS206	≤1.8	60	200	≥10	红色	共阳

(2) 分段式数码管显示译码器

半导体数码管是利用不同发光段的组合来显示不同数码的,而这些不同发光段的驱动就是靠显示译码器来完成。例如,将 8421BCD 码 0101 输入显示译码器,显示译码器应输出使半导体数码管显示 5 的驱动信号,亦即译码器应使 a、c、d、f、g 等五段发光。

现以 8421BCD 码 7 段中规模显示译码器(54/74)48 与半导体数码管 BS201A 组成的译码驱动显示电路为例,说明半导体数码管显示译码驱动电路的工作原理。

4 线-7 线译码/驱动器(54/74)48 的图形符号如图 4.34 所示,其功能表为表 4.22。A_3、A_2、A_1、A_0 是 8421BCD 码输入端,Y_a、Y_b、Y_c、Y_d、Y_e、Y_f、Y_g 是译码输出端,用于驱动半导体数码管的 7 个发光段 a、b、c、d、e、f、g。

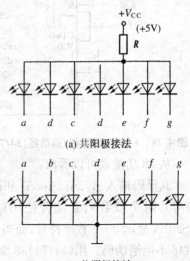

(a) 共阳极接法

(b) 共阴极接法

图 4.33　LED 数码管内部电路原理

表 4.22　(54/74)48 功能表

十进制数或功能	输入							输出							显示数字形
	$\overline{LT}$	$\overline{RBI}$	A_3	A_2	A_1	A_0	$\overline{BI}/\overline{RBO}$	Y_a	Y_b	Y_c	Y_d	Y_e	Y_f	Y_g	
0	H	H	L	L	L	L	/H	H	H	H	H	H	H	L	0
1	H	×	L	L	L	H		L	H	H	L	L	L	L	1
2	H	×	L	L	H	L		H	H	L	H	H	L	H	2
3	H	×	L	L	H	H		H	H	H	H	L	L	H	3
4	H	×	L	H	L	L		L	H	H	L	L	H	H	4
5	H	×	L	H	L	H		H	L	H	H	L	H	H	5
6	H	×	L	H	H	L		L	L	H	H	H	H	H	6
7	H	×	L	H	H	H		H	H	H	L	L	L	L	7
8	H	×	H	L	L	L		H	H	H	H	H	H	H	8
9	H	×	H	L	L	H		H	H	H	H	L	H	H	9
10	H	×	H	L	H	L		L	L	L	H	H	L	H	10
11	H	×	H	L	H	H		L	L	H	H	L	L	H	11
12	H	×	H	H	L	L		L	H	L	L	L	H	H	12
13	H	×	H	H	L	H		H	L	L	H	L	H	H	13
14	H	×	H	H	H	L		L	L	L	H	H	H	H	14
15	H	×	H	H	H	H		L	L	L	L	L	L	L	15
灭灯	×	×	×	×	×	×	L(输入)/	L	L	L	L	L	L	L	
灭零	H	L	L	L	L	L	/L(输出)	L	L	L	L	L	L	L	
灯测试	L	×	×	×	×	×	/H(输出)	H	H	H	H	H	H	H	8

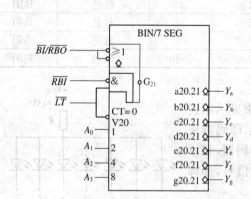

图 4.34　4 线-7 线译码/驱动器(54/74)48 的图形符号

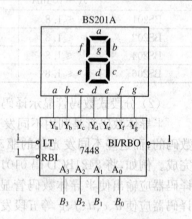

图 4.35　48 驱动 BS201A

从 48 功能表可以看出:

其译码输入 A_3、A_2、A_1、A_0 和译码输出 Y_a、Y_b、Y_c、Y_d、Y_e、Y_f、Y_g 都是高电平有效,因此应与共阴 7 段数码管配合使用(例如 BS201A)。当 $A_3A_2A_1A_0$ 为 0000~1001 时驱动 BS201A 显示 0~9 数字符号,而当 $A_3A_2A_1A_0$ 为 1010~1111 时显示非数字符号,也就是说 7448 不拒绝伪码。用(54/74)48 驱动 BS201A 的电路示于图 4.35。

下面对辅助控制信号输入端 $\overline{LT}$、$\overline{RBI}$、$\overline{BI}/\overline{RBO}$ 的功能作一简要说明。

① 灯测试:当 $\overline{LT}$ 输入 L($\overline{BI}/\overline{RBO}$ 输出 H)时,数码管的 7 段应全亮。

② 灭灯:可用作控制显示器的亮与灭。当 $\overline{BI}/\overline{RBO}$ 输入 L 时,$Y_a \sim Y_g$ 均为 L,显示器不亮。例如,$\overline{BI}/\overline{RBO}$ 输入脉冲信号,可使要显示的数字在显示器上间歇闪亮。

③ 灭零:用于输入数字为 0 而又不需显示零的场合。当 $\overline{RBI}$ 输入 L,$\overline{LT}$ 输入 H 时,若 A_3、A_2、A_1、A_0 均为 L,则 $Y_a \sim Y_g$ 均为 L,实现灭零($\overline{BI}/\overline{RBO}$ 输出 L);而当 A_3、A_2、A_1、A_0 输入为非 0000 数码,译码器照样驱动数码管显示非 0 数字。

④ 动态灭零输出 $\overline{RBO}$:利用 $\overline{RBO}$ 与 $\overline{RBI}$ 配合,可消去混合小数中无用的前零和尾零。例如,如图 4.36 所示为一个 8 位数码显示器,为了显示清晰又减少电能损失,希望 1、2、3、6、7、8 片在 0 输入时灭灯,所以采用了如图所示的接法:各片的 $\overline{LT}=1$(H)。$\overline{RBI}$ 的接法是:整数部分(1、2、3、4 片)除最高位接 0、最低位接 1 外,其余各位均接收高位 $\overline{RBO}$ 输出信号;小数部分除最高位接 1、最低位接 0 外,其余各位接受低位的 $\overline{RBO}$ 输出信号。这样,除了小数点前、后的两位(4、5 片)外,其余各位当输入为全 0 时,都有了动态灭灯条件。

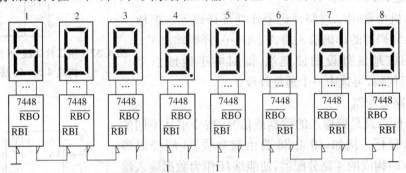

图 4.36 有动态灭灯控制的 8 位数码显示系统原理图

需要指出的是,在为半导体数码管选择译码驱动器(或反过来)时,一定要注意半导体数码管是共阴还是共阳,或译码驱动器输出是高电平有效还是低电平有效,例如 4 线-7 线译码/驱动器 74LS47 即为输出低电平有效,可驱动共阳半导体数码管。此外还需满足半导体数码管的工作电流要求。

4) MSI 译码器的应用

常用的集成译码器芯片如表 4.23 所示。

表 4.23 常用的集成译码器芯片

名　　称	型　　号
双 2 线-4 线译码器	74139、74155/156、74239
3 线-8 线译码器	74137(带地址锁存)、74138、74237(带地址锁存)、74239
4 线(BCD)-10 线译码器	74141、74145(OC)、7442、74445(OC)、74537(三态)、4028、4055(液晶显示驱动)、4056(液晶显示驱动)
4 线(余 3 码)-10 线译码器	7443A、74L43
4 线(余 3 格雷码)-10 线译码器	7444A、74L44
4 线-16 线译码器	74154、74159(OC)、4514(四位锁存)、4515(四位锁存)
BCD-7 段显示译码器	74246(30V)、74247(15V)、74248、74249(OC)、74347、7446(OC、15V)、7447(OC、15V)、7448、7449、74447、4543(BCD 锁存)、4544(BCD锁存)、4547(大电流驱动)、4558

MSI 译码器的典型应用有:级联扩展、地址译码、多路分配器和实现逻辑函数等。

（1）级联扩展

图 4.37 为用二片 3 线-8 线译码器 138 构成 4 线-16 线译码器的连接图，X_0、X_1、X_2、X_3 为译码输入。当 $X_3 = 0$ 时，138(1)执行译码功能，138(2)被禁止，译码输出 $\overline{Y}_0 \sim \overline{Y}_7$ 与译码输入 $X_3 X_2 X_1 X_0$ 的 0000~0111 的八种状态组合相对应，$\overline{Y}_8 \sim \overline{Y}_{15}$ 无输出；当 $X_3 = 1$ 时，138(1) 被禁止，138(2)执行译码功能，$\overline{Y}_8 \sim \overline{Y}_{15}$ 对应 $X_3 X_2 X_1 X_0$ 的 1000~1111 的状态组合有输出。138(1)和138(2)共同完成 4 线-16 线译码器的译码功能。

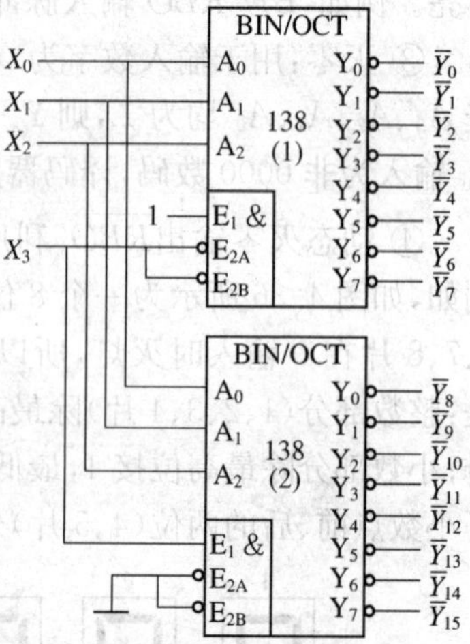

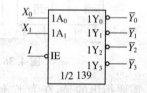

图 4.37　用二片 3 线-8 线译码器构成 4 线-16 线译码器

（2）地址译码

在计算机中常用二进制译码器作地址译码器。把地址信号送入译码器的译码输入端 A_0、A_1、…，译码输出 Y_0、Y_1、…，接相应地址外设的使能端，即对应于地址信号 $A_0 A_1 \cdots$一组代码,可选中一个地址外设。

（3）多路分配器

多路分配器就是把输入的数据或信号，按要求从不同的通道输出给目标。例如，图 4.38 为由双 2 线-4 线译码器 74LS139(1/2)构成的 4 路分配器，使能端 $\overline{IE}$ 作为数据输入端 I，$1A_0$、$1A_1$ 为地址码输入端 X_0、X_1，$X_1 X_0$ 的状态组合决定所选择的通道，$X_1 X_0$ 依次为 00、01、10、11 时，选择输出通道依次为 $\overline{Y}_0$、$\overline{Y}_1$、$\overline{Y}_2$、$\overline{Y}_3$，而 I 的数据就依次被送到 $\overline{Y}_0$、$\overline{Y}_1$、$\overline{Y}_2$、$\overline{Y}_3$。

图 4.38　2 线-4 线译码器用作 4 路分配器连接图

（4）实现逻辑函数

若将二进制译码器的译码输入端作为变量输入端，则其各输出端的输出就是输入变量组合的各最小项，所以将译码器和适当的门组合后可以实现逻辑函数，例如要实现如下逻辑函数：

$$Y = AB + \overline{A}C + \overline{B}\,\overline{C}$$

首先将逻辑函数展开成最小项表达式：

$$Y = ABC + AB\overline{C} + \overline{A}\,BC + \overline{A}BC + AB\,\overline{C} + \overline{A}\,\overline{B}\,\overline{C}$$
$$= m_7 + m_6 + m_4 + m_3 + m_1 + m_0$$
$$= \overline{\overline{m}_7\, \overline{m}_6\, \overline{m}_4\, \overline{m}_3\, \overline{m}_1\, \overline{m}_0}$$

图 4.39 即为用 3 线-8 线译码器 74LS138 和一个与非门实现这个逻辑函数的接线图。对于多输出的逻辑函数，用译码器实现也很方便。例如图 4.40 实现的逻辑函数为：

$$Z_1(A,B,C) = \sum_m (0,2,3,5)$$
$$Z_2(A,B,C) = \sum_m (1,4,5,6)$$

$$Z_3(A,B,C) = \sum_m (3,5,6,7)$$

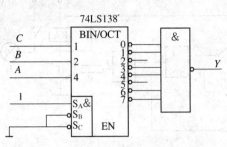
图 4.39　用 74LS138 实现逻辑函数
$$Y = AB + \overline{A}C + \overline{B}\,\overline{C}$$

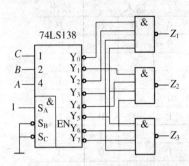
图4.40　多输出逻辑函数的电路图

4.5　组合逻辑电路综合应用实例

【例 4.8】　故障报警电路。

图 4.41 是一个实际故障报警电路。设 A、B、C、D 为四路表示温度的信号,正常时均为 1,此时四个状态指示灯 L_1、L_2、L_3、L_4(可用发光二极管)全亮;VT_2 截止,蜂鸣器 DL 不响;VT_1 导通,继电器 KA 触点吸合,电动机 M 转动;当系统中某路产生故障,例如 A 路,则该路信号 $A = 0$,这时 L_1 不亮;VT_2 导通,蜂鸣器响;VT_1 截止,电动机 M 停止转动,发出报警。

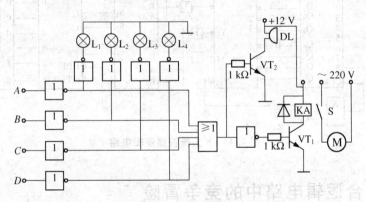
图 4.41　故障报警电路

【例 4.9】　设计一个"三地控制一灯"电路。

设三地开关为 A、B、C,当 A、B、C 均接地时,逻辑电路输出 $F = 0$,灯 L 不亮。

列出真值表如表 4.24 所示,由真值表求得逻辑表达式为 $F = A \oplus B \oplus C$。画出实现该功能的实际电路如图 4.42 所示。图中 KA 为继电器。读者可自行分析其原理。

表 4.24　例 4.9 用表

输入			输出
A	B	C	F
0	0	0	0
0	0	1	1
0	1	0	1
0	1	1	0
1	0	0	1
1	0	1	0
1	1	0	0
1	1	1	1

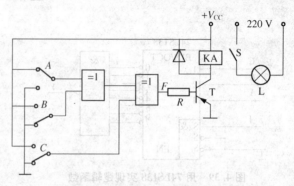

图 4.42　"三地控制一灯"的实际电路

【例 4.10】　8 人抢答器逻辑电路。

图 4.43 为 8 人抢答器逻辑电路,图中 74LS273 为 8 路锁存器(在第 5 章会介绍有关原理):$\overline{CR}$ 为清除端,低电平有效,$\overline{CR}$ 高电平时,74LS273 工作,电路中该端由主持人 Z 控制;CP 接脉冲信号;CLK 端有脉冲信号上升沿时且 $\overline{CR}=1$ 时,$Q_1 \sim Q_8$ 接受 $1 \sim 8$ 输入的信号(1或 0),这里 $1 \sim 8$ 接 8 个抢答按钮,按钮按下相当于 0,未按下相当于 1。其余部分工作原理读者可自行分析。

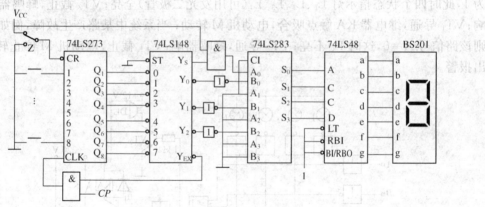

图 4.43　8 人抢答器逻辑电路

4.6　组合逻辑电路中的竞争冒险

前面介绍组合电路的分析和设计时,都是把门电路当作理想器件,并假定输入信号的变化是在瞬间同步完成的。实际上门电路存在传输延迟时间,信号的状态改变也要经历一段极短的过渡时间,而同一信号经过不同的传输途径后,其状态改变的时间也会有先有后。这就有可能使输出端产生虚假信号——过渡干扰脉冲,导致电路的瞬间逻辑错误,这种现象叫做竞争冒险。

1) 产生竞争冒险的原因

产生竞争冒险的原因有:① 任何输入信号的状态改变都要经历一个极短的过渡时间,不可能突变;② 门电路的传输延迟时间不同。

信号传输的路径不同,使得信号状态改变的时刻发生变化。所以,任何一个门电路,只要有两个信号同时向相反方向变化(即由 01 变为 10 或相反),电路就存在不稳定竞争,其输出端就有可能(并非一定)产生过渡干扰脉冲,称之为险象。

例如,图 4.44(a)中,输出 $F_2 = \overline{\overline{ABA}} =$ $AB + \overline{A}$。

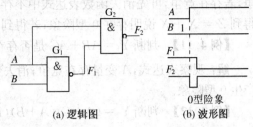

在理想情况下,当 $B = 1$ 时,F_2 的值恒为 1,但实际上,A 经过 G_1 门后,有传输延迟时间,因此,在 A 由 0 变为 1 时,在输出端就产生了负尖峰干扰脉冲,如图 4.44(b)所示,称为 0 型险象。

(a) 逻辑图   (b) 波形图

图 4.44 存在 0 型冒险的组合电路

如图 4.45 所示是 2 位二进制译码器可能产生竞争冒险的情况。当输入变量 AB 由 10 变为 01(或由 01 变为 10)时,输出端 $Y_0 = \overline{A}\,\overline{B}$ 和 $Y_3 = AB$ 可能产生正向尖峰干扰脉冲,称之为 1 型险象。

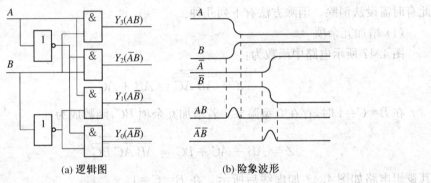

(a) 逻辑图   (b) 险象波形

图 4.45 存在 1 型险象的组合电路

2) 竞争冒险的判断

判别一个组合电路中是否可能存在竞争冒险的方法如下:

(1) 真值表法

列出各级电路的真值表,找出哪些门可能产生竞争,即有两个输入信号各自向相反方向变化(10 变 01,或相反),以此判断整个电路输出端有无可能产生险象。例如,表 4.25 为图 4.46 电路的判断有无竞争冒险现象的真值表。

表 4.25 图 4.47 电路有无竞争冒险现象的真值表

A	B	$\overline{A}$	$\overline{B}$	$\overline{A} \cdot \overline{B}$	$\overline{A} \cdot B$	$A \cdot \overline{B}$	$A \cdot B$
0	0	1	1	1	0	0	0
	↓						
0	1	1	0	0	1	0	0
	↓		1 型险象				1 型险象
1	0	0	1	0	0	1	0
	↓						
1	1	0	0	0	0	0	1

（2）代数法

首先观察逻辑函数表达式是否存在某变量的原变量和反变量，即首先判断是否存在竞争，若存在竞争，可先消去函数表达式中不存在竞争的变量，仅留下有竞争冒险的变量 X，若得到 $Z = X + \overline{X}$ 说明存在 0 型险象；若得到 $Z = X\overline{X}$，说明存在 1 型险象。

【例 4.11】 判断 $Y_1 = AB + \overline{A}C$ 是否存在竞争冒险。

解： 观察表达式，A 变量存在竞争；消去变量 B、C，当 $B = C = 1$ 时，$Y_1 = A + \overline{A}$ 可能产生 0 型险象。

【例 4.12】 判断 $Y_2 = (A+C)(\overline{A}+B)(B+\overline{C})$ 是否存在竞争冒险。

解： 观察表达式，变量 A、C 都存在竞争。当 $B = C = 0$ 时，$Y_2 = A\overline{A}$，A 的变化可能产生 1 型险象；当 $A = B = 0$ 时，$Y_2 = C\overline{C}$，C 的变化可能产生 1 型险象。

3）竞争冒险的消除方法

如果组合电路存在竞争冒险，将有可能使触发器等对脉冲敏感的负载造成逻辑错误，因此有时需设法消除。消除方法有下列几种。

（1）增加冗余项

图 4.47 所示电路中函数为：

$$Z = \overline{\overline{AB} \cdot \overline{\overline{A}C}} = AB + \overline{A}C$$

在 $B = C = 1$ 时，存在 0 型险象。若增加冗余项 BC，函数成为：

$$Z = AB + \overline{A}C + BC = \overline{\overline{AB} \cdot \overline{\overline{A}C} \cdot \overline{BC}}$$

其逻辑电路如图 4.47 加虚线后所示。在 $B = C = 1$ 时，门 G_5 输出为 0，将门 G_4 封住，Z 恒为 1，不会因为 A 的变化而产生负尖峰脉冲，消除了竞争冒险。

（2）引入封锁脉冲

在输入信号发生竞争的时间内，引入一个负脉冲，把可能产生干扰脉冲的门封住。图 4.48(a)中的 P_1 就是这样的封锁脉冲。

（3）引入选通脉冲

图 4.48(a)中的 P_2 是在电路中引进的一个选通脉冲，P_2 的作用时间取在电路到达新的稳定状态之

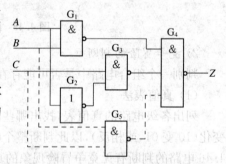

图 4.47　增加冗余项消除竞争冒险

后，所以 M_1、M_4 的输出端不会再有干扰脉冲出现。但是需要指出的是，这时 M_1、M_4 正常的输出信号也变成脉冲形式了，其宽度与 P_2 相同。

（4）接入滤波电容

一般竞争冒险所产生的干扰脉冲很窄，所以在输出端并接一个适当的滤波电容，如图 4.48(a)中的 C_1、C_2 也可滤除干扰脉冲。在 TTL 电路中，滤波电容的容量可取几百皮法。它的缺点是会导致输出波形的边沿变坏。

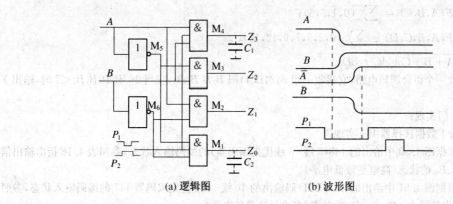

图 4.48 消除竞争冒险的方法：引入封锁脉冲、引入选通脉冲

习题 4

4.1 试写出图 4.49 所示组合逻辑电路的表达式，并画出与图(b)功能相同的简化逻辑电路图。

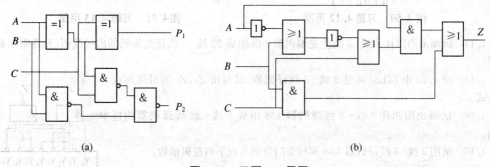

图 4.49 习题 4.1 用图

4.2 在举重比赛中，有三名裁判 A、B、C，其中 A 为主裁判，当两名或两名以上裁判(必须包括 A 在内)认为运动员上举合格后，才发出合格信号，试用与非门设计实现上述要求的组合电路。

4.3 试用异或门设计一个三变量奇偶校验电路，其逻辑功能是校验 3 位二进制数码中 1 的个数是否为偶数。

4.4 设计一个全减器电路，其输入是减数、被减数和低位的借位，输出是差数和向高位的借位。

4.5 用与非门设计一个 4 变量的多数表决电路，当输入变量 A、B、C、D 有三个或三个以上的 1 时输出为 1，否则输出为 0。

4.6 设计一个代码转换电路，该电路将 8421BCD 码 $A_3A_2A_1A_0$ 转换为余 3 BCD 码 $Y_3Y_2Y_1Y_0$。要求列出真值表，写出最简与或式，并转换为与非-与非式，画出用与非门实现的逻辑图(输入允许有反变量)。

4.7 试画出用三片 4 位数值比较器 85 组成 10 位数据比较器的接线图。

4.8 试用集成 4 位二进制加法器 283 组成 8 位二进制加/减法器，要求输入、输出数据均为原码。

4.9 试用 4 选 1 数据选择器 153 分别实现下列逻辑函数：

(1) $Z_1 = F(A,B) = \sum_m(0,1,3)$；

(2) $Z_2 = F(A,B,C) = \sum_m(1,2,4,7)$；

(3) $Z_3 = A\overline{B}C + \overline{A}(\overline{B} + \overline{C})$。

4.10 试用 8 选 1 数据选择器 151 分别实现下列逻辑函数：

(1) $Z_1 = F(A,B,C) = \sum_m (0,1,5,6)$;

(2) $Z_2 = F(A,B,C,D) = \sum_m (0,2,5,7,9,12,15)$;

(3) $Z_3 = \overline{A + B + C} + AC + BD$。

4.11　设计一个组合逻辑电路，它接收一组 8421BCD 码 $B_3 B_2 B_1 B_0$，仅当 $2 < B_3 B_2 B_1 B_0 < 7$ 时，输出 Y 才为 1。要求：

(1) 用与非门实现；

(2) 用 8 选 1 数据选择器 151 实现。

4.12　试根据图 4.50 中给出的 148(8 线 - 3 线优先编码器)的编码输入状态，参照表 4.16 指出输出信号 W、Z、B_2、B_1、B_0 的状态(高电平或低电平)。

4.13　试根据图 4.51 中给出的 8421BCD 码输出的 10 线 - 4 线优先编码器 147 的编码输入状态，参照表 4.17 指出输出信号 B_3、B_2、B_1、B_0 的状态(高电平还是低电平)。

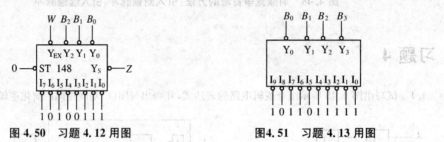

图 4.50　习题 4.12 用图　　　　　　图 4.51　习题 4.13 用图

4.14　试画出用四片 8 线 - 3 线优先编码器 148 组成 32 线 - 5 线优先编码器的接线图(允许附加必要的门)。

4.15　图 4.52 中 74LS138 是 3 线 - 8 线译码器，试写出 Z_1，Z_2 的最简与或表达式。

4.16　试画出用四片 3 线 - 8 线译码器 138 组成 5 线 - 32 线译码器的连接图。

4.17　试用 3 线 - 8 线译码器 138 和与非门分别实现下列逻辑函数：

(1) $Z_1 = ABC + A\overline{C}$；

(2) $Z_2 = ABC + \overline{A}(B + \overline{C})$；

(3) $Z_3 = (A + B)(\overline{A} + \overline{C})$；

(4) $\begin{cases} Z_4 = A\overline{B} + C; \\ Z_5 = \overline{AB} + \overline{A}C + AB\overline{C}。 \end{cases}$

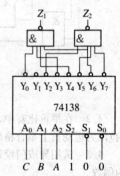

图 4.52　习题 4.15 用图

4.18　判断习题 4.17 中给出的各逻辑函数所构成的电路有无竞争冒险。若有，试设法消除之。

5　触发器

内容提要:
(1) 具有记忆功能的逻辑部件——触发器的特点。
(2) 基本 RS 触发器的工作原理。
(3) 各种触发器(RS、D、JK、T 和 T')的符号、逻辑功能及其逻辑功能描述。
(4) 边沿 D 触发器和 JK 触发器的逻辑符号、特性方程和使用方法。

5.1　基本 RS 触发器

在数字电路中,如果任一时刻的稳定输出不仅取决于该时刻的输入,而且还和电路原来的状态有关,这一类电路叫做时序逻辑电路,简称时序电路。

时序逻辑电路的输出状态既然与电路的原来状态有关,那么构成时序电路时就必须有存储电路,存储电路完成记忆电路原状态的工作。

触发器是具有记忆功能的基本逻辑单元。触发器具有以下的特点:
(1) 有两个稳定状态(0 和 1)和两个互补的输出(Q 和 $\overline{Q}$);
(2) 在输入信号驱动下,能可靠地进入两个稳定状态中的任意一种。

利用触发器的这些特性,可实现接收、保存与输出二进制数码信号 0、1 的功能。各类触发器都可以由门电路组成。

5.1.1　电路的组成和工作原理

基本 RS 触发器是各类触发器中结构最简单的,也是各种实用集成触发器的基本组成部分。基本 RS 触发器的逻辑图及逻辑符号如图 5.1 所示,它是由两个与非门交叉耦合而构成。$\overline{S}$ 和 $\overline{R}$ 是触发器的两个输入端,Q 和 $\overline{Q}$ 为触发器的两个输出端。通常,$Q=0$、$\overline{Q}=1$ 被称为触发器的 0 状态;而 $Q=1$、$\overline{Q}=0$ 则被称为触发器的 1 状态。

通过分析,不难看出:当 $\overline{S}=0$、$\overline{R}=1$,即 $S=1$、$R=0$ 时,有 $Q=1$、$\overline{Q}=0$,触发器被置 1。因此,$\overline{S}$ 端被称为置 1 端,也称置位端;当 $\overline{R}=0$、$\overline{S}=1$,即 $R=1$、$S=0$ 时,有 $Q=0$、$\overline{Q}=1$,触发器被置 0。因此,$\overline{R}$ 端被称为置 0 端,又称复位端。当 $\overline{S}=\overline{R}=1$,即 $S=R=0$ 时,触发器的输出 Q 和 $\overline{Q}$ 将保持原来的状态不变。当 $\overline{S}=\overline{R}=0$,即 $S=R=1$ 时,触发器的输出 $Q=\overline{Q}=1$,这种非互补输出是伪稳态。当输入同时变为 1($\overline{S}=\overline{R}=1$)时,将产

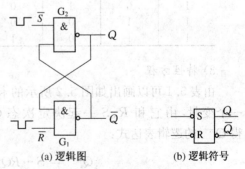

(a) 逻辑图　　(b) 逻辑符号

图 5.1　基本 RS 触发器

生不可预测的输出状态。对于这种不确定输出,在使用中是不允许出现的,应予以避免。

　　基本 RS 触发器也可由两个或非门组成。

5.1.2　逻辑功能的描述

对触发器逻辑功能的描述,有以下几种方法:

1) 状态转换真值表(特性表)

用 Q^n 表示接收(新状态)信号之前触发器的状态,称为现态(原状态);用 Q^{n+1} 表示接收信号之后触发器的状态,称为次态。Q^{n+1} 和 Q^n、S、R 之间的逻辑关系可以用状态转换真值表(也称触发器的特性表)表示,见表 5.1。表中 $Q^n RS$ 的 011 和 111 两种状态在正常工作时是不允许出现的,故当作约束项处理。通常将表 5.1 化简为表 5.2。

<table>
<tr><td colspan="4">表 5.1　基本 RS 触发器状态转换真值表</td></tr>
<tr><td>Q^n</td><td>R</td><td>S</td><td>Q^{n+1}</td></tr>
<tr><td>0</td><td>0</td><td>0</td><td>0</td></tr>
<tr><td>0</td><td>0</td><td>1</td><td>1</td></tr>
<tr><td>0</td><td>1</td><td>0</td><td>0</td></tr>
<tr><td>0</td><td>1</td><td>1</td><td>×</td></tr>
<tr><td>1</td><td>0</td><td>0</td><td>1</td></tr>
<tr><td>1</td><td>0</td><td>1</td><td>1</td></tr>
<tr><td>1</td><td>1</td><td>0</td><td>0</td></tr>
<tr><td>1</td><td>1</td><td>1</td><td>×</td></tr>
</table>

<table>
<tr><td colspan="4">表 5.2　表 5.1 的简化表</td></tr>
<tr><td>R</td><td>S</td><td>Q^{n+1}</td><td>功能说明</td></tr>
<tr><td>0</td><td>0</td><td>Q^n</td><td>保持原状态</td></tr>
<tr><td>0</td><td>1</td><td>1</td><td>置1(置位)</td></tr>
<tr><td>1</td><td>0</td><td>0</td><td>置0(复位)</td></tr>
<tr><td>1</td><td>1</td><td>×</td><td>禁止输入</td></tr>
</table>

2) 驱动表(激励表)

触发器的驱动表是指要使触发器从现态转换到次态所需加的输入驱动信号值。RS 触发器的驱动表如表 5.3 所示。

<table>
<tr><td colspan="4">表 5.3　RS 触发器的驱动表</td></tr>
<tr><td>Q^n</td><td>Q^{n+1}</td><td>R</td><td>S</td></tr>
<tr><td>0</td><td>0</td><td>0</td><td>0</td></tr>
<tr><td>0</td><td>0</td><td>1</td><td>0</td></tr>
<tr><td>0</td><td>1</td><td>0</td><td>1</td></tr>
<tr><td>1</td><td>0</td><td>1</td><td>0</td></tr>
<tr><td>1</td><td>1</td><td>0</td><td>0</td></tr>
<tr><td>1</td><td>1</td><td>0</td><td>1</td></tr>
</table>

<table>
<tr><td colspan="4">表 5.4　表 5.3 的简化表</td></tr>
<tr><td>Q^n</td><td>Q^{n+1}</td><td>R</td><td>S</td></tr>
<tr><td>0</td><td>0</td><td>×</td><td>0</td></tr>
<tr><td>0</td><td>1</td><td>0</td><td>1</td></tr>
<tr><td>1</td><td>0</td><td>1</td><td>0</td></tr>
<tr><td>1</td><td>1</td><td>0</td><td>×</td></tr>
</table>

3) 特性方程

由表 5.1 可以画出如图 5.2 所示的卡诺图,其中把现态也看作一个变量,由它和 R、S 一起决定次态 Q^{n+1}。卡诺图化简后可得 Q^{n+1} 的逻辑表达式:

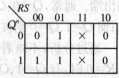

图 5.2　Q^{n+1} 的卡诺图

$$\begin{cases} Q^{n+1} = S + \overline{R} Q^n \\ RS = 0 \end{cases}$$

其中 $RS=0$ 为约束条件,表示 $\overline{R}$、$\overline{S}$ 不能同时为 0,即 R、S 不能同时为 1。

这种描述触发器次态与输入驱动信号、现态间逻辑关系的最简逻辑表达式被称为特性方程。

4）状态图

状态图如图 5.3(a)所示,图中的圆圈表示各种可能的状态;箭头线表示触发器状态改变的路径;箭头线的尾部为改变前的状态(即现态),箭头线的头部为改变后的状态(即次态);箭头线上的旁注为导致状态改变的输入条件(驱动条件)和输出状态。由表 5.3 可画出基本 RS 触发器的状态图,如图 5.3(b)所示。

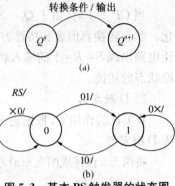

5）时序波形图

图 5.4 是基本 RS 触发器的工作波形变换图。画波形图时,要设定电路的初始状态(起始状态)。

图 5.3　基本 RS 触发器的状态图

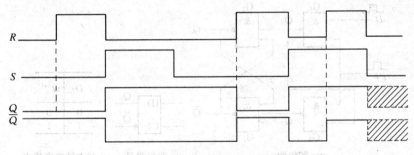

图 5.4　基本 RS 触发器的波形图
（设初始状态 $Q=0$）

在所有描述触发器逻辑功能的方法中,最常用的是状态转换真值表和特性方程,利用这两种方法就可以全面地描述触发器的逻辑功能。

5.2　触发器的逻辑功能分类及逻辑转换

要保证一个庞大的数字系统有条不紊地进行工作,用于协调各部分工作次序的时间同步信号是必不可少的,时钟脉冲信号就是完成这一工作的。时钟脉冲信号简称时钟信号,用 CP 表示。受时钟控制的触发器称为时钟控制触发器(简称钟控触发器)。

根据在 CP 控制下逻辑功能的不同,常把钟控触发器分为 RS、D、JK、T 和 T′ 五种类型。

5.2.1　触发器的逻辑功能分类

1）RS 触发器

在 CP 的作用下,根据输入的 RS 信号的不同,具有置 0、置 1 和保持功能的电路,叫做 RS 触发器。

在基本 RS 触发器的基础上,增加两个与非门和 CP 端,就可以构成钟控 RS 型触发器(同步 RS 触发器),见图 5.5。其工作原理如下:

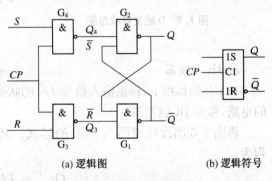

(a) 逻辑图　　　　(b) 逻辑符号

图 5.5　同步 RS 触发器

当 $CP=0$ 时,S,R 端输入的数据信号被封锁,触发器状态保持不变。

当 $CP=1$ 时,由于 $Q_4=\bar{S}$,$Q_3=\bar{R}$,因而触发器状态将按基本 RS 触发器的规律发生变化。状态转换真值表和特性方程也与基本 RS 触发器相同。由特性表(表 5.2)可知,如果不让电路出现 $S=R=1$ 的输入状态,该触发器在时钟脉冲 CP 的作用下就具有置 1、置 0、保持原状态的功能。

2) D 触发器

在 CP 的作用下,根据输入信号 D 的不同取值(0 或 1)而具有置 0、置 1 功能的电路,称为 D 触发器。

将图 5.5 改接成图 5.6(a),其状态转换真值表就如图 5.6(c)所示,特性方程为:

$$Q^{n+1}=D$$

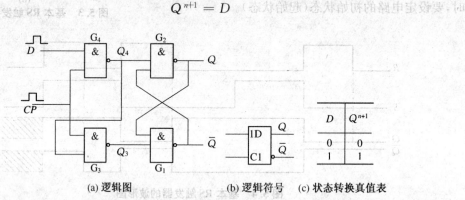

(a) 逻辑图　　　　　　　(b) 逻辑符号　　　(c) 状态转换真值表

图 5.6　D 触发器

$CP=0$ 时,D 端输入的数据信号被封锁,触发器状态保持不变。

$CP=1$ 时,$D=0$,$Q^{n+1}=0$,触发器被置 0;$D=1$,$Q^{n+1}=1$,触发器被置 1。

因此,该触发器为 D 型触发器。逻辑符号见图 5.6(b)。

D 触发器的状态图与时序图如图 5.7、图 5.8 所示。

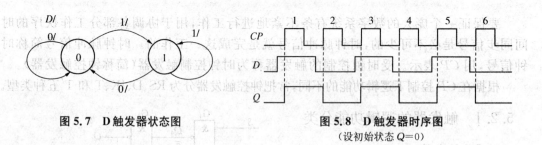

图 5.7　D 触发器状态图　　　　　　**图 5.8　D 触发器时序图**
　　　　　　　　　　　　　　　　　　　　　　　(设初始状态 $Q=0$)

3) JK 触发器

在 CP 的作用下,根据输入信号 JK 的状态不同,具有置 0、置 1、(计数)翻转、保持功能的电路,称为 JK 触发器。

将图 5.5 图改接成图 5.9(a)的形式。其状态转换真值表如图 5.9(c)所示,特性方程为:

$$Q^{n+1}=J\,\overline{Q^n}+\overline{K}Q^n$$

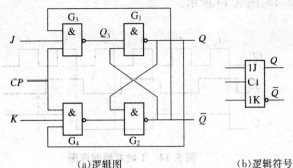

(a)逻辑图　　　　(b)逻辑符号　　　　(c)状态转换真值表

J	K	Q^{n+1}
0	0	Q^n
0	1	0
1	0	1
1	1	$\overline{Q^n}$

图 5.9　JK 触发器

$CP=0$ 时，J、K 端输入的数据信号被封锁，触发器保持不变。

$CP=1$ 时，若 $J=0$，$K=1$，则 $Q^{n+1}=0$，即置 0；若 $J=1$，$K=0$，则 $Q^{n+1}=1$，即置 1；若 $J=1$，$K=1$，则 $Q^{n+1}=\overline{Q^n}$，即计数（翻转）；若 $J=0$，$K=0$，则 $Q^{n+1}=Q^n$，即保持原状态。

图 5.10、图 5.11 所示为 JK 触发器的状态图与时序图。

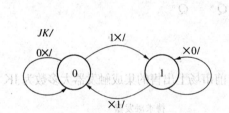

图 5.10　JK 触发器状态图

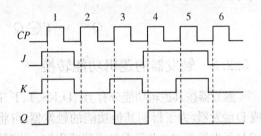

图 5.11　JK 触发器时序图
（设初始状态 Q＝0）

JK 触发器是一种全功能电路，使用起来极为灵活方便。

4）T 触发器

在 CP 的作用下，根据输入信号 T 状态的不同，具有保持和（计数）翻转功能的电路，叫做 T 触发器。

在上述 JK 触发器中，当 $J=K=T$ 时，就构成了 T 触发器，其逻辑图、状态转换真值表和逻辑符号见图 5.12。反映其逻辑功能的特性方程为：

$$Q^{n+1} = J\,\overline{Q^n} + \overline{K}Q^n = T\overline{Q^n} + \overline{T}Q^n = T \oplus Q^n$$

$CP=0$ 时，T 输入端被封锁，触发器保持不变。

$CP=1$ 时，若 $T=0$，则 $Q^{n+1} = Q^n$，即保持；若 $T=1$，则 $Q^{n+1}=\overline{Q^n}$，即翻转。

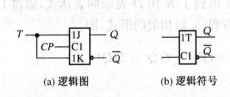

(a) 逻辑图　　　　(b) 逻辑符号

T	Q^{n+1}
0	Q^n
1	$\overline{Q^n}$

(c)状态转换真值表

图 5.12　T 触发器

T 触发器的状态图与时序图如图 5.13、图 5.14 所示。

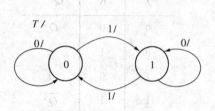

图 5.13 T 触发器状态图

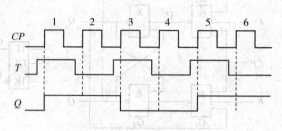

图 5.14 T 触发器时序图
（设初始状态 $Q=0$）

5）T' 触发器

在 CP 的作用下，只具有翻转功能的电路叫做 T' 触发器，有时也称为计数触发器。

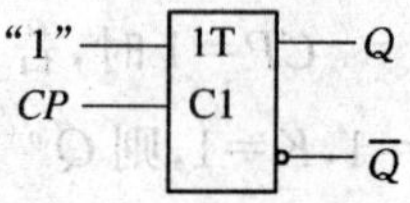

在 T 触发器中，当 T 始终为 1 时，就构成了 T' 触发器（见图 5.15）。其特性方程为：

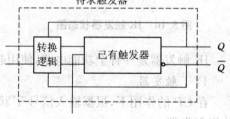

图 5.15 T' 触发器

$$Q^{n+1} = T \oplus Q^n = 1 \oplus Q^n = \overline{Q^n}$$

5.2.2 触发器的逻辑功能转换

触发器按其逻辑功能分有 JK、D、RS、T、T' 几类。目前市场上出售的集成触发器大多数为 JK 或 D 触发器，为了得到其他功能的触发器，可将 JK 或 D 触发器通过一些简单的连线或附加一些逻辑门电路实现其逻辑功能的转换。

触发器逻辑功能转换一般可用特性方程比较法。这种方法是将待求触发器的特性方程和已有触发器的特性方程进行比较，从而得到所需的转换逻辑表达式，然后画出转换完成的逻辑电路图（见图5.16）。

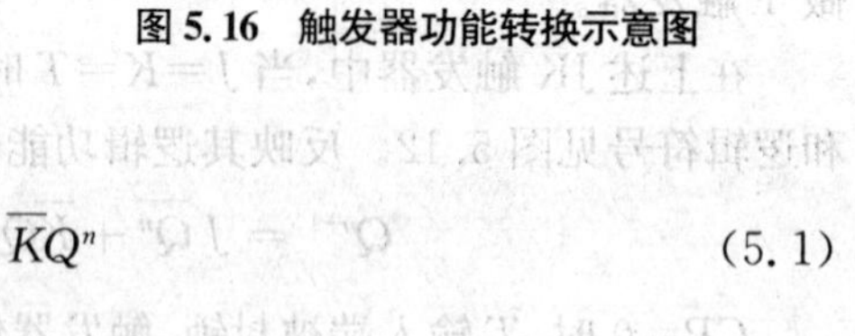

图 5.16 触发器功能转换示意图

1）JK 触发器转换成 D 触发器

已有的 JK 触发器的特性方程为：

$$Q^{n+1} = J\overline{Q^n} + \overline{K}Q^n \tag{5.1}$$

待求的 D 触发器的特性方程为：

$$Q^{n+1} = D \tag{5.2}$$

此时，转换逻辑的输出应为 J 和 K，为了得到 J、K 用 D 表示的表达式，需将 D 触发器的特性方程(5.2)变换为与 JK 触发器特性方程(5.1)相似的形式，即

$$Q^{n+1} = D = D(\overline{Q^n} + Q^n) = D\overline{Q^n} + DQ^n \tag{5.3}$$

然后再将其与式(5.1)相比较，得出若取：

$$J = D, \quad K = \overline{D} \tag{5.4}$$

则式(5.2)就等于式(5.1)的结论,即可利用 JK 触发器完成 D
触发器的功能,式(5.4)就是所要求的转换逻辑。转换电路如
图 5.17 所示。

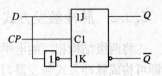

图 5.17　JK⇒D 的电路图

2) D 触发器转换为 JK 触发器

已有的 D 触发器的特性方程为:

$$Q^{r+1} = D \qquad (5.5)$$

待求的 JK 触发器的特性方程为:

$$Q^{r+1} = J \overline{Q^n} + \overline{K} Q^n \qquad (5.6)$$

此时,转换逻辑的输出应为 D,求转换逻辑就是要求出 D 的驱动方程,比较式(5.5)和
式(5.6)可知,若取:

$$D = J \overline{Q^n} + \overline{K} Q^n \qquad (5.7)$$

则式(5.5)就等于式(5.6),式(5.7)即为所要
求的转换逻辑,据此,可画出图 5.18 所示的转
换电路。

掌握了上述的转换方法,在实际中利用
JK 或 D 触发器经过转换,得到所需的 RS、T
和 T′触发器,将不是太困难的事情。读者可
自行分析,试求其他转换电路。

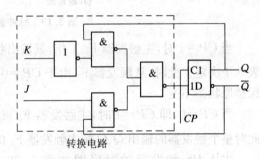

转换电路

图 5.18　D⇒JK 的电路图

5.3　触发器的触发方式

触发器作为数字系统中的存储器件,何时输入数据、何时进行输出状态转换,是受到 CP
严格控制的,这种触发器的时钟控制作用,被称为触发器的触发方式。由于各触发器具体的
电路结构不同,故存在三种不同的触发方式,即电平触发方式、脉冲触发方式和边沿触发
方式。

5.3.1　电平触发方式

第 5.2 节介绍的各种钟控触发器,均有一个共同的特点,那就是 $CP=0$ 时,输入数据端
被封锁,输出状态不变;而在 $CP=1$ 时,根据输入信号改变其输出状态。也就是说,这些触
发器的数据输入和状态转换都发生在时钟 $CP=1$ 期间,即 $CP=1$ 时才有效。通常将此称
作电平触发方式(如果有些电路是在 $CP=0$ 时有效,也属电平触发方式)。

实际中,对钟控触发器的基本要求是,在每一个时钟周期内,触发器应只接收一个输入
数据,其输出状态最多只可转换一次。为了保证电平触发方式的触发器满足要求,必须在
$CP=1$ 期间($CP=0$ 有效的电路则是在 $CP=0$ 期间),使输入端的输入数据信号始终保持
不变。

电平触发的触发器的逻辑符号在第 5.2 节中讨论各种触发器时已介绍。

5.3.2　脉冲触发方式

将两级结构相同的电平触发的 RS 触发器(同步 RS 触发器)进行串联(见图 5.19(a)),即可构成脉冲方式触发器,其中 F_1 称为主触发器,F_2 称为从触发器,故又称其为主从 RS 触发器。主触发器和从触发器之间施加互补的时钟脉冲。逻辑符号见图 5.19(b)。

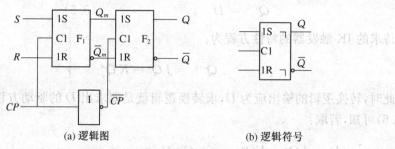

(a) 逻辑图　　　　　　　　　　　　(b) 逻辑符号

图 5.19　脉冲触发的 RS 触发器

当 $CP=1$ 时,主触发器 F_1 工作,其输出状态 Q_m、$\overline{Q_m}$ 由 R、S 输入信号控制,逻辑关系由表 5.1 决定。此时,从触发器 F_2 由于 $\overline{CP}=0$ 而被封锁,整个触发器的输出 Q、$\overline{Q}$ 在此期间保持原状态不变。

当 $CP=0$,即 $\overline{CP}=1$ 时,主触发器 F_1 被封锁,其状态保持不变,而从触发器 F_2 工作。此时整个触发器的输出 Q、$\overline{Q}$ 按主触发器 F_1 的状态变化,即 $Q=Q_m$、$\overline{Q}=\overline{Q_m}$。

主从 RS 触发器的时序图如图 5.20 所示。

综上所述,触发器的数据输入发生在 $CP=1$ 期间,这与电平触发方式中类似,因此仍然要求在 $CP=1$ 期间,R、S 端的输入数据信号保持不变。由于触发器的状态转换发生在 $CP=0$ 期间,而在此期间主触发器状态不变,这就保证了触发器的状态在一个时钟周期内最多只能转换一次。

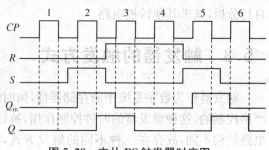

图 5.20　主从 RS 触发器时序图
(设初始状态 $Q=0$)

可见,这种电路结构的触发器接收输入信号和改变输出状态是分别在一个 CP 周期的不同期间完成的。我们把这种触发方式称作脉冲触发方式。

JK 触发器也有主从结构的,即主从 JK 触发器。

事实上,采用电平触发方式接收输入数据的触发器的抗干扰能力比较差,如果在 $CP=1$ 输入期间有干扰脉冲窜入,就有可能造成触发器的错误翻转。因此,为了提高其抗干扰能力,通过电路结构的改进,可以使触发器接收信号的时间仅限于时钟信号的上升或下降跳变沿附近,而其余时间输入信号对触发器将不起作用。

5.3.3　边沿触发方式

触发器接收输入数据和输出状态转换同时发生在 CP 的某一跳变沿的触发方式被定义

为边沿触发方式。边沿触发型 D 型触发器的电路和逻辑符号如图 5.21 所示。

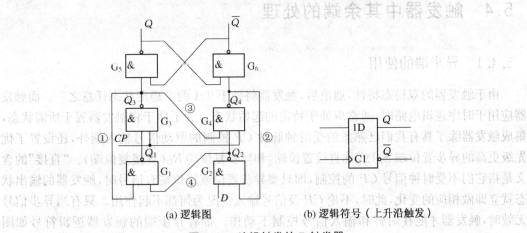

(a) 逻辑图　　　　　　　　　　　　(b) 逻辑符号（上升沿触发）

图 5.21　边沿触发的 D 触发器

当 $CP=0$ 时，$Q_3=1$、$Q_4=1$，故 Q 与 $\overline{Q}$ 保持原状态不变，且和输入的 D 无关。

当 CP 由 $0\rightarrow1$，即上升跳变沿（↑），此时，$Q_3=\overline{Q_2Q_3}$、$Q_4=\overline{Q_2Q_3}$，而 $Q_2=\overline{Q_4D}$，输出 Q 和 $\overline{Q}$ 将根据 D 的输入改变状态。如果 D 为 1，则 $Q_2=0$，$Q_3=0$，$Q_4=1$，就有 $Q=1$，$\overline{Q}=0$，即触发器被置 1；如果 D 为 0，则 $Q_2=1$，$Q_3=1$，$Q_4=0$，就有 $Q=0$，$\overline{Q}=1$，即触发器被置 0。

在 $CP=1$ 期间，如果在 CP 上升沿时是置 1，则置 1 信号（$Q_3=0$，$Q_4=1$）将通过①线使 $Q_1=1$，$Q_3=0$，即维持置 1，同时通过③线使 $Q_4=1$，即阻塞置 0；如果 CP 上升沿时是置 0，则置 0 信号（$Q_3=1$，$Q_4=0$）通过②、③线使 $Q_2=1$，$Q_4=0$，即维持置 0，同时通过④线使 $Q_1=0$，$Q_3=1$，阻塞置 1。维持和阻塞作用直至 $CP=0$ 到来后方才消除，因此 $CP=1$

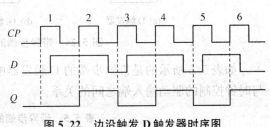

图 5.22　边沿触发 D 触发器时序图
（设初始状态 $Q=0$）

期间，Q、$\overline{Q}$ 不变，且与 D 无关。此种触发器又叫维持阻塞型 D 触发器。图 5.22 为边沿触发 D 触发器的时序图。

综上所述，该触发器接受输入数据和改变输出状态均发生在 CP 的上升跳变沿，因而称其为边沿触发方式。由于其实现的是 D 型触发器的逻辑功能，因而称为边沿触发 D 触发器。

实际中，也有在 CP 下降跳变沿（↓）触发的触发器，这类边沿触发器的逻辑符号如图 5.23 所示。在边沿触发器的逻辑符号中，时钟端的">"为动态符号，表示时钟有效信号是时钟的跳变沿，时钟端加了小圆圈表示 ↓ 触发。

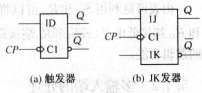

(a) 触发器　　　　(b) JK 触发器

图 5.23　下降沿触发的触发器

对于边沿触发的触发器，由于其接收输入数据和输出状态转换均发生在 CP 的同一边沿，所以，抗干扰能力强。

在实际应用中，对于同一逻辑功能的触发器可以根据具体情况选择不同触发方式的电路。

5.4　触发器中其余端的处理

5.4.1　异步端的使用

由于触发器的双稳态特性,通电后,触发器将处于0、1两个稳定状态任意之一。而触发器应用于时序逻辑电路时,通常应处于特定的起始状态。为了便于将触发器置于所需状态,集成触发器除了具有我们已熟悉的受时钟脉冲 CP 控制的驱动信号输入端外,还设置了优先级更高的异步置位端 S_D(或称直接置位端)和异步复位端 R_D(直接复位端)。"直接"的含义是指它们不受时钟信号 CP 的控制,即只要异步置位或复位端有信号时,触发器的输出状态就立即做相应的变化,此时,不论 CP 及信号输入情况为何都不起作用。只有当异步信号无效时,触发器才能在时钟和输入信号控制下动作。带有异步端的触发器逻辑符号如图5.24所示,图中的 S_D、R_D 端的小圆圈表示低电平有效(S_D、R_D 也有高电平有效的),异步置位与复位信号不允许同时有效,这个特点与基本 RS 触发器的用法相同。

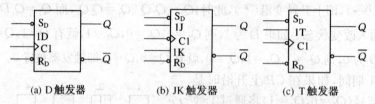

(a) D 触发器　　　　　　(b) JK 触发器　　　　　　(c) T 触发器

图5.24　带异步端的触发器的逻辑符号

如表5.5所示的是带异步端的 D 触发器的功能表,它说明了异步端的功能以及异步端与时钟控制的驱动输入端之间的关系。

表5.5　带异步端的 D 触发器功能表

输　入				输　出		功能说明
S_D	R_D	CP	D	Q^{n+1}	$\overline{Q}^{n+1}$	
1	1	×	×	1	1	禁止输入
0	1	×	×	0	1	异步复位(置0)
1	0	×	×	1	0	异步置位(置1)
0	0	↑	0	0	1	同步置0
0	0	↑	1	1	0	同步置1

由表可见利用 S_D 和 R_D 可以将触发器预置成所期望的初始状态。预置完成后,应将 S_D 和 R_D 端接低电平(或 $\overline{S_D}$ 和 $\overline{R_D}$ 端接高电平),此时触发器方可实现上升边沿触发的 D 触发器的逻辑功能。

5.4.2　多输入端的处理

在触发器的产品中,往往有多个信号输入端,如多个 J 端:J_1、J_2、…;多个 K 端:K_1、K_2、…,逻辑图如图5.26所示。通常它们之间是与逻辑关系,即 $J = J_1 \cdot J_2 \cdots$,$K = K_1 \cdot K_2 \cdots$。使用中,应将不用的多余输入端接高电平,或者和所使用的输入端并联在一起,切忌悬空,以免引入干扰。

上面介绍的均为 TTL 集成触发器。实际上,在集成触发器的产品中,有相当一部分为 CMOS 集成触发器。CMOS 集成触发器的功耗低,抗干扰能力强,电源适应范围比较大,电路结构也十分简单。由于所完成的逻辑功能与 TTL 集成触发器完全一样,故对其内部结构不再一一赘述。

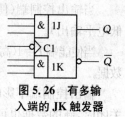

图 5.26 有多输入端的 JK 触发器

5.4.3 微机系统中应用的 D 锁存器

锁存器是具有保存功能的芯片,常用于通过一些引线传送信号时,保存(记忆)这些引线前一时刻出现的地址信息。这种保存地址信息的锁存器称为地址锁存器。

74LS373 是典型的锁存器芯片,它是三态输出的 8 位锁存器。芯片内含八个 D 型触发器。逻辑框图及集成电路引脚图如图 5.27 所示,功能表如表 5.6 所示。

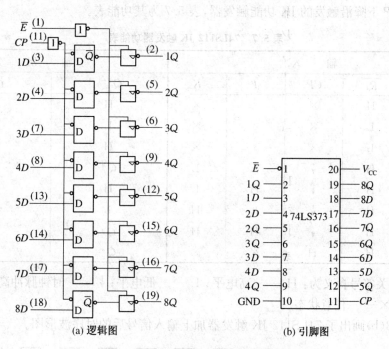

(a) 逻辑图   (b) 引脚图

图 5.27 74LS373 的逻辑图和引脚图

表 5.6 74LS373 功能表

使能端 $\overline{E}$	时钟端 CP	数据输入 D	三态输出 Q^{n+1}
0	1	1	1
0	1	0	0
0	0	×	Q^n
1	×	×	高阻态

当 $CP = 1$(高电平)时,Q 端输出将随 D 端的输入数据而变。

当 $CP = 0$(低电平)时,D 触发器输出将锁存已建立的电平。

　　当输出控制端(使能端)$\overline{E}=0$(低电平)时,将使 8 个输出处于正常工作状态(高电平或低电平输出)。

　　当使能端 $\overline{E}=1$(高电平)时,锁存器输出处于高阻态,从而不对总线加载,即不会影响总线上的数据。

　　输出控制端不影响触发器的内部锁存功能,即已有的锁存数据仍然保留,甚至当输出被关闭时,新的数据也可被置入。

5.4.4　常用集成触发器举例

　　在数字系统中,最常用的触发器有 D 触发器(如 74LS74 双 D 触发器)以及 JK 触发器,如 74LS72 单 JK 触发器(主从型、多输入端)、74LS73 和 74LS112 双 JK 触发器。74LS112 双 JK 触发器是边沿触发式的,在一片集成电路中封装了两个独立的、具有直接置位和直接复位端的 CP 下降沿触发的 JK 功能触发器,表 5.7 为其功能表。

表 5.7　74LS112 JK 触发器功能表

输　　　入					输　　　出	
$\overline{S_d}$	$\overline{R_d}$	CP	J	K	Q^{n+1}	$\overline{Q}^{n+1}$
L	H	×	×	×	H	L
H	L	×	×	×	L	H
L	L	×	×	×	H	H
H	H	↓	L	L	Q^n	$\overline{Q}^n$
H	H	↓	H	L	H	L
H	H	↓	L	H	L	H
H	H	↓	H	H	$\overline{Q}^n$	Q^n
H	H	H	×	×	Q^n	$\overline{Q}^n$

　　表中有关符号含义为:H —— 高电平;L —— 低电平;↓ —— 时钟脉冲高电平到低电平的跳变;× —— 任意状态。

　　图 5.28(b)画出了 74LS112 JK 触发器加上输入信号后的时序波形图。

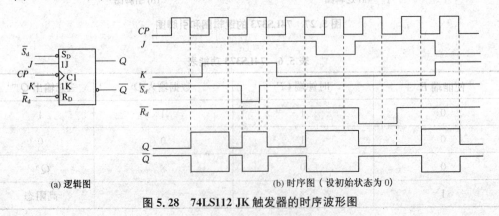

(a) 逻辑图　　　　　　　　(b) 时序图 (设初始状态为0)

图 5.28　74LS112 JK 触发器的时序波形图

5.5 触发器的脉冲工作特性及主要参数

5.5.1 触发器的脉冲工作特性

为了正确地使用触发器,不仅需要了解触发器的逻辑功能和触发方式,而且还需要掌握触发器的脉冲工作特性,即触发器对时钟脉冲、输入信号的要求,以保证触发器在时钟脉冲触发下按输入驱动信号的值正确实现状态转换。这里介绍几个有关的参数:

1) 建立时间 t_S

在 CP 有效沿到达之前,输入端信号必须先稳定下来,这样才能保证触发器正确地接收到该输入信号。这就要求输入信号在时钟脉冲 CP 有效沿到来之前一段时间就已准备好,这段提前时间即从输入信号稳定到 CP 有效沿出现之间必要的时间间隔称作建立时间。

2) 保持时间 t_K

为了保证触发器的输出可靠地反映输入关系,输入端信号必须在时钟脉冲 CP 有效沿到来之后还保持一段时间,即从 CP 有效沿出现到触发器的输出达到稳定所需要的时间,这段时间称为保持时间。

3) CP 脉冲宽度 t_W

要使输入信号经过触发器内部各级门传递到输出端,时钟脉冲 CP 的高、低电平必须具有一定的宽度。若用 t_{CPH}、t_{CPL} 分别表示 CP 高、低电平的宽度,则 CP 脉冲的周期 $T = t_{CPH} + t_{CPL}$ 不能小于建立时间 t_S 与保持时间 t_K 的和。

在前面所介绍的维持阻塞 D 触发器(见图 5.21)中,若 $t_S = 2t_{pd}$,$t_K = 3t_{pd}$,则其 CP 的最小周期 $T_{min} = t_{CPH} + t_{CPL} > 3t_{pd} + 2t_{pd} = 5t_{pd}$。对 74LS74 双 D 触发器来说,$t_S < 20ns$,$t_K = 50ns$,则 CP 的 $f_{max} < 14MHz$。

5.5.2 触发器的主要参数

1) 静态参数

触发器是由门电路组合而成的,从电气特性上讲,和门电路极为相似,因此,用来描述输入、输出特性的主要参数的定义和测试方法,也和门电路大体相同。其中主要有:

(1) 电源电流 I_E:通常只给出一个电源电流值,并且规定在测定此电流时,将所有输入端都悬空。

(2) 输入短路电流 I_{IL}:将各输入端依次接地,测得的电流就是各自的输入短路电流。

(3) 输入漏电流 I_{IH}:指每个输入端接至高电平时流入这个输入端的电流。

(4) 输出高电平 U_{OH} 和输出低电平 U_{OL}:测出触发器在 1 和 0 状态下的 Q、$\bar{Q}$ 端电平,即可得到这两个输出端的 U_{OH} 及 U_{OL} 值。

2) 动态参数

常用的动态参数有两个,它们分别是:

(1) 平均传输时间 t_{pd}:指从时钟信号的动作沿开始,到触发器输出状态稳定的一段时间。

（2）最高时钟频率 f_{max}：当触发器接成 T′ 触发器时，所允许的最高时钟频率称为 f_{max}。

习题 5

5.1 如果用两个或非门组成基本 RS 触发器，那么在 R、S 输入端加上什么电平时触发器出现不稳定状态？

5.2 怎样利用 JK 触发器构成 T 触发器？

5.3 电路及 A、B、C 的波形见图 5.29，试写出 Q_1、Q_2、Q_3 的函数表达式，画出其波形图。

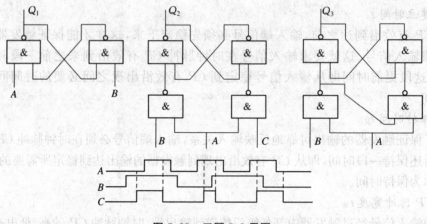

图 5.29 习题 5.3 用图

5.4 主从 RS 触发器及 CP、R、S 的波形如图 5.30 所示，试画出 Q 和 $\overline{Q}$ 的波形。设触发器初始状态为 0。

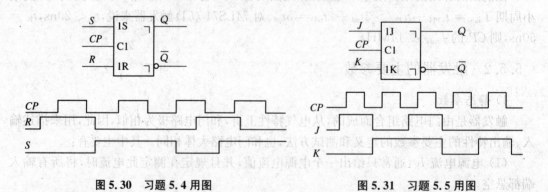

图 5.30 习题 5.4 用图   图 5.31 习题 5.5 用图

5.5 主从 JK 触发器及其 CP、J、K 的波形见图 5.31。试对应画出 Q 和 $\overline{Q}$ 的波形。设触发器初始状态为 0。

5.6 边沿 JK 触发器及其 CP、J、K 的波形见图 5.32。试对应画出 Q 和 $\overline{Q}$ 的波形。设触发器初始状态为 0。

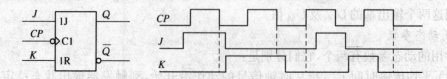

图 5.32 习题 5.6 用图

5.7 维持阻塞型 D 触发器及其 CP、D 的波形如图 5.33 所示。试对应画出 Q 的波形。设触发器初始状态为 0。

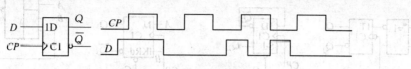

图 5.33 习题 5.7 用图

5.8 已知维持阻塞型 D 触发器各输入端的电压波形如图 5.34 所示，试画出 Q 端对应的电压波形。

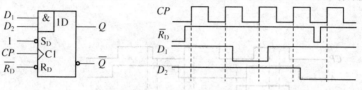

图 5.34 习题 5.8 用图

5.9 已知边沿 JK 触发器各输入波形如图 5.35 所示，试对应画出 Q 端的波形。

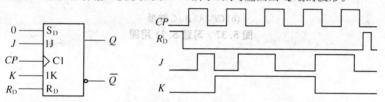

图 5.35 习题 5.9 用图

5.10 设图 5.36 中各触发器均为 TTL 型边沿触发器，初始状态皆为零，试画出 Q 端的波形。

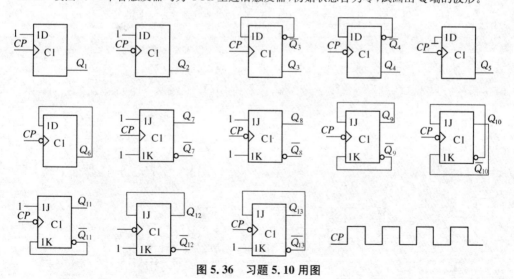

图 5.36 习题 5.10 用图

5.11 电路如图 5.37(a) 所示。

(1) 写出各触发器次态 Q^{n+1} 的函数表达式；

(2) CP、A、B、C 的波形见图 5.37(b)，试对应画出各电路 Q 端的波形。设触发器的初始状态为 0。

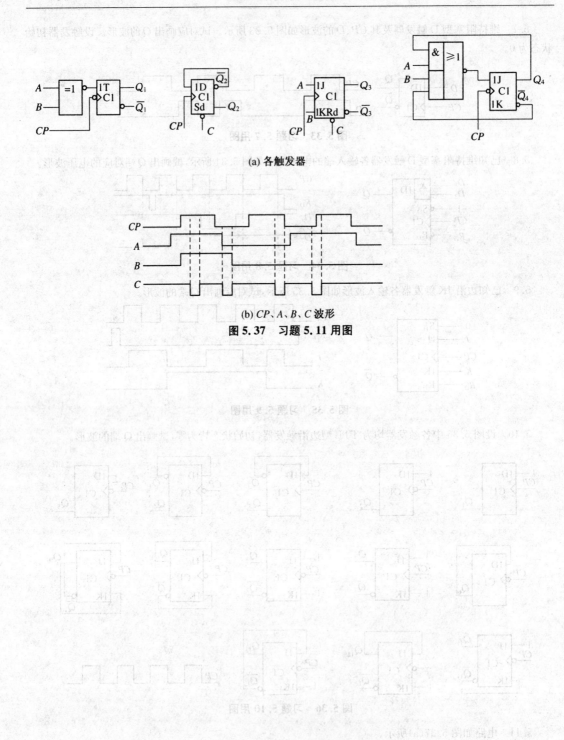

(a) 各触发器

(b) CP、A、B、C 波形

图 5.37　习题 5.11 用图

6 时序逻辑电路

内容提要:
(1) 时序逻辑电路的特点和描述方法。
(2) 时序逻辑电路的一般分析方法及实际电路分析。
(3) 常用的时序电路——计数器,移位寄存器等的工作原理、逻辑功能。
(4) 集成计数器及寄存器的应用。

6.1 概述

在数字电路中,如果任一时刻的稳定输出不仅取决于该时刻的输入,而且还和电路原来的状态有关,则称这一类电路为时序逻辑电路,简称时序电路。

时序逻辑电路的输出状态既然与电路的原来状态有关,那么构成时序电路时就必须有存储电路,而且存储电路的输出状态还必须与输入信号共同决定时序电路的输出状态。图6.1显示了时序电路的结构框图。

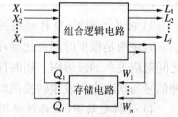

图 6.1 时序电路结构框图

图中 $X(X_1, X_2, \cdots, X_i)$ 代表现在输入信号,$L(L_1, L_2, \cdots, L_j)$ 代表现在输出信号,$W(W_1, W_2, \cdots, W_n)$ 代表存储电路的现在输入信号,$Q(Q_1, Q_2, \cdots, Q_l)$ 代表存储电路的现在输出信号,这些信号之间的关系可以用下列三个函数表达式表示:

$$L(t_n) = F[X(t_n), Q(t_n)] \tag{6.1}$$
$$Q(t_{n+1}) = G[W(t_n), Q(t_n)] \tag{6.2}$$
$$W(t_n) = H[X(t_n), Q(t_n)] \tag{6.3}$$

式中:t_n、t_{n+1} 表示相邻的两个离散时间。

我们将式(6.1)称为输出方程,式(6.2)称为状态方程,式(6.3)称为驱动方程或激励方程。

今后我们遇到的时序电路并不是每一个都具有这种完整形式。例如,有些时序电路可能没有组合电路部分,有些可能没有输入逻辑变量,但它们只要具有时序电路的基本特征,即具有记忆以前状态的存储电路,也就是电路中有触发器的存在,那就都属于时序电路。

时序电路的输出不仅与该时刻的输入有关,而且与以前各时刻的输入有关,这就是时序电路和组合电路的主要区别。表6.1列出了这两种电路的区别。

表 6.1　组合电路与时序电路的区别

组 合 电 路	时 序 电 路
不包含有存储元件	包含有存储元件
输出仅与当时的输入有关	输出与当时的输入及电路状态有关
电路的特性用输出函数描述	电路的特性用输出函数及次态函数描述

时序电路逻辑功能的描述方法有:

1) 状态转换图(简称状态图)

用状态图(如图 6.2 所示)描述时序电路的逻辑功能,不仅能反映出输出状态与输入之间的关系,还能反映输出状态与电路原来状态之间的关系。

2) 状态转换表(简称状态表)

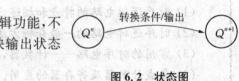

图 6.2　状态图

状态表和状态图在表示时序电路逻辑实质上是一样的,只是形式不同。表 6.2 所示的是状态表。

表 6.2　状态转换表

输入 X	现态 Q^n	次态 Q^{n+1}	输出 Z

3) 时序波形图(简称时序图、波形图)

时序图是根据时间变化顺序,画出反映时钟脉冲、输入信号、各个存储器件状态及输出之间对应关系的波形图。用时序图描述时序电路,便于了解电路的工作过程,对电路中的各种信号与状态之间发生转换的时间顺序有一个直观的认识。

4) 逻辑电路图(简称逻辑图)

逻辑电路图是指用存储器件和门电路的逻辑符号画出的电路图。

时序电路可用的存储器件种类很多,如集成触发器、锁存器、磁性器件、延迟线、机械式继电器等,最常用的存储器件是触发器。

6.2　时序逻辑电路的分析方法

对时序逻辑电路的分析,就是说明给定时序逻辑电路的逻辑功能。

分析时序电路可按下述步骤进行,其框图如图 6.3 所示。

(1) 根据给定的逻辑图写出各触发器的时钟方程、驱动方程和输出方程。

(2) 将驱动方程代入相应触发器的特性方程,求出各触发器的状态方程。

(3) 把电路的输入信号和现态的各种可能取值组合代入状态方程和输出方程,求出相应的次态和输出信号值,并列表表示。

(4) 画出反映时序电路状态转换规律及相应输入、输出信号取值情况的行为描述图形——状态图;或画出反映输入信号、输出信号及各触发器状态取值在时间上的对应关系的波形图——时序图。

(5) 检查电路能否自启动并说明其逻辑功能。

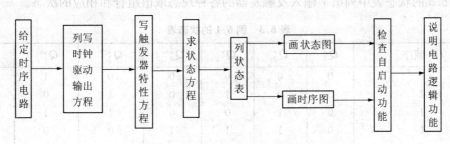

图 6.3 时序电路分析的一般步骤

时序逻辑电路按触发方式不同可分为同步和异步两大类。在同步时序电路中,各触发器都受同一时钟信号控制,其状态更新是发生在同一时刻,即是同步工作的;而在异步时序电路中,没有统一的时钟信号,有的触发器直接受时钟控制,有的则是把其他触发器的输出作为时钟脉冲,即状态更新有先有后。

同步与异步时序电路的基本分析方法是一致的,不同之处在于分析异步时序电路时,必须考虑各触发器的时钟信号是否到来,只有时钟信号到来之后,方可判断出次态的状况。

【例 6.1】 试分析图 6.4 所示时序电路的逻辑功能。

解:(1) 写方程

根据图 6.4 所示的逻辑电路图写出时钟方程、驱动方程和输出方程如下:

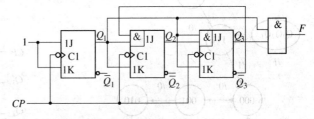

图 6.4 时序电路

时钟方程:$CP_1 = CP_2 = CP_3 = CP$,为同步时序电路。

驱动方程:$J_1 = 1$; $J_2 = Q_1^n \overline{Q}_3^n$; $J_3 = Q_1^n Q_2^n$;

$K_1 = 1$; $K_2 = Q_1^n$; $K_3 = Q_1^n$。

输出方程:$F = Q_1^n Q_3^n$。

(2) 求状态方程

JK 触发器的特性方程:$Q^{n+1} = J\overline{Q}^n + \overline{K}Q^n$。

将驱动方程代入特性方程,可得各触发器的状态方程:$Q_1^{n+1} = \overline{Q}_1^n$; $Q_2^{n+1} = Q_1^n \overline{Q}_3^n \overline{Q}_2^n + \overline{Q}_1^n Q_2^n$; $Q_3^{n+1} = Q_1^n Q_2^n \overline{Q}_3^n + \overline{Q}_1^n Q_3^n$。

(3) 列状态表

设电路的初始状态 $Q_3^n Q_2^n Q_1^n = 000$,把 $Q_3^n Q_2^n Q_1^n = 000$ 代入各触发器的状态方程和输出方程,得:

$$Q_1^{n+1} = 1; \quad Q_2^{n+1} = 0; \quad Q_3^{n+1} = 0; \quad F = 0$$

将这一结果作为新的现在状态 Q^n 再代入状态方程进行计算,得到另一组次态输出值。如此循环,直至得到 $Q_3^n Q_2^n Q_1^n = 101$ 的次态为 000,返回到我们最初设置的初始状态。在计算过程中 $Q_3^n Q_2^n Q_1^n = 110$ 和 111 未出现过,但也需求出它们的次态,才能得到完整的状态表。

表 6.3 的状态表中列出了输入及触发器的各种现态取值组合和相应的次态。

表 6.3　例 6.1 的状态表

CP 顺序	Q_3^n	Q_2^n	Q_1^n	Q_3^{n+1}	Q_2^{n+1}	Q_1^{n+1}	F
1	0	0	0	0	0	1	0
2	0	0	1	0	1	0	0
3	0	1	0	0	1	1	0
4	0	1	1	1	0	0	0
5	1	0	0	1	0	1	0
6	1	0	1	0	0	0	1
	1	1	0	0	1	0	1
	1	1	1	0	0	0	1

（4）画状态图

根据表 6.3 中的计算结果画出的状态图如图 6.5 所示；图 6.6 为根据计算结果画出的 Q_3、Q_2、Q_1、F 与 CP 对应的随时间变化的波形图（时序图）。

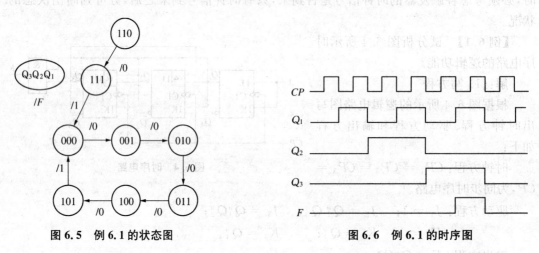

图 6.5　例 6.1 的状态图　　　　　　图 6.6　例 6.1 的时序图

（5）说明逻辑功能

从分析可以看出，电路状态每加入 6 个时钟脉冲信号循环变化一次，因此，这个电路具有对时钟脉冲信号进行计数的功能，即该电路是一个同步六进制计数器。000～101 的六个状态为有效状态。有效状态构成的循环为有效循环；110、111 两个状态不在有效循环中为无效状态。在 CP 脉冲的作用下无效状态能进入有效循环的状态，我们说其为具有自启动功能；反之，无效状态在 CP 脉冲的作用下不能进入有效循环，则说明电路不能自启动。通常，状态图中若存在两个或两个以上的循环时，就可能除有效循环外还存在无效循环，此时，该电路一定不能自启动。图 6.4 所示的电路是能够自启动的。

【例 6.2】　试分析图 6.7 所示时序电路的逻辑功能。

解：（1）写方程

根据图 6.7 写出时钟方程、驱动方程和输出方程如下：

时钟方程：$CP_1 = CP_2 = CP$，为同步时序电路。

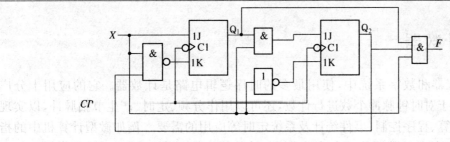

图 6.7 时序电路

驱动方程：$J_1 = X$；　$J_2 = XQ_1^n$；

$$K_1 = \overline{XQ_2^n}；\quad K_2 = \overline{X}。$$

输出方程：$F = XQ_1^n Q_2^n$。

（2）求状态方程

JK 触发器的特性方程为：$Q^{n+1} = J\overline{Q^n} + \overline{K}Q^n$。

将驱动方程代入特性方程，可得各触发器的状态方程：$Q_1^{n+1} = X\overline{Q_1^n} + XQ_2^n Q_1^n$；　$Q_2^{n+1} = XQ_1^n \overline{Q_2^n} + XQ_2^n$。

（3）列状态表

将输入及触发器的各种现态取值组合和相应的次态在表 6.4 所示的状态表中列出，设电路的初始状态 $Q_2^n Q_1^n = 00$ 。

表 6.4　例 6.2 的状态表

X	Q_2^n	Q_1^n	Q_2^{n+1}	Q_1^{n+1}	F
0	0	0	0	0	0
0	0	1	0	0	0
0	1	0	0	0	0
0	1	1	0	0	0
1	0	0	0	0	0
1	0	1	1	0	0
1	1	0	1	1	0
1	1	1	1	1	1

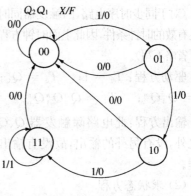

图 6.8　例 6.2 的状态图

（4）画状态图

由表 6.4 中计算结果画出的状态图，如图 6.8 所示。

（5）说明逻辑功能

由状态表和状态图看出，只要 $X = 0$，无论电路原来处于何种状态都要回到 00 状态，且 $F = 0$；只有连续输入 4 个或 4 个以上个 1 时，才能使 $F = 1$。该电路的逻辑功能是对输入信号 X 进行检测，当连续输入 4 个或 4 个以上个 1 时，输出 $F = 1$，否则 $F = 0$。故该电路称为 1111 序列检测器。

6.3 计数器

在数字仪器和数字系统中,使用最多的时序逻辑电路是计数器。它的应用十分广泛,不仅能用于对时钟脉冲个数进行计数,还可以用作分频、定时、产生节拍脉冲,以实现数字测量、运算、程序控制、事件统计及系统定时等应用的需要。例如微型计算机中的指令计数器(PC)就是计数器的一个重要应用。计数器的种类繁多,通常对计数器进行如下分类:

(1) 按计数器循环模数(计数长度)不同,可分为二进制、十进制和 N 进制计数器。

(2) 按计数器中各触发器计数脉冲作用方式分类,可分为同步、异步计数器。

(3) 按计数过程中数字的增、减分类,可分为加法、减法和可逆计数器。

6.3.1 同步计数器

1) 同步二进制加法计数器

图 6.9 给出的是一个同步 4 位二进制加法计数器,下面按时序电路的分析步骤对此电路进行分析。

(1) 写方程

时钟方程: $CP_0 = CP_1 = CP_2 = CP_3 = CP$,同步时序电路。

(对于同步时序电路,因触发器同时满足有效的时钟条件,因此上面时钟方程也可省略不写)。

驱动方程: $T_0 = 1$; $T_1 = Q_0^n$; $T_2 = Q_1^n Q_0^n$; $T_3 = Q_2^n Q_1^n Q_0^n$ 。

输出方程:此电路除触发器 Q、$\bar{Q}$ 端之外,没有另外的输出,故没有输出方程。

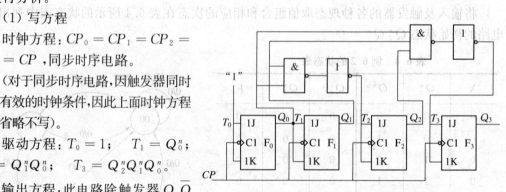

图 6.9 同步二进制加法计数器逻辑图

(2) 求状态方程

T 触发器的特性方程为: $Q^{n+1} = T \oplus Q^n$ 。

将驱动方程代入特性方程可得各触发器的状态方程: $Q_0^{n+1} = \bar{Q}_0^n$;$Q_1^{n+1} = Q_0^n \oplus Q_1^n$; $Q_2^{n+1} = (Q_1^n Q_0^n) \oplus Q_2^n$; $Q_3^{n+1} = (Q_2^n Q_1^n Q_0^n) \oplus Q_3^n$ 。

(3) 列状态表

由于此电路除了触发器的输入、输出端外,没有其余的输入、输出端,因而状态表中只需列出四个触发器的各种现态取值组合及相应的次态,如表 6.5 所示(设各触发器的初态 $Q_3 Q_2 Q_1 Q_0 = 0000$)。

表 6.5　4 位二进制加法计数器状态表

计数脉冲序号	现态				次态				现态对应的十进制数
	Q_3^n	Q_2^n	Q_1^n	Q_0^n	Q_3^{n+1}	Q_2^{n+1}	Q_1^{n+1}	Q_0^{n+1}	
1	0	0	0	0	0	0	0	1	0
2	0	0	0	1	0	0	1	0	1
3	0	0	1	0	0	0	1	1	2
4	0	0	1	1	0	1	0	0	3
5	0	1	0	0	0	1	0	1	4
6	0	1	0	1	0	1	1	0	5
7	0	1	1	0	0	1	1	1	6
8	0	1	1	1	1	0	0	0	7
9	1	0	0	0	1	0	0	1	8
10	1	0	0	1	1	0	1	0	9
11	1	0	1	0	1	0	1	1	10
12	1	0	1	1	1	1	0	0	11
13	1	1	0	0	1	1	0	1	12
14	1	1	0	1	1	1	1	0	13
15	1	1	1	0	1	1	1	1	14
16	1	1	1	1	0	0	0	0	15

（4）画状态图和时序图

由表 6.5 可画出图 6.10 所示的状态图和时序图。

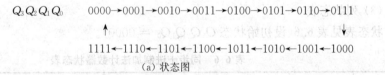

$$Q_3Q_2Q_1Q_0 \quad 0000 \rightarrow 0001 \rightarrow 0010 \rightarrow 0011 \rightarrow 0100 \rightarrow 0101 \rightarrow 0110 \rightarrow 0111$$

$$1111 \leftarrow 1110 \leftarrow 1101 \leftarrow 1100 \leftarrow 1011 \leftarrow 1010 \leftarrow 1001 \leftarrow 1000$$

(a) 状态图

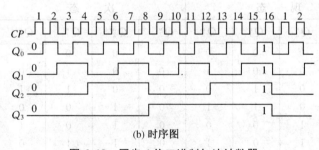

(b) 时序图

图 6.10　同步 4 位二进制加法计数器

（5）检查能否自启动，说明功能

在图 6.10(a) 所示的状态图中只存在一个循环（有效循环），故能自启动，即电路无论落入哪种状态，在 CP 作用下，总是循环工作的。

由图 6.10(a) 所示的状态图可知，该电路是按二进制加法规律进行递增计数的，因此该电路的逻辑功能是能自启动的同步 4 位二进制加法计数器。

2）同步十进制加法计数器

该电路如图 6.11 所示。分析过程如下：

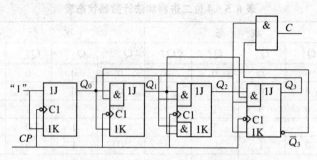

图 6.11　同步十进制加法计数器逻辑图

（1）列方程

根据图 6.11 所示的逻辑电路图列出时钟方程、输出方程和驱动方程，其中：

时钟方程：$CP_0 = CP_1 = CP_2 = CP_3 = CP$，同步时序电路。

输出方程：$C = Q_3^n Q_0^n$。

驱动方程：$J_0 = K_0 = 1$；　$J_1 = \overline{Q_3^n} Q_0^n, K_1 = Q_0^n$；　$J_2 = K_2 = Q_1^n Q_0^n$；　$J_3 = Q_2^n Q_1^n Q_0^n; K_3 = Q_0^n$。

（2）求状态方程

将上述驱动方程代入 JK 触发器的特性方程 $Q^{n+1} = J\overline{Q}^n + \overline{K}Q^n$，可得四个触发器的状态方程：$Q_0^{n+1} = \overline{Q_0^n}$；$Q_1^{n+1} = \overline{Q_3^n} Q_0^n \overline{Q_1^n} + \overline{Q_0^n} Q_1^n$；　$Q_2^{n+1} = Q_1^n Q_0^n \overline{Q_2^n} + \overline{Q_1^n Q_0^n} Q_2^n$；　$Q_3^{n+1} = Q_2^n Q_1^n Q_0^n \overline{Q_3^n} + \overline{Q_0^n} Q_3^n$。

（3）列状态表

状态表见表 6.6（设初始状态 $Q_3 Q_2 Q_1 Q_0 = 0000$）。

表 6.6　同步十进制加法计数器状态表

脉冲序号	现　　态				次　　态				输　出
	Q_3^n	Q_2^n	Q_1^n	Q_0^n	Q_3^{n+1}	Q_2^{n+1}	Q_1^{n+1}	Q_0^{n+1}	C
1	0	0	0	0	0	0	0	1	0
2	0	0	0	1	0	0	1	0	0
3	0	0	1	0	0	0	1	1	0
4	0	0	1	1	0	1	0	0	0
5	0	1	0	0	0	1	0	1	0
6	0	1	0	1	0	1	1	0	0
7	0	1	1	0	0	1	1	1	0
8	0	1	1	1	1	0	0	0	0
9	1	0	0	0	1	0	0	1	0
10	1	0	0	1	0	0	0	0	1
	1	0	1	0	1	0	1	1	0
	1	0	1	1	0	1	0	0	1
	1	1	0	0	1	1	0	1	0
	1	1	0	1	0	0	0	0	1
	1	1	1	0	1	1	1	1	0
	1	1	1	1	0	0	0	0	1

（4）画状态图和时序图

状态图及时序图见图 6.12。

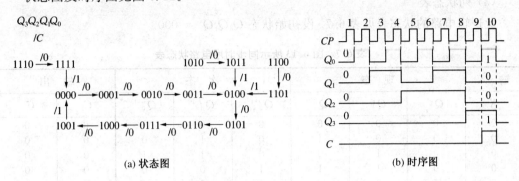

(a) 状态图   (b) 时序图

图 6.12 同步十进制加法计数器

（5）检查能否自启动，说明功能

在图 6.12(a)的状态图中仅存在一个有效循环，其他六个无效状态均可在时钟脉冲信号的作用下自动进入有效循环，故电路无论落入哪种状态，在 CP 作用下，总能自动进入有效循环，即能够自启动。

本逻辑电路为具有自启动功能的 8421 编码同步十进制加法计数器。

3）同步 N 进制计数器

试分析图 6.13 所示的时序电路的逻辑功能。

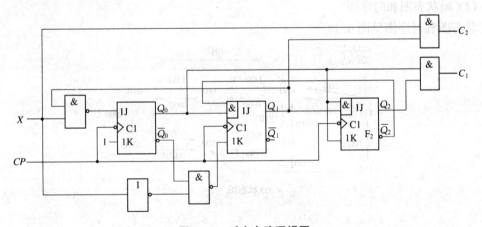

图 6.13 时序电路逻辑图

分析结果如下：

（1）写方程

时钟方程：$CP_0 = CP_1 = CP_2 = CP$ ，同步时序电路。

驱动方程：$J_0 = \overline{XQ_1^n}, K_0 = 1$； $J_1 = Q_0^n \overline{Q_2^n}, K_1 = \overline{\overline{X}Q_0^n}$； $J_2 = Q_0^n Q_1^n, K_2 = Q_0^n$。

输出方程：$C_1 = Q_0^n Q_2^n$； $C_2 = XQ_1^n$。

（2）求状态方程

将上述驱动方程代入 JK 触发器的特性方程 $Q^{n+1} = J\overline{Q^n} + \overline{K}Q^n$，求得状态方程：

$$Q_0^{n+1}=\overline{X}\,\overline{Q}_1^n\,\overline{Q}_0^n;\quad Q_1^{n+1}=Q_0^n\overline{Q}_2^n\overline{Q}_1^n+\overline{X}\,\overline{Q}_0^nQ_1^n;\quad Q_2^{n+1}=Q_0^nQ_1^n\overline{Q}_2^n+\overline{Q}_0^nQ_2^n。$$

（3）列状态表

此逻辑电路的状态表见表 6.7。设初始状态 $Q_2Q_1Q_0=000$。

表 6.7　图 6.13 所示同步时序电路状态表

输入	现态			次态			输出	
X	Q_2^n	Q_1^n	Q_0^n	Q_2^{n+1}	Q_1^{n+1}	Q_0^{n+1}	C_1	C_2
0	0	0	0	0	0	1	0	0
0	0	0	1	0	1	0	0	0
0	0	1	0	0	1	1	0	0
0	0	1	1	1	0	0	0	0
0	1	0	0	1	0	1	0	0
0	1	0	1	0	0	0	1	0
0	1	1	0	1	1	0	0	0
0	1	1	1	0	0	0	1	0
1	0	0	0	0	0	0	1	1
1	0	0	1	0	1	0	0	0
1	0	1	0	0	0	0	0	1
1	0	1	1	1	0	0	0	0
1	1	0	0	1	0	0	0	1
1	1	0	1	0	0	0	0	0
1	1	1	0	1	0	0	0	1
1	1	1	1	0	0	0	0	0

（4）画状态图和时序图

状态图和时序图见图 6.14。

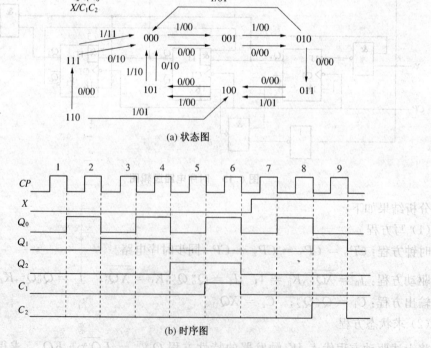

(a) 状态图

(b) 时序图

图 6.14　同步 N 进制计数器

（5）检查自启动，说明功能

分析状态图可以看出，当输入信号 $X = 0$ 时，每加入 6 个时钟脉冲信号以后，电路的状态循环变化一次，由 $000 \sim 101$ 六个有效状态构成有效循环；当输入信号 $X = 1$ 时，每加入 3 个时钟脉冲信号后，电路的状态循环变化一次，即由 $000 \sim 010$ 三个有效状态构成有效循环。而无效状态（ $X = 0$ 时的 $110 \sim 111$ ； $X = 1$ 时的 $011 \sim 111$ ）在 CP 脉冲作用下均能进入有效循环，说明该电路能够自启动。

通过分析可知，该逻辑电路是一个具有自启动功能的同步可控 N 进制加法计数器，控制信号 $X = 0$ 时为六进制加法计数器；控制信号 $X = 1$ 时为三进制加法计数器。

6.3.2 异步计数器

在第 6.2 节介绍了时序逻辑电路的分析方法。异步时序电路与同步时序电路的分析过程稍有不同，由于异步时序逻辑电路中各个触发器状态转换的时间不完全是由同一时钟脉冲单独控制，因此，在异步时序电路的分析中时钟方程就是必不可少的。

1）异步二进制计数器

图 6.15 是异步 2 位二进制加法计数器。

分析步骤如下：

（1）写方程

时钟方程： $CP_0 = CP$ ， $CP_1 = Q_0$ ，异步时序电路。

驱动方程： $T_0 = T_1 = 1$ 。

（因触发器为 T' 触发器，驱动方程也可不写）

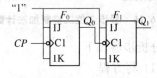

图 6.15 异步 2 位二进制加法计数器

（2）求状态方程

T' 触发器的特性方程为： $Q^{n+1} = \overline{Q}^n$ 。

求得状态方程： $Q_0^{n+1} = \overline{Q}_0^n [CP \downarrow]$ ； $Q_1^{n+1} = \overline{Q}_1^n [Q_0 \downarrow]$ 。

（"[ ]"表示有效时钟条件，说明只有在相应时钟脉冲触发沿到来时，触发器才会按状态方程进行状态转换，否则将保持原来状态）

（3）列状态表

状态表见表 6.8。设初始状态 $Q_1 Q_0 = 00$ 。

表 6.8 异步 2 位二进制加法计数器状态表

时钟序号	现　　态		次　　态		时钟条件	
	Q_1^n	Q_0^n	Q_1^{n+1}	Q_0^{n+1}	CP_1	CP_0
1	0	0	0	1		↓
2	0	1	1	0	↓	↓
3	1	0	1	1		↓
4	1	1	0	0	↓	↓

列表时应特别注意有效时钟条件。例如， $Q_1^n Q_0^n = 00$ ，当 CP 下降沿到来，由于 $CP_0 = CP$ ，触发器 F_0 就具备了时钟条件，因此， F_0 将按状态方程 $Q_0^{n+1} = \overline{Q}_0^n$ 来更新状态，即由 0 转换成 1；而 $CP_1 = Q_0$ 时，此时 Q_0 为上升沿， F_1 不具备时钟条件，故 F_1 保持原来状态，即 $Q_1^{n+1} = 0$ 。

（4）画状态图和时序图

其状态图和时序图见图 6.16。从时序图上能更清楚地看到各个触发器下降沿触发的特点。

（5）检查自启动,说明功能

由状态图可知,此电路只有一个有效循环,故本逻辑电路为能自启动的异步二进制加法计数器。

2）异步十进制减法计数器

逻辑电路如图 6.17 所示。

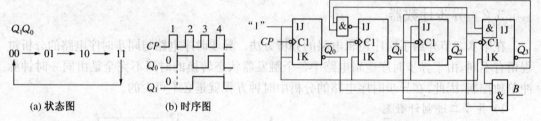

(a) 状态图　　　　　(b) 时序图

图 6.16　异步 2 位二进制加法计数器　　　**图 6.17　异步十进制减法计数器逻辑图**

分析步骤如下：

（1）写方程

时钟方程：$CP_0 = CP$;　　$CP_1 = CP_3 = \overline{Q}_0$;　　$CP_2 = \overline{Q}_1$,异步时序电路。

驱动方程：$J_0 = K_0 = 1$;　　$J_1 = \overline{\overline{Q}_3^n Q_2^n}, K_1 = 1$;　　$J_2 = K_2 = 1$;　　$J_3 = \overline{Q}_2^n \overline{Q}_1^n, K_3 = 1$。

输出方程：$B = \overline{Q}_3^n \overline{Q}_2^n \overline{Q}_1^n \overline{Q}_0^n$。

（2）求状态方程

$Q_0^{n+1} = \overline{Q}_0^n [CP\downarrow]$;　　$Q_1^{n+1} = \overline{\overline{Q}_3^n \overline{Q}_2^n} \overline{Q}_1^n [\overline{Q}_0\downarrow]$;　　$Q_2^{n+1} = \overline{Q}_2^n [\overline{Q}_1\downarrow]$;　　$Q_3^{n+1} = \overline{Q}_2^n \overline{Q}_1^n \overline{Q}_3^n [\overline{Q}_0\downarrow]$。

（3）列状态表

状态表如表 6.9 所示。设初态 $Q_3 Q_2 Q_1 Q_0 = 0000$。

表 6.9　异步十进制减法计数器状态表

脉冲序号	现　态				次　态				时钟条件				输　出
	Q_3^n	Q_2^n	Q_1^n	Q_0^n	Q_3^{n+1}	Q_2^{n+1}	Q_1^{n+1}	Q_0^{n+1}	CP_3	CP_2	CP_1	CP_0	B
1	0	0	0	0	1	0	0	1	↓		↓	↓	1
2	1	0	0	1	1	0	0	0				↓	0
3	1	0	0	0	0	1	1	1	↓	↓	↓	↓	0
4	0	1	1	1	0	1	1	0				↓	0
5	0	1	1	0	0	1	0	1	↓		↓	↓	0
6	0	1	0	1	0	1	0	0				↓	0
7	0	1	0	0	0	0	1	1	↓	↓	↓	↓	0
8	0	0	1	1	0	0	1	0				↓	0
9	0	0	1	0	0	0	0	1	↓		↓	↓	0

（续表 6.9）

脉冲序号	现态				次态				时钟条件				输出
	Q_3^n	Q_2^n	Q_1^n	Q_0^n	Q_3^{n+1}	Q_2^{n+1}	Q_1^{n+1}	Q_0^{n+1}	CP_3	CP_2	CP_1	CP_0	B
10	0	0	0	1	0	0	0	0				↓	0
	1	1	1	1	1	1	1	0				↓	0
	1	1	1	0	0	1	0	1	↓		↓	↓	0
	1	1	0	1	1	1	0	0				↓	0
	1	1	0	0	0	0	1	1	↓	↓	↓	↓	0
	1	0	1	1	1	0	1	0				↓	0
	1	0	1	0	0	1	0	1	↓		↓		0

（4）画状态图和时序图

根据状态表画出的状态图和时序图如图 6.18 所示。

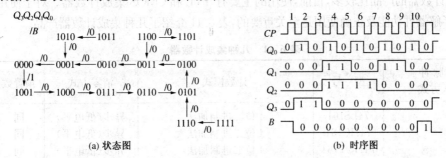

(a) 状态图 (b) 时序图

图 6.18 异步十进制减法计数器

（5）检查自启动，说明功能

本电路为能自启动的 8421 码异步十进制减法计数器。与同步计数器相比，异步计数器具有电路简单，连接有规律，要求的时钟 CP 的驱动功率小等优点；而缺点是计数速度慢。

6.3.3 行波计数器

前面介绍的异步二进制计数器，也称为"行波计数器"。构成行波计数器中的触发器均需按实现计数功能来连接，即触发器的特性方程应为 $Q^{n+1} = \overline{Q}^n$。三个触发器构成的行波计数器有 8 个状态，四个触发器构成的行波计数器有 16 个状态，可以分别实现 0～7（即二进制 000～111）、0～15（即二进制 0000～1111）的计数，相应地被称为"模 8 计数器"和"模 16 计数器"。改变级联触发器的个数，可以很方便地改变计数器的模，n 个触发器构成的行波计数器的模是 2^n，计数范围是 $0 \sim 2^n - 1$。

将上述异步二进制计数器的电路连接略加改变，得到如图 6.19 所示的三种异步 2 位二进制计数器的逻辑电路，功能已在图上注明。比较获得异步二进制计数器级间的连接规律，见表 6.10。表中 CP_i 表示第 i 位触发器 F_i 的时钟端，Q_{i-1}、$\overline{Q}_{i-1}$ 表示触发器 F_i 前一级触发器的输出端。

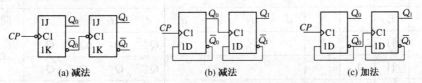

(a) 减法 (b) 减法 (c) 加法

图 6.19 异步 2 位二进制计数器逻辑图

表 6.10　异步二进制计数器的级间连接规律

连续规律	T′触发器的触发沿		激　励
	上升沿	下降沿	（驱动）
加计数	$CP_i = \overline{Q}_{i-1}$	$CP_i = Q_{i-1}$	$J_i = K_i = 1$
减计数	$CP_i = Q_{i-1}$	$CP_i = \overline{Q}_{i-1}$	$D_i = \overline{Q}_i$ $T_i = 1$

行波计数器的构造方法可以归纳为:根据计数器的模确定触发器的个数,每个触发器都接成只具有翻转功能的触发器(T′触发器),各触发器的时钟端和激励端的级间连接规律如表6.10所示。

6.3.4　集成计数器及其应用

集成计数器的产品比较多,目前,使用的主要有 TTL 和 CMOS 集成计数器。对于使用者来说,做到了解器件功能及正确使用是至关重要的,表 6.11 介绍了几种集成计数器产品。

表 6.11　几种集成计数器

CP 脉冲 引入方式	型　号	计数模式	清零方式	预置数方式
同　步	74LS161	4 位二进制加法	异步(低电平)	同　步
	74HC161	4 位二进制加法	异步(低电平)	同　步
	74HCT161	4 位二进制加法	异步(低电平)	同　步
	74LS163	4 位二进制加法	同步(低电平)	同　步
	74LS191	单时钟 4 位二进制可逆	无	异　步
	74LS193	双时钟 4 位二进制可逆	异步(高电平)	异　步
	74LS160	十进制加法	异步(低电平)	同　步
	74LS190	单时钟十进制可逆	无	异　步
异　步	74LS293	双时钟 4 位二进制加法	异　步	无
	74LS290	二-五-十进制加法	异　步	异　步

1) 典型集成计数器芯片功能介绍

要了解芯片功能的关键是要学会读懂查阅手册得到的功能表。

(1) 74LS163 集成计数器

74LS163 集成计数器是一个 4 位二进制同步加法计数器芯片,其逻辑功能表如表 6.12 所示。

表 6.12　74LS163 集成计数器功能表

输　入									输　出				工作模式
CP	$\overline{CR}$	$\overline{LD}$	CT_P	CT_T	D_3	D_2	D_1	D_0	Q_3^n	Q_2^n	Q_1^n	Q_0^n	
↑	L	×	×	×	×	×	×	×	L	L	L	L	同步清零
↑	H	L	×	×	d_3	d_2	d_1	d_0	d_3	d_2	d_1	d_0	同步置数
×	H	H	×	L	×	×	×	×	Q_3^{n-1}	Q_2^{n-1}	Q_1^{n-1}	Q_0^{n-1}	保　持
×	H	H	L	×	×	×	×	×	Q_3^{n-1}	Q_2^{n-1}	Q_1^{n-1}	Q_0^{n-1}	
↑	H	H	H	H	×	×	×	×	加法计数				加法计数

从功能表中可了解该芯片具有如下功能：

① 同步清零：$\overline{CR}$ 端为清零端。当 $\overline{CR}$ 为低电平（$\overline{CR}=0$）时，加入 CP 脉冲的上升沿，各触发器均被清零，计数器的输出 $Q_3Q_2Q_1Q_0=0000$；不清零时应使 $\overline{CR}$ 接高电平（$\overline{CR}=1$）。

② 同步置数（预置数、送数）：$\overline{LD}$ 为预置数控制端。在 $\overline{CR}=1$（不处于清零状态）的条件下，$\overline{LD}$ 接低电平（$LD=0$）的同时，加入 CP 脉冲的上升沿，计数器被置数，输入数据 $d_3d_2d_1d_0$ 被置入相应的触发器，即计数器输出 $Q_3Q_2Q_1Q_0$ 等于数据输入端 $D_3D_2D_1D_0$ 输入的二进制数（$Q_3Q_2Q_1Q_0=d_3d_2d_1d_0$），这就可以使计数器从预置数开始进行加法计数。不预置数时应使 $\overline{LD}$ 接高电平（$\overline{LD}=1$）。

③ 计数：CT_P 和 CT_T 为计数允许控制端。在 $\overline{CR}=1$（不清零）和 $\overline{LD}=1$（不送数）的条件下，若控制端 CT_P、CT_T 均为高电平（$CT_P=CT_T=1$）时，计数器处于对 CP 的计数状态，此时它为一种典型的4位二进制加法计数器。当计数器计数到 $Q_3Q_2Q_1Q_0=1111$ 时，进位输出 $CO=1$；再输入一个计数脉冲，计数器输出从1111返回到0000状态，CO 由1变0作为进位输出信号。

④ 保持：在 $\overline{CR}=1$（不清零）和 $\overline{LD}=1$（不送数）的条件下，控制端 CT_P 与 CT_T 中只要有一个为低电平，则计数器处于保持状态，各触发器保持原状态不变，其进位输出 CO 在 $CT_P=0$、$CT_T=1$ 时，状态不变；而在 $CT_P=1$、$CT_T=0$ 时，进位输出 $CO=0$。

对照图 6.20 所示的工作波形图（时序图），将有助于了解其逻辑功能。

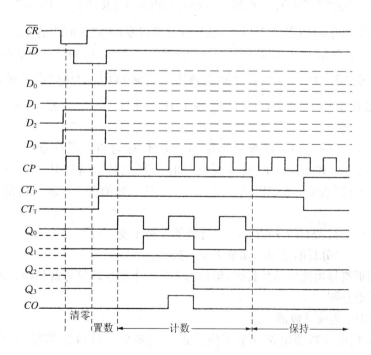

图 6.20　74LS163 集成计数器工作波形图（时序图）

图 6.21 为 74LS163 集成计数器的引出脚排列图和逻辑符号。

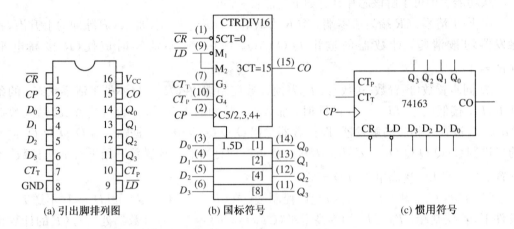

图 6.21　74LS163 集成计数器的引出脚排列图和逻辑符号

图 6.21(b)为 74LS163 的新国标图形符号,这种符号概括性很强,读者往往无需了解电路内部结构,无需查阅功能表,即可由图形符号直接读懂芯片整体的逻辑功能以及各输入、输出之间的逻辑关系,下面以图 6.21(b)为例介绍符号的含义。

总限定符 CTRDIV16 表明这是一个 4 位二进制计数器,计数长度为 $2^4 = 16$。CP 端仅有"+",而无"一"标记,故为加法计数器。

CP(CLK)端的"C5"(C 称为控制关联符号)和 $\overline{CR}$(CLR)的"5CT = 0"以及 $\overline{CR}$ 端的"。"表明,当 $\overline{CR}$ 为低电平,且 CP 上升沿出现时,计数器置零,因此为同步清零。

LD 端的"M_1"(M 称为方式关联符号)、CP 端的"C5"和 $D_0 \sim D_3$ 端的"1,5D"("1,5D"只在 D_0 端标出,$D_1 \sim D_3$ 端因简化画法而省略)以及 $\overline{LD}$ 的"。"共同表明,$D_0 \sim D_3$ 四端的数据是在 $\overline{LD}$ 为低电平,且 CP 出现上升沿时被置入计数器,因此该电路为同步置数。

CP 端的"2,3,4+"和关联符号"M_2,G_3,G_4(G 称为与关联符号)"表示,当 $\overline{LD}$ 和 $\overline{CR}$ 为高电平,CT_P(P)和 CT_T(T)也为高电平时,CP 上升沿将使计数器进行加法计数;"G_3"和"3CT = 15"表明,当 CT_T 为高电平时,一旦计数值为 15,进位输出端 CO 将输出进位脉冲。

$\overline{CR} = \overline{LD} = 1$ 时,若 $CT_T \cdot CT_P = 0$,计数器保持不变。

可见,图形符号分析的结果与功能表是一致的。

新国标图形符号虽然概括性很强,但作为逻辑图中的逻辑符号就稍嫌繁琐,因此常用惯用符号画逻辑电路图。

(2) 74LS161 集成计数器

74LS161 集成计数器也是一个 4 位二进制同步加法计数器芯片,其逻辑功能表如表6.13所示。

从功能表中可知,该芯片与 74LS163 的差异在于清零功能:74LS163 为同步清零;而 74LS161 是异步清零。即 74LS161 进行异步清零时,只要 $\overline{CR}$ 为低电平($\overline{CR} = 0$),不管其他输入端(包括 CP)状态如何,各触发器均被清零,计数器的输出 $Q_3 Q_2 Q_1 Q_0 = 0000$。同样,不清零时应使$\overline{CR}$接高电平($\overline{CR}=1$)。

表 6.13 74LS161 集成计数器功能表

输 入									输 出				工作模式
CP	$\overline{CR}$	$\overline{LD}$	CT_P	CT_T	D_3	D_2	D_1	D_0	Q_3^n	Q_2^n	Q_1^n	Q_0^n	
×	L	×	×	×	×	×	×	×	L	L	L	L	异步清零
↑	H	L	×	×	d_3	d_2	d_1	d_0	d_3	d_2	d_1	d_0	同步置数
×	H	H	×	L	×	×	×	×	Q_3^{n-1}	Q_2^{n-1}	Q_1^{n-1}	Q_0^{n-1}	保 持
×	H	H	L	×	×	×	×	×	Q_3^{n-1}	Q_2^{n-1}	Q_1^{n-1}	Q_0^{n-1}	
↑	H	H	H	H	×	×	×	×	加 法 计 数				加法计数

图 6.22 与图 6.23 分别给出了 74LS161 集成计数器的工作波形图(时序图)及引出脚排列图及逻辑符号。

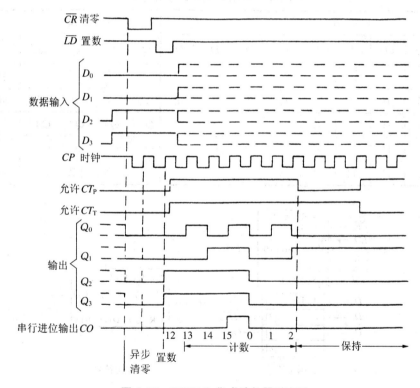

图 6.22 74LS161 集成计数器时序图

(3) 74LS160 集成计数器

74LS160 集成计数器是一个 8421 编码的十进制加法计数器。其逻辑功能、逻辑符号及工作波形图分别如表 6.14 和图 6.24、图 6.25 所示。

74LS160 与 74LS161 只在计数长度上有差别(74LS160:十进制计数器;74LS161:4 位二进制计数器),其余功能和引脚完全一样,此处不再介绍。

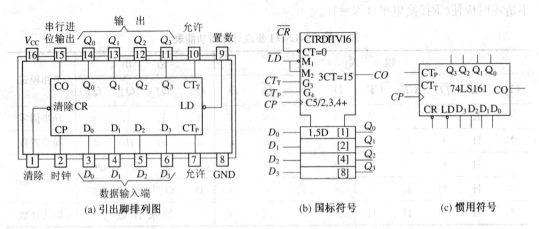

(a) 引出脚排列图　　　　　(b) 国标符号　　　　(c) 惯用符号

图 6.23　74LS161 集成计数器的引出脚排列图和逻辑符号

表 6.14　74LS160 集成计数器功能表

| 输　　入 | | | | | | | | | 输　　出 | | | | 工作模式 |
CP	$\overline{CR}$	$\overline{LD}$	CT_P	CT_T	D_3	D_2	D_1	D_0	Q_3^n	Q_2^n	Q_1^n	Q_0^n	
$\times$	L	$\times$	$\times$	$\times$	$\times$	$\times$	$\times$	$\times$	L	L	L	L	异步清零
$\uparrow$	H	L	$\times$	$\times$	d_3	d_2	d_1	d_0	d_3	d_2	d_1	d_0	同步置数
$\times$	H	H	$\times$	L	$\times$	$\times$	$\times$	$\times$	Q_3^{n-1}	Q_2^{n-1}	Q_1^{n-1}	Q_0^{n-1}	保　持
$\times$	H	H	L	$\times$	$\times$	$\times$	$\times$	$\times$	Q_3^{n-1}	Q_2^{n-1}	Q_1^{n-1}	Q_0^{n-1}	
$\uparrow$	H	H	H	H	$\times$	$\times$	$\times$	$\times$	加法计数				加法计数

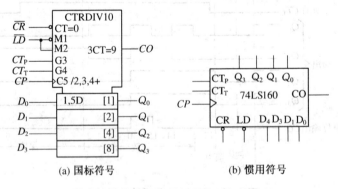

(a) 国标符号　　　　　(b) 惯用符号

图 6.24　74LS160 集成计数器的逻辑符号

（4）74LS190 集成计数器

　　74LS190 集成计数器为十进制可逆计数器，即通过控制可完成加/减计数。74LS190 集成计数器的逻辑功能表、工作波形图和引出脚排列图如表 6.15 及图 6.26、图 6.27 所示。

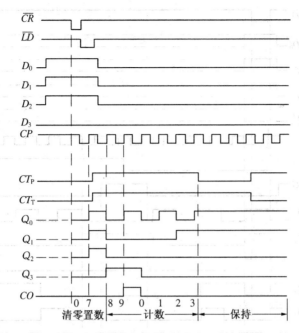

图 6.25 74LS160 集成计数器时序图

表 6.15 74LS190 集成计数器功能表

输　　　入								输　　　出				工作模式
CP	$\overline{LD}$	G	加/减	D_3	D_2	D_1	D_0	Q_3^n	Q_2^n	Q_1^n	Q_0^n	
$\times$	L	$\times$	$\times$	d_3	d_2	d_1	d_0	d_3	d_2	d_1	d_0	异步置数
$\times$	H	H	$\times$	$\times$	$\times$	$\times$	$\times$	Q_3^{n-1}	Q_2^{n-1}	Q_1^{n-1}	Q_0^{n-1}	保　持
$\uparrow$	H	L	L	$\times$	$\times$	$\times$	$\times$	加法计数				加法计数
$\uparrow$	H	L	H	$\times$	$\times$	$\times$	$\times$	减法计数				减法计数

从功能表和时序图中可以了解该芯片具有如下功能：

① 预置数：只要在置数端 $\overline{LD}$ 加入低电平，就可以对计数器置数，使 $Q_3Q_2Q_1Q_0 = d_3d_2d_1d_0$。

② 加计数和减计数（允许端 G 为低电平，置数端 $\overline{LD}$ 为高电平）：加/减控制端为低电平时，做加计数。计到最大数 $Q_3Q_2Q_1Q_0 = 1001$ 时，最大/最小端（MAX/MIN 端）输出高电平；当输出从 1001 变到 0000 时，MAX/MIN 端输出低电平，而串行时钟脉冲在计数脉冲计 9 结束与计 0 开始的同时变化产生一个负脉冲。

加/减控制端为高电平时，做减计数。减到 0（$Q_3Q_2Q_1Q_0 = 0000$）时，最大/最小端（MAX/MIN 端）输出为高电平；当输出从 0000 变到 1001 时，MAX/MIN 端输出为低电平，而串行时钟脉冲在计数脉冲减 0 结束与减 9 开始的同时变化产生一个负脉冲。

串行时钟脉冲可作为多片级联中高位片的计数脉冲。

③ 保持：允许端（G）为低电平时做加/减计数；为高电平时计数器处于保持工作状态。

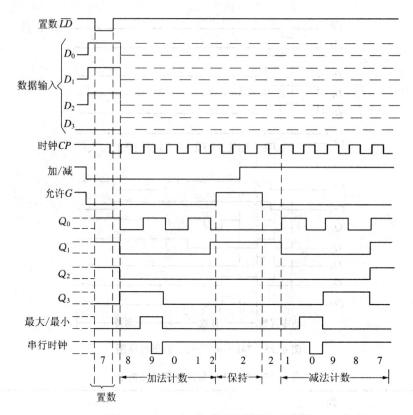

图 6.26　74LS190 集成计数器工作波形图

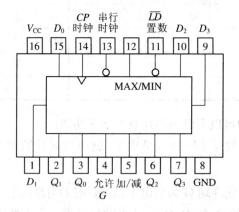

图 6.27　74LS190 集成计数器的引出脚排列图

2) 集成计数器的应用

集成计数器的产品一般为 4 位二进制或十进制计数器。在实际中,若需要其他进制的计数器,即 N 进制时,通常可通过适当的连接得到。连接的方法不止一种,下面分别介绍。

(1) 集成计数器的级联

当计数长度较长时,需要将集成计数器串联(级联)起来使用。通常考虑到级联的需要,集成计数器设置了专供级联使用的输入、输出端,所以级联非常方便。

图 6.28 表示的是二片集成十进制加法计数器的级联。图中是用低位片的进位输出去

控制高位片的 CT_P(P) 端,使高位片只有在低位计到 1001 产生进位输出时,方才计 1,即逢十进一。显然,如果低位是十进制个位的话,则高位无疑是十位,这样,计数长度将增至 $10^2 = 100$。以此类推,如果 N 片级联,计数长度将是 10^N。

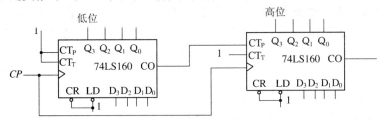

图 6.28　二片集成十进制加法计数器同步级联

图 6.29 表示的是二片集成 4 位二进制加法计数器的级联。图中仍用低位片的进位输出 CO 去控制高位片的 CT_P(P) 端,与上述不同的是,低位片计满 $2^4 = 16$ 时,才产生进位输出,使高位计 1。因此,如果低位输出 $Q_3Q_2Q_1Q_0$ 的权值大小为 $2^3 2^2 2^1 2^0$,那么,高位输出 $Q_3Q_2Q_1Q_0$ 的权值大小则应为 $2^7 2^6 2^5 2^4$,这样,就实现了 8 位二进制加法计数,计数长度为 $2^{4 \times 2} = 256$。如用 M 片级联,可实现的计数长度应为 2^{4M},即为 $4M$ 位二进制加法计数器。

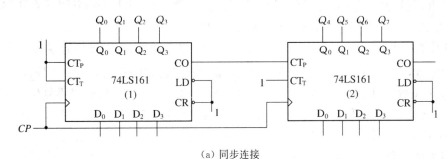

（a）同步连接

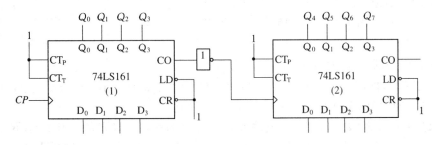

（b）异步连接

图 6.29　二片集成四位二进制加法计数器级联

集成计数器通过级联就能构成任意计数长度的 N 进制计数器。在采用十进制或 4 位二进制计数器级联去实现 N 进制计数时,需要注意采用十进制计数器级联,其计数数码为 8421 码;而采用 4 位二进制计数器级联,其计数数码为二进制码。

（2）复位法（反馈归零法）

复位法是利用计数器的复位控制端（清零端 $\overline{CR}$）构成任意进制计数器的方法。用复位法构成 N 进制计数器所选用的集成计数器的计数容量必须大于 N。当输入 N 个计数脉冲之后,计数器应回到全 0 状态(利用 $\overline{CR}$ 加上使其有效的电平时,$Q_3Q_2Q_1Q_0 = 0000$,可使计数器回到全 0 状态)。

实际中,集成计数器的复位控制端(清零端 $\overline{CR}$)分异步清零和同步清零两种形式,而异步清零端与同步清零端的差别在于:异步清零端不受时钟脉冲控制,只要有效电平到来,就立即清零,无需再等下一个计数脉冲的有效沿到来;同步清零则需在计数脉冲的有效沿和清零端有效电平的共同作用下才能实现。由于这个差异,因而在使用中也就有所不同。

① 异步复位法:异步复位法适用于具有异步清零控制端的集成计数器。例如 74LS161 是一个 4 位二进制加法计数器,它具有异步清零端 $\overline{CR}$,其功能表如表6.13所示。图 6.30 所示的是接成十二进制($N=12$)计数器的 74LS161 电路。

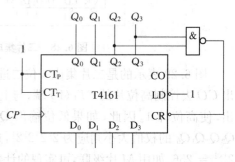

图 6.30　74LS161 构成十二进制计数器

对于 4 位二进制加法计数器,输入 12 个计数脉冲后,$Q_3Q_2Q_1Q_0 = 1100$;而十二进制加法计数器输入 12 个计数脉冲后,$Q_3Q_2Q_1Q_0 = 0000$。从图中可以看出,其控制清零端的信号是 $N(12)$ 状态,即 $\overline{CR} = \overline{Q_3Q_2}$。当计到 $Q_3Q_2Q_1Q_0 = 1100$ 时,$\overline{CR}$ $= 0$ 对计数器清零,使 $Q_3Q_2Q_1Q_0 = 0000$,实现十二进制计数。由于异步清零端信号一旦出现就立即生效,即刚出现 1100,就立即送到 $\overline{CR}$ 端,使计数器状态变为 0000,因而,清零信号 1100 是非常短暂的,仅为过渡状态,不能成为计数中的一个状态。这种置零复位方法,由于随着计数器被置 0,复位信号就随之消失,复位信号持续时间很短,所以电路的可靠性不高。

② 同步复位法:同步复位法适用于具有同步清零控制端的集成计数器。例如 74LS163 是一个 4 位二进制加法计数器,但它的清零端 $\overline{CR}$ 是同步的,其功能表如表 6.12 所示。用 74LS163 构成的十二进制计数器如图 6.31 所示。

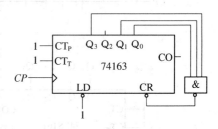

图 6.31　74LS163 构成十二进制计数器

它需要在计数脉冲的有效沿和清零端有效电平同时作用下,才能使计数器全 0。在图6.31中,控制清零端的信号是 $N-1(11)$ 状态,即 $\overline{CR}=Q_3Q_2Q_1Q_0$。当计到 $Q_3Q_2Q_1Q_0=1011$ 时 $\overline{CR}=0$,当计数器输入第 12 个计数脉冲时,CP 的上升沿与 $\overline{CR}$ 已准备好的有效电平(低电平)使计数器置零(即 $Q_3Q_2Q_1Q_0=0000$),实现了十二进制计数。

采用同步复位法实现 N 进制计数时,计数循环中无过渡状态存在,从而保证了计数输出的稳定可靠。

这里再次提醒使用 4 位二进制集成计数器或用十进制集成计数器实现 N 进制计数时,注意两种电路在组成上的差异。例如实现三十六进制的两种电路连接见图 6.32。两种电路均采用具有异步清除功能的计数器。当实现三十六进制计数时,应将状态 36 取出作为清零信号。图 6.32(a)是用两片 74LS160(8421 编码的十进制计数器,其功能见表 6.13)实现三十六进制计数,两片中低(个)位的权为 10^0,即 $Q_3Q_2Q_1Q_0$ 权值大小为 8421,高(十)位的权为 10^1,所以 $Q_3Q_2Q_1Q_0$ 的权值大小应为 8×10、4×10、2×10、1×10。因此,36 的状

态应为 00110110;图 6.32(b)是用两片 74LS161 实现三十六进制计数的,各位的权为
$2^7 2^6 2^5 2^4 2^3 2^2 2^1 2^0$,因此,36 的状态应为 00100100。

值得一提的是,在上面所使用的芯片中,清零端都是低电平有效。而在实际中,有的集
成计数器的清零端却是高电平有效,即清零端为高电平时,计数器进入清零工作状态。为此
需将相应电路中,连接清零信号的与非门改为与门。

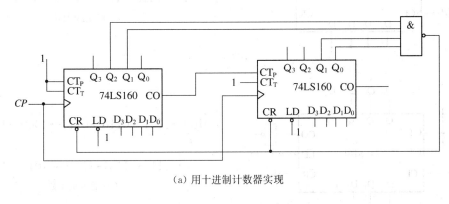

(a) 用十进制计数器实现

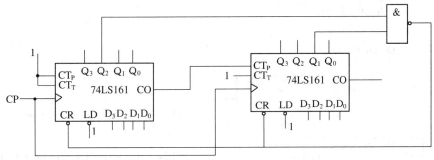

(b) 用 4 位二进制计数器实现

图 6.32 实现三十六进制计数

③ 置数法:置数法是利用集成计数器的预置控制端(置数端 $\overline{LD}$)实现任意进制计数的方
法。所谓任意(N)进制,实际就是计数器计数时所经历的独立状态总数为 N 个。同样利用集
成计数器实现 N 进制计数时,要求所选用的集成计数器的计数容量大于 N。利用置数端实现
N 进制计数有以下几种连接方法:一是利用置数端 $\overline{LD}$ 送 0 的复位法,即计数到所需进制时置
入 0 状态($D_3 D_2 D_1 D_0 = 0000$);另一种是在计数器计到最大数时置入计数器状态转换图中的最
小数,作为计数循环的起点,或在计数到某个数之后,置入最大数,然后接着开始计数。总之,
在集成计数器状态转换图中选定所需的 N 个连续状态,以 N 个连续状态中最小的状态作为置
入数,以最大的状态作为置数端 $\overline{LD}$(同步置数时)的控制信号,即可实现 N 进制计数。

【例 6.3】 试用 74LS163(具有同步预置功能的 4 位二进制加法计数器芯片)采用置数
法构成十二进制计数器。

解:采用置数法构成十二进制计数器的连接方法有多种,各种电路连接方式及状态图在
图 6.33 中画出。

与清零控制端相同,有些集成计数器是利用异步置数端实现置数功能的。但在了解了
清零控制端异步和同步之间使用上的差异,正确使用异步置数端也就不太困难了。

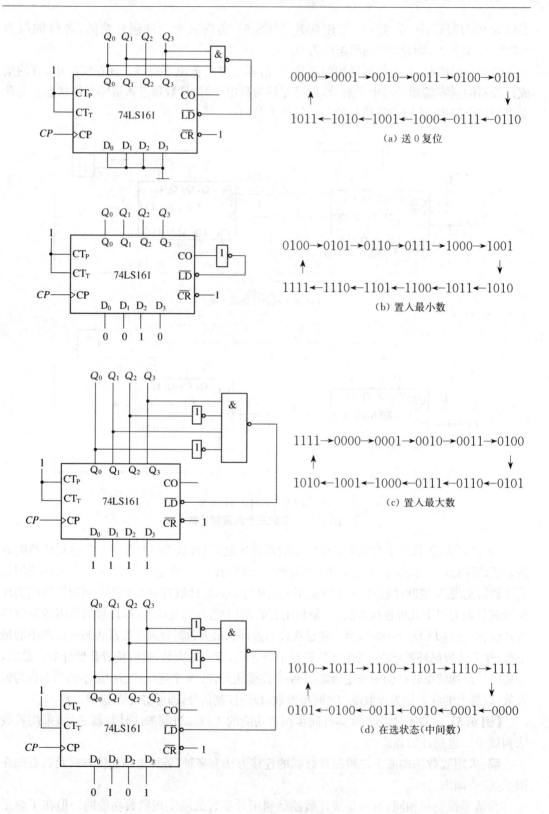

图 6.33　实现十二进制计数

6.4 寄存器

在数字系统和电子计算机中,常常需要把一些数据信息暂时存放起来等待处理。能够存放二进制数码的逻辑部件就称为寄存器。它是一种常见的时序逻辑电路,常用来暂时存放数据、指令等。对寄存器的基本要求是:数码存得进、存得住、取得出。寄存器的记忆单元是触发器。一个触发器可以存储 1 位二进制代码,存放 N 位二进制代码自然需用 N 个触发器。寄存器分为数据寄存器和移位寄存器两类。

6.4.1 数据寄存器

数据寄存器主要用来存放一组二进制信息,在电子计算机中常被用来存储原始数据、中间结果、最终结果及地址码等数据信息与指令。

数据寄存器有双拍和单拍两种工作方式。双拍工作方式是将接收数据的过程分为两步进行:第一步清零,第二步接收数据;单拍工作方式只需一个接收脉冲就可完成数据的接收。

对于双拍工作方式,每次接收数据都必须依次给出清零、接收两个脉冲,不仅操作不便,而且限制了工作速度。因此,集成数据寄存器几乎都采用单拍工作方式。

由于数据寄存器是将输入代码存放在数据寄存器中,所以要求数据寄存器所存的代码一定要与输入代码相同,常用 D 触发器构成数据寄存器。

集成数据寄存器 74LS374 是一个 8 位三态输出数据寄存器,它的逻辑电路图如图 6.34 所示。

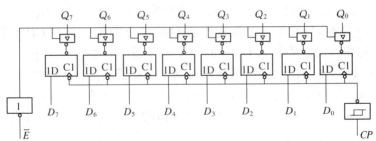

图 6.34 74LS374 逻辑电路图

74LS374 的内部有八个 D 触发器,是用 CP 上升沿触发实现并行输入、并行输出的数据寄存器。其特点有:三态输出;具有 CP 缓冲门(提高了抗干扰能力);不需要清零(单拍工作方式)。图 6.35 所示为 74LS374 8 位三态输出寄存器的引脚排列图。

另一种集成数据寄存器 74LS373 是一个 8 位 D 型锁存器,其逻辑电路图和引脚排列图如图 5.27 所示。

由于输出线上出现的数据和输入线上传来的数据不是同时存在的,所以采用三态输出寄存器,可以共用数据总线。图 6.36 为微型计算机各寄存器示意框图。图中 RTA、RTB、RTC、RTD 为三态输出寄存器,全部挂在数据总线 BUS 上,其中双箭头数据线表示数据传输是双向的。

如果要将 RTA 中所存数据传送到 BUS 上去,只要分时间段实现 $\overline{E}_A=0$,$CP_A=1$ 即可。但此时必须关闭其他寄存器,即令其他寄存器在此期间 $\overline{E}=1,CP=0$,否则会出现其他寄存器"争夺"数据总线的错误。

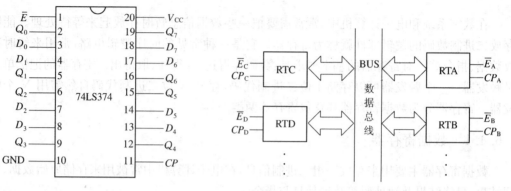

图 6.35   74LS374 引脚排列   图 6.36   74LS374 三态输出寄存器挂接数据总线

6.4.2 移位寄存器

寄存器不仅存放数据,有时为了处理数据的需要还起移位的作用。同时具有寄存数据和移位功能的寄存器称为移位寄存器。移位是指在移位脉冲的控制下,寄存器中所存的各位数据依次(低位向高位或高位向低位)移动。

移位寄存器分单向移位(左移、右移)和双向移位两大类。根据数据输入和输出格式的不同,移位寄存器有四种工作方式:串入/串出、串入/并出、并入/串出、并入/并出。

1) 移位寄存器的工作原理

图 6.37 是用 D 触发器组成的单向移位寄存器。每个触发器的输出端 Q 依次接到下一个触发器的 D 端,只有第一个触发器的 D 端接收数据。每当 CP 上升沿到来时,串行数据输入端输入的数码移入 F_0,同时每个触发器的状态也移给下一个触发器。假设输入数据为 1101,从高位到低位逐位输入到 D_0 端,那么在移位脉冲作用下,移位寄存器中数码的移动情况如表 6.16 所示。可以看到,4 个 CP 脉冲以后,1101 这 4 位数码恰好全部移入寄存器中,这时,可以从 4 个触发器的 Q 端得到并行的数码输出。

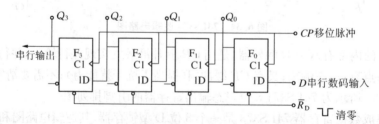

图 6.37   用 D 触发器组成的单向移位寄存器(左移)

最后一个触发器的 Q 端还可以作为串行数据输出端。如果需要得到串行的输出信号,则只要再输入三个 CP 脉冲,4 位数码便可依次从串行输出端送出去,这就是所谓串行输出方式。因此,可以把图 6.37 的电路叫做串行输入,串行/并行输出左向移位寄存器。图 6.38 为左移寄存器时序图。

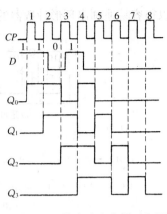

<table>
<tr><td colspan="5">表6.16　移位寄存器中数码的移动情况</td></tr>
</table>

CP	移 位 寄 存 器 中 数 码			
顺 序	F_3	F_2	F_1	F_0
0	0	0	0	0
1	0	0	0	1
2	0	0	1	1
3	0	1	1	0
4	1	1	0	0

图 6.38　4 位左移寄存器时序图

利用触发器的直接置位端和直接复位端还可以实现并行数据输入。

如果把图 6.37 电路的各触发器连接顺序调换一下，让 F_3 的 D 端接收数据输入，同时每个触发器的状态移给上一个触发器，则可构成右向移位寄存器，图 6.39 是用 JK 触发器构成的右向移位寄存器。如再增添一些控制门，则可构成既能左移、又能右移的双向移位寄存器，如图6.40所示。

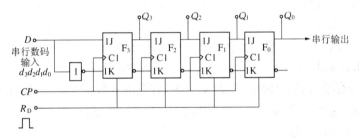

图 6.39　用 JK 触发器组成的单向移位寄存器（右移）

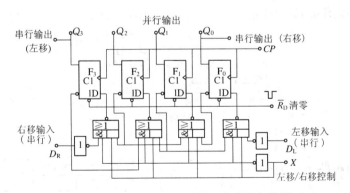

图 6.40　用 D 触发器组成的双向移位寄存器

2）移位型计数器

用移位寄存器可以构成结构简单的移位型计数器电路。

（1）环形计数器

将单向移位寄存器首尾相接，即 $D_0 = Q_3$，就可得到如图 6.41(a)所示的逻辑电路图，由于这样连接使触发器构成了环形，故称之为环形计数器。利用对时序电路的基本分析方法，可以很容易地画出环形计数器的状态图,见图6.41(b)。

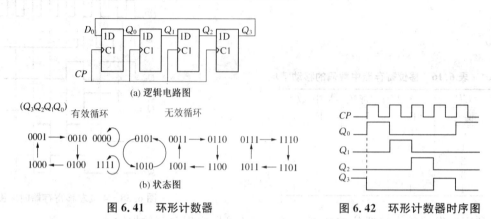

(a) 逻辑电路图

(b) 状态图

图 6.41　环形计数器　　　　图 6.42　环形计数器时序图

由状态图可知,这种电路,在 CP 脉冲的作用下,可以循环移位一个1,也可以循环移位一个0。如果选用循环移位一个1,则其 $Q_0Q_1Q_2Q_3$ 的有效状态是1000、0100、0010、0001,其时序图如图6.42所示;显然,当连续输入 CP 时,各个触发器的 Q 端,将轮流地出矩形脉冲;图6.41(a)所示的环形计数器共有16种可能的状态,只用了其中4个状态计数,可见,除了有效的计数循环外,电路还存在多个无效状态形成的无效循环。因此,环形计数器的状态利用率低;使用触发器多,记 N 个数就需用 N 个触发器;且不能自启动,工作时,需先将计数器置入有效状态,例如1000,然后才能加 CP 进行计数。

(2) 扭环形计数器

N 级移位寄存器构成的环形计数器模为 N,有效的计数状态是 N 个,其他 2^N-N 个状态都是无效状态,电路的使用率太低。从增加有效计数状态、扩大电路计数范围的角度出发,考虑构成扭环形计数器。

如果将单向移位寄存器的 D_0 与 $\overline{Q_3}$ 相接,而不是和 Q_3 相接,即 $D_0=\overline{Q_3}$,就构成了扭环形计数器,电路如图6.43(a)所示。扭环形计数器的状态图和时序图见图6.43(b)和(c)。

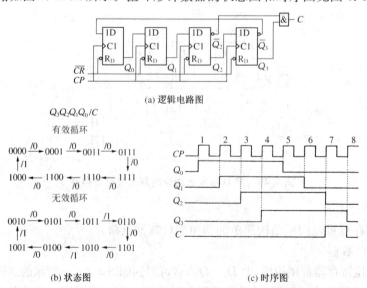

(a) 逻辑电路图

(b) 状态图　　　　(c) 时序图

图 6.43　扭环形计数器

由状态图可见,扭环形计数器每次状态变化时仅有一个触发器翻转,触发器的利用率较环形计数器有所提高,用 N 个触发器能记 $2N$ 个数。

3） 集成移位寄存器

74 系列数字集成电路中有多种各具特色的集成移位寄存器,表 6.17 中介绍了几种典型的移位寄存器芯片,从结构上看它们都是同步时序电路。

表 6.17　74 系列移位寄存器典型芯片

器件型号	功　能　描　述
74LS91	8 位,串行输入/,串行输出
74LS96	5 位,串行输入/,串行/并行输出,异步清零,双拍预置
74LS164	8 位,串行输入,串行/并行输出,异步清零
74LS165	8 位,串行输入,串行输出,时钟使能,异步预置
74LS179	4 位,串行输入,串行/并行输出,异步清零,同步预置,同步保持
74LS194	4 位,双向移位,串行输入,串行/并行输出,同步预置,时钟使能,异步清零

(1) 74LS164(8 位移位寄存器,串行输入、串行/并行输出,异步清零)的图形符号、引出脚排列图和时序图见图 6.44、图 6.45,逻辑功能表如表 6.18 所示。

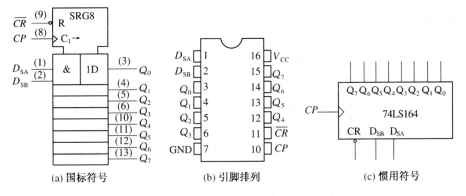

图 6.44　74LS164 移位寄存器

表 6.18　74LS164 逻辑功能表

输　　入				输　　出								工作模式
$\overline{CR}$	CP	D_{SA}	D_{SB}	Q_0^{n+1}	Q_1^{n+1}	Q_2^{n+1}	Q_3^{n+1}	Q_4^{n+1}	Q_5^{n+1}	Q_6^{n+1}	Q_7^{n+1}	
L	×	×	×	L	L	L	L	L	L	L	L	异步清零
H	L	×	×	Q_0^n	Q_1^n	Q_2^n	Q_3^n	Q_4^n	Q_5^n	Q_6^n	Q_7^n	保　　持
H	↑	H	H	H	Q_0^n	Q_1^n	Q_2^n	Q_3^n	Q_4^n	Q_5^n	Q_6^n	
H	↑	L	×	L	Q_0^n	Q_1^n	Q_2^n	Q_3^n	Q_4^n	Q_5^n	Q_6^n	同步右移
H	↑	×	L	L	Q_0^n	Q_1^n	Q_2^n	Q_3^n	Q_4^n	Q_5^n	Q_6^n	

$Q_0^n \sim Q_7^n$:稳态输入条件建立前 $Q_0 \sim Q_7$ 的电平。

$Q_0^n \sim Q_6^n$:CP 最近的到来上升沿前 $Q_0 \sim Q_6$ 的电平。

该芯片具有异步清零功能,当 $\overline{CR}$ 为低电平时,$Q_0 \sim Q_7$ 均为低电平,与 CP 无关。D_{SA} 和

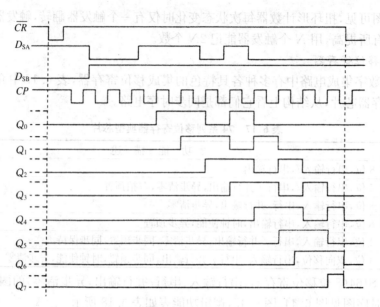

图 6.45　74LS164 时序图

D_{SB} 为串行数据输入端。在 CP 上升沿到来时,每一位的数据右移至下一位(符号中 CP 端的 "→"表示右移)。

(2) 74LS179(4 位移位寄存器,串行输入,串行／并行输出,异步清零,同步预置)的图形符号如图 6.46 所示,表 6.19 是其逻辑功能表。

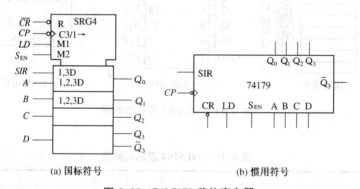

(a) 国标符号　　　　　　　　　　　　　　(b) 惯用符号

图 6.46　74LS179 移位寄存器

表 6.19　74LS179 逻辑功能表

控制输入			串入	预置数				时钟	输出				工作模式
$\overline{CR}$	S_{EN}	LD	SIR	A	B	C	D	CP	Q_0	Q_1	Q_2	Q_3	
0	×	×	×	×	×	×	×	×	0	0	0	0	异步清零
1	1	×	0	×	×	×	×	↓	0	Q_0^n	Q_1^n	Q_2^n	同步右移
			1	×	×	×	×	↓	1	Q_0^n	Q_1^n	Q_2^n	
1	0	1	×	a	b	c	d	↓	a	b	c	d	同步预置
1	0	0	×	×	×	×	×	↓	Q_0^n	Q_1^n	Q_2^n	Q_3^n	数据保持

该电路除清零功能为异步实现外,其移位、预置、保持功能均是同步工作方式,因此该电路中各触发器激励函数比较复杂。

(3)74LS194(4 位双向移位寄存器,串行输入,串行/并行输出,异步清零,同步预置)的图形符号如图 6.47 所示,表 6.20 是其逻辑功能表。

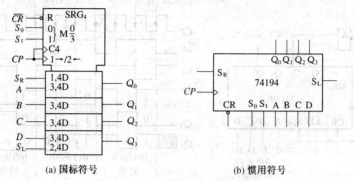

(a) 国标符号　　　　　　　(b) 惯用符号

图 6.47　74LS194 移位寄存器

表 6.20　74LS194 逻辑功能表

输　入								输　出				工作模式
$\overline{CR}$	S_0	S_1	CP	A	B	C	D	Q_0^{n+1}	Q_1^{n+1}	Q_2^{n+1}	Q_3^{n+1}	
0	×	×	×	×	×	×	×	0	0	0	0	异步清零
1	0	0	↑	×	×	×	×	Q_0^n	Q_1^n	Q_2^n	Q_3^n	数据保持
1	0	1	↑	×	×	×	×	Q_1^n	Q_2^n	Q_3^n	S_L	同步左移
1	1	0	↑	×	×	×	×	S_R	Q_0^n	Q_1^n	Q_2^n	同步右移
1	1	1	↑	a	b	c	d	a	b	c	d	同步预置

S_L:左移数码输入端。

S_R:右移数码输入端。

S_0、S_1:工作方式控制端。

该电路的保持功能是通过封锁时钟信号实现的,此时应有 $S_0 S_1 = 00$;当 $S_0 S_1 = 01$ 时,寄存器执行左移功能,数码从 S_L 端输入;当 $S_0 S_1 = 10$ 时,寄存器执行右移功能,数码从 S_R 端输入;当 $S_0 S_1 = 11$ 时,寄存器执行并行输入数码功能(同步并行预置)。

4)集成移位寄存器的应用

移位寄存器的应用很广,不仅可将串行数码转换成并行数码,或将并行数码转换成串行数码,还可以用来实现多种时序功能,如序列检测器、串行加法器、序列发生器以及构成结构简单的移位型计数器电路等。

(1)并行数据输入转换为串行数据输出

在数字系统中,为提高运行速度,数据的处理与内部传输均采用并行方式;而距离较远或速率要求不高的系统间数据的传输,则常采用串行方式。

【例 6.4】用具有同步预置(同步并行输入)功能的 4 位右移寄存器 74LS179 构成 3 位数据并/串转换电路。

解: 用集成电路 74LS179(4 位右移寄存器) 构成的 3 位数据并/串转换电路如图 6.48(a) 所示。

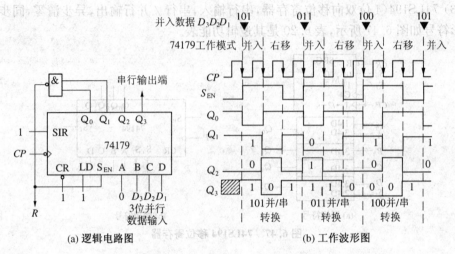

(a) 逻辑电路图　　　　　　　　(b) 工作波形图

图 6.48　3 位数据并/串转换电路

该电路可以连续地将 3 位并行输入数据转换为串行数据输出,即当一组数据串行输出完毕时,立即并行输入一组新的数据,继续串行输出。3 位并行输入数据 $D_3 D_2 D_1$ 由 74LS179 的并行输入端 B、C、D 输入,串行数据由 74LS179 的串行输出端 Q_3 输出。电路中的与非门输出信号 R 是一个并行输入请求信号:当 R 为低电平时,外部设备应将 3 位并行数据送至 74LS179 的并行输入端;当 R 为高电平时,表示电路正进行并/串转换。

电路中的 74LS179 可工作于同步预置、移位两种模式。R 信号用于控制数据的并入与串行移位输出。74LS179 串行输入端 SIR 的"1"和并行输入端 A 的"0"用于产生特定的检测码组,当一组数据串行输出结束时,使输出 R 变为低电平。图 6.48(b) 是该电路对连续三组并行数据"101"、"011"、"100"转换输出的工作波形图。

N 位并行数据的并/串转换电路要由 N+1 位移位寄存器构成,其中与非门的 N-1 个输入信号取自移位寄存器的前 N-1 级输出端。

同样,串行数据输入也可以转换为并行输出。图 6.49(a) 所示的是一个 3 位数据串/并转换逻辑电路图,图 6.49(b) 所示的是该电路对连续输入三组串行数据"101"、"011"、"100"进行了时转换的输出工作波形图。

(2) 集成双向移位寄存器位数扩展

当集成移位寄存器电路中寄存位数不够时,就要考虑到扩展问题。例如用 74LS194(4 位双向移位寄存器)组成一个 8 位双向移位寄存器。逻辑电路如图 6.50 所示。

74LS194 是 4 位双向移位寄存器,要构成 8 位双向移位寄存器就需要用两片。当需要左移时,数码从第二片的 S_{L2} 输入,且 $S_0 S_1 = 01$、$\overline{CR} = 1$,在时钟脉冲 CP 的作用下,数码逐位左移,从第一片 74LS194 的 Q_0 串行输出;当需要右移时,令 $S_0 S_1 = 10$、$\overline{CR} = 1$,数码从第一片的 S_{R1} 输入,在移位脉冲作用下,数码逐位右移,从第二片 74LS194 的 Q_3 端串行输出。

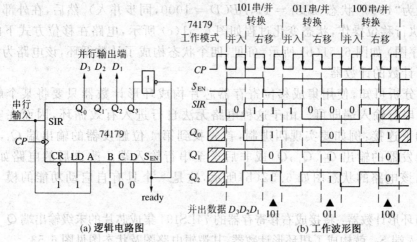

(a) 逻辑电路图　　　　　　　　(b) 工作波形图

图 6.49　3 位数据串／并转换电路

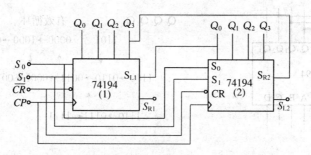

图 6.50　两片 74LS194 构成的 8 位双向移位寄存器

（3）移位型计数器

① 环形计数器：图 6.51(a) 为一个用集成 74LS194（4 位双向移位寄存器）芯片构成的四进制（模 4）计数器，图中 74LS194 接成右移模式（$S_0 S_1 = 10$）。将末级输出 Q_3 反馈到右移串行输入端 S_R，就构成了环形移位结构（又称为循环移位）。开始工作前，先将

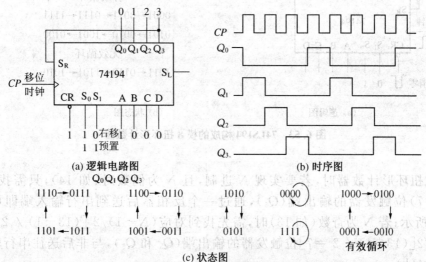

(a) 逻辑电路图　　　　　　　　　　(b) 时序图

(c) 状态图

图 6.51　74LS194 构成的四进制环形计数器

电路预置为"1000"状态($S_0S_1=11,ABCD=1000$,同步并入)。然后,在外部时钟作用下,电路执行移位操作,状态变化过程如图 6.51(c)所示,电路在移位方式下的工作波形图(时序图)如图 6.51(b)所示。可见,四个状态构成了计数循环,该电路为实现四进制(模 4)计数的计数器。

通过分析可知,使用集成移位寄存器芯片构成环形计数器只要将某个触发器的 Q 端接至串行输入端即可。由于这种电路无法自行进入有效循环,因而在实用中通常采用如下连接:例如要实现四进制,首先找到第 4 位触发器的输出端 Q_3,将 Q_3 前的几个触发器的输出 Q_2、Q_1、Q_0 或非后送至串行输入端。改进后的电路如图 6.52(a)所示,该电路的状态图如 6.52(b)所示,这是一个具有自启动功能的模 4 环形计数器。

② 扭环形计数器:将接成右移寄存器的 74LS194 集成芯片的末级输出端 Q_3 反相后接到串行输入端 S_R,就构成了扭环形计数器,其逻辑电路图及状态图见图 6.53。

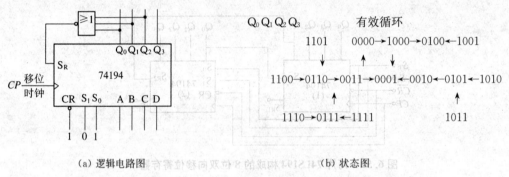

(a) 逻辑电路图   (b) 状态图

图 6.52 74LS194 构成的自启动模 4 环形计数器

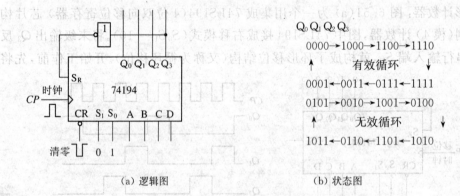

(a) 逻辑图   (b) 状态图

图 6.53 74LS194 构成的模 8 扭环形计数器

构成扭环形计数器时,若要实现 N 进制,且 N 为偶数时(如 14),只需找到 $N/2$($14/2=7$)位触发器的输出端(Q_6),通过一个反相器后送到串行输入端即可,如图 6.54(a)所示;若 N 为奇数(如 13)时,需先找到对应 $(N-1)/2$ [$(13-1)/2=6$]和 $(N+1)/2$[$(13+1)/2=7$]位触发器的输出端(Q_5 和 Q_6),与非后送往串行输入端,见图 6.54(b)。

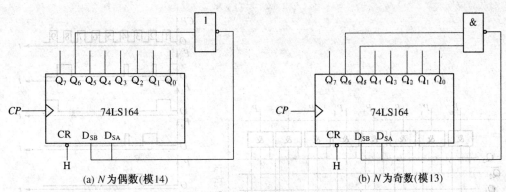

(a) N 为偶数(模14)   (b) N 为奇数(模13)

图 6.54　74LS164 构成的扭环形计数器

大多数扭环形计数器也存在无效状态构成无效循环的情况,电路不能自启动。因此,扭环形计数器也需要采取适当的措施保证电路进入有效计数循环。

6.5　脉冲分配器

在数控装置和计算机中,往往需要机器按照人们事先规定的顺序进行运算或操作,这就要求机器的控制部分不仅能正确地发出各种控制信号,而且这些控制信号在时间上有一定的先后顺序,脉冲分配器就是用来产生时间上有先后顺序脉冲的一种时序电路,有时也称为节拍脉冲发生器或顺序脉冲发生器。

6.5.1　计数器和译码器组成的脉冲分配器

脉冲分配器一般由计数器和译码器两部分构成,图 6.55(a)表示一个八节拍脉冲分配器的逻辑电路,利用分析时序电路的基本方法不难得到其时序图如图 6.55(b)所示。

必须指出,这种电路存在竞争冒险,例如当计数器状态由 001 变为 010 时,若触发器 F_0 先翻转为 0,F_1 后翻转为 1,那么在 F_0 已翻转而 F_1 尚未翻转时,将出现短暂的 000 状态,因而会在 P_0 输出线上产生一个窄的干扰脉冲。另几条输出线上也会有类似现象发生,只要状态变化时,有两个或两个以上的触发器同时翻转,就存在竞争冒险现象。

要消除干扰脉冲,可以利用时钟脉冲去封锁译码门。为使译码输出不产生干扰脉冲,封锁脉冲的持续时间要大于各触发器翻转延迟时间的总和,如图 6.56 所示。当触发器用 CP 上升沿触发时,应用 $\overline{CP}$ 去封锁译码门;而当触发器用 CP 下降沿触发时,则应用 CP 去封锁译码门。这时输出脉冲虽然仍是顺序出现的,但已不是一个紧接着一个了。

选用中规模集成译码器译码时,将选通脉冲或封锁脉冲加在控制输入端,也可以消除干扰脉冲。

N 位二进制计数器加上译码器可产生 2^N 个节拍脉冲。

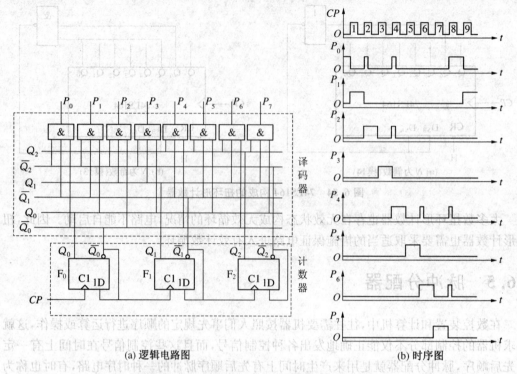

(a) 逻辑电路图   (b) 时序图

图 6.55　脉冲分配器

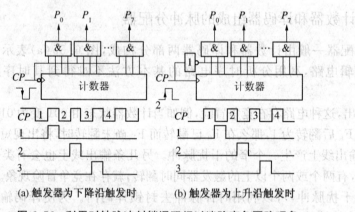

(a) 触发器为下降沿触发时   (b) 触发器为上升沿触发时

图 6.56　利用时钟脉冲封锁译码门以消除竞争冒险现象

6.5.2　环形计数器作脉冲分配器

消除干扰脉冲的另一种方法是选用扭环形计数器加译码器构成脉冲分配器。因为扭环形计数器的计数循环状态中任何两个相邻状态之间只有一个触发器的状态不同，所以在状态转换过程中任何一个译码门都不会有两个输入端同时改变状态，这就从根本上消除了竞争冒险现象。扭环形计数器构成的脉冲分配器逻辑电路图，如图 6.57 所示。扭环形计数器的有效循环状态和译码器的输出逻辑表达式列在表 6.21 中。

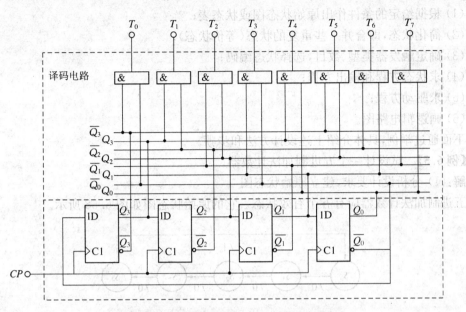

图 6.57 用扭环形计数器构成的脉冲分配器

表 6.21 四位扭环形计数器时序及译码函数

时钟脉冲	触发器状态				译码器输出函数
CP	Q_3	Q_2	Q_1	Q_0	
0	0	0	0	0	$T_0 = \overline{Q}_3 \cdot \overline{Q}_0$ （0 线）
1	1	0	0	0	$T_1 = Q_3 \cdot \overline{Q}_2$ （1 线）
2	1	1	0	0	$T_2 = Q_2 \cdot \overline{Q}_1$ （2 线）
3	1	1	1	0	$T_3 = Q_1 \cdot \overline{Q}_0$ （3 线）
4	1	1	1	1	$T_4 = Q_3 \cdot Q_0$ （4 线）
5	0	1	1	1	$T_5 = \overline{Q}_3 \cdot Q_2$ （5 线）
6	0	0	1	1	$T_6 = \overline{Q}_2 \cdot Q_1$ （6 线）
7	0	0	0	1	$T_7 = \overline{Q}_1 \cdot Q_0$ （7 线）

环形计数器有效循环中的每一个状态都只有一个 1，因此，当连续输入时钟脉冲 CP 时，各个触发器的 Q 端，轮流输出矩形脉冲。这说明环形计数器本身就是一个脉冲分配器（顺序脉冲发生器）。这种环形计数器与前面介绍的脉冲分配器相比，其突出的优点是省去了译码电路，但也不能忽略它的缺点：状态利用率低、不能自启动。

6.6 同步时序逻辑电路的设计

设计时序逻辑电路，就是要根据给定的逻辑问题，求出实现这一逻辑功能的时序电路。同步时序逻辑电路的设计与分析互为逆过程，可按其分析的逆步骤进行时序电路的设计。

同步时序逻辑电路设计的一般步骤：

(1) 根据给定的条件作出原始状态图或状态表;

(2) 简化状态,即合并一些重复的状态(等价状态);

(3) 确定触发器类型、数目,选择状态编码;

(4) 求状态方程和输出方程;

(5) 求驱动方程;

(6) 画逻辑电路图。

下面通过举例,具体介绍上述设计方法和步骤。

【例 6.5】 试设计一个五进制加法计数器。

解:(1) 分析设计要求,建立原始状态图

五进制加法计数器应有五个有效状态。它的原始状态图如图 6.58 所示。

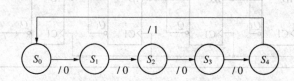

图 6.58　五进制加法计数器原始状态图

由于计数器能够在时钟脉冲作用下,自动地依次从一个状态转换到下一个状态,所以计数器没有逻辑输入信号,只有进位信号。令进位输出 $C=1$ 表示有进位输出;$C=0$ 则表示无进位输出。

(2) 状态化简

由于五进制计数器必须用五个不同的电路状态来表示输入的时钟脉冲数,所以不存在等效状态,也就无需进行状态化简。

(3) 确定触发器数目、类型,选择状态编码

五进制计数器的状态数是 5,按照 $2^n \geqslant N = 5$ 的方法确定触发器的数目,这里 n 应取 3,即选三个触发器,我们选用 JK 触发器。选取 $000 \sim 100$ 五个自然二进制数作为 $S_0 \sim S_4$ 的编码。编码后的状态图如图 6.59 所示。

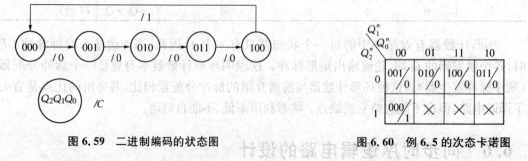

图 6.59　二进制编码的状态图　　　　图 6.60　例 6.5 的次态卡诺图

(4) 求状态方程和输出方程

根据图 6.59 可以画出表示次态逻辑函数和进位输出函数的卡诺图,如图 6.60 所示。

从次态卡诺图很容易写出电路的状态方程。为了看起来方便,将图 6.60 分解为图6.61所示的 $Q_0 \sim Q_2$ 次态卡诺图和输出 C 卡诺图。

通过化简次态卡诺图,求得状态方程:

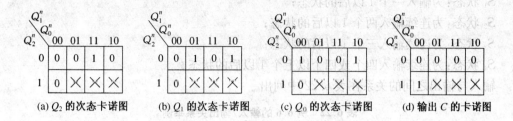

(a) Q_2 的次态卡诺图　　(b) Q_1 的次态卡诺图　　(c) Q_0 的次态卡诺图　　(d) 输出 C 的卡诺图

图 6.61　分解的次态卡诺图

$$Q_2^{n+1}=Q_0^n Q_1^n \overline{Q_2^n}; \quad Q_1^{n+1}=Q_0^n \overline{Q_1^n}+\overline{Q_0^n}Q_1^n=Q_0^n \oplus Q_1^n; \quad Q_0^{n+1}=\overline{Q_0^n}\cdot\overline{Q_2^n}$$

输出方程：$C=Q_2^n$。

（5）求驱动方程

将状态方程与 JK 触发器的特性方程对比，求得驱动方程为：

$$J_2=Q_0^n Q_1^n, K_2=1; \quad J_1=Q_0^n, \quad K_1=Q_0^n; \quad J_0=\overline{Q_2^n}, \quad K_0=1$$

（6）画逻辑电路图

根据驱动方程和输出方程画出逻辑电路图，如图 6.62 所示。

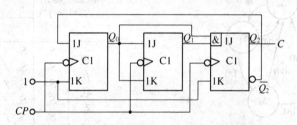

图 6.62　JK 触发器构成的五进制加法计数器

（7）检查能否自启动

将设计中未用到的多余状态（101、110、111）代入状态方程，检查电路能否自启动。检查结果为该电路具有自启动功能，完整的状态图如图 6.63 所示。

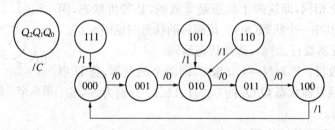

图 6.63　例 6.5 的状态图

【**例 6.6**】 设计一个串行数据 1111 序列检测器，要求当连续输入四个或者四个以上的 1 时，检测器输出为 1；其他输入情况下，输出为 0。

解：（1）分析设计要求，建立原始状态图

设：输入 X：因为是串行数据检测器，因此只有一个输入端；

输出 F：检测结果为 1 或 0，所以只有一个输出端；

S_0 状态：为没有输入 1 以前的状态；

S_1 状态:为输入一个 1 以后的状态;

S_2 状态:为连续输入两个 1 以后的状态;

S_3 状态:为连续输入三个 1 以后的状态;

S_4 状态:为连续输入四个或四个以上个 1 以后的状态。

输入与输出之间的关系在表 6.22 中列出。

表 6.22　例 6.6 的输入/输出关系举例

时钟 CP	1	2	3	4	5	6	7	8	9	10
输入 X	0	1	0	1	1	1	1	1	0	1
输出 F	0	0	0	0	0	0	1	1	0	0

根据题意可画出图 6.64 所示的原始状态图。还可进一步画出其原始状态表 6.23。

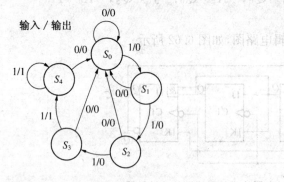

图 6.64　检测器原始状态图

表 6.23　检测器原始状态表

次态 / 输出 S^{N+1} / F	现输入	
	X	
	0	1
现在状态 S_0	S_0 / 0	S_1 / 0
S_1	S_0 / 0	S_2 / 0
S_2	S_0 / 0	S_3 / 0
S_3	S_0 / 0	S_4 / 1
S_4	S_0 / 0	S_4 / 1

(2) 状态化简

由如图 6.64 所示的原始状态图及如表 6.23 所示的原始状态表可知,对于状态 S_3 和 S_4,输入 X 为 0 和 1 时,它们转换的下一个状态和输出都完全相同,即这两个状态是等效的,是等价状态,因此,可以合并消去其中一个状态(S_4)。化简后的状态图见图 6.65。

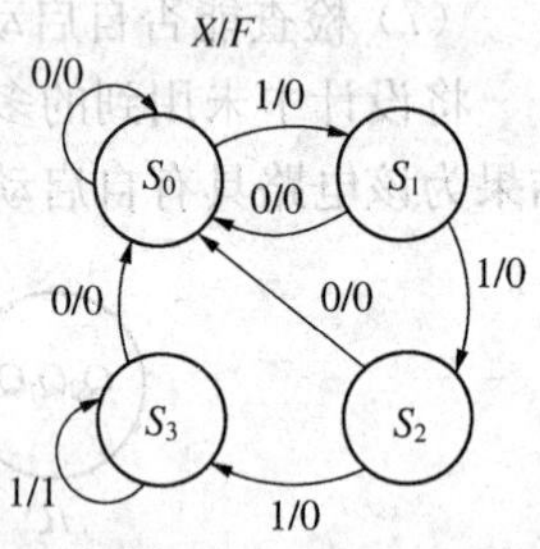

(3) 确定触发器数目、类型,选择状态编码

确定触发器数目。$2^n \geqslant N=4$,n 取 2,即两个触发器,选 D 型触发器。令两个触发器状态 $Q_1 Q_2$ 的 00、01、11、10 分别为 S_0、S_1、S_2、S_3 的状态编码。

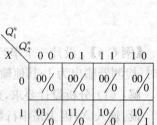

图 6.65　检测器简化状态图

(4) 求状态方程和输出方程

根据简化状态图画出电路的次态及输出的卡诺图,见图 6.66。由图可得:状态方程:

$$Q_1^{n+1}=XQ_1^n+XQ_2^n=XQ_1^n \cdot \overline{Q_2^n}; \quad Q_2^{n+1}=X\overline{Q_1^n}$$

输出方程:$F=XQ_1^n \overline{Q_2^n}$。

(5) 求驱动方程

将 D 触发器的特性方程与状态方程比较可得驱动方

$Q_1^n Q_2^n$ X	0 0	0 1	1 1	1 0
0	00/0	00/0	00/0	00/0
1	01/0	11/0	10/0	10/1

图 6.66　例 6.6 的次态卡诺图

程为：

$$D_1 = X \overline{\overline{Q}_1^n \cdot \overline{Q}_2^n}; \quad D_2 = X \overline{Q}_1^n.$$

（6）画逻辑电路图

根据驱动方程和输出方程画出逻辑电路如图6.67所示。

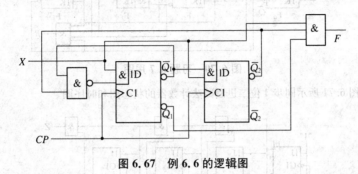

图 6.67 例 6.6 的逻辑图

（7）检查能否自启动

电路中两个触发器的四种组合均为有效状态，即没有无效状态，因此该电路不存在不能自启动的问题。

习题 6

6.1 时序逻辑电路由哪几部分组成？它和组合逻辑电路的区别是什么？时序逻辑电路可分为哪两大类？

6.2 时序逻辑电路的分析过程大致分哪几步？

6.3 什么叫等价状态？若状态 S_A 与 S_B 等价，S_B 又与 S_C 等价，那么状态 S_A 与 S_C 等价吗？

6.4 试画出图6.68所示（TTL型）电路输出端 B 的波形，设触发器初始状态为零。若 A 是输入端，比较 A 和 B 的波形，说明此电路的功能。

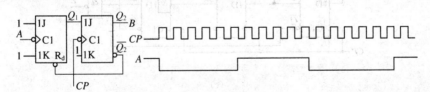

图 6.68 习题 6.4 用图

6.5 若用 D 触发器构成与图 6.4 相同功能的电路，应如何连接？

6.6 画出图 6.69 所示电路的状态图。

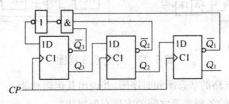

图 6.69 习题 6.6 用图

6.7　画出图 6.70 所示同步十进制减法计数器的状态图和时序图。

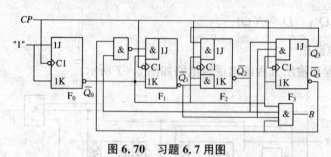

图 6.70　习题 6.7 用图

6.8　画出题图 6.71 所示同步 4 位二进制减法计数器的状态图和时序图。

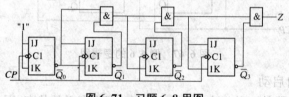

图 6.71　习题 6.8 用图

6.9　试分析图 6.72 所示各时序逻辑电路的逻辑功能，写出电路的驱动方程、状态方程和输出方程，画出电路的状态转换图和时序图，检查电路能否自启动。

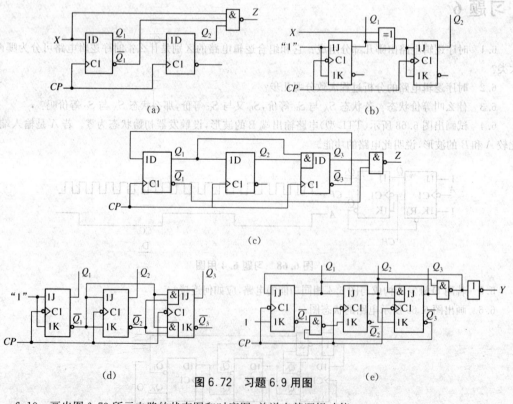

图 6.72　习题 6.9 用图

6.10　画出图 6.73 所示电路的状态图和时序图，并说出其逻辑功能。

6.11　异步二进制计数器的各触发器之间的连接有何规律？

6.12　图 6.74 为一个能自行停止计数的计数器逻辑图，设初始状态 $Q_3 Q_2 Q_1 Q_0$ 为 1010。

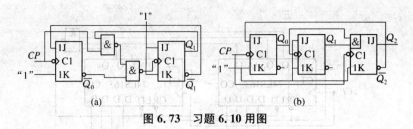

图 6.73 习题 6.10 用图

(1) 列出该计数器在 CP 作用下的计数顺序表。

(2) 第几个 CP 到来后，计数器的工作才能自行停止？

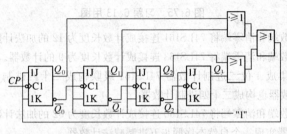

图 6.74 习题 6.12 用图

6.13 试分析图 6.75 所示各电路为几进制计数器？

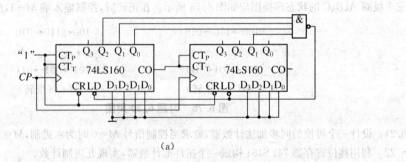

(a)

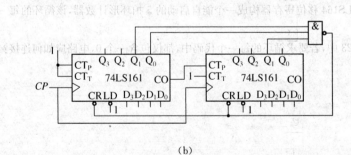

(b)

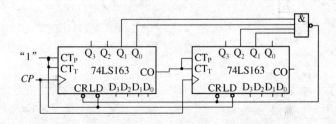

(c)

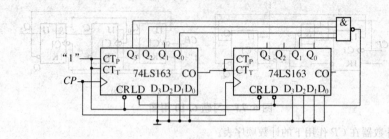

(d)

图 6.75　习题 6.13 用图

6.14　分别利用置数端和清零端将 74LS161 连接成计数长度为 12 的加法计数器。

6.15　分别利用置数端和清零端将 74LS163 连接成计数长度为 9 的计数器。

6.16　试利用二片集成 4 位二进制计数器 74LS161 级联构成二十四进制计数器。另外利用二片 74LS160 集成十进制计数器也构成二十四进制计数器。

6.17　分别利用置数端和清零端将 74LS160 连接成计数长度为 32 的加法计数器。

6.18　试用 D 触发器实现一个自然态序同步五进制减法计数器。

6.19　试用 JK 触发器实现一个自然态序同步七进制加法计数器。

6.20　设计一个步进电机用的三相 6 状态脉冲分配器,如果用 1 表示线圈导通,用 0 表示线圈截止,则要求三个线圈 A、B、C 的状态转换图应如图 6.76 所示。在正转时,控制输入端 $M=1$,反转时 $M=0$。

$100 \rightarrow 110 \rightarrow 010$　　　　$100 \leftarrow 110 \leftarrow 010$

$101 \leftarrow 001 \leftarrow 011$　　　　$101 \rightarrow 001 \rightarrow 011$

$M=1$(正转)　　　　　　$M=0$(反转)

图 6.76　习题 6.20 用图

6.21　设计一个可控的同步加法计数器,要求当控制信号 $M=0$ 时为六进制,$M=1$ 时为十二进制。

6.22　利用移位寄存器 74LS164 构成一个扭环形计数器,实现九进制计数。

6.23　利用 74LS164 移位寄存器构成一个能自启动的 5 拍环形计数器,该循环的每一个代码中,都仅包含一个 1。

6.24　习题 6.23 中,若要求循环的每一个代码中,都仅包含一个 0,电路应如何连接?

7 半导体存储器

内容提要：
(1) 半导体存储器的功能、分类与主要技术指标。
(2) ROM 的功能特点、基本结构和可编程 ROM 的类型及其编程方法。
(3) RAM 的功能特点、基本结构和类型。
(4) 半导体存储器的容量扩展方法。

7.1 半导体存储器的功能、分类和主要技术指标

1) 半导体存储器的功能

存储器的功能是存放大量数据、指令等信息，它是数字系统和计算机的重要组成部分。存储器有很多种，包括早期的机械式、铁磁式存储器，现在主流使用的半导体存储器以及近几年出现的光、超导和激光存储器等新型产品。

半导体存储器的特点是容量大、速度快、体积小、价格和功耗低，因此应用日趋广泛，例如大、中、小及微型计算机用它作为机器的内存（主存储器和高速缓冲存储器）和外存储器。

2) 半导体存储器的分类

集成半导体存储器按功能不同主要分为只读存储器（ROM）和随机存取存储器（RAM）；按工艺不同分为双极型和单极型。

3) 半导体存储器的主要技术指标

(1) 容量

存储器中有许多存储单元用来存放数据、指令等信息。存储单元通常设计成矩阵形式，其数目决定了存储器的容量。

存储器中信息的读出或写入是以"字"为单位进行的，每次写入或读出一个字。一个字是若干位二进制数据，"字长"即指一个字所包含的位数。一位数据称为 1 bit，存放在一个单元中。为了区别各个不同的字，将存放同一个字各位数据的单元编为一个存储单元组，并赋予一个号码，称为地址。所以在进行读/写操作时，可以按照地址选择欲进行读、写操作（称为访问）的存储单元组。存储数据进、出的通道叫数据线（D，$\overline{D}$）。

8 位二进制数称为一个字节（Byte）。设某存储器有 10 个地址端（线），8 个数据端（线），10 位地址信号由 10 条地址线通过地址译码器译码出 1024 个地址与 1024（即 1 KB）个字相对应，每一个字有 8 位二进制数据，则该存储器的存储容量为 $1\,024 \times 8$ bit=1 KB。

半导体存储器产品容量一般以字节为单位，例如 1MB=2^{10} KB=$1\,024$KB，1GB=2^{10} MB。

(2) 最大存取时间

存储器的存取时间定义为访问一次存储器（对指定单元写入或读出）所需要的时间，这

个时间的上限即最大存取时间,一般为十几纳秒至几百纳秒。最大存取时间越小,存储器芯片的工作速度越快。

计算机的速度取决于 CPU 和内存的工作速度,两者的速度必须都提高才能提高整机速度。

7.2　半导体只读存储器(ROM)

7.2.1　ROM 的功能特点、结构与分类

只读存储器 ROM(Read Only Memory)为数据非易失性器件,即先把信息或数据写入到存储器中,在正常工作时它存储的数据只能读出,不能随时写入,如所使用的电源突然切断,它存储的数据也不会丢失。

ROM 在数字系统中应用广泛。在计算机中用于存放固定指令。ROM 也常用于代码变换,存储各种多输入、输出变量逻辑函数的真值表、符号和数字显示等有关数字电路系统中。只要给定 ROM 一个地址码,就有一个相应的固定不变的数据输出,所以 ROM 也是一种编码器。

一般 ROM 的结构如图 7.1 所示。

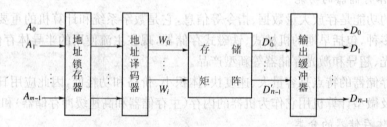

图 7.1　ROM 的结构

半导体 ROM 的种类较多,按内部结构分有二极管 ROM、双极型管 ROM 和 MOS 管 ROM 三种。按数据的写入方式可分为表 7.1 所示的五种。

表 7.1　ROM 的种类与特点

类　　型	功能特点	擦除方式与擦写时间	工艺结构特点
固定 ROM	只读		有二极管、MOS 管等结构
PROM	可一次改写	高电压脉冲电擦除,编程时间十几微秒,需编程器	一般为三极管、熔丝结构
紫外线可擦除可编程 ROM (UVEPROM)	可多次改写,擦除时间长	紫外线擦除时间 20～30 min,需编程器	FMOS 或 SIMOS 管结构
电擦除可编程 ROM(E²PROM)	可改写 100～10 000 次,速度快	高电压(+20 V)脉冲电擦除,编程时间约 20 ms,需编程器	Flotox 管结构
快闪式 ROM	可多次、方便地改写,集成度高,速度快	新一代电擦除,速度更快,不需编程器	叠栅 MOS 管结构

下面分别对五种 ROM 予以介绍。

7.2.2 固定(掩膜式)ROM

这种 ROM 常用于存放经常使用而不修改的固定程序和信息,例如计算机的系统程序、数据表格、微程序、常用的子程序以及文字和图形的点阵模型等。常用的半导体掩膜式 ROM 芯片有 8308、8316 等。下面举例说明其工作原理。

1) 二极管 ROM 举例

图 7.2 所示是具有 2 位地址输入和 4 位数据输出的二极管 ROM 电路,存储容量为 $2^2 \times 4 \text{ bit}$。其地址译码器接成二极管与门阵列,存储单元接成二极管或门阵列,A_1、A_0 代表 2 位地址码,经地址译码器译成 $W_0 \sim W_3$ 四个输出信号,能指定四个不同地址:$W_0 = \overline{A_1}\,\overline{A_0}$,$W_1 = \overline{A_1}A_0$,$W_2 = A_2\overline{A_0}$,$W_3 = A_1A_0$。$W_0 \sim W_3$ 称为字线,当 $W_0 \sim W_3$ 中任一个为高电平时,$D_0 \sim D_4$ 会输出一个 4 位二进制代码,称为一个字;$D_0 \sim D_3$ 叫做数据线(或位线):$D_3 = W_3 + W_1$,$D_2 = W_3 + W_2 + W_0$,$D_1 = W_3 + W_1$,$D_0 = W_1 + W_0$。存储矩阵中在交叉点上接有二极管的相当于存数据 1;没有接二极管,相当于存数据 0。

由上所述可以总结得出,地址译码器电路相当于一个与阵列,存储矩阵相当于一个或阵列,图 7.2 电路的功能也可以用图 7.3 所示的与、或逻辑阵列图表示。

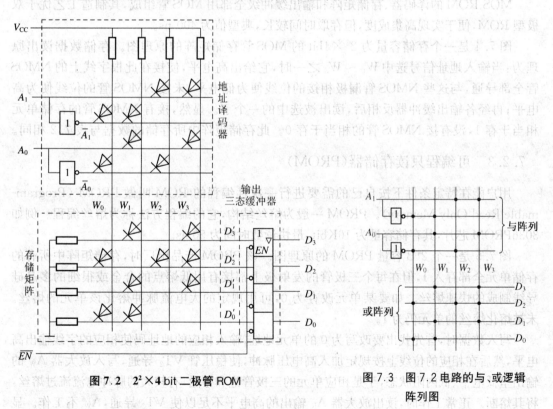

图 7.2　$2^2 \times 4 \text{ bit}$ 二极管 ROM　　图 7.3　图 7.2 电路的与、或逻辑阵列图

输出端的三态缓冲器的作用:① 可提高存储器的带负载能力;② 使输出电平与 TTL 电路的逻辑电平兼容;③ 因为它有三态功能,可将存储器的输出端直接与系统的数据总线相连。

读操作程序如下:由 A_0、A_1 输入指定的地址码,并使缓冲器的 $\overline{EN} = 0$,由地址指定的存储单元所存的数据便出现在输出数据线上。例如,当 $A_1A_0 = 10$ 时,$W_2 = 1$,$W_3 = W_1 = W_0 = 0$;$D'_2 = 1$,$D_3 = D_1 = D_0 = 0$,此时,若 $\overline{EN} = 0$,则在输出端就可以得到 $D_3D_2D_1D_0 = 0100$ 的数据输出。全部地址所指定的存储内容列于表 7.2 中。

表 7.2　图 7.2 的存储内容

地　　址		数　　据			
A_1	A_0	D_3	D_2	D_1	D_0
0	0	0	1	0	1
0	1	1	0	1	1
1	0	0	1	0	0
1	1	1	1	1	0

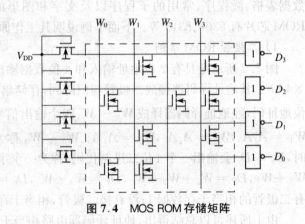

图 7.4　MOS ROM 存储矩阵

2) MOS ROM 举例

MOS ROM 的译码器、存储矩阵和输出缓冲级全部用 MOS 管组成,其制造工艺优于双极型 ROM,便于实现高集成度,但存取时间较长,典型值为 400 ns。

图 7.4 是一个存储容量为 $2^2 \times 4$bit 的 MOS 管存储矩阵的原理图。存储数据读出原理为:当输入地址信号选中 $W_0 \sim W_3$ 之一时,它给出高电平,使接在此根字线上的 NMOS 管全部导通,与这些 NMOS 管漏极相接的位线便为低电平,未接 NMOS 管的位线便为高电平;再经各输出缓冲器反相后,读出被选中的一个字。显然,接有 NMOS 管的存储单元相当于存 1,没有接 NMOS 管的相当于存 0。此存储矩阵中所存储的数据与表 7.2 相同。

7.2.3　可编程只读存储器(PROM)

用户能在特定条件下按自己的需要进行一次性编程的 ROM 叫做 PROM(Programmable Read Only Memory)。PROM 一般为熔丝结构,它的编程方法称为熔丝编程。例如 3036PROM 芯片,其存储容量为 16Kbit,最快读数时间为 50 ns。

图 7.5 是一个 2^4B 容量 PROM 的原理图。该 PROM 产品出厂时,存储矩阵中所有的存储单元全部存入 1,但在每个三极管的发射极上都接有用低熔点的合金或很细的多晶硅导线制成的快速熔丝。如要某单元改存为 0,可用规定的大电流脉冲熔化该单元的熔丝。未被熔化熔丝的单元仍为 1。

写入数据时,首先找出要改写为 0 的单元地址,输入相应的地址码使相应的字线输出高电平,然后在相应的位线上按规定加入高电压脉冲,使稳压管 VT_2 导通,写入放大器 A_W 的输出呈低电平、低内阻状态,于是相应单元的三极管饱和导通,有较大的脉冲电流流过熔丝,将其熔断。正常工作时,读出放大器 A_R 输出的高电平不足以使 VT_2 导通,A_W 不工作。显然,PROM 存储单元的数据一经改写,就不能再恢复。

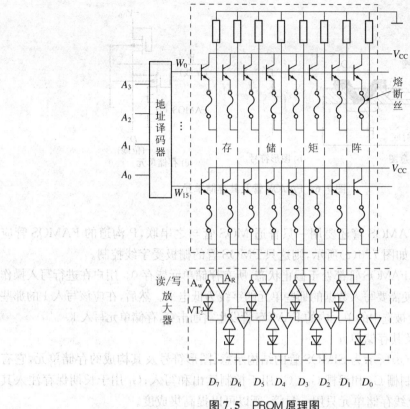

图 7.5　PROM 原理图

7.2.4　可擦除可编程只读存储器（EPROM）

EPROM（Erasable Programmable Read Only Memory）允许对其存储的数据进行反复修改，一般采用浮栅编程原理。

1）UVEPROM

这是一种利用紫外线照射进行擦除、电编程的 EPROM，它有 FAMOS（Floating-gate Avalanche-Injection Metal-Oxide-Semiconductor 浮栅雪崩注入 MOS）管存储单元和 SIMOS（Stacked-gate Injection Metal-Oxide-Semiconductor 叠栅注入 MOS）管存储单元两种。

（1）FAMOS 管及其存储单元

FAMOS 管和普通 MOS 管的区别在于其栅极完全被二氧化硅（SiO₂）浮离起来而处于"浮置"状态，故称之为浮栅管。FAMOS 管也有 P 沟道和 N 沟道两种。

图 7.6（a）、（b）、（c）是 P 沟道浮栅管的结构示意图、图形符号及其构成的存储单元。由图（a）可见，有一个多晶硅做的栅极浮置在 SiO₂ 中，与四周无电气上的接触。若浮置栅上没有电荷，漏源之间就没有导电沟道，FAMOS 管处于截止状态。

在 FAMOS 漏源之间加上足够大的负（如 −30V）脉冲电压，可使衬底和漏极之间的 PN 结产生雪崩击穿。雪崩过程中产生的热电子在强电场中将以很高的速度向外射出，其中一部分穿过二氧化硅薄层被浮置栅俘获，使其带有负电荷，当电子积累到一定量时，负电荷产生的电场使浮置栅下面的衬底表面产生反型层，形成 P 沟道，浮栅管变为导通。由于浮置栅的四周绝缘，当漏源之间加的负脉冲电压结束后，浮置栅上积累的电子因无泄放回路将会长久地保存。

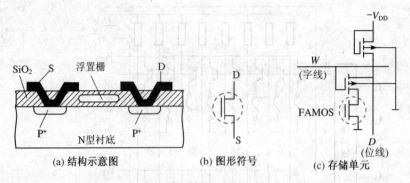

图 7.6　FAMOS 管及其存储单元

　　存储单元中的 FAMOS 管还要用一只普通 MOS 管与之串联,P 沟道的 FAMOS 管应串联一只 PMOS 管,如图 7.6(c)所示,则这只 PMOS 管的栅极受字线控制。

　　在出厂时所有的 FAMOS 管都处于截止状态,所有存储单元皆存 0。用户在进行写入操作时,首先输入地址码,使需要写入数据的那些单元的字线为低电平。然后,在应该写入 1 的那些位线上加入负脉冲,使被选中的单元内的 FAMOS 管发生雪崩击穿,存储单元写入 1。

　　(2) SIMOS 管及其存储单元

　　图 7.7(a)、(b)、(c)所示为 SIMOS 管的结构示意、图形符号及其构成的存储单元,它有两个重叠的栅极:控制栅 G_c 和浮栅 G_f。G_c 用于控制读出和写入;G_f 用于长期保存注入其中的电荷。因每个位线存储单元只用一只管,所以可以提高集成度。

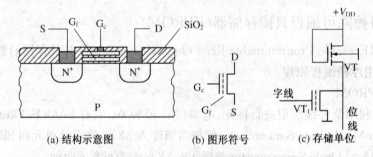

图 7.7　SIMOS 管及其存储单元

　　浮栅 G_f 上未注入电荷时,SIMOS 管相当于一个增强型 NMOS 管,这时在控制栅 G_c 上加高电平将使 SIMOS 管导通。但浮栅 G_f 注入负电荷以后,G_c 上加正常高电平(如 +5 V)时,SIMOS 管不会导通,必须给控制栅 G_c 上加更高的电压才能抵消浮栅的负电荷的影响使 SIMOS 管导通。

　　给浮栅 G_f 注入负电荷的方法是:漏源之间加上较高的电压(20～25 V),SIMOS 将产生雪崩击穿现象,同时在控制栅加上较高的电压脉冲(幅度约 +25 V,脉宽约 50 ms),雪崩产生的一些速度较高的电子在栅极电场的作用下会渡越 SiO_2 层注入浮栅,使其带上负电荷。

　　当地址译码器的输出使字线为 1(高电平)时,若 SIMOS 管浮栅未注入负电荷,SIMOS 管导通,位线上读出数据为 0,即存储数据为 0;若 SIMOS 管浮栅注入负电荷,SIMOS 管截止,位线上读出数据为 1,即存储数据为 1。

　　在采用 FAMOS 管和 SIMOS 管作存储元件的 EPROM 芯片上装有透明的石英盖板,

用专用的紫外线灯对准芯片上的石英窗口(相距约 3 cm)照射一定时间(20～30 min),或将芯片放在阳光下较长时间,便可使 SiO_2 层中产生电子空穴对,为浮栅上积累的电荷提供临时的泄放回路使之放电,导电沟道也随之消失,FAMOS 管或 SIMOA 管又恢复到截止状态,写入的程序也就被擦去,经过这样照射后的 EPROM 又可重新写入新的数据。

典型的 EPROM 芯片有 Intel 公司的 2716(2 KB)、2732(4 KB)、2764(8 KB)、27128(16 KB)、27256(32 KB)、27512(64 KB)等。其中,前两种为 24 脚封装,其余为 28 脚封装。它们在引脚排列上有一定兼容性,如图 7.8 所示,其中:A 为地址线;D 为数据输入、输出线;$\overline{OE}$ 为允许输出控制信号;低电平有效。即当 $\overline{OE}=0$ 时,允许 EPROM 输出;$\overline{CE}$ 为片选信号,低电平有效。即当 $\overline{CE}=0$ 时,芯片被选中,可读出数据;PGM 和 $\overline{PGM}$ 为编程信号。编程时,PGM 接受宽为 50～55 ms 的幅值为 5 V 的正脉冲,$\overline{PGM}$ 接受宽度为 50～55 ms 的幅值为 5 V 的负脉冲;V_{PP} 为编程电压。在编程写入时,$V_{PP}=+25$ V,在正常读出时,$V_{PP}=+5$ V;V_{CC} 为工作电压,接+5V;GND 为接地。

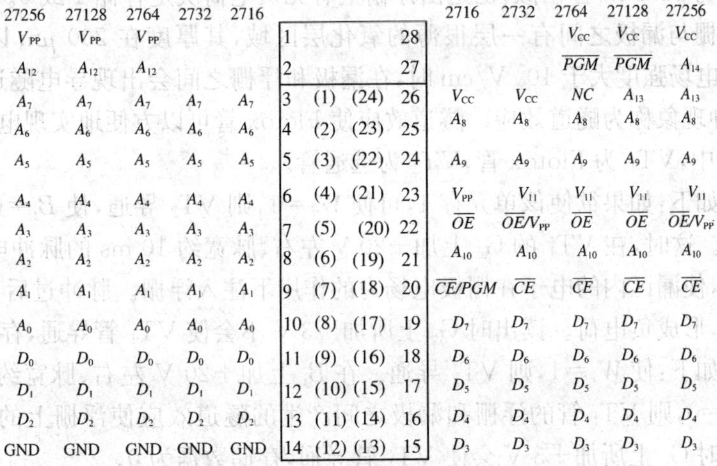

图 7.8　Intel 27×× 系列 EPROM 芯片的引脚排列

表 7.3 给出了 Intel 2716 在不同工作方式下相应管脚的状态,供参考。

表 7.3　Intel 2716 在不同工作方式下相应管脚的状态

工作方式	引 脚 状 态			
	$\overline{CE}/PGM$	$\overline{OE}$	V_{PP}(V)	数据线状态
读出	0	0	+5 V	D_{out}
读出禁止	×	1	+5 V	高 阻
维持	1	×	+5 V	高 阻
编程	50～55 ms 的 5 V 正脉冲	1	+25 V	D_{in}
编程检验	0	0	+25 V	D_{out}
编程禁止	0	1	+25 V	高 阻

2) 电擦除可编程只读存储器(E^2PROM)

E^2PROM(Electrically Erasable Programmable Read Only Memory)的主要特点是既可

以在线改写,又能在断电情况下保存数据,它也是采用浮栅编程原理。它的存储单元采用浮栅隧道氧化层 MOS 管- Flotox(Floating gate Tunned Oxide)管,图 7.9(a)、(b)、(c)所示为 Flotox 管的结构示意、图形符号及其构成的存储单元。

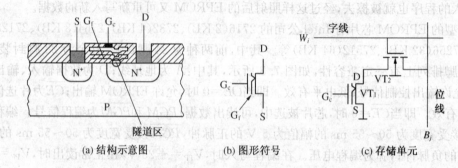

(a) 结构示意图　　　　　　　(b) 图形符号　　　　　　　(c) 存储单元

图 7.9　Flotox 管及其存储单元

Flotox 管与 SIMOS 管相似,也是由浮栅上有无负电荷决定存储 1 或 0。不同之处仅在 Flotox 管的浮栅与漏极之间有一层很薄的氧化层区域,其厚度在 $200\ \mu m$ 以下,称为隧道区。当隧道区电场强度大于 $10^7\ V/cm$ 时,在漏极和浮栅之间会出现导电隧道,使电子可以双向通过,这种现象称为隧道效应。隧道效应使 Flotox 管可以方便地实现电写入和擦除。

图 7.9(c)中,VT_1 为 Flotox 管,VT_2 为选通管。

写入操作如下:如果欲使该单元存 1,可使 $W_i=1$,则 VT_2 导通,使 $B_j=0$,则 VT_1 漏极 D 接近地电位。这时,在 VT_1 的 G_c 上加+20 V 左右、脉宽约 10 ms 的脉冲电压,VT_1 就会产生隧道效应,使漏区内的电子在栅极电场力的作用下注入浮栅。脉冲过后,浮栅上的电子就会保留下来,形成负电荷。读出时 G_c 上所加+3 V 不会使 VT_1 管导通,存储数据为 1。

擦除操作如下:使 $W_i=1$,则 VT_2 导通。在 B_j 上加+20 V 左右、脉宽约 10 ms 的脉冲电压,且使 $G_c=0$,则 VT_1 管的浮栅和漏极之间产生的隧道效应使浮栅上的电子通过隧道区放电。读出时 G_c 上所加+3 V 会使 VT_1 管导通,存储数据为 0。

为了使擦写更方便,有些芯片内有升压电源,擦写时只需+5 V 电源即可。E^2PROM 典型芯片有 2 KB 的 2816/2817、2816A/2817A,8 KB 的 2864A。2816A/2817A 和 2864A 的擦写是在+5 电源下完成,片内集成有升压电源。而 2816/2817 靠外加 21 V 电源到 V_{PP} 引脚进行擦写。

表 7.4 和表 7.5 分别是它们在不同工作方式下相应管脚的状态,图 7.10 给出了 2816A 和 2817A 的管脚排列图。

表 7.4　2816A 在不同工作方式下相应管脚的状态

工作方式	引 脚 状 态			
	$\overline{CE}$	$\overline{OE}$	$\overline{WE}$	数据线状态
读　　出	0	0	1	D_{out}
维　　持	1	×	×	高 阻
字节擦除	0	1	0	1
字节写入	0	1	0	D_{in}
全片擦除	0	+10~+15 V	0	1

表 7.5 2817A 在不同工作方式下相应管脚的状态

工作方式	引 脚 状 态				
	$\overline{CE}$	$\overline{OE}$	$\overline{WE}$	$RDY/\overline{BUSY}$	数据线状态
读出	0	0	1	高 阻	D_{out}
维持	1	×	×	高 阻	高 阻
字节写入	0	1	0	0	D_{in}
字节擦除	字节写入前自动擦除				

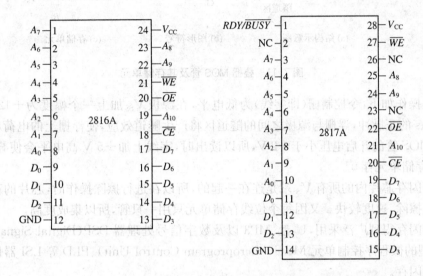

图 7.10 E^2PROM 芯片 2816A/2817A 引脚排列

2817A 比 2816A 多一个写入结束联络信号——$RDY/\overline{BUSY}$。在擦、写操作期间，$RDY/\overline{BUSY}$ 为低电平；当字节擦、写完毕时，$RDY/\overline{BUSY}$ 为高电平。这使 2817A 每写完一个字节后就向 CPU 请求中断（或被 CPU 查询到），来继续写入下一个字节，在维持过程中数据线 $D_0 \sim D_7$ 为高阻状态，不会影响 CPU 的工作。

3）快闪式存储器

这是 20 世纪 80 年代问世的新一代电擦写可编程 ROM，简称闪存。它结构简单、编程可靠、擦写快速、集成度高，也是采用浮栅编程原理。它的存储单元由改进了的叠栅 MOS 管构成。

图 7.11(a)、(b)所示为快闪式存储器中的叠栅 MOS 管的结构示意和图形符号。它与 SIMOS 管相似，所不同的是浮栅与衬底之间的氧化层厚度比 SIMOS 管薄：SIMOS 管的氧化层厚度为 30～40 nm；而叠栅 MOS 管仅为 10～15 nm，而且浮栅与源区的重叠部分由源区的横向扩散而成，形成一个面积极小、电容也很小的隧道区。所以，当控制栅和源极之间加电压时，大部分电压将降落在浮栅与源极之间的电容上。

图 7.11(c)所示为快闪式存储器的存储单元。读出时 V_{ss} 端为低电平。

写入操作如下：将需要写入 1 的叠栅 MOS 管的漏极经位线接一较高的正电压（一般为 +6 V），V_{ss} 接低电平，在控制栅（即字线）加一个幅度 +12 V 左右、脉宽约为 10 μs 的正脉冲。这时，漏、源极之间将产生雪崩击穿，部分电子穿过氧化层到达浮栅并保留下来。此时，叠栅 MOS 管的开启电压为+7 V。读出时,当字线上加正常高电平(+5 V)时,叠栅 MOS 管不会导通,即该单元存 1。

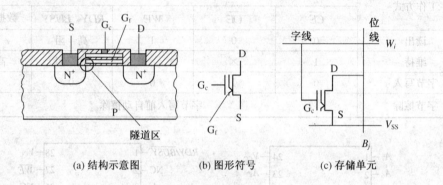

(a) 结构示意图　　　(b) 图形符号　　　(c) 存储单元

图 7.11　叠栅 MOS 管及其存储单元

擦除操作如下:令控制栅(即字线)为低电平,在源极 V_{SS} 加上一个幅度为+12 V、脉宽约为 10 μs 的正脉冲,浮栅与源极之间的隧道区将产生隧道效应,使浮栅上的电荷释放。这时叠栅 MOS 管的开启电压小于+2 V,所以读出时,字线上加+5 V 高电平会使叠栅 MOS 管导通,存储单元存 0。

由于闪存芯片内的所有 V_{SS} 端是连在一起的,所以在进行擦除操作时,芯片的存储单元会同时被擦除,速度较快。又因每个位线存储单元只用一只管,所以集成度高。

目前闪存得到广泛采用,U 盘、MP3 以及数字信号处理器 DSP(Digital Signal Processor)、新型的微程序控制单元 MCU(Microprogram Control Unit)、PLD 等 LSI 器件中都大量采用了闪存。

7.3　半导体随机存取存储器(RAM)

7.3.1　RAM 的功能、结构和工作原理

1) 功能

随机存取存储器 RAM(Random Access Memory)又叫读/写存储器。使用 RAM 时能从任一指定地址读出(取出)数据或写入(存入)数据。它读、写方便,但一旦断电,所存储的数据也随即丢失,因此不利于数据的长期保存。

2) RAM 的结构及工作原理

RAM 的结构如图 7.12 所示。下面予以简单介绍。

(1) 地址译码器和存储矩阵

RAM 地址的选择通过地址译码器来实现。在大容量的 RAM 中,通常采用双译码结构,即将输入地址码分为两部分译码,形成行译码器

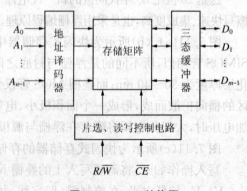

图 7.12　RAM 结构图

和列译码器。行、列译码器的输出即为存储矩阵的行线和列线,由它们共同确定欲选择的地址单元。

图 7.13 所示为一个容量为 1024 个字,每字 1 位(1024×1)的 RAM 存储器。1024 个存储单元排列成 32×32 的矩阵,图中的每个方块代表一个二进制存储单元。该存储器有一个 5 线/32 线行译码器和一个 5 线/32 线列译码器。地址线 $A_0 \sim A_4$ 是行译码器输入,译码后输出 32 根行选择线 $X_0 \sim X_{31}$;$A_5 \sim A_9$ 是列译码器输入,译码后输出 32 根列选择线 $Y_0 \sim Y_{31}$。当输入一个地址码 $A_0 \sim A_9$ 时,有一对相应的行、列选择线被选中,也就有一个相应的"字"被选中,即可对该字的存储单元进行读或写操作了。例如地址线 $A_9 \sim A_0$ 为 0000000001 时,行选择线中 $X_1 = 1$,其余都为 0;列选择线中 $Y_0 = 1$,其余都为 0,所以,存储单元 1-0 与数据线 D 和 $\overline{D}$ 相连通,可以进行读或写。

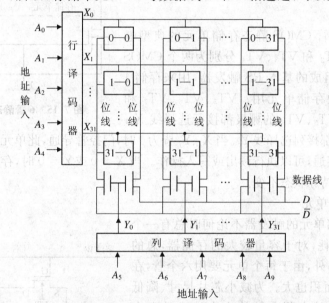

图 7.13　1 024×1 RAM 存储器的地址译码器和存储矩阵

(2) 片选与读/写控制电路

大容量的存储系统一般由若干片 RAM 组成。但在读/写操作时通常仅与其中的一片或几片传递信息,RAM 的片选和读/写控制电路就是为此设置的,如图 7.14所示。图中,$\overline{CS}$ 为片选信号,$R/\overline{W}$ 为读写控制信号。在片选信号端加入有效电平,此片 RAM 即被选中,可以进行读/写操作,再由读/写控制信号决定该片执行读操作还是写操作。

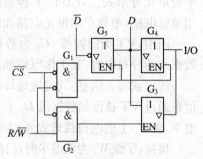

图 7.14　片选与读写控制电路

当 $\overline{CS} = 1$ 时,G_1、G_2 输出为 0,三态门 G_3、G_4、G_5 均处于高阻状态,输入/输出(I/O)端与数据线 D、$\overline{D}$ 隔离,存储器被禁止读/写操作而维持原状。

当 $\overline{CS} = 0$ 时,RAM 被选通,根据读/写信号($R/\overline{W}$)执行读或写操作。若 $R/\overline{W} = 1$ 时,G_2 输出高电平,G_3 被打开,存储器执行读操作;反之若 $R/\overline{W} = 0$ 时,G_1 输出高电平,G_4、G_5

被打开,此时加到 I/O 端的数据以互补的形式出现在 D 和 $\overline{D}$ 上,并被写入到所选中的存储单元,完成写操作。

　　3)RAM 的存储单元

　　RAM 的存储单元分静态和动态两种,相应的 RAM 也被分为静态 RAM(SRAM)和动态 RAM(DRAM)两类。

　　(1)静态存储单元

　　根据使用的器件不同,静态存储单元分 MOS 型和双极型两种。由于 CMOS 电路静态功耗小,因此 CMOS 存储单元在 RAM 中得到了广泛的应用。

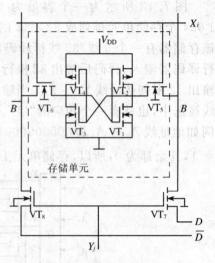

图 7.15　6 管静态存储单元

　　图 7.15 是六管 CMOS 静态存储单元的典型电路。图中 VT_1、VT_2 和 VT_3、VT_4 分别为两个 CMOS 反相器交叉连接组成的基本 RS 触发器,用来存储 1 位二进制数,即做存储单元用。VT_5、VT_6、VT_7 和 VT_8 为门控管。VT_5、VT_6 的栅极都接行选择线 X_i;VT_7、VT_8 的栅极都接列选择线 Y_j。当 X_i、Y_j 皆为 1 时,门控管导通,此单元被选中,基本 RS 触发器与数据线接通,可以执行读出或写入操作。当 $X=0$ 或 $Y=0$ 时,存储单元与数据线隔离,内部信息保持原状态不变。

　　(2)动态存储单元

　　上述静态存储单元的触发器不论何时总有一个管导通,有一定功耗,对于容量较大的存储器,总的功耗就会很大。另外,由于每个单元要用六个管,在集成电路中占的面积也大。为减小芯片尺寸、降低功耗,常利用电容的电荷存储效应来组成动态存储器。MOS 动态存储单元有四管单元、三管单元和单管单元等形式。4KB 以上容量的 DRAM 大多采用单管电路,单管存储单元电路如图 7.16 所示。

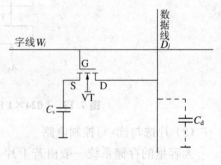

图 7.16　单管动态存储单元

　　图中,VT 为门控管,C_s 为数据存储电容,C_d 为数据线的分布电容。其工作原理如下。

　　读出或写入信息:通过地址译码器使欲写入的字线 W_i 为高电平,VT 导通,则 C_s 上所存信息通过 VT 被读到数据线 D_j 上,再经读出放大器输出。若写入"0",则在数据线 D_j 上加低电平,使 C_s 上的电荷接近放光;若数据线 D_j 上加高电平,对 C_s 充电,则写入"1"。

　　保持:字线 W_i 为低电平时,门控管 VT 截止,切断了 C_s 的导电通路,保持了 C_s 存储的信息。C_s 充有电荷表示存有"1"信息,C_s 没有电荷表示存有"0"信息。

　　由于 C_s 的容量很小(只有几个 pF)且有漏电流,所以电荷的存储时间有限。为了及时补充泄漏掉的电荷,以避免存储信息的丢失,在读出时必须立即进行重写,给 C_s 补充电荷,这种操作称为刷新或再生。动态 MOS 存储单元的电路结构比较简单,但工作时必须辅以比较复杂的刷新电路。

　　动态存储单元电路结构简单,故可达到较高的集成度,但存取数据的速度比静态存储器慢得多。

7.3.2 典型 RAM 芯片

1) 典型 SRAM 芯片

　　常用的 SRAM 芯片有 2114(1K×4)、6116(2K×8)、6232(4K×8)、6264(8K×8)和62256(32K×8)等。下面以 Intel 6116 为例介绍 SRAM 芯片的工作方式。图 7.17(a)、(b)为 Intel 6116 的引脚排列和内部结构框图,表 7.6 为各引脚功能,表 7.7 为工作方式情况。

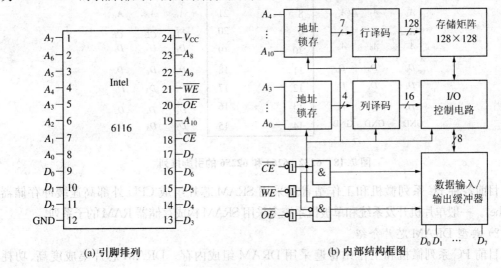

(a) 引脚排列　　　　　　　　　　　　　(b) 内部结构框图

图 7.17　Intel 6116

表 7.6　Intel 6116 引脚功能

$A_0 \sim A_{10}$	地址线	$\overline{WE}$	写允许
$D_0 \sim D_7$	双向数据线	V_{CC}	电源(＋5V)
$\overline{CE}$	片选	GND	地
$\overline{OE}$	输出允许		

表 7.7　Intel 6116 工作方式情况

工作方式	引 脚 状 态			
	$\overline{CE}$	$\overline{WE}$	$\overline{OE}$	数据线状态
读	0	1	0	D_{out}
写	0	0	1	D_{in}
维持	1	×	×	高　阻

6232、6264、62256 等为 28 脚封装、引脚排列如图 7.18 所示。

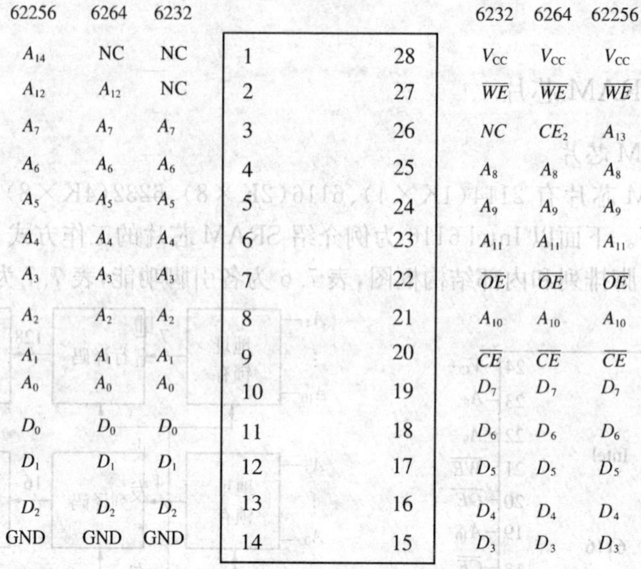

62256 6264 6232
6232 6264 62256
A_{14} NC NC 1 28 V_{CC} V_{CC} V_{CC}
A_{12} A_{12} NC 2 27 $\overline{WE}$ $\overline{WE}$ $\overline{WE}$
A_7 A_7 A_7 3 26 NC CE_2 A_{13}
A_6 A_6 A_6 4 25 A_8 A_8 A_8
A_5 A_5 A_5 5 24 A_9 A_9 A_9
A_4 A_4 A_4 6 23 A_{11} A_{11} A_{11}
A_3 A_3 A_3 7 22 $\overline{OE}$ $\overline{OE}$ $\overline{OE}$
A_2 A_2 A_2 8 21 A_{10} A_{10} A_{10}
A_1 A_1 A_1 9 20 $\overline{CE}$ $\overline{CE}$ $\overline{CE}$
A_0 A_0 A_0 10 19 D_7 D_7 D_7
D_0 D_0 D_0 11 18 D_6 D_6 D_6
D_1 D_1 D_1 12 17 D_5 D_5 D_5
D_2 D_2 D_2 13 16 D_4 D_4 D_4
GND GND GND 14 15 D_3 D_3 D_3

图 7.18 6232、6264 和 62256 的引脚排列

目前各种 PC 系列微机和工作站普遍采用 SRAM 芯片组成 CPU 外部高速缓冲存储器(Cache)。一般单片机开发系统和单板机系统多采用 SRAM 构成存储器 RAM 的子系列。

2) 典型 DRAM 芯片介绍

目前 PC 系列微机和工作站普遍采用 DRAM 组成内存。DRAM 芯片集成度高、功耗低、存储量大，例如 Intel 416160 的存储容量有 1M×16。常用 DRAM 芯片有 Intel 2116(16K×1)、Intel 2164(64K×1)、μPD 424256(256K×4)等。以 Intel 2116 为例，它是一种单管存储单元 DRAM，其 16K×1 个存储单元排列成 128×128 的矩阵，图 7.19(a)、(b)为 Intel 2116 的引脚排列和内部结构框图，表 7.8 为各引脚功能。

V_{BB} 1
D_{in} 2
$\overline{WE}$ 3
$\overline{RAS}$ 4
A_0 5
A_1 6
A_2 7
V_{DD} 8
Intel
2116
16 V_{SS}
15 $\overline{CAS}$
14 D_{out}
13 A_6
12 A_3
11 A_4
10 A_5
9 V_{CC}
(a) 引脚排列
$\overline{RAS}$
1/128
A_0 A_1 A_2 A_3 A_4 A_5 A_6
A_0 A_1 A_6
行地址锁存及译码器
128×128 存储矩阵 (16K×1)
A_7 A_8 A_{13}
列地址锁存及译码器
128个列放大器
1/128
I/O 电路
D_{in}
D_{out}
定时控制发生器
写信号锁存器
$\overline{WE}$
$\overline{CAS}$
(b) 内部结构框图

图 7.19 Intel 2116

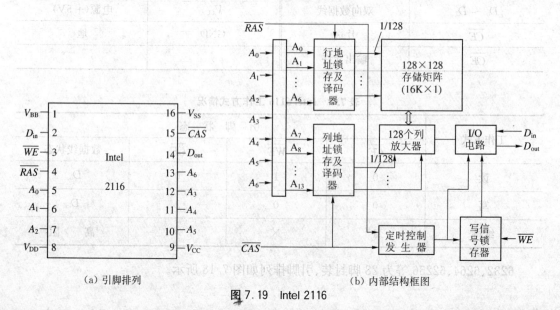

表 7.8 Intel 2116 引脚功能

V_{CC}	电源（＋5V）	D_{in}	数据输入
V_{BB}	电源（—5V）	$\overline{D_{in}}$	数据输出
V_{DD}	电源（＋12V）	$\overline{CAS}$	列地址选通
V_{SS}	地	$\overline{RAS}$	行地址选通
$A_0 \sim A_6$	地址输入	$\overline{WE}$	写（或读）允许

Intel 2116 有两个地址锁存器：行地址锁存器和列地址锁存器，所以，芯片用了 7 根地址线（$A_0 \sim A_6$）分两次将 14 位地址按行、列分两部分分别引入芯片，在行地址选通信号 $\overline{RAS}$ 和列地址选通信号 $\overline{CAS}$ 依次为有效电平时分别输入行地址锁存器和列地址锁存器。7 位行地址经过译码，产生 128 条行选择线；7 位列地址经过译码，产生 128 条列选择线。7 位行地址也用作刷新地址，实现一行一行的刷新。

当某一行被选中时，这一行的 128 个存储单元的内容都被选通送到列放大器，并被其刷新。而列译码器只选通 128 个放大器中的一个，在定时控制发生器及写信号锁存器的控制下，送至 I/O 电路。

数据输入端 D_{in} 和数据输出端 D_{out} 在芯片内部有自己的锁存器。另外，行地址选通信号 $\overline{RAS}$ 兼作片选信号，在整个读、写期间均处于有效状态。$\overline{WE}$ 用于控制读／写操作，当 $\overline{WE} = 0$ 时，为写操作；当 $\overline{WE} = 1$ 时，为读操作。

7.3.3 IRAM

IRAM 是近几年出现的新型动态存储器，它克服了 DRAM 需要外部刷新电路的缺点，把动态刷新电路集成到片内，从而兼有静态和动态 RAM 的优点。例如 Intel 2186/2187（8K×8），其引脚排列如图 7.20 所示，表 7.9 为其引脚功能。2186 和 2187 的主要不同是 2186 的引脚 1 接 CPU 的 $\overline{READY}$（即 $\overline{RDY}$，刷新检测），而 2187 的该引脚则接刷新控制输入信号 $\overline{REFRE}$。

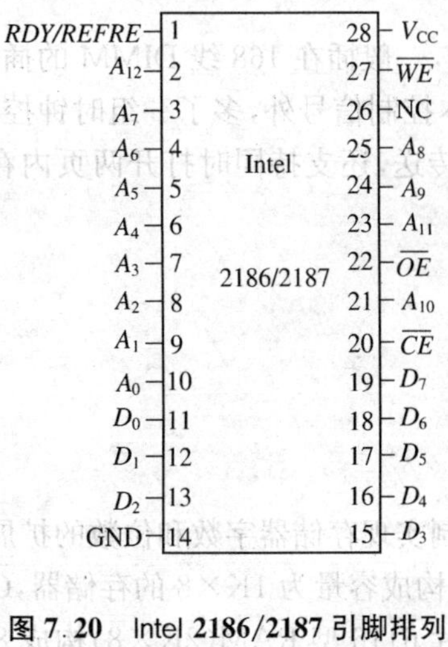

图 7.20 Intel 2186/2187 引脚排列

表 7.9 Intel 2186/2187 引脚功能

$A_0 \sim A_{12}$	地址线
$D_0 \sim D_7$	数据线
$\overline{CE}$	片选
$\overline{OE}$	输出允许
$\overline{WE}$	写允许
V_{CC}	＋5V 电源
GND	地
$RDY / \overline{REFRE}$	RDY 为 2186 刷新检测 $REFRE$ 为 2187 刷新选通

7.3.4　内存条

内存条是采用多片 DRAM 封装组合而成,插于微机主板上提供的内存条插槽上即可使用。

内存条按封装形式不同主要分为单列直插式存储器模块 SIMM(Single In-Line Memory Module)和双列直插式存储器模块 DIMM(Duale In-Line Memory Module)两类。相应微机主板上的插槽也有这两类或其中之一,插装时需注意。

SIMM 的接口标准有 30 线、72 线和 100 线,DIMM 的有 168 线和 200 线。目前,DIMM 应用较多。168 线 DIMM 数据宽度为 64 位,加错误校验与纠正(ECC)为 72 位。200 线 DIMM 数据宽度为 72 位或 80 位。一般 CPU 与内存数据的传输为对等传送,所以要注意系统中 CPU 数据总线的条数与内存条数据宽度应对应。

同一接口标准的内存条有不同容量。例如,168 线的 DIMM 有 8 MB、16 MB、32 MB、64 MB、128 MB 等容量。但无论其容量多大,其引脚定义是相同的,即是兼容的,差别在于实际使用的地址线数不一样(多余的地址线引脚不用)。

随着计算机技术的发展,CPU 速度不断提高,相应对内存速度及容量要求也不断提高。现在,微机主板上使用的主要内存已发展到快速页面模式内存 FPM DRAM(Fast Page Mode DRAM)、扩展数据输出内存 EDO DRAM(Extended Data Out DRAM)、突发式 EDO 内存 BEDO DRAM(Burst EDO DRAM)、同步内存 SDRAM(Synchronous DRAM),新一代快速内存 Rambus DRAM、DDR DRAM、Synclink DRAM 等也已开始推出。

FPM DRAM 是把连续的内存块以页的形式来处理,当 CPU 所要读取的数据是在相同页面时,CPU 只要送出一个地址信号即可,提高了存取数据的速度。

EDO DRAM 和 FPM DRAM 的基本制造技术相同,仅在缓冲电路有所不同。它在本周期的数据传送尚未完成时,就可进行下一周期的数据传送,所以速度更快。

BEDO DRAM 的速度比 EDO 更快,EDO 在时钟超过 50 MHz 时会出现不稳定状态,而 BEDO DRAM 可承受 $50 \sim 66$ MHz 时钟。BEDO DRAM 传送数据的方式与 EDO DRAM 相同,但需要 CPU 向 DRAM 发出一个请求,该请求包括现行需要的数据和 CPU 下一步需要访问的三个数据。

SDRAM 可以使用在时钟超过 66 MHz 以上的系统中,一般插在 168 线 DIMM 的插槽上,可传送 64 位数据。它除了 $\overline{RAS}$、$\overline{CAS}$、$\overline{WE}$、$\overline{CS}$ 等基本控制信号外,多了一组时钟控制信号,并提供突发式同步时钟周期,可完成连续数据位的传送,还支持同时打开两页内存。它的地址信号和数据信号同步进行传输,因此速度更快。

7.4　半导体存储器的应用简介

7.4.1　容量扩展方法

当存储器芯片的容量不够时,可以通过对片选端的控制实现存储器字数和位数的扩展。图 7.21 为位扩展举例,它是用二片 2114 型 RAM(1K×4)构成容量为 1K×8 的存储器,$\overline{CE}$ 为 2114 的片选信号端。图 7.22 为字扩展举例,它是用四片 6116 型 RAM(2K×8)构成 8K ×8 存储器,$\overline{CE}$ 是 6116 的片选端。

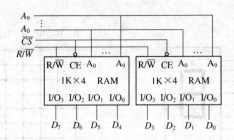

图 7.21 RAM 位扩展举例（1KB×4 构成 IKB×8）

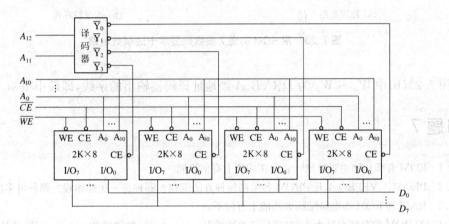

图 7.22 RAM 字扩展举例（2K×8 构成 8K×8）

有的 RAM 芯片上还设有输出控制端，控制输入/输出端的三态门工作，可为高阻状态。ROM 芯片除了没有读/写控制端外，其他都和 RAM 相同。

7.4.2 用 ROM 实现组合逻辑函数

由前所述已知，ROM 的地址译码器的输出包含了输入变量的全部最小项，而每一位数据输出又是若干个最小项之和，因而组合逻辑函数可以通过向 ROM 中写入相应的数据来实现。ROM 常用于实现文字、图形的点阵模型。例如，用 ROM 驱动 7 段数码管显示 8421BCD 码十进制数 DCBA，真值表为表 7.10，其原理电路和 ROM 的或逻辑阵列如图 7.23 所示。

表 7.10 真值表

地址输入				ROM 输出						
D	C	B	A	a	b	c	d	e	f	g
0	0	0	0	1	1	1	1	1	1	0
0	0	0	1	0	1	1	0	0	0	0
0	0	1	0	1	1	0	1	1	0	1
0	0	1	1	1	1	1	1	0	0	1
0	1	0	0	0	1	1	0	0	1	1
0	1	0	1	1	0	1	1	0	1	1
0	1	1	0	1	0	1	1	1	1	1
0	1	1	1	1	1	1	0	0	0	0
1	0	0	0	1	1	1	1	1	1	1
1	0	0	1	1	1	1	0	0	1	1

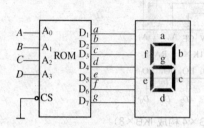

(a) 原理电路

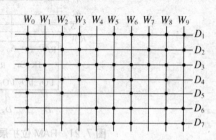

(b) 或逻辑阵列

图 7.23　用 ROM 实现 7 段数码显示十进制数电路

图 7.23(b)中 $W_0 \sim W_9$ 为 D、C、B、A 经地址译码器输出的字线,即最小项 $m_0 \sim m_9$。

习题 7

7.1　ROM 有哪几种主要类型? 它们在功能上有何异同?

7.2　PROM、UVEPROM、E^2PROM 各采用何种方法编程? 哪种是一次性编程? 哪种可多次编程?

7.3　RAM 和 ROM 在电路结构和功能上有何不同?

7.4　若 ROM 的存储容量为 $1\,024 \times 4$,其地址线为_____条,数据线为_____条,地址码为_____位。

7.5　若某 RAM 芯片有 12 个地址端,8 个数据端,其容量为_____。

7.6　简述快闪式存储器的工作原理。列举你所熟悉的此类产品。

7.7　SRAM 与 DRAM 有何不同? 分别有哪些典型芯片? 它们的工作方式是怎样的?

7.8　内存条有哪些类型? 各有何特点?

7.9　若用多片 6116RAM 实现 $8K \times 16$ 存储容量,需要多少片 6116? 多少根地址线? 多少根数据线? 试画出其电路框图。

8 可编程逻辑器件及其编程技术

内容提要：

(1) 可编程逻辑器件的类别及其特点。

(2) 可编程逻辑器件的几种编程方法及其适用的器件。

(3) 在系统编程的主要流程。

(4) VHDL 的基本知识。

8.1 概述

8.1.1 可编程逻辑器件(PLD)及 EDA 技术发展概况

可编程逻辑器件(Programmable Logic Devices,PLD)是一种可以由用户在开发装置的辅助下对器件进行编程,使之实现所需的组合或时序逻辑功能的器件。

前面章节我们学习了小规模集成电路 SSI(如集成门、触发器)和中规模集成电路 MSI(如加法器、编码器、译码器、数据选择器、数值比较器、计数器、寄存器)等,它们是构成数字电路的基础,是从 20 世纪 60 年代以来逐步发展起来的。而半导体存储器和可编程逻辑器件是从 20 世纪 70 年代以来发展起来的,在 70 年代初问世以后,以 1 KB 容量存储器为标志的大规模集成电路(LSI)微电子技术得到迅猛发展,集成电路的集成度几乎以平均每 1～2 年翻一番的速度增长。目前,多种类型的可编程逻辑器件、大规模及超大规模集成电路(VLSI)、特大规模集成电路(ULSI)已在应用。

PLD 的发展概况如下:

1970 年制成的 PROM 是最早出现的 PLD 器件,主要用作存储器。

20 世纪 70 年代中期出现了可编程逻辑阵列(Programmable Logic Array,PLA),但由于编程复杂没有得到广泛应用。

20 世纪 70 年代末期美国 MMI 公司率先推出了可编程阵列逻辑(Programmable Array Logic, PAL),它输出结构种类多,设计灵活,得到广泛应用。

20 世纪 80 年代初 Lattice 公司发明了通用阵列逻辑(Generic Array Logic, GAL),它比 PAL 使用更加灵活。

20 世纪 80 年代中期 Altera 公司推出了一种新型的可擦除、可编程逻辑器件(Erasable Programmable Logic Device, EPLD),它密度比 PAL 和 GAL 高,设计更灵活。

1985 年 Xilinx 公司首家推出了现场可编程门阵列(FiIed Programmable Gate Array, FPGA),它是一种新型的高密度 PLD 器件,采用 CMOS-SRAM 工艺制作,可以实现在系统编程。

20世纪80年代末Lattice公司提出了在系统可编程(In System Programmable)技术以后相继出现了一系列复杂可编程逻辑器件(Complex PLD, CPLD)。

20世纪90年代以来,高密度PLD在生产工艺、器件密度、编程和测试技术等方面都有了飞速发展。现在构成大的数字系统仅需要微处理器、存储器和可编程逻辑器件三类"积木块"。

可编程逻辑器件的问世使数字电路的设计方法和手段发生了根本变革,传统的数字系统设计是通过设计电路板来实现系统功能,而可编程逻辑器件是基于芯片的设计方法,这显然提高了设计的灵活性,大大减少了电路图和电路板设计的工作量,同时,也可以使系统体积减小、功耗降低,提高系统的性能指标和可靠性。

20世纪80年代中期以来,Xilinx、Altera、Lattice等公司相继推出各自的在系统可编程逻辑器件和相应的开发软件,这使得电子设计自动化(Electronics Design Automanion, EDA)技术有了迅速的发展。

EDA技术以计算机为工具,代替设计者完成数字系统的逻辑综合、布局布线和设计仿真等工作,设计者只需要完成对系统功能的描述,就可以由计算机软件进行处理,得到设计结果。EDA技术使电子设计发生了革命性变化。

目前,在系统编程技术发展迅速,2003年Gypress半导体器件公司推出了在系统可编程片上系统(Programmable System On Chip, PSOC),它将一个8位微控制器与可编程逻辑阵列、可编程模拟阵列集成在一个芯片上,为我们提供了集控制、模、数结合的,具有嵌入式功能的高性能现场可编程单片系统。

8.1.2　PLD器件的分类

1) 按器件密度分类

可编程逻辑器件按密度分类如表8.1所示。

表8.1　可编程逻辑器件按密度分类

密 度 分 类	器 件 类 别
低密度可编程逻辑器件 LDPLD	PROM、PLA、PAL、GAL
高密度可编程逻辑器件 HDPLD	EPLD、CPLD、FPGA

2) 按结构特点分类

目前常用的可编程逻辑器件都是从与或阵列和门阵列发展起来的,所以也可以把可编程逻辑器件分为阵列型PLD和现场可编程门阵列FPGA,又称为阵列型PLD和单元型PLD,如表8.2所示。

表8.2　可编程逻辑器件按结构特点分类

结 构 分 类	器 件 类 别
阵列型 PLD	PROM、PLA、PAL、GAL、EPLD、CPLD
单元型 PLD	现场可编程门阵列 FPGA

3）按编程方法分类

按编程方法分类，可编程逻辑器件可分为四种，如表8.3所示。

表8.3　可编程逻辑器件按编程方法分类

编程方法（工艺结构）	编程次数	典型器件类别	特　点
熔丝或反熔丝编程	1 次	PROM、PAL	非易失性器件
紫外线擦除、电编程（EPROM、UVCMOS 工艺结构）	多次	EPLD、部分 CPLD	非易失性器件
电擦除、电编程（E^2CMOS 或快闪存储单元结构）	多次	GAL、ispPLD	非易失性器件
基于 SRAM 编程（SRAM 配置存储器结构）	多次	大部分 FPGA	易失性器件

熔丝型编程原理在第7章已作介绍。熔丝元件要留出较大的保护空间，占用芯片的面积较大。反熔丝元件克服了熔丝元件的缺点，它通过击穿介质来连通线路，实现一次性编程。紫外线擦除、电编程（EPROM、UVCMOS 工艺结构）和电擦除、电编程（E^2CMOS 或快闪存储单元结构）都是基于第7章中介绍过的各种浮栅编程原理。

基于 SRAM 的可编程逻辑器件在每次上电工作时，需要从器件外部的 EPROM、E^2PROM或其他存储体上将编程信息写入器件内部的 SRAM 中。这类器件在工作中快速进行任意次数的编程，实现板级和系统级的动态配置，因而也称为在线重配置（In Circuit Reconfigruable，ICR）的可编程逻辑器件或可重配置硬件。

本章在介绍 PLD 的结构、工作原理及应用的同时，将介绍在系统编程（ISP）技术。

8.1.3　PLD 的电路表示方法

PLD 的内部电路一般采用如图 8.1(b)所示的国际逻辑符号对应图 8.1(a)的国标符号来表示其内部电路。另外，因用传统的逻辑符号难以描述，常采用如图 8.2(a)、图(b)所示的逻辑符号来表示多输入变量的与逻辑和或逻辑。图中，竖线与横线的交叉点在生产时可能用熔丝或浮栅管连接。交叉点上的"·"，表示固定连接点，用户不可改变；交叉点上的"×"，表示编程连接点；若交叉点上没有标记，表示交叉点是断开的；所以图 8.2(a)和图(b)的输出分别为 $F=AC$ 和 $F=A+B$。图 8.2(c)为缓冲器的逻辑符号。8.2(d)为 2 选 1 和 4 选 1 可编程数据选择器的符号。

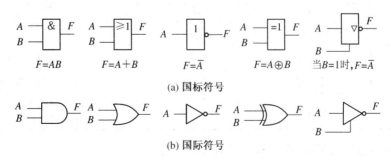

(a) 国标符号

(b) 国际符号

图 8.1　PLD 内部逻辑符号

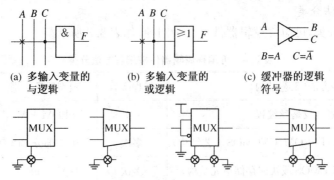

(a) 多输入变量的
与逻辑

(b) 多输入变量的
或逻辑

(c) 缓冲器的逻辑
符号

(d) 2选1和4选1可编程数据选择器的符号

图 8.2   PLD 与逻辑、或逻辑、缓冲器和数据选择器的画法

8.2   阵列型可编程逻辑器件

8.2.1   简单 PLD 的类型和主要特点

简单 PLD 的基本结构如图 8.3 所示。主要产品有如表 8.4 所示的四种类型:可编程只读存储器 PROM、可编程逻辑阵列 PLA、可编程阵列逻辑 PAL、通用阵列逻辑 GAL。它们都包含有一个与阵列和一个或阵列。PLA、PAL 和 GAL 在其或阵列的输出端还具有驱动门、寄存器或输出逻辑宏单元,可以实现各种组合逻辑或时序逻辑功能。

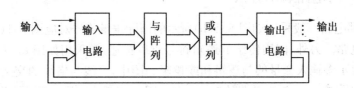

图 8.3   简单 PLD 的基本结构

表 8.4   四种简单 PLD 器件的结构特点

PLD	阵 列		输 出
	与	或	
PROM	固 定	可编程	TS、OC
PLA	可编程	可编程	TS、OC、H、L
PAL	可编程	固 定	TS、I/O、寄存器、互补
GAL	可编程	固 定	输出逻辑宏单元有 五种组态,由用户定义

下面对目前常用的 PROM、PAL、GAL 作简单介绍。

1) 可编程只读存储器 PROM 及其应用

PROM 是一种可编程逻辑器件,其原理已在第 7 章中作了介绍。它由固定的与阵列、可编程的或阵列和输出缓冲器组成。在如图 8.4 所示的 PROM 与或阵列中,其固定的与阵列的输出为输入变量 $ABCD$ 的 16 个最小项；其或阵列有 $16 \times 4 = 64$ 个可编程点，输出字长为 4 位。我们知道，任何组合逻辑电路都可用最小项之和式来表示。因此，可以用 PROM 来实现各种组合逻辑功能。PROM 常用于存储各种固定多输入/多输出的函数表。例如，用 PROM 实现将 4 位二进制码转换为格雷码的代码转换表如表 8.5 所示。

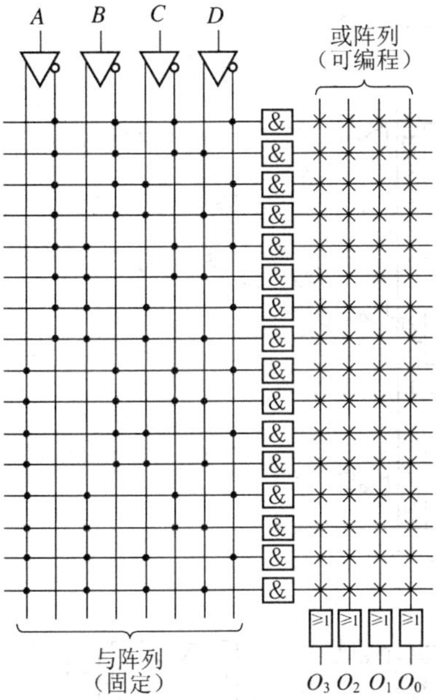

表 8.5　4 位二进制码转换为格雷码转换表

二进制码输入				译码输出	输出格雷码			
B_3	B_2	B_1	B_0	X_i	G_3	G_2	G_1	G_0
0	0	0	0	X_0	0	0	0	0
0	0	0	1	X_1	0	0	0	1
0	0	1	0	X_2	0	0	1	1
0	0	1	1	X_3	0	0	1	0
0	1	0	0	X_4	0	1	1	0
0	1	0	1	X_5	0	1	1	1
0	1	1	0	X_6	0	1	0	1
0	1	1	1	X_7	0	1	0	0
1	0	0	0	X_8	1	1	0	0
1	0	0	1	X_9	1	1	0	1
1	0	1	0	X_{10}	1	1	1	1
1	0	1	1	X_{11}	1	1	1	0
1	1	0	0	X_{12}	1	0	1	0
1	1	0	1	X_{13}	1	0	1	1
1	1	1	0	X_{14}	1	0	0	1
1	1	1	1	X_{15}	1	0	0	0

图 8.4　PROM 的与或逻辑阵列

由代码转换表写出输出格雷码的逻辑函数表达式：

$$G_0 = X_1 + X_2 + X_5 + X_6 + X_9 + X_{10} + X_{13} + X_{14}$$

$$G_1 = X_2 + X_3 + X_4 + X_5 + X_{10} + X_{11} + X_{12} + X_{13}$$

$$G_2 = X_4 + X_5 + X_6 + X_7 + X_8 + X_9 + X_{10} + X_{11}$$

$$G_3 = X_8 + X_9 + X_{10} + X_{11} + X_{12} + X_{13} + X_{14} + X_{15}$$

根据逻辑表达式对 PROM 或阵列进行编程，在或阵列的输出就可得到格雷码 $G_3 G_2 G_1 G_0$，如图 8.5 所示。

2）PAL 的主要特点

PAL 器件的与阵列是可编程的，或阵列是固定的。

与 PROM 相比，PAL 的芯片品种较多。不同类型 PAL 的容量大小和输出电路类型不同，用户可根据使用要求、阵列结构大小、输入/输出的数目与方式、要实现的是组合逻辑功能或时序逻辑功能等来选择芯片类型。

图 8.6 是 PAL16X4 的原理图及芯片引脚图。

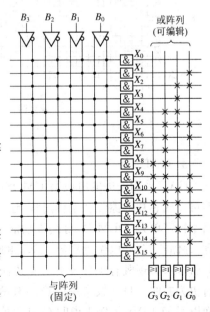

图 8.5　用 PROM 实现 4 位二进制码转换为格雷码的与或阵列

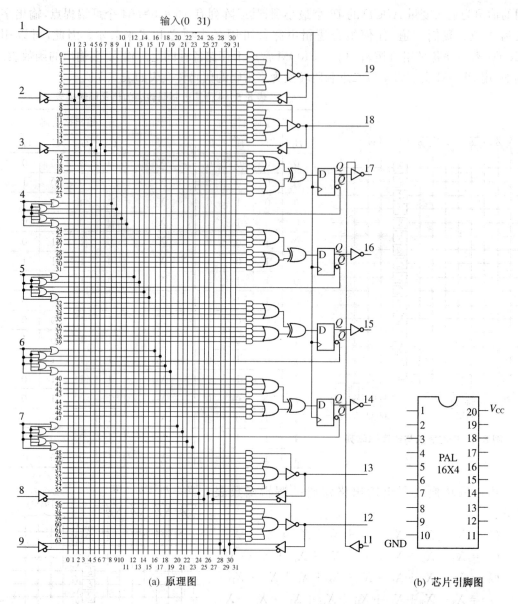

(a) 原理图　　　　　　　　　　　　　　　　(b) 芯片引脚图

图 8.6　PAL16X4

3) GAL

GAL 采用先进的电改写 CMOS(Electrically Erasable CMOS, E²CMOS)工艺,数秒内即可完成芯片的擦除和编程过程,还可加密。GAL 与 PAL 器件的不同是其输出采用了输出逻辑宏单元(OLMC),可编程功能更强。GAL 器件可应用于数字信号处理、图形图像处理、存储器控制、以微处理器为基础的系统、总线接口、通信工业控制等领域。一个 GAL 芯片就可以实现既有组合逻辑功能又有时序逻辑功能的数字小系统,在研制和开发数字系统时更为方便。目前较常用的产品有两种:GAL16V8(20 引脚)和 GAL20V8(24 引脚)。下面以 GAL16V8 为例来说明 GAL 的结构。如图 8.7 所示为其原理图及引脚图。

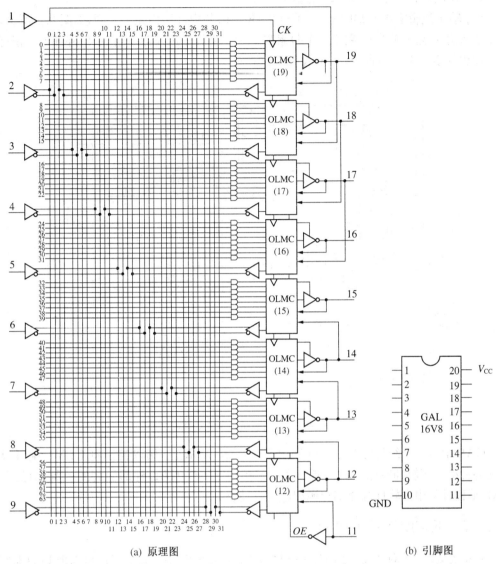

(a) 原理图

(b) 引脚图

图 8.7 GAL16V8

(1) 基本组成

可编程与阵列由 8×8 个与门构成,每个与门有 32 个输入端,所以形成 32 列×64 行＝2 048 个编程单元,即在与阵列中隐含了一个存储容量为 2K 的 E^2PROM。

有 8 个输出逻辑宏单元 OLMC。

有 16 个具有互补输出的缓冲器,其中 8 个为输入缓冲器,接 2～9 脚(引脚 2～9 只能做输入端);另外 8 个为输出逻辑宏单元反馈到输入列线的缓冲器。

有 8 个三态输出缓冲器接 12～19 脚,在三态门控制下引脚 12～19 既可以做输出端又可以做输入端(即 I/O 结构)。

引脚 1 为时钟(CLK)的输入端;引脚 11 为三态输出缓冲器的使能控制端($\overline{OE}$)。

引脚 20 为电源 V_{CC}(＋5 V)输入端;引脚 10 为接地端(GND)。

（2）输出逻辑宏单元 OLMC 的结构

8 个输出逻辑宏单元 OLMC(12)～OLMC(19)的内部结构完全相同,如图 8.8 所示,均由 1 个 8 输入或门、1 个异或门、1 个 D 触发器和 4 个数据选择器所组成,但外部连线稍有不同。图中 n 表示本级引脚号,m 表示邻级引脚号。

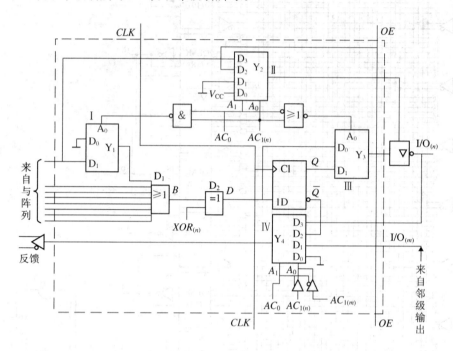

图 8.8　输出逻辑宏单元 OLMC

GAL 中有 4 个结构控制字:SYN、AC_0、$AC_{1(n)}$、$XOR_{(n)}$,用以控制将 OLMC 配置成可实现各种组合逻辑和时序逻辑功能。这 4 个控制字不受 GAL 外部引脚的控制,而是在对 GAL 编程过程中由软件翻译用户源程序后自动设置。

8.2.2　低密度阵列型 PLD

在系统编程技术(ISP)改变了使用 PLD 器件必须先编程后装配的程序,可以把 PLD 器件先装配在系统或线路板上后编程,成为产品后还可反复编程。下面以 Lattice 公司生产的 ispGAL16Z8 型低密度 ISP-PLD 为例进行介绍,如图 8.9 所示为其电路结构框图。它可通过输入控制信号 $MODE$ 和 SDI 指定为三种不同工作方式:编程、诊断和正常。

接通电源以后,若 $MODE$ 为高电平,SDI 为低电平,则电路进入正常工作方式,与 GAL16V8 的工作状态相同;若 $MODE$ 为低电平,则电路进入编程工作方式,此时除 $MODE$、SDI、SDO、$DCLK$ 以外的所有引脚均被置为高阻态而与外接电路隔离。编程的步骤是:首先将编程数据经过移位寄存器从 SDI 端逐位输入,然后再从 SDO 读出以供核验是否正确,无误后再写入存储单元;若 $MODE$ 和 SDI 同时为高电平,则电路进入诊断工作方式,此时各 OLMC 中的触发器连接成串行移位寄存器,在时钟信号 $DCLK$ 作用下,内部的数据顺序从 SDO 被读出,即可对电路进行诊断。

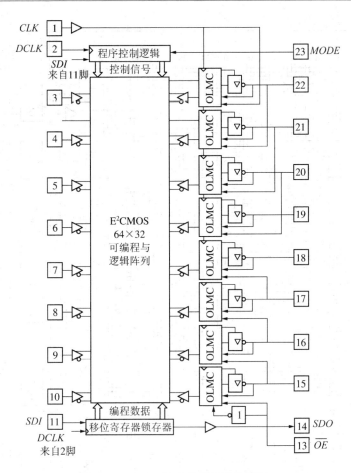

图 8.9 ispGAL16Z8 的电路结构框图

8.2.3 高密度阵列型 PLD 的基本结构

EPLD 和 CPLD 是从 PAL、GAL 基础上发展起来的高密度阵列型 PLD 器件。它们大多采用了 CMOS EPROM、E^2 PROM 和快闪存储器等编程技术,具有高密度、高速度、低功耗等特点。目前各主要半导体公司(Xilinx、Altera、Lattice、AMD 等)生产的高密度 PLD 产品有各自的特点,但总体结构基本相同。大多数 EPLD 和 CPLD 器件中至少包含了三种结构:可编程通用逻辑模块 GLB(Generic Logic Block)、可编程 I/O 单元、可编程内部连线。

1) EPLD 简介

EPLD(Erasable Programmable Logic Device)的基本结构与 PAL、GAL 相似,即由可编程的与阵列、固定的或阵列(有些 EPLD 的或逻辑阵列部分也引入了可编程逻辑结构)和输出逻辑宏单元(OLMC)组成。它的 OLMC 除了与 GAL 一样具有可编程的优点外,还增加了对触发器的预置数和异步置零功能,因此,EPLD 的 OLMC 使用灵活性更大。此外,它是一种采用 CMOS 和 UVEPROM(Ultra-Violet Erasable Programmable Read-Only Memory,可用紫外线擦除的可编程 ROM)工艺制作的可编程逻辑器件,因此它还具有功耗低、噪声容限高、可靠性高、可改写、造价低、集成度高的特点,EPLD 器件的集成度可达 10 000 门以上,比 PAL 和 GAL 器件的集成度高得多,属于高密度 PLD。如图 8.10 所示为 EPLD 器件 AT 22V10 的电路结构。

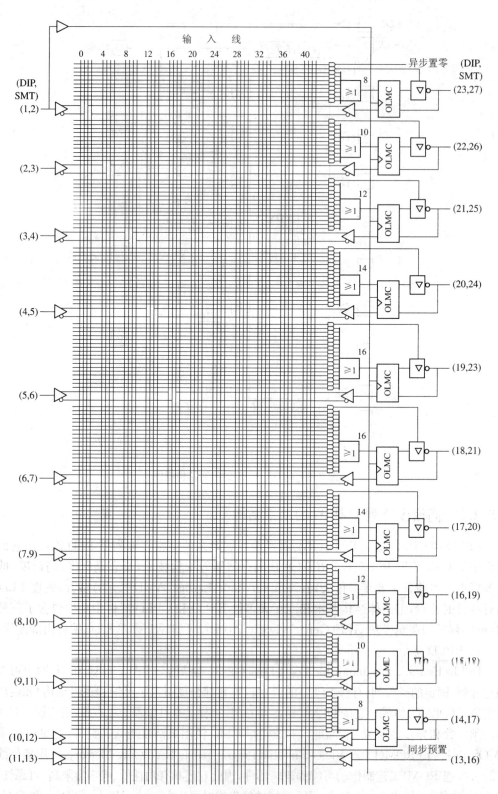

图 8.10　AT22V10 的电路结构框图

2) 高密度 ISP-PLD 简介

高密度 ISP-PLD 器件的集成度达 10 000 门/片以上,有的公司生产的高密度 ISP-PLD 集成度已达 115 800 门/片。阵列型高密度 ISP-PLD 在电路结构上的主要特点如下:

(1) 分区结构

图 8.11 为高密度 ISP-PLD 芯片 ispLSP 1032 的电路结构框图,它将整个芯片分成几个区,每个区有自己的通用逻辑模块(Generic Logic Block,GLB)、可编程的输出布线区(Output Routing Pool,ORP)、编程控制电路和输入/输出单元(I/O Cell,IOC)。各区之间的联系通过一个可编程的全局布线区(Global Routing Pool,GRP)来实现。这种结构的优点是每个区的阵列传输路径短,可减少传输延迟时间。这在大规模集成电路中是很重要的。

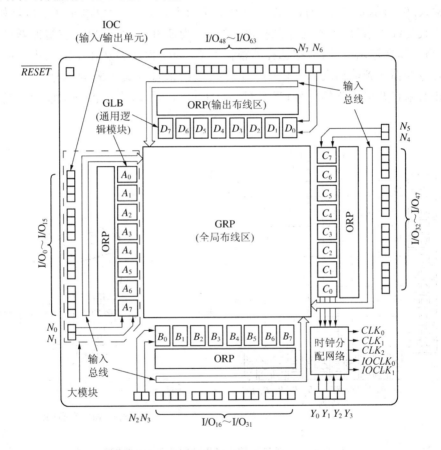

图 8.11 ispLSP 1032 的电路结构

(2) 通用逻辑模块(GLB)

GLB 一般由可编程的与阵列、乘积项共享的或阵列和输出逻辑宏单元(OLMC)组成。

(3) 可编程输入/输出单元(IOC)

输入/输出单元的电路由输入缓冲器、触发器(输入寄存器/锁存器)、三态输出缓冲器和几个可编程的数据选择器组成。

(4) 可编程全局布线区(GRP)和输出布线区(ORP)结构

这些布线区都是可编程的矩阵网络,每条横线和每条纵线的交叉点是否接通受1位编程单元状态的控制。通过对ORP的编程,可以使各个分区中的任何一个GLB与一个IOC相连;而通过对GRP的编程,可以实现片内所有GLB的互相连接以及IOC与GRP的连接。

3) 在系统可编程通用数字开关(ispGDS)

在系统可编程通用数字开关(In-System Programmable Generic Doptal Switch, ispGDS)用于多片ISP-PLD构成的数字系统中,通过ispGDS可以重新设置每个ISP-PLD的组态,改变它们之间的连接以及它们与外围电路(如负载电路、显示器件等)的连接。ispGDS为数字系统的设计开辟了更加广阔的天地。

下面以ispGDS22为例做简单介绍。图8.12(a)所示为其结构图,它由可编程的开关矩阵和输入/输出单元IOC组成。图8.12(b)所示为其输入/输出单元IOC的结构。IOC的工作方式受编程信号C_0、C_1、C_2的控制。当C_0为低电平时,输出三态缓冲器处于工作状态,电路工作在输出方式;数据选择器根据C_1C_2的编程状态从4个输入中选中一个经输出三态缓冲器送到输出端:当$C_1C_2 = 11$时,输出来自开关矩阵的信号;$C_1C_2 = 10$时,输出反相的来自开关矩阵的信号;当C_1C_2为01和00时,输出端被分别设置为高电平和低电平。

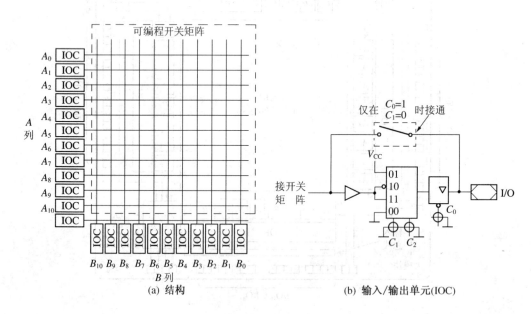

图8.12　在系统可编程通用数字开关 ispGDS22

8.3　单元型可编程逻辑器件(FPGA)

FPGA是20世纪80年代中期出现的一种可编程逻辑器件,在PC机接口卡的总线接口、程控交换机的信号处理与接口、雷达声纳系统的成像控制与数字处理、数控机床的测试系统等方面均有广泛应用。许多电子系统设计采用CPU+RAM+FPGA的构成模式。

8.3.1　FPGA 的分类

1）按可编程逻辑块的大小分类

按构成 FPGA 的基本逻辑单元——可编程逻辑块的大小分类,FPGA 可分为细粒度结构和粗粒度结构。细粒度 FPGA 的资源利用率较高,但实现复杂逻辑功能时速度较慢;粗粒度 FPGA 完成复杂逻辑功能使用的逻辑块和内部连线少,因此性能较好,但资源利用率较低。

2）按互连结构分类

按互连结构可分为分段互连型和连续互连型。分段互连型 FPGA 中有不同长度的多种金属线,各线之间通过开关矩阵或反熔丝编程连接。这种结构走线灵活,但走线延时不可预测,设计、修改会引起延时性能变化。连续互连型 FPGA 通常是利用贯穿于整个芯片的相同长度的金属线来实现逻辑功能块之间的互连,因而布线延时是固定的、可预测的。

3）按编程特性分类

根据采用的开关元件不同,FPGA 可分为一次性编程型和可重复编程型。

一次性编程型 FPGA 采用反熔丝型开关元件,这种器件的优点是体积小、集成度高、互连特性阻抗低、寄生电容小、速度高,但是只能编程一次,比较适合于定型产品和大批量应用。

可重复编程型 FPGA 采用 SRAM 或快闪 EPROM 控制的开关元件,其芯片中每个逻辑块的功能以及它们之间的互连模式由放置在芯片中的 SRAM 或快闪存储器 EPROM 中的数据决定。

采用 SRAM 型开关的 FPGA 是易失型器件,每次重新加电,FPGA 都要重新装入配置数据。其优点是可重复编程,系统上电时,给 FPGA 加载不同的配置数据,就可实现不同的硬件功能,即可实现系统功能的动态重构。

采用快闪 EPROM 控制开关的 FPGA 具有非易失性和可重复编程的双重优点。但在编程的灵活性上不如 SRAM 型 FPGA,不能实现动态重构,其静态功耗也较大。

8.3.2　FPGA 的基本结构

FPGA 的基本结构是将逻辑功能块排成阵列,并由可编程的互连资源连接这些功能块来实现各种逻辑设计。但各公司生产的 FPGA 器件有各自的特点,下面通过对 Xilinx 公司和 Altera 公司的 FPGA 产品的介绍进一步说明其结构。

1）Xilinx 公司的 FPGA 结构特点

表 8.6 为 Xilinx 公司的 XC 系列产品的基本逻辑门、输入/输出模块(Input/Output Block,IOB)、触发器以及可编程逻辑块(Configurable Logic Block,CLB)的容量。实际工作条件如表 8.7 所示。由表可见,FPGA 的逻辑容量密度大,集成度高,可大大减少印制电路板的空间,降低系统功耗,同时还可提高系统设计的工艺性和产品的可靠性。

表 8.6　Xilinx 公司的 XC 系列

芯片组成部分容量	XC2000	XC3000	XC4000
基本逻辑门数目	1.8K	9.0K	13.00K
触发器最大数目	174	918	2280
IOB 最大数目	74	144	240
RAM 最大数目	0	0	28800
可用的 CLB	100	484	576

表 8.7　XC 系列的实际工作条件

参数	说　明	最小值	最大值
V_{CC}(V)	对地供电电压(商用 0~70℃)	4.25	5.25
	对地供电电压(V)(工业用-40~85℃)	4.5	5.5
	对地供电电压(V)(军用-55~125℃)	4.5	5.5
V_{ih}(V)	输入高电平	2.0	V_{CC}
V_{il}(V)	输入低电平	0	0.3
T_{in}(ns)	输入信号过渡时间		250
TSTG	保存环境温度(℃)	-65	150

　　XC 系列 FPGA 的基本结构为逻辑单元阵列(Logic Cell Array，LCA)的分布结构。LCA 主要是由可配置存储器 SRAM 阵列、可编程逻辑块 CLB 矩阵及周围的输入/输出模块 IOB、可编程内部连线(Programmable Interconnect，PI)构成。图 8.13 为 FPGA 结构示意图，下面对图中各部分进行简单介绍。

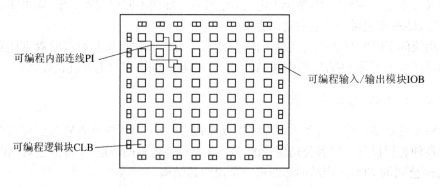

图 8.13　FPGA 平面结构示意图

　　(1) 可配置存储器(SRAM)

　　静态存储器(Static RAM，SRAM)以点阵形式分布于 FPGA 器件芯片中。对 FPGA 器件的编程，就是通过对 SRAM 加载不同的配置数据，来决定和控制各个 CLB、IOB 及 PI 的逻辑功能和它们之间的相互连接关系，完成对芯片的设计。图 8.14 给出了 FPGA 中 SRAM 的基本单元结构。

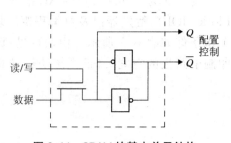

图 8.14　SRAM 的基本单元结构

（2）可编程逻辑块（CLB）

CLB 由可编程的组合逻辑块和寄存器组成。寄存器的输入可为组合逻辑块或 CLB 的输出。寄存器的输出也可以驱动组合逻辑部分。FPGA 的不同系列产品，其 CLB 的功能原理相同，但结构和性能有差异。

（3）可编程输入/输出块（IOB）

IOB 块分布于芯片四周，可以通过编程实现不同的逻辑功能和逻辑接口的需要。例如，XC3000/3100 和 XC4000 系列器件的每个 IOB 控制一个外部引脚，可以通过编程定义该引脚为输入、输出或双向传输三种功能。XC4000 系列的 IOB 还增加了时钟极性、输出缓冲器配置等可选择项，使逻辑设计更灵活。

（4）可编程的内部连线（PI）

在 SRAM 控制下，通过对 PI 的配置、定义，将 CLB 和 IOB 进行组合以实现系统的逻辑功能。FPGA 器件的 PI 主要由金属线段组成。XC2000/3000/3100 系列的 PI 分布于 CLB 阵列周围，有通用连线、直接连接线、长线、全局连线等几种。通用连线主要用于 CLB 之间的连接，长线用于长距离和多分支信号的传送，全局连线用于输送公共信号，直接连线用于相邻的 CLB 信号端之间的直接相连。PI 通过 SRAM 配置、控制的可编程连接点与 CLB、IOB 和开关矩阵（Switching Matrices，SM）相连，实现系统的布线。图 8.15 为 PI 布局情况。XC4000 系列的 PI 有三种内部连线：单长线、双长线和长线，采用块与块之间对称的周边的可编程开关点和开关矩阵结构的金属线连接，因此布线方式更多、更灵活。

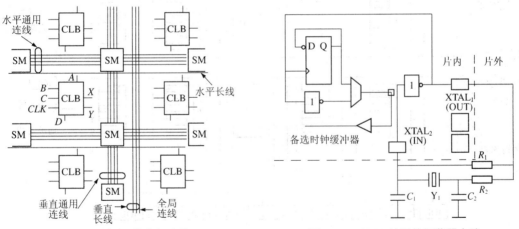

图 8.15　FPGA 的内部连线　　　　　　　图 8.16　FPGA 的晶体振荡器电路

（5）晶体振荡器电路

FPGA 芯片内提供了一个高速反相器，用于和外接晶体振荡器连接，形成振荡电路。其原理如图 8.16 所示。XC4000 系列中还设有分频器，把晶振信号分频输出各种时钟信号来满足系统需要。

2）Altera 公司的 FLEX 系列 FPGA 器件

Altera 公司的 FLEX 系列 FPGA 器件包括 FLEX10K、FLEX20K、FLEX6000 和 FLEX8000 等系列，其中 FLEX10K 系列是一种嵌入式可编程逻辑器件，具有密度高、成本低、功耗小等特点。该系列包括 FLEX10K、FLEX10KA、FLEX10KB、FLEX10KV、FLEX10KE 五个子系列。表 8.8 列出了 FLE10K 系列典型器件的性能。图 8.17 为

FLEX10K 的结构框图。下面进行简单介绍。

表 8.8　FLE10K 系列典型器件的性能

特　　性	EPF10K10	EPF10K20	EPF10K50	EPF10K100	EPF10K250
器件门数	31 000	63 000	116 000	158 000	310 000
典型可用门	10 000	20 000	50 000	100 000	250 000
逻辑单元数	576	1 152	2 880	4 992	12 160
逻辑阵列块	72	144	360	624	1 520
嵌入阵列块	3	6	10	12	20
总 RAM 位数	6 144	12 280	20 480	24 576	40 960
最多 I/O 脚	150	180	310	406	470

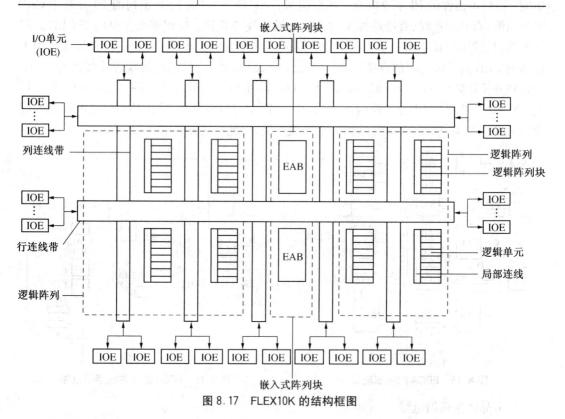

图 8.17　FLEX10K 的结构框图

(1) 嵌入式阵列

嵌入式阵列由一系列嵌入式阵列块(Embedded Array Block，EAB)构成。EAB 是在输入/输出口上带有寄存器的柔性(可变更)RAM 块，可单独使用，也可组合起来使用。在要实现存储器功能时，每个 EAB 可提供 2 048 个存储位，来构造 RAM、ROM 及双口 RAM 等。在要实现乘法器、微控制器、状态机及复杂逻辑时，每个 EAB 可提供 100～600 个门。

(2) 逻辑阵列

由一系列逻辑阵列块(LAB)组成。每个 LAB 相当于 96 个可用逻辑门，可以构成一个中规模的逻辑块，如 8 位计数器、地址译码器或状态机等。也可以将多个 LAB 组合起来构成一个更大规模的逻辑块。

（3）快速通道（Fast Track）互连

Fast Track 是纵横贯穿整个器件的一系列水平（行）和垂直（列）的连续式布线通道（连线带），可以灵活、快速地实现器件内部信号的互联和器件引脚之间的信号互连。

（4）I/O 单元（IOE）

IOE 位于 Fast Track 行线和列线的两端，每个 I/O 引脚由一个 IOE 馈接。每个 IOE 含有一个双向缓冲器和一个可作为输入/输出/双向寄存器的触发器。IOE 可提供输入信号保持、输出信号延时、编程支持、摆率控制、三态缓冲和漏极开路输出等功能。

8.4　可编程逻辑器件的编程设计

PLD 的编程结果就是使 PLD 芯片成为具有预定逻辑功能的逻辑电路。对 PLD 器件编程需要满足一定的条件，如编程电压、编程时序和编程算法等。低密度 PLD 器件和一次性编程的 FPGA 需要专用的编程器最终完成对器件的编程；基于 SRAM 的 FPGA 可以由 EPROM 等存储体进行配置；在系统可编程逻辑器件（ISP-PLD）只要一根下载编程电缆就可最后完成对器件的编程。

8.4.1　低密度可编程逻辑器件的编程设计

1）低密度可编程逻辑器件（LDPLD）的编程工具

一般的 LDPLD 器件编程工具有编程软件、编程器和计算机。

（1）编程软件

目前流行的编程软件是高级编译型软件，如 ABEL、CUPL 和 DASH-GATES。这类软件通用性强，具有逻辑化简、模拟以及自动生成设计文件等功能。

（2）编程器

编程器有专用的，也有通用的，例如 SUPERPRO 通用编程器，它适用于 IBM PC、XT、AT 及 8086/88、80X86 兼容机等。

（3）计算机

一台配有 RS232 异步串行通讯口的 PC/XT/AT 计算机或其兼容机，机内至少需有 512 KB 的 RAM，并具有两个软盘驱动器（最好有硬盘），用 MS-DOS 2.1 以上的版本。也可以在计算中心的工作站上进行编程设计。

2）使用 ABEL 编程软件对 PLD 进行编程的过程

（1）根据设计任务，进行逻辑功能描述。主要是正确地表示出输出与输入的逻辑关系，用真值表、逻辑方程式或状态图等都可以。

（2）根据输出与输入的逻辑关系及所设计电路的技术要求选择合适的 PLD 芯片。

（3）选择编程软件及相应编程语言编写源文件输入微机，形成编程文件。

按照所应用的设计语言（如 ABEL-HDL 语言）的要求，编写源文件（即设计文件）。源文件是按编程软件的语言格式写出的输入与输出之间的逻辑关系程序，它们由描述逻辑设计的专用高级语言和把逻辑语言转换为编程器下载文件的语言处理程序组成。源文件应包含对逻辑设计完善的描述，可选择逻辑方程式、真值表、状态图、原理图等来描述逻辑功能、设计仿真以及基本管理信息。须先列出所用芯片的型号,并给各管脚赋以相应变量,然后在编程软件的支持下,将源文件用文本编辑软件输入 PC 机。

(4) 利用编译软件(ABEL)对源程序进行语法分析、逻辑化简并生成一些中间文件和一个 JEDEC 文件(也称为熔丝图文件,为含有器件编程信息的计算机文件,是电子器件工程联合会制定的标准格式,简称 JED 文件)。JEDEC 文件是一种标准文件,作为 PC 机与编程器之间信息传递的媒介。此外,还生成一个文本文件(包含有关器件设计的信息)。

处于编程方式时,就是将芯片上各行线和各列线交叉点上的熔丝,根据逻辑函数表达式按需要进行熔断或保留,屏幕上将显示出编程后的熔丝图。

(5) 运行逻辑功能模拟程序,以便在对 PLD 器件编程之前检验逻辑设计的正确性。

(6) 将编程器经 RS232 接口与 PC 机相连,把要编程的 PLD 器件插入编程器的插座上,将上面形成的 JEDEC 文件下载到编程器,完成芯片编程设计。

8.4.2　高密度可编程逻辑器件的编程设计

高密度可编程逻辑器件的编程设计主要采用在系统编程(In System Programmable, ISP)技术。

1) ISP 的基本原理和意义

ISP 技术不需要编程器,只需要通过计算机接口和编程电缆,就可直接对装配在目标系统或线路板上的 PLD 器件进行编程。器件成为产品后有些还可反复编程。

通常把一次性编程的(如 PROM)称为第一代 PLD,把紫外线擦除的(如 EPROM)称为第二代 PLD,把电擦除的(采用 E^2CMOS 工艺如 GAL)称为第三代 PLD。第一、第二、第三代 PLD 器件的编程都是在编程器上进行,第四代 PLD 器件采用 ISP 技术编程。

ISP 技术主要应用在 ISP-PLD(简称 ISP 器件)器件的编程设计中。ISP 器件是一种可由用户根据所设计的数字系统的要求,在开发系统软件的支持下,在系统上直接定义和修改其逻辑功能的高容量的集成电路。第 8.2 节和第 8.3 节中介绍过的 ispLSP 和 FPGA 器件都属于 ISP 器件。由于 ISP 器件能满足现代数字系统的大容量、高速度、先装配、现场反复编程的要求,其应用日趋广泛。

在系统编程时由于器件插在系统的线路板上,器件各端口与电路其他部分相连,编程时须用系统电源使系统处于工作状态,因此在系统编程的关键问题是 ISP 器件编程时如何与不必要的外部联系脱离。ISP 器件都有一个编程使能信号端(ispEN),该端加无效电平时,器件与外电路相连;该端加有效电平时,器件所有 I/O 端的三态缓冲器皆处于高阻状态,切断了芯片与外电路的不必要的联系,这时即可对芯片进行编程。

编程使能信号、编程数据和其他命令、方式控制信号都是由开发系统软件通过计算机并口提供,用编程电缆连接到器件上。器件在编程时将有关输出反馈给计算机,以便对编程数据进行校验。ISP 技术使数字系统设计的程序发生了根本变革,使硬件设计软件化。现代数字系统设计已进入电子设计自动化(Electronic Design Automation, EDA)时代。

利用 ISP 技术,可以先制作样机底板,并将部件和元器件全部安装在底板上,再用 ISP 开关器件按预定功能将它们连接起来,并按系统要求现场编程。如想改变设计,无须改变器件和线路,通过开发系统即可很快完成,这就大大缩短设计周期,降低成本。而且,硬件设备可以制成具有一定程度通用性的多功能硬件,利用 ISP 技术根据具体应用场合即可重构其功能。

高密度 PLD 器件引脚多、间距密,若多次插接,很容易造成引脚损伤。ISP 技术使 PLD 器件一次安装,避免了引脚损伤,简化了工序,提高了系统可靠性。利用 ISP 技术,对系统的测试、维护和升级只要在现场用 PC 机和软件即能实现。

2) ISP 器件的编程设计流程

ISP 器件的编程设计流程如图 8.18 所示。下面做进一步说明。

（1）设计阶段。主要是进行设计方案论证、系统设计和器件选择等工作。

数字系统设计可以采用模块设计法、自顶向下（Top-Down）设计法和自低向上设计法。其中,自顶向下设计法是目前常用的设计法,即首先从系统总功能入手,在顶层进行功能划分和结构设计,采用硬件描述语言对高层次的系统进行描述,并在系统级用仿真手段验证设计的正确性,然后再逐级设计至底层。这种层次化设计方法支持模块化设计,底层模块可以反复被调用。

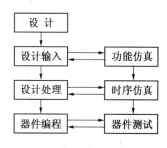

图 8.18 ISP 器件的编程设计流程

（2）设计输入阶段。设计者须将所设计的系统或电路,按所选用的芯片及其相应可编程逻辑器件开发软件系统所要求的某种形式表示出来,并输入计算机。现在各 PLD 生产公司的可编程逻辑器件开发软件系统都支持以下方式:

① 原理图（Schematic）输入方式:即在开发软件相关界面中使用开发系统提供的元器件库及各种符号和连线画出原理图的输入方式;

② 硬件描述语言输入方式:即在开发软件相关界面中采用硬件描述语言例如 VHDL、Verilog-HDL、AHDL 等行为描述语言描述系统行为的文本输入方式;

③ 波形输入方式:即在开发软件相关界面中建立和编辑波形设计文件以及输入仿真向量和功能测试向量的输入方式。

以上三种设计输入方式中,第①种方式最直观,容易实现仿真,便于观察信号和调整电路,但在系统复杂时效率低。第②种方式优点最突出,便于实现复杂系统设计,效率高,是当前的使用趋势。

（3）设计处理阶段。通过运行所使用的开发系统中的编译软件,对设计输入文件基本自动地进行下列处理:

① 语法检查和设计规则检查:例如检查原理图有无漏连信号线,信号有无双重来源,文本输入文件中关键字有无输错等语法错误;设计规则检验总的设计有无超出器件资源或规定的限制。如有错误,编译过程中会及时列出供设计者修改。

② 逻辑优化和综合:编译软件会自动化简所有的逻辑方程式或用户自建的宏,使设计占有资源最少;而且软件会将多个模块化设计文件合并综合为一个网表文件,使层次设计平面化。

③ 适配和分割:确定优化后的逻辑设计能否与器件的宏单元和 I/O 单元适配,然后将设计分割为多个便于适配的小逻辑块形式映射到器件的相应宏单元中。如果整个设计不能装入一个芯片,可以将其或自动、或由用户控制（部分或全部）分割成多块装入同系列的多片器件中。

④ 布局和布线:该项工作是在设计检验通过以后,由软件以最优的方式对所设计的系统进行布局和布线,并最后生成布线报告,提供有关设计中各部分资源的使用情况等信息。

⑤ 生成编程数据文件:这是编程处理的最后一步,产生可供器件编程用的数据文件,对 CPLD 器件是产生 JEDEC 文件;对于 FPGA 器件是生成位流数据文件(Bitstream Generation)。

(4) 功能仿真和时序仿真设计校验:这两项工作是在设计处理过程中同时进行的。

功能仿真在设计输入完成之后,选择具体器件进行编译之前进行,又称前仿真。仿真前,要先利用波形编辑器建立波形文件,或用硬件描述语言建立测试向量,仿真结果将会生成输出信号波形和报告文件,从中可观察到各个节点的信号变化,若发现错误,则返回设计输入中修改设计。

时序仿真是在选择了具体器件并完成布局布线后进行,又称后仿真或延时仿真,这时的仿真,与器件的内部延时、具体的布局布线都密切相关,是与实际器件工作情况基本相同的仿真,对预测所设计的系统的性能和检查消除竞争冒险等很有必要。

(5) 器件编程:将器件按编程数据和编程命令选择某种方式进行编程。

3) ISP 器件的编程方式

(1) 在 PC 机上利用 PC 机的接口和下载电缆对 ISP 器件编程

这种方法适用于多种 ISP 器件。在 ISP 器件的相应开发软件支持下,利用一根编程电缆(又称下载电缆)将 PC 机的接口与系统板上的 ISP 器件相连,将编程信号通过电缆传送给 ISP 器件。可以利用串口的 BitBlaster 串行下载,或利用并口的 ByteBlaster 并行下载,这对 Altera 公司的 CMOS 结构的 MAX7000 系列器件或 SRAM 结构的 FLEX 系列器件都适用。

也可以脱离 ISP 的开发环境,根据编程时序的要求,利用自己的软件向 ISP 器件内写入编程数据。这种编程方法多适用于易失性的 SRAM 结构的 FPGA 器件。

(2) 利用用户系统板上自备的单片机或微处理器对板上的 ISP 器件编程

这种方法多适用于 SRAM 结构的 FPGA 器件。首先将编程数据存储在用户系统板上的 EPROM 中,板上微机从 EPROM 中读出编程数据并进行相应转换,ISP 信号则由微机地址译码或 I/O 口产生(应事先对其 I/O 口进行定义);然后编制读写这些 I/O 口的程序,使 ISP 器件编程过程成为软件对这些口的读写过程,当系统板上电时自动对 ISP 器件进行编程。编程的关键在于提供准确定时的编程时钟。

(3) 多芯片 ISP 编程

这种编程方式如图 8.19 所示,是一种串行编程方式,称为菊花链结构(Daisy Chain),各片 ISP 器件共用一套 ISP 编程接口,各 ISP 器件的输入端 SDI 和输出端 SDO 依次串接,构成类似移位寄存器的串行编程方式。

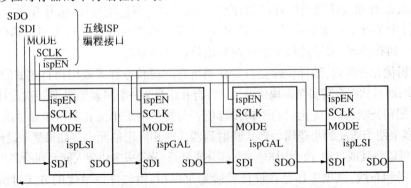

图 8.19　多芯片 ISP 编程

4) ISP 器件编程设计的基本过程

（1）计算机在相应开发系统软件环境下运行源程序，产生相应的编程数据和编程命令。

（2）通过编程接口使芯片与计算机相连，接口电路有电源端、接地端、编程使能信号端 $\overline{\text{ispEN}}$、模式控制信号端 MODE、串行时钟输入端 SCLK、串行数据和命令输入端 SDI 以及串行数据输出端 SDO。

（3）器件按编程数据和编程命令编程。$\overline{\text{ispEN}}$为低电平时，芯片进入编程状态，此时所有 IOC 的输出三态缓冲器均被置为高阻态；$\overline{\text{ispEN}}$为高电平时，芯片处于正常工作状态。SCLK 为片内接受输入数据的移位寄存器和控制编程操作的时序逻辑电路提供时钟信号。

在 MODE 和 SDI 信号控制下，计算机运行编程数据和命令，以串行方式进入芯片内的控制编程操作的时序逻辑电路。数据在写入的同时，又以串行方式从 SDO 读出并送回计算机，以便进行校验和发送下面的命令和数据。

8.4.3 常用的可编程逻辑器件开发系统简介

1) MAX+plus Ⅱ 开发系统

MAX+plus Ⅱ 开发系统是 Altera 公司的可编程逻辑器件开发系统，可以对 Altera 公司生产的 MAX 系列和 FLEX 系列可编程逻辑器件进行开发编程设计。该系统有以下特点：

（1）支持多种设计输入方式，允许用户采用原理图、VHDL 语言、AHDL 语言、Verilog – HDL 语言、波形图等方式进行设计输入。同时还有支持多种第三方的 EDA 设计工具的接口。例如 Cadence、View-Logic、Synopays Mentor Graphics 等。

（2）提供完善的功能仿真和精确的时序仿真。

（3）该系统把设计输入、功能仿真、时序仿真、设计编译以及器件编程集成于统一的开发环境下，并具有编译快捷、设计实现优化等特点，给用户提供了方便、快捷的设计工具和开发环境。

在附录 A 中较详细地介绍了 MAX+plus Ⅱ 的使用方法，供参考。

2) Xilinx Foundation 开发系统

Xilinx Foundation 开发系统是 Xilinx 公司的可编程逻辑器件的开发系统之一，支持 Xilinx 公司生产的全部系列的可编程逻辑器件的设计编程。是一种目前使用较为广泛的开发系统。该系统的特点是：

（1）在此开发系统下，用户可以实现从设计输入到设计仿真、从设计编译到器件编程，全部操作都在一个界面下完成。

（2）该系统提供了原理图编辑器、状态图编辑器、VHDL 语言编辑器，支持原理图、状态图 FSA、硬件描述语言 VHDL 等多种设计输入方式，并允许用户用一种或几种混合输入方式进行设计。

（3）系统通过设计分割、布局、布线，可以把设计输入文件转化为对器件编程的数据文件（位流文件）。

（4）系统通过功能仿真和时序仿真来验证设计的正确性。

利用该系统对可编程逻辑器件进行的整个编程设计流程是一个输入、实现、验证的交互过程，需要在这些过程中不断反复进行，直到设计验证为正确。

3) ispDesignExpert 开发系统

ispDesignExpert 开发系统是 Lattice 公司推出的可编程逻辑器件开发系统，支持 Lattice 公司生产的 GAL 系列、ispLSP/pLSP 系列、MACH 系列和 PAL 系列器件的编程设计。该系统有以下特点：

(1) 该系统支持 Schematic、ABEL-HDL、VHDL、Verilog-HDL 等多种设计输入方式。

(2) 系统支持功能仿真、时序仿真、静态时序分析等多种验证方式。

(3) 系统的编译器能自动完成逻辑综合、映射、自动布局和布线；并提供约束管理器，便于用户对器件进行优化约束设定。

8.5 VHDL 硬件设计语言(VHDL)

硬件描述语言 HDL(Hardware Description Language)是 EDA 技术的重要组成部分，常见的 HDL 语言主要有 VHDL、Verilog HDL、AHDL 等(本书只介绍 VHDL)。VHDL (Very High Speed Integrated Circuit Hardware Description Language)是美国国防部发起创建，有国际电工电子工程师协会(The Institute of Electrical and Electronics Engineers, IEEE)进一步总结发展并在 1987 年作为"IEEE. STD_1076"发布。之后，VHDL 语言成为 HDL 语言的国际标准之一，各 EDA 公司随之相继推出支持 VHDL 设计软件。1993 年被更新为"IEEE. STD_ 1164"标准。

VHDL 语言集成了各种 HDL 语言的优点，使数字系统设计更加简单和容易。VHDL 语言是一个规模庞大的语言，在使用它之前完全学会它是很难的，本章介绍的只是 VHDL 语言的一部分。

8.5.1 VHDL 的组成

VHDL 语言通常包含实体(Entity)，结构体(构造体)(Architecture)，库(Library)，配置(Configuration)和包集合(Package)五部分。但并不是每个程序都必须包含这 5 部分，但至少要包含实体和结构体这 2 部分。各部分的作用如下：实体用于描述所设计系统的外部接口信号；结构体用于描述系统内部的结构和行为；建立输入和输出之间的关系；库是专门存放预编译程序包的地方；配置语句安装具体元件到实体——结构体对，可以被看作是设计的零件清单；包集合存放各个设计模块共享的数据类型、常数和子程序等。

例如：利用 VHDL 语言设计一个二输入与门，VHDL 源程序如下：

【例 8.1】 LIBRARY ieee;

USE ieee. std_logic_1164. ALL;　　　　　　——库及程序包的使用

ENTITY AND2 IS

PORT (a,b: IN std_ logic;

   c: OUT std_ logic);

END AND2;　　　　　　　　　　　　　　——实体的说明

ARCHITECTURE BEHAVE OF AND2 IS

BEGIN

c<=(a AND b);

END BEHAVE;　　　　　　　　　　　　——结构体的设计

其仿真波形如图 8.20 所示：

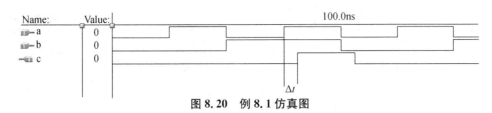

图 8. 20 例 8.1 仿真图

从图 8.23 例 1 仿真图中,可以看出,输出信号 C 实现了 A、B 逻辑相与的功能。在图中也会发现输入信号的变化而产生的输出信号的变化滞后了一个 Δt 的时间,那是由于设计软件特意设置的,用来模拟实际硬件电路中门的延迟时间。

从例 1 中可以看出,一般一个 VHDL 语言程序应包含以下几个部分。

1) 库(LIBRARY):

一个完整、正确的 VHDL 程序结构一般会包含一个库及程序包的使用申明。库是预先设计完成的或预先定义的数据类型、子程序或其它设计实体的集合体。其它设计者可以通过打开库及程序包的方式进行调用。在设计中,所调用的库必须以 VHDL 源程序的方式存在,以便应用软件随时读入使用。所以在使用库文件的时候,必须在设计实体前用打开库语句和 USE 语句。有些标准库已经被 IEEE(国际电工电子工程师协会组织)认可,成为 IEEE 标准库,IEEE 库存放了 IEEE 标准 1076 中标准设计单元。每个库下又存放了数量不一的程序包,而程序包下又存放了数量不一的子程序。VHDL 语言的库分为二类:一类是设计库,如在设计中设计者规定的文件目录所对应的工作库——WORK 库。另一类是 VHDL 规定的资源库,资源库里是常规元件和标准块。在 VHDL 语言中常用的库有:IEEE 库、STD 库、VITAL 库及 WORK 库。需要说明的是,STD 库和 WORK 库在实际使用中,是自动打开的,每一个 VHDL 语言的实际设计,都会自动包含进入相关设计,所以无需使用库语句。

(1) STD 库

VHDL 语言定义了 2 个标准的程序包,分别是 STANDARD 程序包和 TEXTIO 程序包,均放置在 STD 库中,只要在 VHDL 的应用环境中,即可随时调入这两个程序包中的所有内容。例如,在实际使用中,下列语句是无必要的。

LIBRARY STD;

USE STD. ALL;

(2) IEEE 库

IEEE 库是 VHDL 语言使用中最常使用的库,包含 IEEE 标准的程序包和其它一些支持工业标准的程序包。IEEE 库中标准程序包主要包括 STD_LOGIC_1164、NUMERIC_BIT、NUMERIC_STD 等程序包。STD_LOGIC_1164 是最常使用的程序包。在 IEEE 库中,还包含常用的 STD_LOGIC_ARITH、STD_LOGIC_SIGNED、STD_LOGIC_UN-SIGNED。表 8.9 为 IEEE 库下的程序包名及包中预定义内容。

表 8.9 IEEE 库中所包含的程序包

库名	程序包名	包中预定义内容
std	standard	VHDL 类型,如 bit, bit_vector。
ieee	std_logic_1164	定义 std_logic, srd_logic_vector 等。
ieee	numeric_std	定义了基于 std_logic_1164 中定义的类型的算术运算符,如"+","-",SHL,SHR 等。

(续表 8.9)

库名	程序包名	包中预定义内容
ieee	std_logic_arith	定义有符号与无符号类型及基于这些类型上的算术运算。
ieee	std_logic_signed	定义了基于 std_logic 与 std_logic_vector 类型上的有符号的算术运算。
ieee	std_logic_unsigned	定义了基于 std_logic 与 std_logic_vector 类型上的无符号的算术运算。

（3）WORK 库

WORK 库是指设计者在设计中自行设计、定义的设计单元及程序包。用户在设计时，首先应定义一个设计文件夹，用来存放设计者的设计文件，这时，VHDL 会默认该文件夹即为 WORK 库。就是说，在使用 VHDL 设计时，不允许设计者将设计文件直接放置于根目录下。

（4）VITAL 库

VITAL 库主要用于提高 VHDL 门级时序模拟的精度，所以 VITAL 库只在 VHDL 仿真器中使用。

另外在 MAX+PLUSII 软件系统中，在 ALTERA 库中提供如下两个程序包：

（1）maxplus2。maxplus2 定义了数字电路集成芯片 74 系列各模块。

（2）megacore。megacore 定义了如 FFT、8255、8251 等模块。

2）实体（ENTITY）

实体用于定义一个设计所需的输入/输出信号，信号的输入/输出类型被称为端口模式，同时，实体中还定义它们的数据类型（相当于定义端口的取值范围）。实际上，实体相当于设计了逻辑电路的端口，规定了设计文件所具有的输入输出端口。【例1】中所设计的实体产生的图形符号如图 8.21 所示。

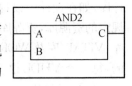

图 8.21 【例1】实体

从【例 8.1】可以看出，实体的格式如下：

ENTITY e_ name IS

PORT (p_name1 : port_ m data_ type;

　　　…

p_ namei : port_ mi data_ type);

END ENTITY e_ name;

或：

ENTITY e_ name IS

PORT (p_name1 : port_ m data_ type;

　　　…

p_ namei : port_ mi data_ type);

END e_ name;

其中：e_ name 是指本设计中所取的实体名，p_ name 是指实体中输入/输出端口的信号名，port_ m 是指端口的信号类型，在 VHDL 语言中称为端口模式，data_ type 是指端口的信号数据类型，可理解为信号可能的取值范围。

在使用 VHDL 语言设计时，每个端口必须定义的内容包括：

信号名（p_ name）：端口的信号名在实体中必须是唯一的。信号名应是合法的标识符。

端口模式(MODE):端口的模式有以下几种类型。

IN(输入信号):信号进入实体但并不输出;在程序中它只能给其它信号赋值。

OUT(输出信号):信号离开实体但并不输入;并且不会在内部反馈使用;在程序中它只能接受其它信号的赋值。

INOUT(双向信号):信号是双向的(既可以进入实体,也可以离开实体);在程序中它既可给其它信号赋值,也能接受其它信号的赋值。

BUFFER:信号输出到实体外部,但同时也在实体内部反馈。

端口模式的含义可用图 8.22 所示说明:(黑框代表一个实体)

图 8.22　端口模式含义

端口类型(TYPE)定义端口的数据类型,包括以下几种:

(1) Integer(整数),可用作循环的指针或常数,经 VHDL 语言综合后,也可作为输入/输出信号。

例如:

Q: BUFFER INTEGER RANGE O TO 15;

SIGNAL s1: integer range 0 to 99;

(2) bit(逻辑位):可取值范围为逻辑'0'和逻辑'1'。

(3) std_logic(标准逻辑位),取值范围有'U'、'X'、'0'、'1'、'Z'、'W'、'L'、'H'、'—'等 9 种。其中'U'表示为初始化;'X'表示强未知;'0'表示强逻辑 0;'1'表示强逻辑 1;'Z'表示高阻;'W'表示弱未知;'L'表示弱逻辑 0;'H'表示弱逻辑 1;'—'表示忽略。

(4) Bit_vector(逻辑位矢量),用于表示一组(若干位)逻辑位,组中各位的取值范围都是逻辑'0'和逻辑'1'。

例如:S: IN BIT_VECTOR(0 TO 3);表示 S 信号端口模式为 IN,具有 4 个位信号,每个信号类型都是逻辑位,也即每个信号的取值范围为逻辑'0'和逻辑'1'。4 个信号的排列次序从左往右依次为 S(0)～S(3)。

(5) std_logic_vector(标准逻辑位矢量)。用于表示一组(若干位)标准逻辑位,组中各位的取值范围都是标准逻辑位。

例如:Q:OUT std_logic_vector(7 downto 0);表示 Q 信号端口模式为 OUT,具有 8 个标准逻辑位信号,8 个信号的排列次序从左往右依次为 Q(7)～Q(0)。

VHDL 是与类型高度相关的语言,不允许将一种信号类型赋予另一种信号类型。在本书范围内,以后主要采用 std_logic 和 std_logic_vector。若对不同类型的信号进行赋值需使用类型转换函数。

在 VHDL 中,除上述常用于端口类型的数据类型外,还有其他多种数据类型用于定义内部信号、变量等:如可枚举类型 Enumeration(常用于定义状态机的状态);存取型(Access Types),文件型(File Types)常用于建立模拟模型;物理类型(Physical Types)定义测量单位,如时间单位 ns,用于模拟。

其中可枚举类型 Enumeration 常用于定义状态机的状态,可枚举类型语法结构如下:

type <type_name 类型名> is (<value list 值列表>);

使用时和其他类型一样:

signal sig_name : type_name;

例:

定义:type traffic_light_state is (red, yellow, green);

        signal present_state, next_state :traffic_light_state;

此外,还可定义二维数组。

3) 结构体:

所有能被仿真的实体都由一个结构体描述,结构体描述实体的行为功能。即设计的功能。一个实体可以有多个结构体,一种结构体可能为行为描述,而另一种结构体可能为设计的结构描述或数据通道的描述。结构体是 VHDL 设计中最主要部分,一般结构体的格式如下:

ARCHITECTURE arch_ name OF e_name IS

(说明语句)

BEGIN

(功能描述语句)

END ARCHITECTURE arch_ name;

或:

ARCHITECTURE arch_ name OF e_ name IS

(说明语句)

BEGIN

(功能描述语句)

END arch_name;

其中,ARCHITECTURE、OF、IS 、BEGIN、END 是关键词,每个设计中必须包含这些关键词。e_ name 是指本设计中的实体名,arch_ name 是指本设计中的结构体名。

说明语句包括在结构体中需要说明和定义的数据对象、数据类型、元件调用申明等。应注意的是说明语句并不是必须的,功能描述语句在设计中是必须的,在设计中应给出必要的相应的功能描述。

4) 程序包

在 VHDL 语言中,数据类型、常量与子程序可以在实体说明部分和结构体部分加以说明。在实体说明部分所定义的类型,常量及子程序在相应的结构体中是可见的(可以被使用)。在一个设计实体中定义的数据类型、子程序或数据对象对于其他设计实体是不可见的(不可被使用)。为了使已经定义的常数、数据类型、元件调用说明以及子程序能够被更多的设计实体所访问使用,可以将所设计数据类型、子程序等放置于同一个程序包中,多个程序包又可以放置于同一个库中,使得这些数据类型、子程序等能够被更大范围的调用,这对于一个大型设计显得尤为重要。

8.5.2 VHDL 常用语句

在数字逻辑电路的设计中,VHDL 的常用语句比较完整的描述了数字系统的逻辑功能及其硬件结构。VHDL 常用语句主要有并行语句和顺序语句等 2 种。

顺序语句(Sequential)：

顺序语句总是处于进程(PROCESS)的内部，每一条顺序语句的执行顺序与它们在程序中的位置有关，从仿真的角度来看是顺序执行的。VDHL 语言有六类顺序语句，分别是赋值语句、等待语句、流程控制语句、返回语句、子程序调用语句、空操作语句。

并行语句(Concurrent)：

并行语句总是处于进程(PROCESS)的外部。所有并行语句都是并行执行的，即与它们出现的先后次序无关。

VHDL 常用语句有赋值语句、进程语句、IF 语句、CASE 条件语句、WAIT 语句、LOOP 语句、元件例化语句等。

1) 赋值语句

赋值语句的功能是将一个值或一个表达式的运算结果传送给其它数据对象。赋值语句分为信号赋值语句和变量赋值语句。每一种赋值语句有 3 个基本组成部分，依次为赋值目标、赋值符号、赋值源。信号赋值语句的格式为"赋值目标＜＝赋值源"，而变量赋值语句的格式为"赋值目标：＝赋值源"。VHDL 语言规定，赋值目标和赋值源的数据类型必须完全一致。在这里要注意，赋值目标不应是输入信号(IN)，赋值源也不应是输出信号(OUT)。

2) 进程语句

进程语句格式如下：

　　　PROCESS(敏感信号表)

　　　　　顺序语句；

　　　END PROCESS；

其含义是敏感信号表中的任一信号发生变化时，即某一信号从'0'跳变为'1'或从'1'跳变为'0'时，启动进程语句，执行该进程中的顺序语句，执行完后进入等待状态，直至敏感信号表中的某一信号再次发生跳变，再次启动进程语句。

在 VHDL 语言中，顺序语句应置于进程语句中。一个结构体中可以包含多个进程语句，它们之间为并行关系；每个进程语句内的语句为顺序关系。

3) IF 语句

IF 语句是 VHDL 顺序语句中最重要、最常用的语句结构之一，其用法相当灵活，可以用来描述数字电路中的组合逻辑电路及时序逻辑电路等。一般，IF 语句的语言结构有下列几种用法。

(1) IF 条件 THEN

　　　顺序语句

　　　ELSE

　　　顺序语句

　　END IF；

这种 IF 语句又称为完整条件语句，可以用来描述组合逻辑电路。在执行中，当判断到 IF 后面的条件是 false，并不直接跳过本 IF 语句，而是去执行 ELSE 后面的顺序语句。这种完整条件语句在使用中，给出的条件应是相互对立的条件，以供该条件语句判断执行。

(2) IF 条件 THEN

　　　顺序语句

　　END IF；

这种 IF 语句又称为不完整条件语句,一般用来描述时序逻辑电路。在执行该语句时,首先判断 IF 后面的条件是 true 还是 false,如果是 true,即去执行顺序语句中列出的各条语句,直至执行到 END IF,如果 IF 后面的条件是 false,则跳过本 IF 语句,直接结束本 IF 语句。

(3) IF 条件 THEN

　　　IF 条件 THEN

　　　　…

　　　END IF;

　　END IF;

这种条件语句称为多重 IF 语句嵌套条件语句。既可以用来产生组合逻辑电路,也可以产生时序逻辑电路等。这种条件语句在使用中,IF 和 END IF 应该一一对应实现先进后出,后进先出的原则。

(4) IF 条件 THEN

　　　顺序语句

　　ELSIF 条件 THEN

　　　顺序语句

　　　…

　　ELSE

　　　顺序语句

　　END IF;

这种条件语句可以通过 ELSIF(否则如果的含义,即上面的条件不满足时,重新给出一个判断条件,以供选择)设定多个判断条件,从而使得顺序语句可以去执行多个条件分支。

下面举例说明 IF 条件语句的一些使用方法及必要的语法说明。

【例 8.2】　VHDL 语言描述二选一的数据选择器,当控制端 s 为 0 时,输出端 $y=a$,当控制端 s 为 1 时,输出端 $y=b$,用 VHDL 语言描述该电路时。

在设计该逻辑电路时,可以类似在数字电路中所学的组合逻辑电路的设计方法,通过列真值表、写表达式及化简,得逻辑表达式,然后用例 8.1 的设计方法加以设计,也可以直接描述二选一数据选择器的行为,下面用行为描述的方法加以设计。

```
library ieee;
use ieee. std_logic_1164. all;
entity mux211 is
    port(a,b:in std_logic;
         s:in std_logic;
         y:out std_logic);
end mux211;
architecture behave of mux211 is
    begin
    process(a,b,s)
        begin
            if s='0' then y<=a;
```

```
        else y<=b;
      end if;
    end process;
  end behave;
```

在上面的二选一数据选择器的 VHDL 语言的描述中,可以看出本例中采用了完整条件语句,也可以看出 IF 条件语句必须置于 PROCESS 语句之中。上例中 PROCESS(a,b,s)语句的含义是:当敏感信号(a,b,s)中的任一信号发生变化时,启动进程语句后面的条件语句执行,当判断到"s=0"条件成立时(即"s=0"为 TRUE),将 a 赋值给 y,反之当"s=0"条件不成立时(即"s=0"为 FALSE),将 b 赋值给 y。

【例 8.3】 采用 VHDL 语言设计具有异步复位的 D 触发器。即当复位信号(RESET)为 0 时 D 触发器输出为 0,否则在检测到脉冲上升沿时,$Q^{n+1}=D$。

```
LIBRARY ieee;
use ieee. std_logic_1164. all;
entity dff1 is
port(clk,d,reset: in std_logic;
            q: out std_logic);
end dff1;
architecture behave of dff1 is
  begin
    process(clk,reset)
      begin
      if (reset='0') then
        q<='0';
      elsif (clk'event and clk='1') then
        q<=d;
      end if;
    end process;
  end behave;
```

从上面例子中可以看出,当检测到"reset"信号为低电平时,对输出信号 Q 清零,否则,也即当检测到"reset"信号为高电平时,并且检测到脉冲信号的上升沿,将输入信号 D 赋值给输出信号 Q。同样,要将条件 IF 语句放置于进程语句 PROCESS 中。

上例中,clk'event and clk='1'实际上一条信号上升沿检测语句。其含义为若检测到 CLK 信号发生变化并且发生变化后 clk 信号为高电平。这也是本书以后常用来表述检测信号上升沿的语句。若将该语句改成 clk'event and clk='0'就可以理解为检测信号下降沿的语句。检测信号的上升沿、下降沿是实现时序逻辑电路中的必要的手段。常用来检测信号上升沿的语句还有 rising_edge(clk),clk='1'and clk'last_value='0',wait until clk='1'等。

对于多重 IF 嵌套条件语句,可以用来描述同步预置的电路。

【例 8.4】 采用 VHDL 语言设计具有同步复位、同步置位的 D 触发器。即当检测到时钟信号的上升沿且置位信号(SET)为 1 时 D 触发器输出为 1,同样当检测到时钟信号的上升沿且复位信号(RESET)为 1 时 D 触发器输出为 0,当检测时钟信号的上升沿且复位信号、置位信号都为 0 时，$Q^{n+1}=D$，否则输出 Q 信号保持。

```
    LIBRARY ieee;
    use ieee. std_logic_1164. all;
    entity dff2 is
        port(clk,d,reset,set: in std_logic;
                q: out std_logic);
    end dff2;
architecture behave of dff2 is
    begin
        process(clk)
            begin
                if (clk'event and clk='1') then
                    if (set='1') then
                        q<='1';
                    elsif (reset='1') then
                        q<='0';
                    else
                        q<=d;
                    end if;
                end if;
            end process;
        end behave;
```

从【例 8.4】可以看出，在判断到（clk'event and clk＝'1'）为 TRUE，且继续判断到（set ＝'1'）为 TRUE，则将 Q 置为 1，若（clk'event and clk＝'1'）为 TRUE，但（set＝'0'）为 FALSE，转而去检测（reset＝'1'），若为 TRUE，则将将 Q 置为 0，若（reset＝'1'）也为 FALSE，则将输入信号 D 赋值给 Q，如果判断到（clk'event and clk＝'1'）为 FALSE，则输出信号 Q 保持不变。在【例 8.4】中，采用多重 IF 嵌套条件语句，用来描述了电路的同步预置功能，即先判断脉冲条件是否满足，在满足脉冲条件下，继续判断置位（复位）信号是否满足。否则就跳过 IF 语句，转而执行 IF 语句后面的程序。

对于第 4 种 IF 语句，可以用来描述一些具有优先次序的器件，比如优先编码器。

【例 8.5】　用 VHDL 语言设计一个八线——三线优先编码器。输入信号为 input(7)～input(0)，输出信号为 y(2)～y(0)。在 8 个输入信号中，input(0)优先级最高，当 input(0)信号请求编码时，不论 input(7)～input(1)信号状态如何，优先响应 input(0)信号，使输出信号为"111"；在 input(0)信号不请求编码时，此时优先响应 input(1)信号，使输出信号为"110"；以此类推。

```
    LIBRARY ieee;
    USE ieee. std_logic_1164. all;
    entity prior38 is
        port(input: in std_logic_vector(7 downto 0);
                y: out std_logic_vector(2 downto 0));
```

```
end prior38;
architecture behave of prior38 is
  begin
    process(input)
     begin
      if(input(0)='0') then y<="111";
        elsif (input(1)='0') then y<="110";
        elsif (input(2)='0') then y<="101";
        elsif (input(3)='0') then y<="100";
        elsif (input(4)='0') then y<="011";
        elsif (input(5)='0') then y<="010";
        elsif (input(6)='0') then y<="001";
        elsif (input(7)='0') then y<="000";
        else null;
      end if;
    end process;
  end behave;
```
从【例 8.5】的程序中可以看出,y<="110"执行的条件是(input(0)='1')AND (input(1)='0'),以此向下,y<="000"执行的条件是(input(0)='1') AND (input(1)='1') AND (input(2)='1') AND (input(3)='1') AND (input(4)='1') AND (input(5)='1') AND (input(6)='1') AND (input(7)='0'),说明第 4 种 IF 语句有向下相与的功能。

4) CASE 条件语句

CASE 语句属于顺序语句,同样该语句必须放置于 PROCESS 进程语句中。CASE 语句的一般表达式为:

CASE <表达式> IS
WHEN <选择值或标识符> => <顺序语句>;…<顺序语句>;
WHEN <选择值或标识符> => <顺序语句>;…<顺序语句>;
…;
END CASE;

使用 CASE 语句,常用来描述总线、编码和译码的行为。在使用 CASE 语句中,WHEN 的条件表达式可以有 4 种形式。

【例 8.6】 试用 VHDL 语言设计 4 选 1 的数据选择器。该 4 选 1 的数据选择器的功能表如表 8.10 所示。表中,ST 表示使能控制信号,A_1、A_0 表示地址信号。

表 8.10 4 选 1 数据选择器功能表

ST	A_1	A_0	Y
1	X	X	0
0	0	0	D_0
0	0	1	D_1
0	1	0	D_2
0	1	10	D_2

```
1 library ieee;
use ieee. std_logic_1164. all;
entity mux41 is
  port(st:in std_logic;
        a:in std_logic_vector(1 downto 0);
        d3,d2,d1,d0:in std_logic;
        y:out std_logic);
  end;
architecture behave of mux41 is
begin
  process(st,a,d3,d2,d1,d0)
    begin
     if st='1' then y<='0';
       else case a is
         when "00" => y<=d0;
         when "01" => y<=d1;
         when "10" => y<=d2;
         when "11" => y<=d3;
         when others =>null;
       end case;
      end if;
    end process;
  end;
```

从【例 8.6】中可以看出,当执行到 CASE 语句时,首先计算<表达式>的值,然后判断 WHEN 条件句中与之相同的<选择值或标识符>,然后执行对应的<顺序语句>,最后执行 END CASE。在本例中,when others =>null;含义是当出现不是上述 4 种情况时那就无效。在使用 CASE 语句时,一般在最后都会加上这条指令。在 CASE 语句中,"=>"不是原来的赋值语句,在这儿有那么(THEN)的含义。

WHEN 的条件表达式可以有 4 种形式:

(1) 单个值,如 3。

(2) 数值选择范围,如(3 TO 7),表示取值为 3、4、5、6、7。

(3) 并列数值,如 2|6,表示取值为 2 和 6。

(4) 混合方式,指以上几种形式的组合,例如 3 TO 5|7,表示取值为 3,4,5,7。

5) WAIT 语句

在进程(包括过程)中,当执行到 WAIT 语句时,运行程序被挂起,直到满足次语句设置的结束条件后,才重新开始执行进程或过程中的程序,对于不同的结束挂起条件的设置,WAIT 语句有四种不同的语句格式。

WAIT;   ——无限等待(第一格式)

WAIT ON 信号表;——敏感信号变化(第二格式)

WAIT　UNTIL　条件表达式;——条件表达式满足(第三格式)

WAIT　FOR　时间表达式;——等到时间到(第四格式)

在第一格式中,由于未设置执行的条件,表示永远挂起。

在第二格式中,当信号表中的任意条件发生变化时,程序将结束关起,重新执行。

在第二格式中,增加了程序重新执行的条件。要求当条件表达式中的信号发生改变并且能够满足 WAIT UNTIL 后的条件,程序将再次执行。

在第三格式中,在此语句后设置一个时间条件,表示在执行程序到 WAIT 语句开始,程序被挂起,当超出此时间后,程序自动恢复执行。

VHDL 语言规定,在进程 PROCESS 后已列出敏感信号的进程中,不能使用任何形式的 WAIT 语句。【例8.7】与【例8.8】具有相同的逻辑功能。【例8.7】的 PROCESS 后有敏感信号 a,b;但【例8.8】中的 PROCESS 后没有敏感信号,原因就在于【例8.8】使用的是WAIT 语句。

【例 8.7】

```
PROCESS(a,b)
  BEGIN
    y<=a AND b;
END PROCESS;
```

【例 8.8】

```
PROCESS
BEGIN
    y<=a AND b;
    WAIT ON a,b;
END PROCESS;
```

【例 8.9】 表 8.11 为某四位移位寄存器功能表,具有同步清零、同步左移、同步右移、同步预置及数据保持功能,用 VHDL 语言设计实现这个功能。

表 8.11　某四位移位寄存器功能表

输　入					输　出				工作模式
$\overline{CR}$	S_0 S_1	CP	A B C D		Q_0	Q_1	Q_2	Q_3	
0	× ×	↑	× × × ×		0	0	0	0	同步清零
1	0 0	↑	× × × ×		Q'_0	Q'_1	Q'_2	Q'_3	数据保持
1	0 1	↑	× × × ×		Q'_1	Q'_2	Q'_3	D_L	同步左移
1	1 0	↑	× × × ×		D_R	Q''_0	Q''_1	Q''_2	同步右移
1	1 1	↑	a b c d		a	b	c	d	同步预置

```
LIBRARY IEEE;
USE IEEE. STD_LOGIC_1164. ALL;
ENTITY SHIFT194 IS
PORT(CLK,CR,DL,DR:IN STD_LOGIC;
     S:IN STD_LOGIC_VECTOR(1 DOWNTO 0);
     D:IN STD_LOGIC_VECTOR(3 DOWNTO 0);
     Q:OUT STD_LOGIC_VECTOR(3 DOWNTO 0));
END SHIFT194;
ARCHITECTURE BEHAVE OF SHIFT194 IS
SIGNAL Q1:STD_LOGIC_VECTOR(3 DOWNTO 0);
```

```
BEGIN
PROCESS
BEGIN
    WAIT UNTIL CLK'EVENT AND CLK='1';
    IF CR='0' THEN Q1<=(OTHERS=>'0');
        ELSE
        CASE S IS
            WHEN"00" => Q1<=Q1;
            WHEN"01" => Q1<=DL & Q1(3 DOWNTO 1);
            WHEN"10" => Q1<=Q1(2 DOWNTO 0) & DR;
            WHEN"11" => Q1<=D;
            WHEN OTHERS => NULL;
        END CASE;
        END IF;
    END PROCESS;
    Q<=Q1;
```

END BEHAVE;在该例中,Q1<=(OTHERS=>'0')的含义等同于 Q1<="0000"。利用 OTHERS=>'0'可以将多个信号同时清零,免除了在信号位数较多时,逐个写入的不便。符号"&"的含义是并置,可以将多个信号合并为一个位矢量信号。

对于并置,若在【例 8.9】程序做如下调整:

【例 8.10】　LIBRARY IEEE;
```
USE IEEE. STD_LOGIC_1164. ALL;
ENTITY SHIFT194 IS
PORT(CLK,CR,DL,DR:IN STD_LOGIC;
        S0,S1:STD_LOGIC;
        D:IN STD_LOGIC_VECTOR(3 DOWNTO 0);
        Q:OUT STD_LOGIC_VECTOR(3 DOWNTO 0));
END SHIFT194;
ARCHITECTURE BEHAVE OF SHIFT194 IS
    SIGNAL Q1:STD_LOGIC_VECTOR(3 DOWNTO 0);
    SIGNAL S :STD_LOGIC_VECTOR(1 DOWNTO 0);
BEGIN
    S<=S1 & S0;
PROCESS
    BEGIN
        WAIT UNTIL CLK'EVENT AND CLK='1';
        IF CR='0' THEN Q1<=(OTHERS=>'0');
            ELSE
                CASE S IS
```

```
            WHEN"00" => Q1<=Q1;
            WHEN"01" => Q1<=DL & Q1(3 DOWNTO 1);
            WHEN"10" => Q1<=Q1(2 DOWNTO 0) & DR;
            WHEN"11" => Q1<=D;
            WHEN OTHERS => NULL;
        END CASE;
      END IF;
    END PROCESS;
      Q<=Q1;
    END BEHAVE;
```

在【例 8.10】中,将原输入 S 定义为 S0,S1:STD_LOGIC;后在结构体中定义 SIGNAL
S:STD_LOGIC_VECTOR(1 DOWNTO 0);接着采用并置语句 S<=S1 & S0;也可以实
现与【例 8.9】一样的功能。

6) LOOP 语句

LOOP 语句就是循环执行语句。实现了在 LOOP 语句的顺序语句被循环重复执行,执
行的次数有循环参数指定。其格式如下:

格式一:[LOOP 标号]:LOOP
　　　　顺序语句;
　　　　END LOOP [LOOP 标号]

对于 LOOP 标号,可以选择需不需要。

对于格式一,需在循环方式中加进其它控制语句,如 EXIT(退出返回) 语句。

例如:A:LOOP
　　　　X1<=X1+2;
　　　　EXIT A WHEN X1>20;
　　　　END LOOP A;

含义是对 X1 执行加 2 操作,当 X1 大于 20 时结束对 X1 执行加 2 操作。

格式二:[LOOP 标号]:FOR 循环变量 IN 循环变量次数 :LOOP
　　　　　　　顺序语句;
　　　　　　　END LOOP [LOOP 标号];

对于格式二,循环变量属于 LOOP 的局部变量,不必事先定义。循环变量在使用中只
能作为赋值源,不能被赋值。循环变量次数的作用是规定了顺序语句被执行的次数,循环语
句从循环次数的初始值开始,每执行一次顺序语句,循环变量自动加 1,直到执行到循环次
数的终了值,退出循环语句。

例如:B:FOR m IN 1 TO 4 LOOP
　　　　A(m)<= B(m) OR C(m);
　　　　END LOOP B;

在程序中,执行上述语句实际上等同于执行下列语句:

　　　　A(1)<= B(1) OR C(2);

A(2)<= B(2) OR C(2);

A(3)<= B(3) OR C(3);

A(4)<= B(4) OR C(4);

7) 元件例化语句

例化名 :元件名 PORT MAP(端口名 => 连接端口名,,...) ;

元件例化是实现 EDA 技术中自上而下层次化设计这一特点的一种重要手段。元件例化实质上就是引入一种连接关系,将预先设计好的设计实体定义为一个元件,然后利用元件例化语句将此元件与当前的设计实体中的指定端口相连接,从而使得当前设计实体中包含低一级的设计层次。可以理解为当前设计实体相当于一个较大的电子线路系统,所定义的例化元件相当于插在这个系统上的一块芯片元件。

【例 8.11】 试用元件例化语句实现图 8.23 所示电路。

从图 8.23 可以看出,该电路有 2 个二输入异或门组成,在设计中先设计二输入异或门,后采用元件例化语句实现该电路的顶层设计。

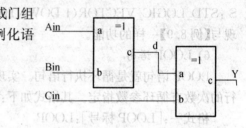

图 8.23 【例 8.11】原理图

```
library ieee;
use ieee. std_logic_1164. all;
entity xor2 is
port(a,b:in std_logic;
        c:out std_logic);
end xor2;
architecture behave of xor2 is
begin
   c<=a xor b;
end behave;
```

以上为二输入异或门的设计。

```
library ieee;
use ieee. std_logic_1164. all;
entity xor22 is
port(ain,bin,cin:in std_logic;
        y:out std_logic);
end xor22;
architecture behave of xor22 is
component xor2 is
    port(a,b:in std_logic;
        c:out std_logic);
  end component;
 signal d:std_logic;
begin
u1:xor2 port map(a=>ain,b=>bin,c=>d);
```

```
u2:xor2 port map(a=>d,b=>cin,c=>y);
end behave;
```

以上为整个电路系统的设计。注意的是,在本设计中,应将二输入异或门(文件名:xor2)的设计,整个电路系统(文件名:xor22)的设计放置于同一文件夹中,否则在编译程序中应用软件将会告知找不到设计文件 xor2。

【例 8.11】 中,port map 即为元件例化语句。在设计中,首先将低层文件设计好。后在顶层文件的设计中,首先采用 component 调用低层设计文件,同时定义中间连接线(signal),最后告知整个电路系统的连接关系。PORT MAP 是端口映射的意思,其中的端口名是在元件定义语句中的端口名表中已定义好的元件端口的名字,连接端口名则是当前系统与准备接入的元件对应端口相连的通信端口,相当于插座上各插针的引脚名。

8) 重载函数

VHDL 语言属于强数据类型语言,对于不同数据类型的信号,相互之间不允许操作(含赋值或数据运算等)。对于强类型语言,需要预定义类型转换函数,在操作数类型不一致时,调用类型转换函数。在 VHDL 的 IEEE 库中,预定义了很多类型转换函数,主要是数据类型转换函数。表 8.12 为 IEEE 库类型转换函数表。

表 8.12 IEEE 库类型转换函数表

库 名	函数名	功 能
STD_LOGIC_1164	to_stdlogicvector	将 bit_vedtor 转换为 std_logic_vector
	to_bitvector	将 std_logic_vector 转换为 bit_vedtor
	to_stdlogic	将 bit 转换为 std_logic
	to_bit	将 std_logic 转换为 bit
STD_LOGIC_ARITH	conv_stdlogic_vector	将整数 integer 转换为 std_logic_vector
	conv_integer	将 std_logic_vector 转换为整数 integer·
STD_LOGIC_UNSIGNED	conv_ integer	将 std_logic_vector 转换为整数 integer

【例 8.12】 试用 VHDL 语言设计一个具有异步清零、同步置数的十进制加法计数器。其中 CP 为脉冲信号,CR 信号为清零信号(低电平有效),LD 信号为置数信号(低电平有效),EN 为控制信号,在 CR 信号、LD 信号无效时,检测到 CP 脉冲信号的上升沿,实现加 1 操作。

程序一:

```
LIBRARY IEEE;
USE IEEE. STD_LOGIC_1164. ALL;
ENTITY CNT10B IS
PORT(CP, CR, EN, LD: IN STD_LOGIC;
        D:IN INTEGER RANGE 9 TO 0;
        Q:OUT INTEGER RANGE 9 TO 0);
END CNT10B;
ARCHITECTURE BEHAVE OF CNT10B IS
    SIGNAL Q1:INTEGER RANGE 15 TO 0;
BEGIN
```

```
    PROCESS(CP, CR, EN, LD)
      BEGIN
        IF CR='0' THEN Q1<=0;
          ELSIF CPEVENT AND CP='1' THEN
            IF LD='0' THEN Q1<=D;
              ELSIF EN='1' THEN
                IF Q1<9 THEN Q1<=Q1+1;
                  ELSE Q1<=0;
                END IF;
              END IF;
            END IF;
        Q<=Q1;
      END PROCESS;
    END;
```

程序二:

```
LIBRARY IEEE;
USE IEEE. STD_LOGIC_1164. ALL;
USE IEEE. STD_LOGIC_UNSIGNED. ALL;
ENTITY CNT10A IS
PORT(CP,CR,EN,LD:IN STD_LOGIC;
      D:IN STD_LOGIC_VECTOR(3 DOWNTO 0);
      Q:OUT STD_LOGIC_VECTOR(3 DOWNTO 0));
END CNT10A ;
ARCHITECTURE BEHAVE OF CNT10A IS
SIGNAL Q1:STD_LOGIC_VECTOR(3 DOWNTO 0);
BEGIN
PROCESS(CP,CR,EN,LD)
  BEGIN
IF CR='0' THEN Q1<="0000";
  ELSIF CPEVENT AND CP='1' THEN
    IF LD='0' THEN Q1<=D;
      ELSIF EN='1' THEN
        IF Q1<"1001" THEN Q1<=Q1+1;
          ELSE Q1<="0000";
        END IF;
      END IF;
    END IF;
  Q<=Q1;
END PROCESS;
END;
```

在程序一中,将输出信号 Q 定义为整数类型 INTEGER,而在程序二中,将输出信号 Q 定义为标准逻辑位矢量类型 STD_LOGIC_VECTOR。而标准逻辑位矢量类型只具有逻辑运算功能,不具有算术运算功能,不能完成 Q1<=Q1+1 的算术运算功能,为了能够实现加 1 的算术运算功能,在库文件的引用中,利用 USE IEEE. STD_LOGIC_UNSIGNED. ALL 打开了库 STD_LOGIC_UNSIGNED,利用该库的重载函数将 std_logic_vector 转换为整数 integer,从而能够完成 Q1<=Q1+1 的运算功能。

9) 用户数据自定义 TYPE 及有限状态机

用户数据自定义 TYPE 用于用户自行定义数据类型。VHDL 语言除了标准的预定义数据类型(如 INTEGER、BOOLEAN、BIT、STD_LOGIC 等)外,用户还可以自行定义数据类型。

用户数据自定义 TYPE 格式如下:

TYPE 数据类型名 IS 数据类型定义 OF 基本数据类型;

或者

TYPE 数据类型名 IS 数据类型定义;

例如:TYPE DATA IS ARRAY (0 TO 7) OF STD_LOGIC;

TYPE WEEK IS (SUN、MON、TUE、WED、THU、FRI、SAT);

上面第一句定义数据类型 DATA 是一个具有 8 位数组的数据类型,数组中的每一个元素的基本数据类型都是 STD_LOGIC。第一句定义数据类型 WEEK 是一种用文字符号表示的数据类型,属于枚举型,实际上是属于用文字符号表示的一组二进制数。VHDL 综合器在编码过程中能自动将每个枚举元素转化为位矢量,一般情况下,编码顺序是默认的,从最左边的数据从 0 开始,依次加 1。如 SUN="000",MON="001",…SAT="110"。

有限状态机可以理解为输入集合和输出集合都是有限的,并只有有限数目的状态。在给定一个输入集合,根据对输入的接受次序来决定一个输出集合。在有限状态机中,状态寄存器的下一个状态不仅与输入信号有关,而且还与当前状态有关,因此有限状态机又可以认为是组合逻辑和寄存器逻辑的一种组合。

用户数据自定义 TYPE 主要用于有限状态机的描述。利用有限状态机是数字系统设计一种比较实用的方法,同时也是一种实现可靠逻辑控制的途径。

【例 8.13】　试用 VHDL 语言编写实现图 8.24 所示的状态转换的程序。

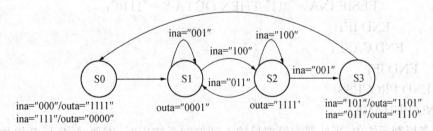

图 8.24　【例 8.13】状态转换图

```
LIBRARY IEEE;
USE IEEE. STD_LOGIC_1164. ALL;
ENTITY CONTROL IS
PORT(RESET,CLK:IN STD_LOGIC;
```

```
    INA:IN STD_LOGIC_VECTOR(2 DOWNTO 0);
    OUTA:OUT STD_LOGIC_VECTOR(3 DOWNTO 0));
END CONTROL;
ARCHITECTURE BEHAVE OF CONTROL IS
  TYPE STATES IS (S0,S1,S2,S3);
    SIGNAL SX:STATES;
BEGIN
  PROCESS(CLK,RESET)
   BEGIN
      IF RESET='0' THEN SX<=S0;
        ELSIF CLK'EVENT AND CLK='1' THEN
        CASE SX IS
        WHEN S0 => SX<=S1;
          IF INA="000" THEN OUTA<="1111";
            ELSIF INA="111" THEN OUTA<="0000";
          END IF;
        WHEN S1 => OUTA<="0001";
          IF INA="001" THEN SX<=S1;
            ELSIF INA="110" THEN SX<=S2;
          END IF;
        WHEN S2 => OUTA<="1111";
          IF INA="100" THEN SX<=S2;
            ELSIF INA="011" THEN SX<=S1;
            ELSIF INA="001" THEN SX<=S3;
          END IF;
        WHEN S3 => SX<=S0;
          IF INA="101" THEN OUTA<="1101";
            ELSIF INA="011" THEN OUTA<="1110";
          END IF;
        END CASE;
      END IF;
    END PROCESS;
  END BEHAVE;
```

　　在很多控制系统中,当外部有模拟量输入到控制系统中时,需要 A/D 转换模块。如果某一控制系统,A/D 转换模块电路采用 ADC0809,它是 8 路 8 位 A/D 转换器。图 8.25 为 ADC0808 的工作时序图。图中:DO～D7 为转换所得八位输出数据,D7 是最高位,DO 是最低位;ALE 为地址锁存允许信号,输入,高电平有效;START 为启动脉冲输入端。在时钟脉冲频率为 640 kHz 时,START 脉宽应大于 100ns—200ns;EOC 为转换结束信号端,在 A/D 转换期间,EOC=O 表示转换正在进行,输出数据不可信,转换完毕后立即使 EOC

＝1 表示转换已经完成，输出数据可信；OE 为数据输出允许信号，输入，高电平有效。当 A/D 转换结束时，从该管脚输入一个高电平，从而打开输出三态门，输出数字量。

根据 ADC0809 的工作时序，将 0809 的采样周期分成了 5 个阶段，如图 8.26 所示。① 对 ADC0809 初始化，各采样控制信号置零；② 将 START 置 1，启动采样进程；③ 检测 EOC 信号，若 EOC='0' 表示转换进行中，若 EOC='1' 表示转换结束；④ AD 转换结束后将 OE 置 1，允许 8 位数据输出有效；⑤ 将输出数据锁存。ADC0809 逻辑控制真值表见表 8.13 所示。

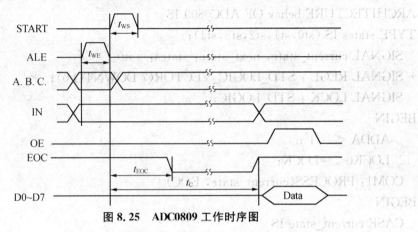

图 8.25 ADC0809 工作时序图

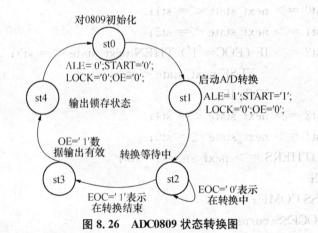

图 8.26 ADC0809 状态转换图

表 8.13 AD0809 逻辑控制真值表（X 表示任意）

序号	状态	ALE/START	EOC	OE	LOCK	工作状态
1	ST0	0	1	0	0	初始化，禁止转换
2	ST1	1	0	0	0	启动转换
3	ST2	0	1	0	0	转换结束
4	ST3	0	1	1	0	输出数据
5	ST4	0	0	1	1	锁存

LIBRARY IEEE;
USE IEEE. STD_LOGIC_1164. ALL;

```
ENTITY adc0809 IS
PORT (D : IN STD_LOGIC_VECTOR(7 DOWNTO 0);
        CLK ,EOC : IN STD_LOGIC;
        ALE,START,OE,ADDA,LOCK0: OUT STD_LOGIC;
        Q : OUT STD_LOGIC_VECTOR(7 DOWNTO 0));
END;
ARCHITECTURE behav OF ADC0809 IS
TYPE states IS (st0,st1,st2,st3,st4);
    SIGNAL current_state, next_state: states:=st0 ;
    SIGNAL REGL : STD_LOGIC_VECTOR(7 DOWNTO 0);
    SIGNAL LOCK : STD_LOGIC;
BEGIN
      ADDA <='1';
      LOCK0<=LOCK;
    COM1: PROCESS(current_state, EOC)
BEGIN
    CASE current_state IS
      WHEN st0 => next_state <= st1;
      WHEN st1 => next_state <= st2;
      WHEN st2 => IF (EOC='1') THEN next_state <= st3;
                      ELSE next_state <= st2;
                      END IF;
      WHEN st3 => next_state <= st4;
      WHEN st4 => next_state <= st0;
      WHEN OTHERS => next_state<=st0;
    END CASE;
END PROCESS COM1 ;
    COM2: PROCESS(current_state)
      BEGIN
        CASE current_state IS
      WHEN st0 =>ALE<='0'; START<='0';LOCK<='0'; OE<='0';
      WHEN st1 =>ALE<='1'; START<='0';LOCK<='0'; OE<='0';
      WHEN st2 =>ALE<='0'; START<='0';LOCK<='0'; OE<='0';
      WHEN st3 =>ALE<='0'; START<='0';LOCK<='0'; OE<='1';
      WHEN st4 =>ALE<='0'; START<='0';LOCK<='1'; OE<='0';
      WHEN OTHERS => ALE<='0'; START<='0';LOCK<='0'; OE<='0';
      END CASE;
END PROCESS COM2;
REG: PROCESS (CLK)
```

```
    BEGIN
        IF (CLK'EVENT AND CLK='1') THEN
            current_state <= next_state;
        END IF;
    END PROCESS REG;
LATCH1: PROCESS (LOCK)
        BEGIN
            IF LOCK='1' AND LOCK'EVENT THEN REGL <= D;
        END IF;
    END PROCESS;
        Q <= REGL;
END behav;
```

10) VHDL 运算符

VHDL 为构造计算数值的表达式提供了许多预定义算符。预定义算符可分为四种类型:算术运算符,关系运算符,逻辑运算符与连接运算符。如表 8.14 所示。

表 8.14　VHDL 运算符

类　　型							
算术运算符		关系运算符		逻辑运算符		连接运算符	
符号	说明	符号	说明	符号	说明	符号	说明
+	加	and	逻辑与	=	等于	&	连接
−	减	or	逻辑或	/=	不等于		
*	乘	nand	与非	<	小于		
/	除	nor	或非	<=	小于等于		
* *	乘方	xor	异或	>	大于		
mod	求模	xnor	同或	>=	大于等于		
rem	求余	not	逻辑非				
abs	求绝对值						

11) VHDL 语言中的数据对象

在 VHDL 语言常用的数据对象为信号(signal)、常量(constant)、变量(variable)。信号、变量与常量三者在使用前都必需先声明后使用,否则会产生编译错误。

(1) 信号

信号定义的一般格式为:signal 信号名:数据类型(:=初始值);

例如:signal s:std_logic;

signal b:std_logic:='1';

signal q: std_logic_vector(3 downto 0);

信号用于声明内部信号,而非外部端口(外部端口对应为 in, out, inout, buffer),相当于连接线,在元件之间起互联作用。信号是电子线路内部硬件连接的抽象,既可以接受外部信号,也可以赋值给外部信号。它除了没有数据流动方向说明以外,其他性质几乎和"端口"

一样。信号可以在 architecture、package、entity 中声明,是一个全局量,它可以用来进行进程之间的通信。即使是在实体中定义的信号,在结构体中仍然可以使用。在整个结构体的任意位置,都可以获得同一信号的赋值。信号也可在状态机中表示状态变量。在 VHDL 语言中,对信号赋值是按仿真时间进行的,到了规定的仿真时间才进行赋值。

信号赋值符号为"赋值目标＜＝赋值源"。

(2) 常量

常量定义的一般表达式为:

　　　　constant 常量名:数据类型:=表达式;

　　例如:constant a:std_logic_vector:="11001100";

　　　　　　Constant b:integer:=10

常量就是一个定值,对某些特定类型数据赋予的数值。定义一个常量主要是为了使设计实体中的某些量易于阅读和修改。如利用常量可设计不同模值的计数器,模值存于一常量中,不同的设计,改变模值仅需改变此常量值即可。

(3) 变量

变量定义的一般表达式为:variable 变量名:=数据类型(:=初始值);

　　例如:variabl s:std_logic;

　　　　　variabl b:std_logic:='1';

　　　　　variabl q: std_logic_vector(3 downto 0);

变量是一个局部量,其适用范围仅限于定义了变量的进程或子程序的顺序语句中。在这些语句结构中,同一变量的值将为随着变量赋值语句的前后次序的改变而改变,因为变量是立即赋值的。

(4) 常量与信号、变量的使用差别

从硬件电路系统来看,常量相当于电路中的恒定电平,如 GND 或 VCC,而变量和信号则相当于数字系统中模块与模块之间连接及其连线上的信号值。

(5) 信号与变量的使用差别

① 从行为仿真和 VHDL 语句功能上看,信号与变量的区别主要表现在接受和保持信号的方式、信息保持与传递的区域大小上。例如信号可以设置延时量,而变量则不能;变量只能作为局部的信息载体,只能在其定义的进程中使用;而信号则可作为全局的信息载体,在整个结构体中使用。变量的设置有时只是一种过渡,最后的信息传输和界面间的通信都靠信号来完成。

② 从综合后所对应的硬件电路结构来看,信号一般将对应更多的硬件结构,但在许多情况下,信号和变量并没有什么区别。例如在满足一定条件的进程中,综合后它们都能引入寄存器。这时它们都具有能够接受赋值这一重要的共性,而 VHDL 综合器并不理会它们在接受赋值时存在的延时特性。

③ 虽然 VHDL 仿真器允许变量和信号设置初始值,但在实际运用中,VHDL 综合器并不会把这些信息综合进去。这是因为实际的 FPGA/CPLD 芯片在上电后,并不能确保其初始状态的取向。因此,对于时序仿真来说,设置的初始值在综合时是没有实际意义的

④ 信号是硬件中连线的抽象描述,他们的功能是保存变化的数据值和连接子元件,信号在元件的端口连接元件。变量在硬件中没有类似的对应关系,他们用于硬件特性的高层次建模所需要的计算中。

习题 8

8.1 可编程逻辑器件的分类方法有那些？

8.2 阵列型 PLD 器件有那些类型？其中那些是低密度？那些是高密度？

8.3 PROM、PLA、PAL、GAL 的结构有何不同？

8.4 用 PROM 的与或阵列实现下列代码转换：

(1) 将余三码转换为 8421BCD 码；

(2) 将余三循环码转换为余三码；

(3) 将 8421BCD 码转换为格雷码；

8.5 设计用 PROM 的与或阵列实现将 8421BCD 码转换为七段数字显示的译码电路。

8.6 GAL 的电路结构和 PLA、PAL 有何不同？

8.7 高密度阵列型 PLD 器件的主要结构有哪几部分，ispLSI 的电路结构特点和主要组成是什么？

8.8 FPGA 器件如何分类？FPGA 的电路结构特点和主要组成是什么？

8.9 GAL 的编程需要哪些硬件和软件？简述对 GAL 编程设计的主要程序。

8.10 简述 ISP 编程技术的特点和对数字系统设计的意义。

8.11 简述对 ispLSI 编程的主要程序。

8.12 FPGA 的应用设计需要哪些硬件和软件？简述对 FPGA 编程设计的主要程序。

8.13 简述 VHDL 的功能和基本结构。

8.14 VHDL 语言一般包含哪几个组成部分？每部分的作用是什么？

8.15 元件例化语句的作用是什么？元件例化语句包含哪几个组成部分？

8.16 分别用 VHDL 描述基本逻辑与门、或门、非门、与非门、或非门、异或门、同或门、与或非门。

8.17 用 VHDL 描述下列具有不同功能的 D 触发器① 具有异步复位、异步置位 ② 具有异步复位、同步置位 ③ 具有同步复位、异步置位 ④ 具有同步复位、同步置位。

8.18 用 VHDL 描述一个具有异步清零的十进制加法器。

8.19 用 VHDL 描述一个具有同步复位功能的 60 分频器。

8.20 用 VHDL 描述一个可预置、可清除的模 24 BCD 计数器。要求采用元件例化语句将该计数器由个位和十位的两个计数器级联而成。

8.21 1 位全减器由两个半减器和一个或门连接而成。图 8.27 中，(a) 图表示半减器的组成电路；(b) 图表示全器的组成电路。图中 DIFF 为半减器的差输出，SOUT 为半减器的借位输出，cha 为全减器的差输出，dout 为全减器的借位输出。

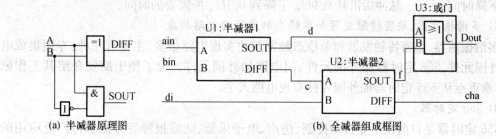

图 8.27 习题 8.21 用图

试：(1)用 VHDL 语言写出半减器的逻辑功能描述；

(2)用 VHDL 语言写出或门逻辑功能描述；

(3)用例化语句写出全减器的逻辑功能描述。

9　脉冲波形的产生与变换

内容提要：

(1) 555 集成定时器的工作原理和应用。

(2) 多谐振荡器的功能（产生脉冲波形）及其用 555 定时器构成电路的工作原理。

(3) 施密特触发器的功能（波形变换、整形、鉴幅等）及其用 555 定时器构成电路的工作原理。

(4) 单稳态触发器的功能（脉冲波形定时、整形、延时等）及其用 555 定时器构成电路的工作原理。

9.1　概述

1) 实际的矩形脉冲

时序电路中的时钟信号即矩形脉冲波，它直接控制和协调着整个系统，因此时钟脉冲的特性关系到系统能否正常工作。矩形脉冲的实际波形如图 9.1 所示，其特性可用以下指标来描述：

脉冲周期 T —— 周期性重复的脉冲序列中，两个相邻脉冲间的时间间隔。脉冲频率 $f = 1/T$，表示单位时间内脉冲重复的次数。

脉冲幅度 U_m —— 脉冲电压的最大变化幅度。

脉冲宽度 T_w —— 从脉冲前沿上升到 $0.5U_m$ 开始，至脉冲后沿下降到 $0.5U_m$ 为止的一段时间。

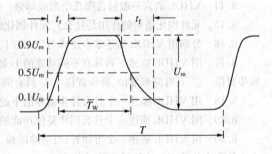

图 9.1　实际的矩形脉冲

上升时间 t_r —— 脉冲前沿从 $0.1U_m$ 上升到 $0.9U_m$ 所需要的时间。

下降时间 t_f —— 脉冲后沿从 $0.9U_m$ 下降到 $0.1U_m$ 所需要的时间。

2) 多谐振荡器、施密特触发器和单稳态触发器的电路构成

多谐振荡器、施密特触发器和单稳态触发器的实现电路很多，主要有三种：专用集成电路加外围元件、555 定时器加外围元件、门电路加外围元件。为了便于简要介绍其工作原理，本章重点从 555 定时器加外围元件实现电路入手。

3) 555 定时器

555 定时器是目前在工业自动控制、仿声、电子乐器、防盗报警等方面获得广泛应用的一种电路，用它可以构成多谐振荡器、施密特触发器和单稳态触发器等脉冲产生和波形变换电路。目前的集成定时器产品中，CMOS 型的有 CC7555、CC7556 等，器件的电源电压为 4.5～18V，能提供与 TTL、MOS 电路相兼容的逻辑电平；双极型的有 5G555(NE555)。下面以 CC7555 为例，介绍 555 定时器的功能。

CC7555 为双列直插式封装,共有八个引脚。图 9.2(a)为 CC7555 的电路结构图,图 9.2(b)是它的外引脚排列图。

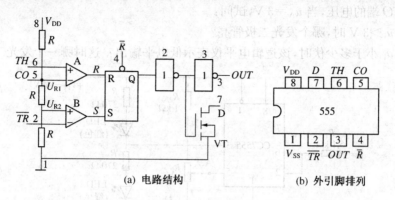

(a) 电路结构 　　(b) 外引脚排列

图 9.2　CC7555

(1) CC7555 的组成

分压器:它是由三个 $5\ \text{k}\Omega$ 的电阻 R 构成的电阻分压器(故得名 555 定时器),它向比较器 A 和 B 提供参考电压:$U_{R1} = \dfrac{2}{3}V_{DD}$,$U_{R2} = \dfrac{1}{3}V_{DD}$。电压控制端 CO 也可外加控制电压改变参考电压值。CO 端不用时,可外接 $0.01\ \mu\text{F}$ 的去耦电容,以消除干扰,保证参考电压不变。

比较器:集成运算放大器 A、B 组成两个电压比较器,每个比较器的两个输入端标有 "+"号和"−"号,当 $U_+ > U_-$ 时,比较器输出高电平;当 $U_+ < U_-$ 时,比较器输出低电平。

基本 RS 触发器:R、S 端的值取决于比较器 A、B 的输出。$\overline{R}$ 端为 RS 触发器的复位端,该端为低电平时,$Q = 0$,OUT 端为低电平。

放电管 VT(也称开关管)和输出缓冲器门 2 和门 3:VT 为 N 沟道增强型 MOS 管,当 OUT 端为低电平时,VT 的栅极电位为高电平,VT 导通;当 OUT 端为高电平时,VT 的栅极电位为低电平,VT 截止。门 2 和门 3 用来提高定时器的带负载能力,同时也隔离了负载对定时器的影响。

(2) CC7555 的功能

表 9.1 是 CC7555 的功能表。CC7555 的静态电流约为 $80\ \mu\text{A}$,输入电流约为 $0.1\ \mu\text{A}$,输入阻抗很高。

表 9.1　CC7555 功能表

输 入			输 出	
高触发端 TH	低触发端 $\overline{TR}$	复位端 $\overline{R}$	输出 OUT	放电管 VT 状态
$\times$	$\times$	L	L	导通
$> \dfrac{2}{3}V_{DD}$	$> \dfrac{1}{3}V_{DD}$	H	L	导通
$< \dfrac{2}{3}V_{DD}$	$> \dfrac{1}{3}V_{DD}$	H	保持原状态	保持原状态
$< \dfrac{2}{3}V_{DD}$	$< \dfrac{1}{3}V_{DD}$	H	H	截止

（3）555 定时器应用举例

【例9.1】 图9.3为CC7555接成的逻辑电平分析仪,待测信号为 u_i,调节CC7555(见图9.2)的 CO 端的电压,当 $u_A = 3$ V,试问:

(1) 当 $u_i > 3$ V 时,哪个发光二极管亮?

(2) 当 u_i 小于多少伏时,该逻辑电平仪表示低电平输出?这时哪一个发光二极管亮?

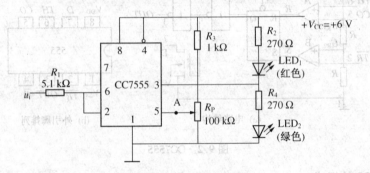

图9.3　例9.1电路图

解:由图9.2和表9.1可知,因为电压控制端 CO 外加控制电压 $u_A = 3$ V,改变了CC7555比较器A、B的参考电压值,使之分别变为3 V(高触发端 TH 比较电压)和1.5 V(低触发端 $\overline{TR}$ 比较电压)。由于图9.3电路中的高触发端 TH(6脚)和低触发端 $\overline{TR}$(2脚)接在一起。所以:

(1) 当 $u_i > 3$ V 时,输出 OUT 为 L,LED₁ 亮;

(2) 当 $u_i < 1.5$ V 时,输出 OUT 为 H,LED₂ 亮。

9.2 多谐振荡器

多谐振荡器只要接通电源,自身就能产生矩形脉冲波,所以也称为自激振荡器,由于矩形脉冲波中除基波外,还有丰富的谐波成分,故又名多谐振荡器。产生矩形脉冲的电路很多,例如以 TTL 门或 CMOS 门为主构成的多谐振荡器;用专用集成芯片构成的多谐振荡器,常用的 74LS 有 74LS320、74LS321 晶体控制振荡器,74LS324、74LS325、74LS326、74LS327 压控振荡器,74LS424 二相时钟发生器/驱动器,4047 无稳态/单稳态多谐振荡器等。本节主要介绍用集成定时器构成多谐振荡器和频率稳定性高的石英晶体振荡器。

多谐振荡器的符号如图9.4所示。

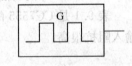

图9.4　多谐振荡器符号

9.2.1 用555定时器构成的多谐振荡器

1) 工作原理

如图9.5(a)所示为用CC555构成的多谐振荡器电路,R_1、R_2 和 C 是外接定时元件。电路的工作波形如图9.5(b)所示。

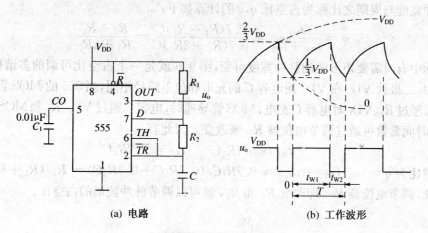

(a) 电路　　　　　(b) 工作波形

图 9.5 由 CC7555 定时器构成的多谐振荡器

电路的工作原理如下：

由图 9.2 和表 9.1 可知，接通电源瞬间，TH 和 $\overline{TR}$ 端的电位 $u_C = 0$，基本 RS 触发器的 $R = 0$，$S = 1$，触发器置 1，输出端 OUT 的电压 u_o 为高电平，MOS 管截止，电源经 R_1、R_2 对 C 充电，u_C 逐渐升高。当 $u_C > \dfrac{2}{3} V_{DD}$ 时，比较器 A 的输出即 RS 触发器的 R 端跳变为高电平，比较器 B 的输出即 RS 触发器的 S 端跳变为低电平，使 RS 触发器置 0，输出端 OUT 的电压 u_o 跳变为低电平，MOS 管导通，电容 C 通过 R_2 及 MOS 管放电，u_C 下降。当 $u_C < \dfrac{1}{3} V_{DD}$ 时，比较器 B 的输出使 RS 触发器的 S 跳变为高电平，比较器 A 的输出使 RS 触发器的 R 跳变为低电平，输出电压 u_o 再次跳变到高电平，MOS 管截止，C 再次充电；如此周而复始，输出端就得到了矩形脉冲序列。

多谐振荡器有两个暂稳态，电路的特性参数计算如下：

$$t_{W1} = \tau_1 \ln \frac{u_C(\infty) - u_C(0^+)}{u_C(\infty) - u_C(t_{W1})}$$

$$= \tau_1 \ln \frac{V_{DD} - \dfrac{1}{3} V_{DD}}{V_{DD} - \dfrac{2}{3} V_{DD}} \qquad \text{（式中 } \tau_1 = (R_1 + R_2)C\text{）}$$

$$= \tau_1 \ln 2 \approx 0.7(R_1 + R_2)C$$

$$t_{W2} = \tau_2 \ln \frac{u_C(\infty) - u_C(0^+)}{u_C(\infty) - u_C(t_{W2})}$$

$$= \tau_2 \ln \frac{0 - \dfrac{2}{3} V_{DD}}{0 - \dfrac{1}{3} V_{DD}} \qquad \text{（式中 } \tau_2 = R_2 C\text{）}$$

$$= \tau_2 \ln 2 \approx 0.7 R_2 C$$

振荡周期：$T = t_{W1} + t_{W2} \approx 0.7(R_1 + 2R_2)C$

振荡频率：$f = \dfrac{1}{T} = \dfrac{1.43}{(R_1 + 2R_2)C}$

脉冲宽度与周期之比称为占空比 q，q 的计算如下：

$$q = \frac{t_{W1}}{t_{W1} + t_{W2}} \approx \frac{0.7(R_1 + R_2)C}{0.7(R_1 + 2R_2)C} = \frac{R_1 + R_2}{R_1 + 2R_2}$$

实际中有时需要矩形波的脉冲宽度可变，图 9.6 就是一个占空比可调的多谐振荡器电路。图中，二极管 VD_1 和 VD_2 使电容 C 的充电和放电路径不同，当 555 的 MOS 管截止时，电源 V_{DD} 经过 R_1、VD_1 对电容 C 充电；MOS 管导通时，电容 C 通过 VD_2、R_2 和 MOS 管放电，充、放电时间常数可通过调节电位器 R_W 来改变。因此有：

$$t_{W1} \approx 0.7R_1C \qquad t_{W2} \approx 0.7R_2C$$

占空比为 $q = t_{W1}/(t_{W1} + t_{W2}) \approx 0.7R_1C/(0.7R_1C + 0.7R_2C) = R_1/(R_1 + R_2)$。

因此，调节电位器 R_W，即改变 R_1 和 R_2，就可以调节脉冲波形的占空比。

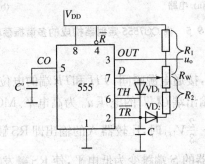

图 9.6　占空比可调的多谐振荡器

2) 应用举例

(1) 间歇音响电路

如图 9.7(a) 所示用两个 555 多谐振荡器可以构成间歇音响电路，设计 R_{A1}、R_{B1}、C_1 和 R_{A2}、R_{B2}、C_2 的值使振荡器 I 的频率为 1 Hz，振荡器 II 的频率为 1 kHz。由于振荡器 I 的输出接到振荡器 II 的复位端 $\overline{R}$ (4 脚)，因此在 u_{o1} 输出高电平时，振荡器 II 才能振荡，u_{o1} 为低电平时，II 被复位，振荡停止。这样，扬声器便发出间歇频率为 1 Hz 的 1 kHz 音响，其等效工作波形如图 9.7(b) 所示。

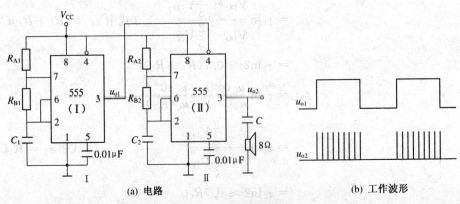

(a) 电路　　　　　　　　　　　　　　　　(b) 工作波形

图 9.7　间歇音响电路

(2) 构成压控振荡器

在图 9.5(a) 电路中,若控制端 CO 不接 $0.01\ \mu F$ 电容 C_1 而是加一个可调电压 u_m,该多谐振荡器就可以构成一个压控振荡器。此时,TH 端的参考电压为 u_m,$\overline{TR}$ 端的参考电压为 $u_m/2$。而 u_m 的大小会改变电容 C 的充、放电时间,也就改变了输出脉冲的周期,u_m 越大,输出脉冲周期越长,输出频率越低;反之,u_m 越小,输出频率越高。

9.2.2 石英晶体振荡器

石英晶体振荡器的符号和等效阻抗频率特性如图 9.8(a) 所示。由图可知,石英晶体的选频特性很好,只有频率为 f_0 的信号才能通过晶体,其他频率的信号都会被晶体衰减。所以,为了得到稳定度很高的脉冲信号,目前普遍采用石英晶体多谐振荡器电路来产生矩形脉冲,如图 9.8(b) 所示为一种典型的石英晶体多谐振荡器电路。

图中,门 G_1、G_2 及 R_1、R_2、C_1、C_2 构成基本多谐振荡器,它只有两个暂稳态:一个非门导通,另一个非门截止。假设先 G_1 导通,G_2 截止,则 C_1 充电,C_2 放电;当 C_1 充电到使 G_2 输入端电平达到阈值电压 U_T 时,G_2 转到导通。同时 C_2 的放电使 G_1 转为截止,电路进入另一个暂稳态,即 G_1 截止,G_2 导通,C_1 放电,C_2 充电;当 C_2 充电到使 G_1 输入端电平达到阈值电压 U_T 时,G_1 又转为导通,同时 C_1 的放电使 G_2 又转为截止……如此周而复始,输出 u_0 即为连续的矩形波。由于电路中接入了石英晶体,上述产生的矩形波的频率必须和晶体的固有频率 f_0 一致时才容易通过,因此这个振荡器只能谐振在频率 f_0 上。对于 TTL 门,R_1、R_2 通常取 $0.7 \sim 2\ k\Omega$;对于 CMOS 门取 $10 \sim 100\ M\Omega$。电容 C_1、C_2 作为非门间的耦合,其容抗对石英晶体的谐振频率 f_0 的影响应可忽略不计。

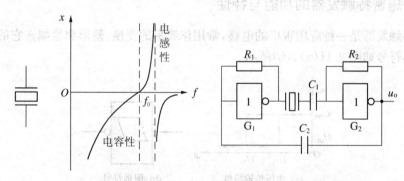

(a) 石英晶体的符号和阻抗频率特性　　(b) 石英晶体多谐振荡器电路

图 9.8　石英晶体多谐振荡器

如图 9.9 所示为用 CMOS 非门和石英晶体构成的多谐振荡器,图中 G_1、晶体、C_1、C_2 构成电容三点式振荡器,其工作原理在一般模拟电路书中都有介绍。G_2 是输出缓冲、整形门,R 的阻值约为 $10 \sim 100\ M\Omega$。该电路的工作频率也为石英晶体的固有频率。

在振荡器输出端再加一级反相器可以提高带负载能力,改善输出波形。

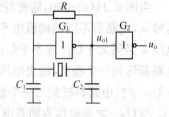

图 9.9　CMOS 石英晶体多谐振荡器

图 9.10(a)是在图 9.8(b)的输出端加一级分频后再输出,产生两相时钟信号的电路,图 9.10(b)是其工作波形。

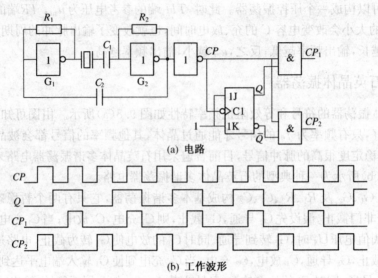

(a) 电路

(b) 工作波形

图 9.10 两相时钟多谐振荡器

9.3 施密特触发器

9.3.1 施密特触发器的功能与特性

施密特触发器是一种应用很广的电路,常用作波形的变换、整形和鉴幅。它的电压传输特性和图形符号如图 9.11(a)、(b)所示。

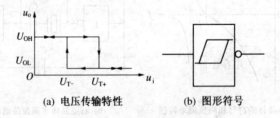

(a) 电压传输特性 (b) 图形符号

图 9.11 施密特触发器

由图 9.11(a)可知,施密特触发器有两个稳定的工作状态,对于正向和负向增长的输入信号 u_i,电路有不同的阈值电平 U_{T+} 和 U_{T-},要使施密特触发器的输出状态发生转换,输入电压 u_i 必须大于 U_{T+} 或小于 U_{T-}。当输入信号 u_i 由低向高变化并大于正向阈值电压 U_{T+} 时,电路翻转到一个稳态,输出电压 u_o 为低电平;当输入信号由高向低变化并小于负向阈值电压 U_{T-} 时,电路翻转到另一个稳态,u_o 为高电平。这种滞后的电压传输特性,又叫回差特性;U_{T+} 与 U_{T-} 之差值称为回差电压 ΔU:

$$\Delta U = U_{T+} - U_{T-}$$

回差电压 ΔU 越大,电路的抗干扰能力越强,但"鉴幅"和"触发灵敏度"会变差。此外,施密特触发器靠输入信号的电压高低来触发,靠输入信号的幅值来维持翻转后的状态。

9.3.2 用 555 定时器构成的施密特触发器

如图 9.12(a)所示为一个用 CC7555 定时器构成的施密特触发器电路。图 9.12(b)给出了触发信号 u_i 为正弦波时输出信号 u_o 的工作波形。

图中,定时器的高触发端 TH 和低触发端 $\overline{TR}$ 接在一起作为信号输入端。由定时器的功能表可知,这个触发器的正向阈值电压 U_{T+}(即 TH 端比较电压)$= \dfrac{2}{3}V_{DD}$(即 $\overline{TR}$ 端比较电压),负向阈值电压 $U_{T-} = \dfrac{1}{3}V_{DD}$,回差电压 $\Delta U = \dfrac{1}{3}V_{DD}$。若控制端 CO 外加电压,可以改变 U_{T+}、U_{T-} 和 ΔU 的值。

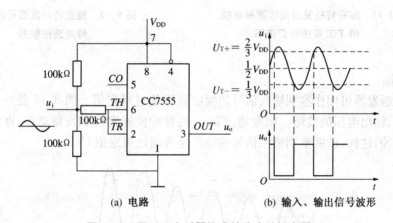

(a) 电路 (b) 输入、输出信号波形

图 9.12 用 555 定时器构成的施密特触发器

9.3.3 集成施密特触发器及其应用

1) 集成施密特触发器简介

74LS132 是 TTL 型的集成施密特触发器产品,片内有四个 2(与)输入施密特触发器。CMOS 型的 4000 系列的施密特触发器产品有 4093、40106、4583、4584 等,4093 片内有四个 2(与)输入施密特触发器,而 4584 片内有六个施密特触发器。

2) 施密特触发器的应用

(1) 波形变换和整形

施密特触发器可以把缓慢变化的三角波或正弦波等信号转变为矩形波,如图 9.13(a)、(b)所示。施密特触发器也常用作 TTL 的接口电路,如图 9.13(c)所示。

施密特触发器可以使产生畸变的脉冲波形转换整形为矩形脉冲,如图 9.14 所示。

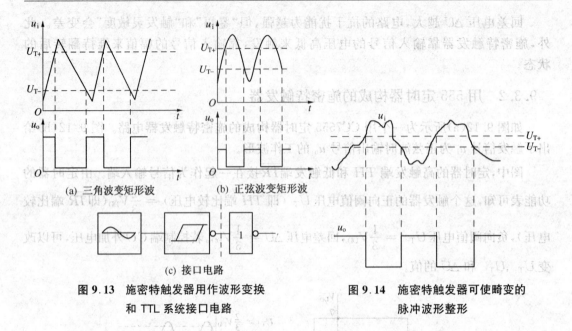

图 9.13　施密特触发器用作波形变换　　　图 9.14　施密特触发器可使畸变的
　　　　　和 TTL 系统接口电路　　　　　　　　　　　脉冲波形整形

（2）鉴幅

施密特触发器可用作鉴别输入信号的幅度是否超过规定值。图 9.15 是一个阈值电压探测器输入、输出电压的波形。幅度超过 U_{T+} 的脉冲使施密特触发器动作,在输出端得到一个矩形脉冲,这样,就能鉴别输入信号的幅度是否超过规定值 U_{T+}。

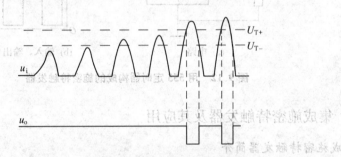

图 9.15　阈值电压探测器输入输出波形图

（3）组成多谐振荡器

用施密特触发器组成的多谐振荡器的电路和工作波形如图 9.16(a)、(b)所示。当施密特触发器的输入端为低电平时,输出为高电平,电容 C 通过 R 充电,C 的电压 u_C 随着 C 的充电而上升;当 u_C 达到正向阈值电压 U_{T+} 时,施密特触发器翻转输出低电平,电容 C 通过 R 放电,u_C 随着 C 的放电而逐渐降低;当下降到负向阈值电压 U_{T-} 时,施密特触发器又翻转输出高电平,如此周而复始,电路就输出了连续的矩形波。

（4）展宽脉冲宽度

由施密特触发器组成的展宽脉冲电路如图 9.17(a)所示,图 9.17(b)为其工作波形。读者可自行分析其工作原理。

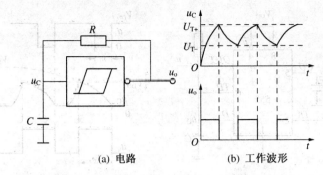

(a) 电路   (b) 工作波形

图 9.16 用施密特触发器组成的多谐振荡器

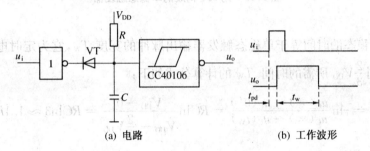

(a) 电路   (b) 工作波形

图 9.17 展宽脉冲宽度电路

9.4 单稳态触发器

单稳态触发器有一个稳态、一个暂稳态；在外加信号的作用下，单稳态触发器能够从稳态翻转到暂稳态，经过一定的时间后又自动返回稳态。

9.4.1 由 555 定时器构成的单稳态触发器

用 555 定时器构成的单稳态触发器电路如图 9.18(a)所示，图 9.18(b)是它的工作波形图。输入触发信号 u_i 加在低触发端 $\overline{TR}$，输出信号为 u_o，R 和 C 是外接定时元件。

电路的工作原理如下：

由图 9.18、表 9.1 可知，通电而触发信号没有到来时，低触发端 $\overline{TR} = V_{DD}$，电源 V_{DD} 对 C 充电，u_C 逐渐升高（TH 端的电位也不断上升）；当 $u_C > \frac{2}{3} V_{DD}$ 时，输出信号 u_o 为低电平，此时 555 内的放电管导通，C 放电到使 $u_C \approx 0$，TH 端为低电平，维持输出端 u_o 的低电平状态，电路处于稳态。

触发信号到来时，u_i 负跳变为 $u_i < \frac{1}{3} V_{DD}$，输出信号 u_o 跳变到高电平，555 内的放电管截止，电源经 R 向电容 C 充电，电路处于暂稳态。随着电容 C 被充电，u_C 逐渐升高（TH 端的电位也不断上升）；当 $u_C > \frac{2}{3} V_{DD}$ 时（此时 u_i 必须已恢复到 V_{DD}，即低触发端 $\overline{TR} = V_{DD}$），输出信号 u_o 又跳变为低电平，放电管导通，电容 C 放电到使 $u_C = 0$（$TH = 0$），电路又回

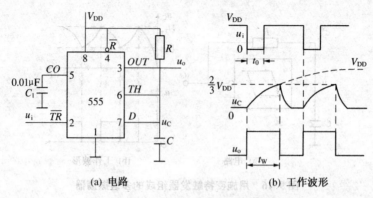

(a) 电路　　　　　　　　　　　　　(b) 工作波形

图 9.18　用 555 构成的单稳态触发器

到稳态。

电路在暂稳态的时间等于单稳态触发器输出脉冲的宽度 T_W，它为定时电容 C 的电压 u_C 由 0 上升到 $\frac{2}{3}V_{DD}$ 所需的时间。T_W 的计算公式如下：

$$T_W = \tau\ln\frac{u_C(\infty) - u_C(0^+)}{u_C(\infty) - u_C(t_w)} = RC\ln\frac{V_{DD} - 0}{V_{DD} - \frac{2}{3}V_{DD}} = RC\ln3 \approx 1.1RC$$

$$\tau = RC$$
$$u_C(\infty) = V_{DD}$$
$$u_C(0^+) = 0$$
$$u_C(T_W) = \frac{2}{3}V_{DD}$$

由以上分析可知，单稳态触发器由暂稳态返回稳态的条件是输入触发脉冲的宽度 $t_0 < T_W$。若 $t_0 > T_W$ 时，可在触发输入端加 RC 微分电路。

9.4.2　用集成施密特触发器组成单稳态触发器

用集成施密特触发器组成单稳态触发器的电路如图 9.19(a)所示，图 9.19(b)是其工作波形图。

触发信号 u_i 经 RC 微分电路后接到施密特触发器的输入端，上升沿触发。当 u_i 为低电平时，$u_R = 0$，输出 u_o 为高电平 V_{DD}，电路处于稳态。当 u_i 的上升沿到来时，由于电容 C 上的电压不能突变，所以 u_R 随 u_i 上跳至高电平 $V_{DD}(>U_{T+})$，输出 u_o 由高电平翻转为低电平，电路进入智稳态；之后，u_i 通过电阻 R 对电容 C 充电，u_R 逐渐下降，当 u_R 下降到 U_{T-} 时，电路翻转，u_o 恢复到高电平 V_{DD}，电路回到稳态。

显然，输出脉冲的宽度 T_W 是 u_R 由 V_{DD} 下降到 U_{T-} 的时间，计算公式为：

$$T_W = RC\ln\frac{V_{DD}}{U_{T-}}$$

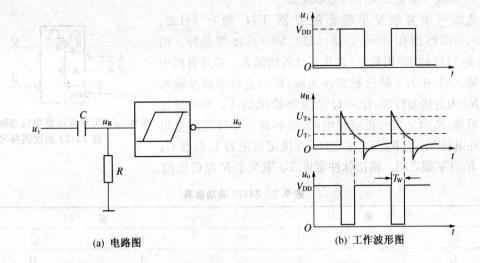

(a) 电路图　　　　　　　　　　(b) 工作波形图

图 9.19　用施密特触发器组成单稳态触发器

9.4.3　集成单稳态触发器的简介及其应用

集成单稳态触发器产品可以分为两大类:可重复触发单稳和非可重复触发单稳,图形符号如图 9.20(a)、(b)所示。可重复触发单稳在受触发进入暂稳态后,若在暂稳态结束前的某时刻有新的触发,则触发器可以接受该新触发信号的作用,重新开始暂稳态过程,并从该时刻起重新计算暂

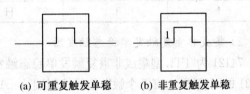

(a) 可重复触发单稳　　　(b) 非重复触发单稳

图 9.20　集成单稳态触发器图形符号

稳态维持时间 T_W,如图 9.21 所示。故利用重触发脉冲,可以产生持续时间很长的输出脉冲。非重复触发单稳经触发进入暂稳态期间,输出不受触发输入端跳变的影响。此外,单稳态触发器还可以用复位端输入信号控制输出脉冲宽度,使 T_W 减小,如图 9.22 所示。

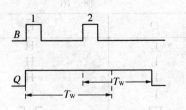

图 9.21　用重复触发脉冲控制输出脉冲宽度

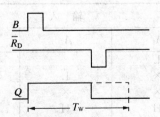

图 9.22　用复位端输入信号控制输出脉冲宽度

1) 集成可重复触发单稳态触发器

集成可重复触发单稳态触发器 TTL 型有 74122、74123,CMOS 型有 4098、4528、4538、MC14528 等品种。图 9.23 是 74123 的逻辑符号,表 9.2 是其功能表。芯片有两个触发输入端:A 为下降沿触发输入端,B 为上升沿触发输入端。$\overline{R_D}$ 为直接复位端,Q 和 $\overline{Q}$ 为互补输出端,C_X 为外接定时电容端,R_X/C_X 为外接定时电阻、电容端。外接定时电阻 R 接在电源 V_{CC} 与 R_X/C_X 端之间,外接定时电容 C 接在 C_X 端与 R_X/C_X 端之间。输出脉冲宽度 T_W 取决于 R 和 C 的值。

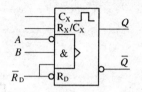

图 9.23 可重复触发单稳态触发器 74123 的逻辑符号

表 9.2 74123 的功能表

输　　　入			输　　　出	
$\overline{R_D}$	A	B	Q	$\overline{Q}$
L	×	×	L	H
×	H	×	L	H
×	×	L	L	H
H	L	↑	⊓	⊔
H	↓	H	⊓	⊔
↑	L	H	⊓	⊔

2) 集成非重复触发单稳态触发器

74121 为 TTL 型集成非重复触发单稳态触发器。图 9.24 为 74121 的引脚图,它有三个触发信号控制端 A_1、A_2 和 B,两个互补的输出端 Q、$\overline{Q}$,定时电容 C 接在 10 脚与 11 脚之间,定时电阻 R 有两种选择:① 使用片内定时电阻(2 kΩ),将 9 脚接至 14 脚(电源);② 使用片外定时电阻(阻值在 1.4~40 kΩ),将 9 脚悬空,定时电阻接在 11 脚与 14 脚之间。通常 R 的取值在 2~30 kΩ 之间,C 的取值在 10 pF~10 μF 之间,输出脉冲宽度($T_W \approx 0.7RC$) 可达 20 ns~200 ms。表 9.3 为 74121 的功能表。

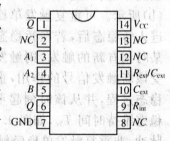

图 9.24 非重复触发单稳 74121 的引脚图

表 9.3 74121 的功能表

输　　　入			输　　　出	
A_1	A_2	B	Q	$\overline{Q}$
L	×	H	L	H
×	L	H	L	H
×	×	L	L	H
H	H	×	L	H
H	↓	H	⊓	⊔
↓	H	H	⊓	⊔
↓	↓	H	⊓	⊔
L	×	↑	⊓	⊔
×	L	↑	⊓	⊔

　　由表 9.3 不难分析 74121 在三个触发控制信号的作用下,何时为稳态,何时可转换到暂稳态。

　　3) 单稳态触发器的应用

　　(1) 用于脉冲信号的延时、定时与整形

　　图 9.25 是由单稳态触发器和与门组成的延时与定时选通的电路和工作波形图。u_i、u_f、u_{o1} 和 u_o 分别是触发信号、选通信号、单稳输出信号和与门输出信号的波形。由图 9.25(b) 可知,u_{o1} 的下降沿比触发信号 u_i 的下降沿迟 T_W 的时间,起到了延时的作用;u_{o1} 控制了与门,使高频信号 u_f 只能在 u_{o1} 的正脉冲 T_W 时间内通过与门传输到输出端 u_o,起到了定时选通的作用。

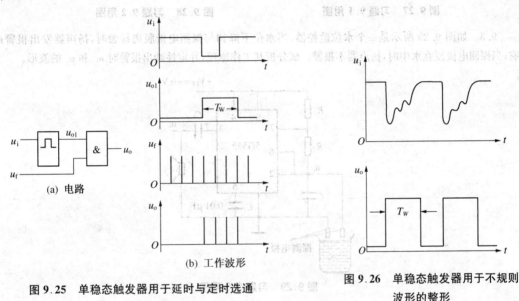

图 9.25　单稳态触发器用于延时与定时选通

图 9.26　单稳态触发器用于不规则波形的整形

　　(2) 把不规则的脉冲信号整形为规则的矩形波

　　因为单稳态触发器一经触发由稳态进入暂稳态后,输出信号就保持一个固定的幅度,与触发信号的波形无关,直至经过 T_W 后回到稳态。因此,若有不规则脉冲 u_i 触发单稳态触发器,其输出 u_o 是具有一定宽度(T_W)和幅度、边沿陡峭的矩形波,如图 9.26 所示。

习题 9

　　9.1　设图 9.27 为用 555 定时器构成的多谐振荡器,其主要参数如下:$V_{DD} = 10\,\text{V}$, $C = 0.1\,\mu\text{F}$, $R_A = 20\,\text{k}\Omega$, $R_B = 80\,\text{k}\Omega$,求它的振荡周期,画出 u_C、u_o 波形。

　　9.2　图 9.28 为一个由 555 定时器构成的占空比可调的振荡器,试分析其工作原理,若要求占空比为 50%,应如何选择电路中的有关元件参数? 该振荡器的频率如何计算?

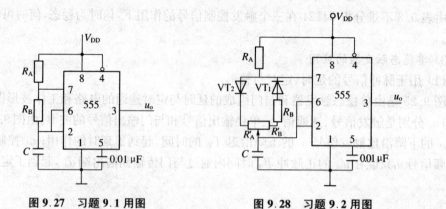

图 9.27　习题 9.1 用图　　　　　　　　图 9.28　习题 9.2 用图

9.3　如图 9.29 所示是一个水位监控器,当水位下降到与探测电极脱离接触时,扬声器发出报警声响;当探测电极浸在水中时,扬声器不报警。试分析其工作原理,并定性画出报警时 u_C 和 u_o 的波形。

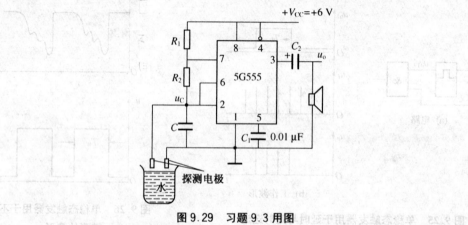

图 9.29　习题 9.3 用图

9.4　试用两片 555 定时器、合适的阻容元件、扬声器和发光二极管设计一个声光报警电路,该电路在接通电源后能产生断续声(频率为 1 Hz)光(频率为 1 kHz)信号。

9.5　图 9.30 为一个由 555 定时器构成的单稳态触发器,已知 $V_{DD} = 10$ V,$R = 30$ kΩ,$C = 0.1$ μF,求输出脉冲的宽度 T_W,并对应画出 u_i、u_o、u_C 的波形。

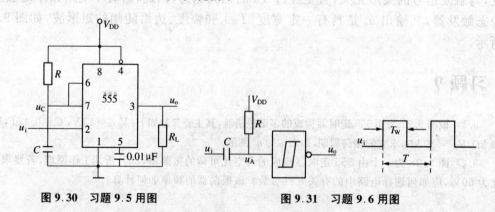

图 9.30　习题 9.5 用图　　　　　　　　图 9.31　习题 9.6 用图

9.6　图 9.31 是一个用施密特触发器构成的单稳态触发器,输入 u_i 为一串方波脉冲,设其脉冲的宽度 $T_W < \dfrac{T}{2}$,试定性画出 u_A、u_o 的波形。

9.7 由施密特触发器构成的某脉冲延迟电路如图9.32所示,设输入电压 u_i 为矩形脉冲,试分别定性画出电容 C 的电压 u_C 和输出电压 u_o 的波形。

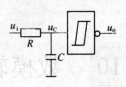

9.8 图9.33是一个简易触摸开关电路,当手触摸金属片时,发光二极管LED亮;经过一定时间后,LED灭,试分析其工作原理。若图中 $R=100\,\text{k}\Omega$, $C=50\,\mu\text{F}$, $R_1=1\,\text{k}\Omega$,LED约亮多长时间?

图9.32 习题9.7用图

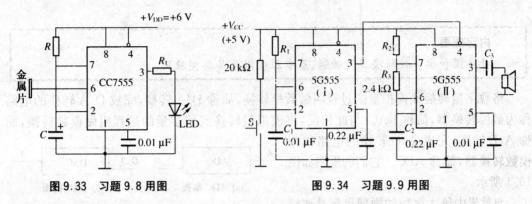

图9.33 习题9.8用图   图9.34 习题9.9用图

9.9 分析如图9.34所示电路的功能。若要求扬声器在开关S动作后以 1.1 kHz 的频率持续响 10 s,则图中 R_1、R_2 的阻值为多少?(S 为复位开关)

10 数模转换器和模数转换器

内容提要：

数/模和模/数转换器的功能、基本原理以及其典型应用。

将数字量转换成模拟量的过程叫做数模转换，简称 D/A 转换，完成 D/A 转换的电路称为数模转换器，简称 DAC；与此相反，将模拟量转换成数字量的过程叫做模数转换，简称 A/D 转换，完成 A/D 转换的电路称为模数转换器，简称 ADC。它们的框图如图 10.1 所示。

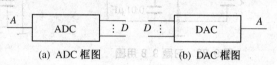

(a) ADC 框图　(b) DAC 框图

图 10.1　ADC 和 DAC 框图

自然界中绝大多数的物理量都是连续变化的模拟量，如温度、速度、压力等，这些模拟量经传感器转换后所产生的电信号是模拟信号，对这些信号进行分析、处理的数字装置或数字计算机都要运行数字信号，而过程控制装置往往又需要模拟信号去控制。因此，数模与模数转换器通常作为数字系统（如计算机）和测量控制对象之间的接口电路。图10.2 所示为一个典型的数字控制系统的方框图。图中 B 为传感器，它将非电量信号如温度、压力、角度、长度等转换成模拟电信号，再经 ADC 转换成数字信号，然后送入计算机系统进行处理；处理后的数字信号，再经 DAC 转换成模拟信号，送至执行机构 K 进行调节控制。下面分别对 DAC 和 ADC 予以介绍。

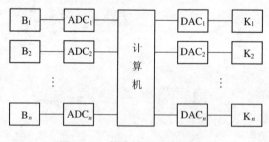

图 10.2　数字控制系统方框图

10.1　数模转换器(DAC)

DAC 是一种把二进制信号转换为模拟电压或电流的电路。它一般包含解码网络、电子转换开关、运算放大器和精密电压基准源等部件。

实现数模转换的基本方法是将数字量的每一位代码，按其权的大小转换成相应的模拟量，然后将代表各位代码的模拟量相加，所得的总和是与数字量成正比的模拟量。DAC 的原理框图如图 10.3 所示,DAC 的图形符号如图 10.4(a)所示,其结构框图如图 10.4(b)所示。图中 $D_0,D_1,\cdots,D_{n-1}$ 是数字量,输出 U_O 是与输入的数字量成比例的模拟量。

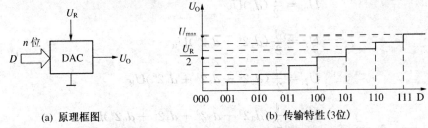

(a) 原理框图　　　　　　　　(b) 传输特性(3位)

图 10.3　DAC 原理框图与理想传输特性

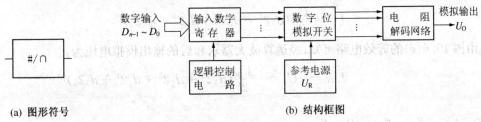

(a) 图形符号　　　　　　　　(b) 结构框图

图 10.4　DAC 的组成

10.1.1　DAC 的基本原理

DAC 的核心部件是解码网络,常用的解码网络有:权电阻解码网络、T 型电阻解码网络、倒 T 型电阻解码网络等,不同的 DAC 的差别主要是在采用了不同的解码网络。下面讨论 T 型电阻网络 DAC 及倒 T 型电阻网络 DAC 的转换原理。

1) T 型电阻网络 DAC

图 10.5 给出了一个 4 位 T 型电阻网络 DAC 电路。电阻网络仅选用了两种阻值的电阻 R 和 $2R$,它们连成 T 型结构,故称 T 型网络。

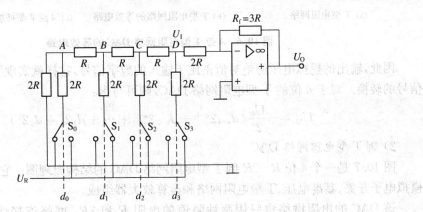

图 10.5　4 位 T 型电阻网络 DAC

图中的四个电子模拟开关 S_0、S_1、S_2、S_3 由电子器件构成,分别由 4 位二进制代码控制。$d_i=1$,S_i 接参考电压 U_R(U_R 是一个基准电压源,要求精度高、稳定性好);$d_i=0$,S_i 接地。电路中的运算放大器进行求和运算,从而得出相应的模拟电压 U_O。

为便于分析,将 T 型电阻网络画成如图 10.6(a)所示的形式。利用戴维南定理自 AA 断面向右逐级化简,其等效电路如图 10.6(b)所示。各级的等效电压源为:

$$U_0 = \frac{1}{2}(d_0)U_R$$

$$U_1 = \frac{1}{2^2}(d_1 2^1 + d_0 2^0)U_R$$

$$U_2 = \frac{1}{2^3}(d_2 2^2 + d_1 2^1 + d_0 2^0)U_R$$

$$U_3 = \frac{1}{2^4}(d_3 2^3 + d_2 2^2 + d_1 2^1 + d_0 2^0)U_R$$

这样,从 DD 端向左看,等效输入电阻为 R,等效电压源为:

$$U_3 = \frac{U_R}{2^4}(d_3 2^3 + d_2 2^2 + d_1 2^1 + d_0 2^0)$$

由图 10.6(c)的等效电路可知,经运算放大器求和后的输出模拟电压为:

$$U_O = -U_3 = -\frac{U_R}{2^4}(d_3 2^3 + d_2 2^2 + d_1 2^1 + d_0 2_0)$$

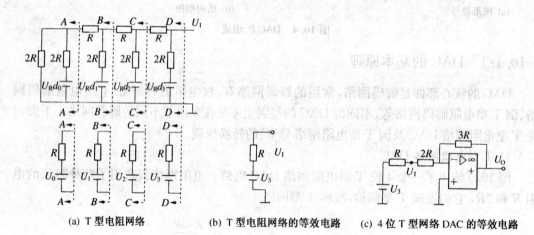

(a) T 型电阻网络   (b) T 型电阻网络的等效电路   (c) 4 位 T 型网络 DAC 的等效电路

图 10.6 4 位 T 型电阻网络 DAC 的等效电路

因此,输出的模拟电压的绝对值正比于输入的数字信号,这样就实现了数字信号到模拟信号的转换。对于 n 位的 T 型电阻网络 DAC,则可写出:

$$U_O = -\frac{U_R}{2^n}(d_{n-1} 2^{n-1} + d_{n-2} 2^{n-2} + \cdots + d_1 2^1 + d_0 2^0)$$

2) 倒 T 型电阻网络 DAC

图 10.7 是一个 4 位 R-$2R$ 倒 T 型电阻网络 DAC 的结构原理图。它是由输入寄存器、模拟电子开关、基准电压、T 型电阻网络和运算放大器组成。

该 DAC 的电阻网络也只用两种阻值的电阻 R 和 $2R$,网络连接成倒 T 型结构,故称倒 T 型网络。模拟电子开关用 $S_3 \sim S_0$ 表示,它们分别受输入二进制代码 $d_3 \sim d_0$ 控制。输入寄存器是并行输入、并行输出的缓冲寄存器,用来暂存 4 位二进制数码。在发出寄存指令后,寄存器中存入数据线上送来的一组 4 位二进制代码,如 $d_3' d_2' d_1' d_0' = 1001$,同时,寄存器的输出线上出现该组代码 $d_3 d_2 d_1 d_0 = 1001$,并控制对应的模拟电

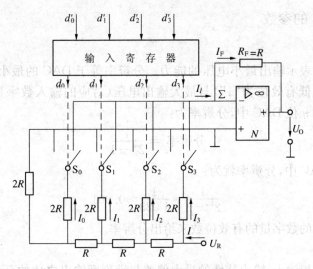

图 10.7 倒 T 型电阻网络 DAC

子开关 S_3、S_2、S_1、S_0。若 $d_i = 1$，S_i 将电阻 $2R$ 接到运算放大器的反相输入端；若 $d_i = 0$，S_i 将电阻接到运算放大器的同相输入端（即接地）。由于运算放大器的反相输入端为虚地，因此不管输入代码为 0 或 1，皆可将 $2R$ 看作接地，所以无论输入的数码 $d_3 d_2 d_1 d_0$ 是何种情况，倒 T 型电阻网络的等效电阻都是 R，则基准电压源 U_R 向倒 T 型电阻网络提供的总电流是固定不变的，其值为 $I = U_R/R$；各支路的电流也始终不变。由分流原理可以推断出各 $2R$ 支路的电流分别为 $I/2$、$I/4$、$I/8$、$I/16$，则流向运算放大器反相输入端的电流 I_1 为：

$$I_1 = I\left(\frac{1}{2}d_3 + \frac{1}{4}d_2 + \frac{1}{8}d_1 + \frac{1}{16}d_0\right)$$

$$= \frac{U_R}{R \times 2^4}(d_3 2^3 + d_2 2^2 + d_1 2^1 + d_0 2^0)$$

经运算放大器反相运算后，得出输出模拟电压的表达式为：

$$U_O = -I_1 R_F$$

$$= -\frac{U_R}{R \times 2^4}R_F(d_3 2^3 + d_2 2^2 + d_1 2^1 + d_0 2^0)$$

当 $R_F = R$ 时，则：

$$U_O = -\frac{U_R}{2^4}(d_3 2^3 + d_2 2^2 + d_1 2^1 + d_0 2^0)$$

由此可见，运算放大器输出的模拟电压绝对值正比于输入的数字信号。对于 n 位倒 T 型电阻网络 DAC 来说，其输出模拟电压的表达式的一般形式为：

$$U_O = -\frac{U_R}{2^n}(d_{n-1} 2^{n-1} + d_{n-2} 2^{n-2} + \cdots + d_1 2^1 + d_0 2^0)$$

$$= -\frac{U_R}{2^n}\sum_{i=0}^{n-1} 2^i d_i \qquad [i = 0 \sim (n-1)]$$

倒 T 型电阻网络 DAC 具有转换速度比较快、动态误差相对比较小的优点，是目前实际应用中使用最为广泛的一种数模转换器。

10.1.2　DAC 的参数

1) 分辨率

分辨率是用来表示输出最小电压的能力。分辨率等于 DAC 的最小输出电压(对应的输入数字量只有最低有效位为"1")与最大输出电压(对应的输入数字量所有有效位全为"1")之比。在一个 n 位 DAC 中,分辨率为:

$$分辨率 = \frac{1}{2^n - 1}$$

如在 10 位 DAC 中,分辨率就为:

$$\frac{1}{2^{10} - 1} = \frac{1}{1\,023} \approx 0.001$$

有时也用输入的数字量的有效位数来给出分辨率。

2) 线性度

通常用偏离理想输入-输出特性的最大偏差与满刻度输出之比的百分数来定义非线性误差,利用非线性误差的大小来表示 DAC 的线性度。

3) 精确度

DAC 的精确度表示实际模拟输出量与理想模拟输出量相差的程度,这种差值主要由静态转换误差所引起,它包括:

(1) 非线性误差

它是电子开关导通时的电压降和电阻网络的电阻值偏差产生的误差。

(2) 比例系数误差

它是参考电压 U_R 和比例电阻偏离标称值引起的误差。

(3) 漂移误差

它是运算放大器零点漂移引起的误差。

精确度是上述各误差效应综合产生的总误差,并以最大误差的形式给出。

4) 建立时间(转换时间)

从输入数字信号开始,到输出电流或电压到达稳态值所需要的时间为建立时间。

此外,DAC 还有输入高低逻辑电平、输入电阻、输出电阻、输出值范围、温度系数、电源电压和功率消耗等参数,供选择使用时作参考。

10.1.3　集成 DAC 举例

集成 DAC 芯片的产品型号很多,性能各异。集成 DAC 芯片内部一般含有解码网络、电子转换开关和缓冲寄存器,运算放大器和精密基准电压源一般需要外接。

现以 DAC0832 为例,讨论集成 DAC 的电路结构和在应用方面的一些问题。

1) DAC0832 的引脚排列及内部结构

DAC0832 是采用 CMOS 工艺制成的 20 脚双列直插式 8 位 DAC 芯片。DAC0832 的引脚排列及内部结构如图 10.8 所示。它的内部含有二级缓冲器(即 8 位输入寄存器和 8 位 DAC 寄存器)、一个采用 $R - 2R$ 倒 T 型电阻网络解码的 D/A 转换器电路及输出电路。

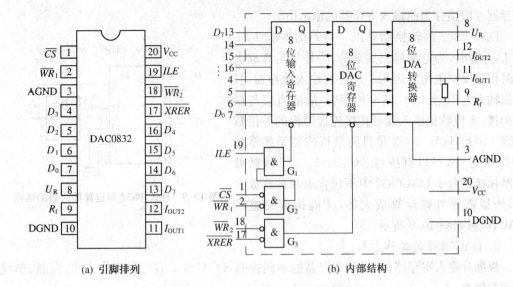

(a) 引脚排列   (b) 内部结构

图 10.8   DAC0832 引脚图和内部组成框图

$\overline{CS}$ (1)：片选信号，低电平有效。

$\overline{WR_1}$ (2)：数据输入选通信号（写输入寄存器信号），低电平有效。

AGND(3)：模拟地。

$D_0 \sim D_7$ (7～4、16～13)：8 位数据输入线（数字量输入端，由低位至高位共 8 位）。

U_R(8)：基准电压输入端（该端连至电阻解码网络，由外接精密基准电压源提供，电压可在 $-10 \sim +10$V 范围内调节）。

R_f(9)：反馈电阻接出端（运算放大器的输出接 DAC 的反馈输入端）。

DGND(10)：数字地，通常与 AGND 接在一起。

I_{OUT1} (11)：输出模拟电流 1，其值随数字量的输入变化，当数字量为全 1 时，输出电流最大；当数字量全 0 时，输出电流最小。

I_{OUT2} (12)：输出模拟电流 2，$I_{OUT2} =$ 常量 $-I_{OUT1}$。

$\overline{XFER}$ (17)：数据传送控制信号，低电平有效，它控制输入寄存器到 DAC 寄存器的内部数据传送。

$\overline{WR_2}$ (18)：数据传送选通信号（写 DAC 寄存器信号），低电平有效。

ILE (19)：输入寄存器选通信号，高电平有效。

V_{CC}(20)：电源电压，其工作范围为 $+5 \sim +15$V。

由图 10.8(b)的内部结构框图可知，由于采用了两个寄存器，因而使该器件的操作具有很大的灵活性，它可以在输出对应于某一数字信号的模拟量的同时，采集下一个数据。

芯片的工作过程是：当 ILE、$\overline{CS}$、$\overline{WR_1}$ 同时为有效电平（即 $ILE = 1$，$\overline{CS} = 0$，$\overline{WR_1} = 0$）时，将 $D_0 \sim D_7$ 数据线上的数据送入到输入寄存器中，即输入寄存器处于直通状态；当 $ILE = 0$ 或 $\overline{CS} = 1$ 或 $\overline{WR_1} = 1$ 时，输入数据立即被锁存。

当 $\overline{WR_2}$ 和 $\overline{XFER}$ 同时为有效电平（即此时 $\overline{WR_2} = 0$，$\overline{XFER} = 0$）时，将输入寄存器中的数据传送至 DAC 寄存器，此时 DAC 寄存器处于直通状态；当 $\overline{WR_2} = 1$ 或 $\overline{XFER} = 1$，DAC

寄存器立即锁存当前输入寄存器的输出值。

DAC 0832 的转换结果以一对差动电流 I_{OUT1} 和 I_{OUT2} 输出，为电流输出型芯片，当外接运算放大器时得到模拟电压。因为芯片具有输入缓冲器，且数据输入电平与 TTL 电平相兼容，故能直接与微机相接，8 位数据输入线可直接连接微机的 8 位数据线。因此，DAC 0832 是目前微机控制系统常用的 DAC 芯片，可以直接与 Z80、8085、8051 等微处理器相接。由于 DAC0832 中不包含求和运算放大器，所以需要外接运算放大器，才能构成完整的 DAC，电路如图 10.9 所示。

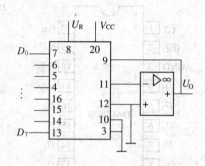

图 10.9　DAC 0832 与运算放大器的连接

2）DAC0832 的工作方式

根据对输入寄存器和 DAC 寄存器的不同控制，DAC0832 有三种工作方式：直通、单缓冲和双缓冲。

（1）直通工作方式

直通工作方式是使输入寄存器和 DAC 寄存器都处于直通状态。即在电路中，$\overline{CS}$、$\overline{WR_1}$、$\overline{WR_2}$ 和 $\overline{XFER}$ 端子接地，ILE 接高电平，输出端 I_{OUT1} 接运算放大器的反相输入端，I_{OUT2} 接运算放大器的同相输入端，并通过运算放大器将电流输出形式转化为电压输出。

① 单极性直通工作方式

单极性直通工作方式电路如图 10.10 所示。

图中，当 U_R 接 +5V 时，输出电压范围为 $0 \sim -5$V；当 U_R 接 -5V 时，输出电压范围则为 $0 \sim +5$ V。由于其输出电压只有一个极性方向，故这种输出方式也称为单极性输出方式。

单极性输出时，电路的数字量输入与模拟量输出的关系为：

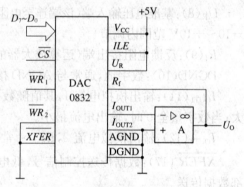

$$U_0 = -\frac{NU_R}{256}$$

图 10.10　单极性直通工作方式

当输入数字量 N 从 00H 至 FFH 变化时，U_0 在 $0 \sim -(2^8-1)/2^8 \, U_R$ 之间变化。因为 U_R 可正可负，所以输出电压也可正可负；当 U_R 固定为某一极性时，输出的模拟电压的极性是固定的。

② 双极性直通工作方式

在自动控制或数据采集系统中，有时希望 DAC 具有双极性的输出电压，则只要在图 10.9 的基础上增加一级运算放大器即可，电路如图 10.11 所示。

在双极性直通工作方式电路中，第二级运算放大器是反相比例求和电路，其作用是将 U_R 反相并把前一个运算放大器的输出放大 -2 倍，相加之后使 U_0 偏移 $-U_R$。

双极性输出时，电路的数字量输入与模拟量输出的关系为：

$$U_0 = -\left(\frac{2RU_0'}{R} + \frac{RU_R}{R}\right) = -(2U_0' + U_R) = -\left(-\frac{2NU_R}{256} + U_R\right) = \frac{NU_R}{128} - U_R = \frac{N-128}{128}U_R$$

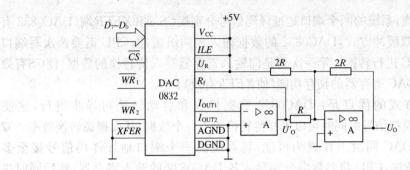

图 10.11 双极性直通工作方式

当输入数字量 $N \geqslant 128(80\text{H})$ 时，U_O 与 U_R 同极性；当 $N < 128$ 时，U_O 与 U_R 极性相反。即 U_R 固定在某一极性，输出信号有正、负两种可能，其正、负值由输入的数字量的大小决定。

在直通工作方式，DAC 0832 的数据输入线 $D_7 \sim D_0$ 上一出现输入信号就立即送到 DAC 进行转换。由于此时输入不采用缓冲器，DAC0832 无端口地址，所以不能与微机直接接口，必须通过一个并行接口与 CPU 相连，以实现对 DAC0832 的控制。

(2) 单缓冲工作方式

采用单缓冲工作方式是使输入寄存器和 DAC 寄存器中的一个处于直通状态，另一个受控于系统或两个寄存器同步受控于系统。通常是使 DAC 寄存器处于直通状态，输入寄存器受控于系统。在电路中，$\overline{WR_2}$ 和 $\overline{XFER}$ 端固定接地，ILE 接高电平，$D_7 \sim D_0$ 接系统数据总线，系统的一个端口地址译码信号接到 $\overline{CS}$ 端（DAC0832 有一个端口地址），系统写信号接 $\overline{WR_1}$。在单缓冲方式，DAC0832 的数据输入经一级缓冲，CPU 一次写端口即可将数据送入 DAC 进行转换。

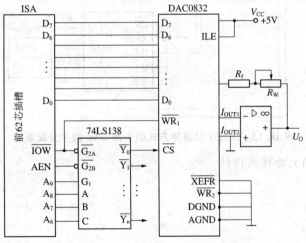

图 10.12 DAC0832 与系统总线的连接

图 10.12 为 DAC0832 与系统总线的连接图，DAC0832 工作于单缓冲方式。ISA 为系统总线，74LS138 为地址译码器。

(3) 双缓冲工作方式

采用双缓冲工作方式是使输入寄存器和 DAC 寄存器都不处于直通状态，两个寄存器异步受控于系统。在电路中，$\overline{WR_1}$ 和 $\overline{WR_2}$ 一起接 CPU 端口写信号，ILE 接高电平，$D_0 \sim$

D_7 接系统数据总线,系统的两个端口地址译码信号分别接$\overline{CS}$端和$\overline{XFER}$端(DAC0832 有一个端口地址)。在双缓冲方式,DAC0832 的数据输入经两级缓冲,CPU 需要两次写端口才能将数据送入 DAC 进行转换。第一次写是向输入寄存器写入待转换的数据(使$\overline{CS}$有效),第二次写是启动 DAC 寄存器的锁存功能(使$\overline{XFER}$有效)。

双缓冲工作方式的优点是:DAC0832 数据接收和启动转换可异步进行,这使得 DAC0832 在输出模拟信号的同时可以采样待转换的下一个数据,从而提高转换效率。双缓冲方式使得多个 DAC 同时工作成为可能,将系统的一个端口地址译码信号接至多片 DAC0832 的$\overline{XFER}$端,CPU 将各数据分别写入各 DAC0832 的输入寄存器;然后同时进行第二次写端口($\overline{XFER}$有效),即可同时获得多个 DAC 的转换结果。

图 10.13 为工作于双缓冲方式的多路 DAC 数字分配系统。

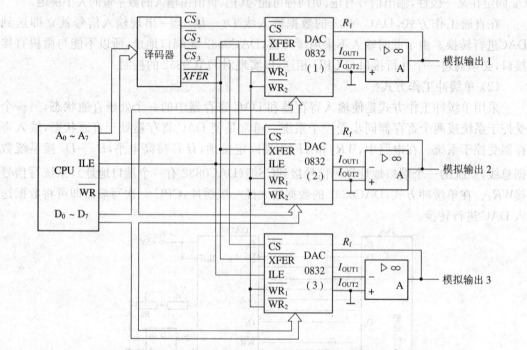

图 10.13 工作于双缓冲方式的多路 DAC 数字分配系统

3) DAC0832 的主要技术指标

分辨率:8 位;
线性度:0.2%;
建立时间:1 μs;
功耗:200 mW。

10.1.4 集成 DAC 的选用方法

集成 DAC 芯片的生产厂家与产品型号很多,性能各异,分辨率有 6 位、8 位、10 位、12 位、14 位、16 位、18 位不等。而低电压、低功耗型产品可工作于+5V、+3.3 V 或+2.7 V,工作电流仅几十微安,功耗几毫瓦,并具备停机模式,特别适合应用于微型化设备。

在与微处理机兼容方面,许多芯片的设计带有与计算机的接口电路,如双缓冲器结构,数据总线的并行、串行结构等。

在封装形式方面,除传统的双列直插式外,微型封装能更好地满足便携设备的需要。随着芯片集成度的提高,大量涌现多路 DAC 制作在同一芯片上的产品,并由逻辑电路统一控制,使大型系统设计中减少了 DAC 芯片的数量。串行输入技术的完善,大大减少了器件的引脚数量,如一个 12 位 4 通道 DAC 可以封装于 $6mm \times 6mm$ 只有 8 引脚的芯片内。总之,集成规模大、性能尽可能完备是此类芯片的发展趋势。

选择芯片的原则首先是芯片性能,其次为封装形式与应用环境,同时还要适当考虑价格因素。

10.2 模数转换器(ADC)

模数转换器是将模拟信号转换为数字信号的电路,它是数模转换的逆过程。图 10.14 所示的是 ADC 的原理框图和图形符号。图中 U_I 是模拟电压输入,D 是数字量输出。

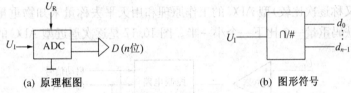

(a) 原理框图   (b) 图形符号

图 10.14 ADC

一般 A/D 转换需经采样、保持、量化、编码四个步骤,但这四个步骤并不是由四个电路来完成的。其中,采样、保持由采样保持电路完成;而量化、编码则由 A/D 转换电路同时完成。ADC 将模拟信号进行量化、编码,转换为 N 位二进制数字信号。

采样是将按一定的时间间隔读取的模拟信号的值转化成一串等宽的脉冲,即把一个对时间连续的信号变换为对时间离散的信号,如图 10.15 所示。使模拟信号通过一个受采样脉冲控制的模拟开关即可完成采样功能,图 10.16 为采样保持电路的原理图。通常对模拟信号进行采样是模数转换的开始。

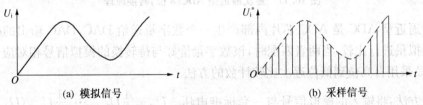

(a) 模拟信号   (b) 采样信号

图 10.15 模拟信号与采样信号

根据原理和特点的不同,ADC 可分类为直接 ADC 和间接 ADC。直接 ADC 是直接将模拟电压转换成数字代码,这种类型中较常用的有逐次逼近型 ADC、计数型 ADC、并行转换型 ADC 等。间接型 ADC 是将模拟电压先变成中间变量(如脉冲频率、脉冲周期等),再将中间变量转换成数字代码,这类较常用的有单积分型 ADC、双积分型 ADC、V/F 转换型 ADC 等。

目前在数据采集和自动控制系统中应用最为广泛的是逐次逼近型 ADC 和积分型 ADC 两种。

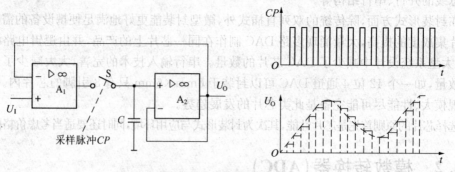

图 10.16　采样保持电路

10.2.1　ADC 的基本原理

1) 逐次逼近型 ADC

逐次逼近(又称逐次比较)型 ADC 的工作原理和用天平去称量未知物重量的过程极为相似,只不过用的砝码重量一个比下一个小一半。图 10.17 是逐次逼近型 ADC 的原理框图。

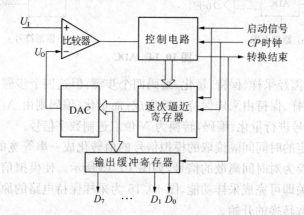

图 10.17　逐次逼近型 ADC(8 位)转换原理

逐次逼近型 ADC 是 ADC 芯片内部产生一个数字量送给 DAC,DAC 输出的模拟量与输入的模拟量进行比较,当两者匹配时,该数字量恰好与待转换的模拟信号相对应。逐次逼近型 ADC 采用自高位到低位逐次比较计数的方法。

比较方法:将输入的模拟信号与一套标准电压 $\frac{1}{2^1}U_{\max}$、$\frac{1}{2^2}U_{\max}$、$\cdots$、$\frac{1}{2^n}U_{\max}$($U_{\max}$ 是 ADC 最大可能输入相对应的模拟标准电压)逐个比较,与这组标准电压对应的输出二进制码为 d_{n-1}、d_{n-2}、$\cdots$、d_1、d_0。

比较过程:首先输入信号 U_I 与 $\frac{1}{2^1}U_{\max}$ 进行比较,如果 $U_I > \frac{1}{2}U_{\max}$,则 d_{n-1} 为 1,再将 U_I 与 $\left(\frac{1}{2^1}U_{\max} + \frac{1}{2^2}U_{\max}\right)$ 相比较;如果 $U_I < \frac{1}{2}U_{\max}$,则 d_{n-1} 为 0,U_I 再与 $\frac{1}{2^2}U_{\max}$ 进行比较……如此比较下去,使比较后的误差逐渐减小,从而得到对应的二进制数。

图 10.18 是一个 3 位逐次逼近型 ADC 电路。

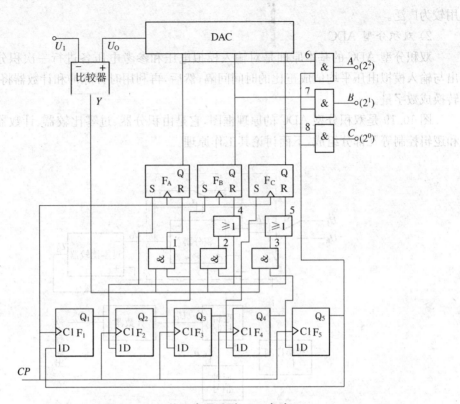

图 10. 18 3 位逐次逼近型 ADC 电路

它是由比较器、DAC、节拍脉冲发生器($F_1 \sim F_5$)和数码寄存器($F_A \sim F_C$)四部分构成,$F_1 \sim F_5$ 接成环形计数器。转换开始前先使 $Q_1 = Q_2 = Q_3 = Q_4 = 0, Q_5 = 1$。

第一个 CP 信号到来后,$Q_1 = 1, Q_2 = Q_3 = Q_4 = Q_5 = 0$,于是 F_A 被置成"1",F_B 和 F_C 被置成"0"。这时,加到 DAC 输入端的代码为 100,并产生相应的模拟电压输出 $U_O = \frac{1}{2}U_{max}$,U_O 与 U_1 在比较器中比较,当 $U_1 < U_O$ 时,比较器输出端 $Y = 1$;当 $U_1 \geqslant U_O$ 时,$Y = 0$。

第二个 CP 信号到来后,环形计数器右移一位,变为 $Q_2 = 1$,其余为 0。这时门 1 打开,若原来 $Y = 1$,则 F_A 置"0";若原来 $Y = 0$,则 F_A 的"1"状态保留,与此同时,Q_2 的高电平将 F_B 置"1"。

第三个 CP 信号到来后,环形计数器又右移一位,变成 $Q_3 = 1$ 其余为 0。此时门 2 打开,根据比较器的输出决定 F_B 的"1"状态是否保留,同时将 F_C 置"1"。

第四个 CP 信号到来后,环形计数器继续右移,变成 $Q_4 = 1$ 其余为 0。门 3 打开,由比较器的输出决定 F_C 的"1"状态是否应当保留。

到第五个 CP 信号到来后,$Q_5 = 1$,F_A、F_B、F_C 的状态作为转换结果,通过门 6~门 8 被送出,同时为下一个转换周期做好准备。

由此可见,比较是逐次进行的,首先从最高位进行比较,用比较的结果来确定该位是 1 还是 0,一直比较到最低位。显然,N 位 ADC 完成一次数据转换需要进行 N 次比较,且一般需要 $N+1$ 个 CP 周期,若将转换结果送入输出缓冲器这一节拍包括在内,则需 $N+2$ 个 CP 周期方能完成,位数越多,转换的时间自然就越长。

这种 ADC 的主要特点是电路简单,只用一个比较器,且速度、精确度都较高,因此,应用较为广泛。

2）双积分型 ADC

双积分型 ADC 的基本原理是对输入模拟电压和参考电压各进行一次积分,首先变换出与输入模拟电压平均值成正比的时间间隔,然后,再利用时钟脉冲和计数器将此时间间隔转换成数字量。

图 10.19 是双积分型 ADC 的原理框图,它是由积分器、过零比较器、计数器、时钟信号和逻辑控制等几部分组成,下面讨论其工作原理。

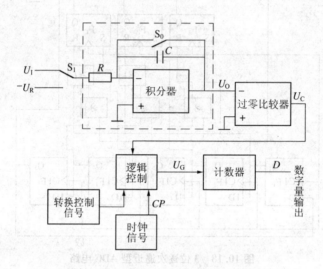

图 10.19 双积分型 ADC 的原理框图

（1）采样阶段

采样前,接通开关 S_0,使积分电容 C 放电,同时使计数器清零。在转换过程开始时($t = 0$),开关 S_1 连通输入模拟信号 U_I,同时断开 S_0,则积分器从原始状态 0V 开始对 U_I 进行固定时间($0 \sim T$)的积分。若 U_I 为正电压,积分器的输出电压以与 U_I 大小相应的斜率从 0 开始下降,其波形如图 10.20 所示。当 $t = T$ 时,积分器的输出电压 U_O 为:

$$U_O = -\frac{1}{RC}\int_0^T U_I dt = -\frac{T}{RC}\overline{U_I} = U_P$$

式中,$\overline{U_I}$ 为输入电压 U_I 的平均值,积分器的输出电压 U_O 的绝对值与 $\overline{U_I}$ 成正比。

在 $U_O < 0$ 期间,比较器输出为 1,逻辑控制电路允许周期为 T_C 的时钟信号 U_G 进入计数器进行计数,计数长度为 2^n,因此,可以推算出采样的时间 $T = 2^n \times T_C$。

（2）比较阶段

当 $t = T$ 时,采样结束,计数器清零。由逻辑控制电路使开关 S_1 接参考电压 $-U_R$,积分器开始对基准电压 $-U_R$ 积分,积分波形从负值 U_P 开

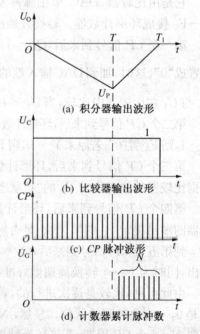

(a) 积分器输出波形

(b) 比较器输出波形

(c) CP 脉冲波形

(d) 计数器累计脉冲数

图 10.20 双积分型 ADC 的工作波形

始,以固定斜率往正方向回升,见图10.20;直至 T_1 时刻,积分器的输出电压 U_O 为0,于是得到:

$$U_O = U_P - \frac{1}{RC}\int_T^{T_1}(-U_R)\mathrm{d}t = 0$$

即

$$-\frac{T}{RC}\overline{U}_I = -\frac{T_1 - T}{RC}U_R$$

$$T_1 - T = \frac{T}{U_R}\overline{U}_I$$

由上式可以看出,第二次积分的时间间隔 $(T_1 - T)$ 与输入电压在 T 时间间隔内的平均值 $\overline{U}_I$ 成正比,即将输入电压的平均值转变成时间间隔。在此时间间隔内,由于 $U_O < 0$,比较器输出为1,因此可让周期为 T_C 的时钟信号 U_G 进入计数器计数;直到 T_1 , U_O 正好过0,使比较器输出为0, CP 方才停止进入计数器。则计数器在 $T \sim T_1$ 期间所累计的时钟脉冲个数将正比于 $\overline{U}_I$,其累计脉冲数 N 为:

$$N = \frac{T_1 - T}{T_C} = \frac{T\overline{U}_I}{T_C U_R}$$

式中, T 、 T_C 、 U_R 均为已知,故计数器计得的数字量正比于输入模拟电压 U_I 。

由于双积分型 ADC 采用了测量输入电压在采样时间 T 内的平均值的原理,因此具有很强的抗工频干扰的能力;但其工作速度较低,所以通常用于数字电压表等对转换速度要求不高的场合。

10.2.2　ADC 的主要技术指标

1) 分辨率

以输出二进制代码的位数表示分辨率的大小。位数越多,其量化误差越小,转换精度越高,分辨率也越高。

2) 精确度

ADC 的精确度定义为:

$$精确度 = \frac{最大误差}{输入模拟量满量程读数}$$

一般 ADC 的精度为 $\pm0.02\%$,即当输入模拟量满量程为 10V 时,其最大误差为 10V 的万分之二,即 2mV。

3) 转换时间

完成一次 ADC 操作所需的时间为转换时间,它是指从接收到转换控制信号至输出端得到稳定的数字输出所经历的时间。

其他还有输入模拟电压范围、稳定性、电源功率消耗等指标。

10.2.3　集成 ADC 举例

集成 ADC 产品虽然型号繁多,性能各异,但多数转换电路是采用逐次逼近的原理。现以 ADC0809 为例,介绍其结构与使用方法。

1) ADC0809 的引脚排列及内部结构

（1）ADC0809 的引脚排列

ADC0809 芯片是具有 8 位分辨率、能与微机兼容的模数转换器。它采用了 CMOS 工艺，逐次逼近方案；带有锁存控制逻辑的 8 通道多路选择器；具有三态锁定输出，其输出逻辑电平与 TTL、CMOS 电路兼容；采用 28 脚双列直插式封装。ADC0809 的引脚排列如图 10.21 所示。

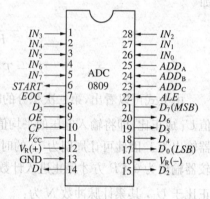

图 10.21　ADC0809 的引脚排列

ADC0809 的引脚含义：

$IN_0 \sim IN_7$（26~28、1~5）：八路模拟量输入线，模拟电压输入范围为 0~5V。

$ADD_A \sim ADD_C$（25~23）：三根地址输入线，经译码后选择模拟量中的一路进行 A/D 转换。

ALE（22）：地址锁存允许信号，该信号上升沿把 ADD_A、ADD_B、ADD_C 三个引脚的值锁存到多路开关地址寄存器中，并启动译码电路，选中模拟量输入。

$START$（6）：启动转换信号，正脉冲有效。该信号上升沿复位内部逐次逼近寄存器 SAR；下降沿启动控制逻辑，使 A/D 开始转换工作。

EOC（7）：转换结束信号。该信号平时为高电平，在 $START$ 信号上升沿之后的 0~8 个时钟周期内变低，以指示转换工作正在进行中，当转换完成，再变为高电平。

OE（9）：输出允许，高电平有效。当该信号有效时，打开芯片的三态门使转换结果送至数据总线。

$D_0 \sim D_7$（17、14~15、8、18~21）：8 位数字量输出线。

CP（10）：外部时钟输入线。要求时钟频率不能高于 640kHz；当频率为 640kHz 时，转换时间约为 $100\mu s$。

$V_{R(+)}$、$V_{R(-)}$（12、16）：基准电压输入线，提供模拟信号的基准电压。一般单极性输入时，$V_{R(+)}$ 接 +5V，$V_{R(-)}$ 接地。

V_{CC}（11）：工作电源，接 +5V。

GND（13）：信号地。

（2）ADC0809 的内部结构

ADC0809 的内部由三部分组成：8 路模拟量输入选择与地址锁存电路、典型 8 位逐次逼近型 ADC、8 位三态输出锁存缓冲器。ADC0809 的结构框图如图 10.22 所示。

2) ADC0809 的工作过程

ADC0809 的转换过程大致为：首先输入地址选择信号，在 ALE 信号作用下，地址信号被锁存，产生译码信号，选中一路模拟量输入。然后输入启动转换信号 $START$（应不小于 $100\mu s$）启动转换。转换结束，数据送三态缓冲锁存器，同时发出 EOC 信号。在输出允许信号 OE 的控制下，最后将转换结果输出到外部数据总线。

根据图 10.22 的 ADC0809 内部结构框图，简述其工作过程如下：

① 模拟量输入通道的选择。

② 现地址信号的输入、锁存及译码：3 位二进制代码加在地址代码输入端 ADD_A、ADD_B、ADD_C（A、B、C）上，当地址锁存允许信号 ALE 接有效电平时，地址代码被写入地址

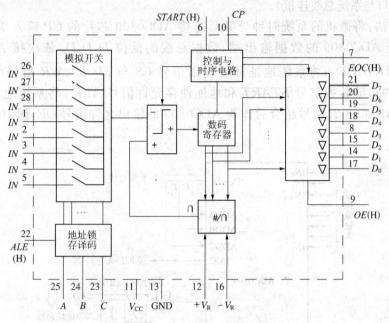

图 10.22 ADC0809 的结构框图

锁存器,经 3 - 8 线译码器选通与之对应的模拟开关,使该通道的模拟电压量送入比较器进行比较。

③ A/D 转换的启动:地址锁存后,加上 START 启动转换脉冲,其上升沿通过控制逻辑将数码寄存器清零。

④ A/D 转换的结束:A/D 转换一开始,芯片内部就立即将转换结束标志 EOC 变为低电平。当输入 8 个 CP 后,A/D 转换即告完成,此时 EOC 变为高电平,标志着 A/D 转换已经结束;同时,将数码寄存器中的转换结果输送到输出三态缓冲器中。

⑤ 数字量输出:当输出允许信号 OE 为允许电平(H)时,输出三态缓冲器接通,使转换结果的数字代码量出现在 $D_0 \sim D_7$ 端。

以上操作的时序波形见图 10.23。

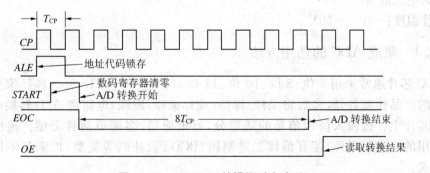

图 10.23 ADC0809 的操作时序波形

3) ADC0809 与系统总线的连接

由于 ADC0809 芯片具有三态输出缓冲锁存器,因此它可以直接与系统总线连接(也可以经并行接口与系统总线连接)。

连接方法：将微机的系统时钟分频后连接 ADC0809 芯片的 CP 输入端；将系统数据总线连至 ADC0809 的数据输出端，数据总线的低位 $D_2 D_1 D_0$ 依次接 ADC0809 的 ADD_C、ADD_B、ADD_A；将系统地址译码输出信号 $\overline{CS}$ 与 $M/\overline{IO}$、$\overline{WR}$ 信号组合后作为 ADC0809 的启动转换信号 $START$ 和地址锁存允许信号 ALE；将系统地址译码输出信号 $\overline{CS}$ 与 $M/\overline{IO}$、$\overline{WR}$ 信号组合后作为 ADC0809 的输出允许信号 OE，图 10.24 为其电路连接图。

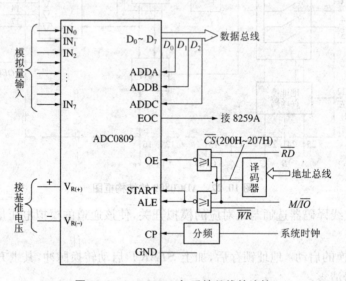

图 10.24　ADC0809 与系统总线的连接

4) ADC0809 的主要技术指标

分辨率：8位；

转换时间：100μs；

误差：±0.5；

功耗：15mW；

输入电压范围：+5V；

工作温度：−40～+50℃。

10.2.4　集成 ADC 的选用方法

ADC 芯片通常采用 6 位、8 位、10 位、12 位、14 位、16 位、18 位。各厂家生产的多种型号的产品性能各异，多数将采样/保持(或称采样/跟踪)电路和 A/D 转换电路制作在一个芯片上。按输入模拟信号的通道分，有单通道、多通道两种类型。输出的数字量除常用的二进制码外，还有偏移二进制码、BCD 码、补码等类型，以满足不同的应用环境要求。

选择 ADC 芯片可根据应用系统在速度、精度、分辨率、码型等各方面的需求综合考虑。

10.3　DAC 和 ADC 的应用

计算机和数字信号处理器(DSP)在通信、测控系统和过程控制诸多领域的广泛应用是与 ADC 及 DAC 的发展密不可分的。ADC 和 DAC 是计算机与外围设备的重要接口,它们主要应用于数据采集和处理系统、过程控制系统、通信系统、测量与控制系统、电器与消费电子等。

现对数据采集系统和数据控制系统的组成和功能作简单介绍,从而使读者进一步体会 ADC 及 DAC 的作用和重要地位。

10.3.1　ADC 用于数据采集与控制系统

数据采集系统是将通过传感器或其他方式得到的模拟信号,经过必要的处理(如放大、滤波等)后转换为数字信号,供存储、传输、处理和显示之用。数字分配系统把计算机或其他方式提供的数字信号转换为模拟信号,经必要的处理(如滤波、功率放大等)后,送给执行机构。数字控制系统是包括数据采集、数据分配的完整闭环过程控制系统。下面分别介绍它们的组成和功能。

1) 数据采集系统

数据采集技术的应用十分广泛。大至数据遥控系统、脉冲编码与数字调制通信、自动测试系统、数据记录系统、音视频处理系统等,小至数字电压表、数字面板表等,都是数据采集系统。

数据采集的任务是把传感器采集到的模拟信号转换成数字信号,关键器件是 ADC。此外,信号调理器、模拟多路器、定时控制器也是不可缺少的。典型的数据采集系统电路组成方框图如图 10.25 所示。

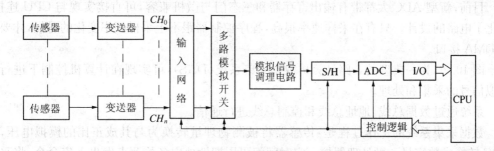

图 10.25　数据采集系统电路方框图

图中各部分的作用如下:

(1) 传感器及变送器

传感器将非电量物理量转换为电信号;但如温度传感器、压力传感器、气敏传感器、位移传感器等输出的电信号十分微弱,变送器将其初步整理放大。通常这两部分组装在一起。

(2) 输入网络

过电压保护电路、滤波电路和隔离放大器电路共同组成输入网络。滤波器用来滤除信号中不需要的高频分量、电噪声等无用成分;隔离放大器实现对多通道模拟信号的隔离,防止相互串扰。

（3）模拟多路开关

大型控制系统中,需要同时监控多路信号。在输入地址的控制下,模拟多路开关顺序或按指定次序把各路模拟信号依次送入 ADC。

（4）信号调理电路

它将传感器给出的模拟信号加以调节放大,使之适合 ADC 的要求。传感器输出的信号通常为毫伏数量级;而 ADC 的满量程输入电压大都是 2.5V、5V、10V,为了充分利用 ADC 的满量程分辨率,需把传感器输出的模拟信号放大到与 ADC 满量程相应的量级。放大器的增益通常要求可现场编程,以实现对不同电平信号的放大。调理还包括信号电平移位、去除共模分量及直流分量等。

（5）采样保持 S/H 及 ADC

采样电路对模拟信号周期地进行瞬间采样;保持电路使转换期间信号保持采样时刻的电平;ADC 将输入模拟量转换为对应的数字量,送入微机进行分析处理。

（6）定时控制器

整个数据采集系统的各部件在定时控制器的控制下按一定的时间顺序有秩序地工作,这一部分也可由计算机直接代替。

（7）接口电路

ADC 与微型计算机相接,其接口方式与使用的 ADC 芯片的型号有关,一般来说,其接口方式有以下四种:

① 与 CPU 直接连接;

② 利用三态门或简单接口电路相连;

③ 利用 I/O 接口器件与 CPU 相连;

④ 通过 DMA（直接数据存取设备）与 CPU 相连。

目前,新型 ADC 大都带有输出寄存器和三态门与微机兼容,可直接实现与 CPU 连接,简化了电路的设计。只有在采样速率很高,程序控制器跟不上采样频率变化的时候,才要插入 DMA 接口。

图 10.26 为一典型的 8 路计算机数据采集系统（DAS）,可实现在计算机控制下进行对模拟信号的采集和处理。

系统通过数据总线、地址总线和控制总线进行通信。

数据采集系统的工作过程是:传感器将被测物理量转换为与其成正比的模拟电压,经 ADC 转换成数字量。微处理器按一定时间间隔周期性地向各检测点发出采集命令,将采集到的数据送入微处理器进行处理。经处理后的信号送到控制装置完成各种动作,如报警、调温等。

数据采集系统的工作原理为:微处理器通过控制总线向多路开关发送地址信号,选择需转换的模拟信号,再由多路开关送到采样保持电路,经可编程增益控制放大器放大并选择调整后送入 ADC。微处理器发出片选信号 $(\overline{CS})$、转换启动信号 $(\overline{WR_1})$,使 ADC 工作;当转换结束时,微处理器向输出允许端 $(\overline{RD_1})$ 发出允许输出的命令信号;$D_0 \sim D_7$ 的数据通过数据总线送入微处理器,然后送入随机存取存储器 RAM。这样,8 个数据的采集、转换、存储完毕。

目前,传感器技术发展迅速,有的产品将传感器和信号调理电路集成在一个芯片上,并

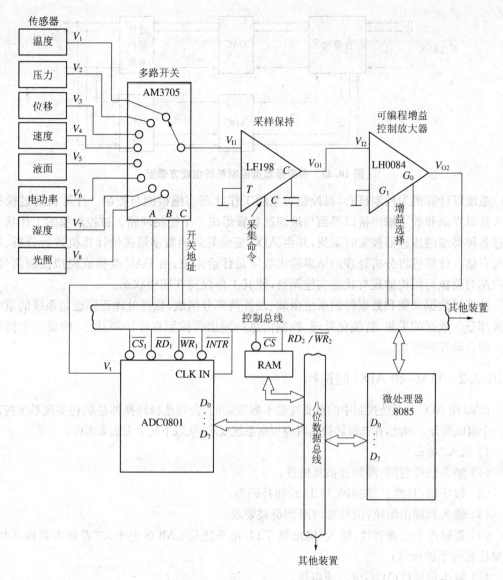

图 10.26　8 路数据采集系统(DAS)

有自补偿、自校准功能;也有的有专用的系统编程信号调理器。单片集成的 ADC 将多路模拟开关、采样/保持和 ADC 电路集成在一起,并有多种形式的组合,使数据采集系统的设计变得越来越容易。

2) 数据控制系统

计算机与控制技术相结合产生了数据控制系统,其应用十分广泛。它是自动化生产、自动控制的支柱。工厂生产的全过程均可受工业过程控制系统的监测和控制。计算机过程控制系统、分布式管理控制系统广泛应用于现代化生产、测控、管理的各行各业。数据控制系统的广泛应用和发展提高了工业自动化的技术水平、产品质量和劳动生产率,是现代工业革命的重要技术标志,也是市场竞争的重要手段。

一个典型的多变量数据控制系统方框图如图 10.27 所示。

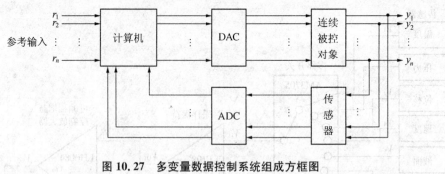

图 10.27 多变量数据控制系统组成方框图

系统以计算机为控制核心,对控制对象的工作状态实施检测与控制。计算机通过模拟输入接口界面和数字输出接口界面与被控制装置形成一个控制环路。被控对象的工作状态通过各种类型的传感器被实时采集,并由 ADC 变成等效的数字量送给计算机进行分析、处理与存储。计算机将分析处理的结果输出数字最佳给定值,由 DAC 变换成模拟控制信号,对控制对象执行机构的现有状态实施调整,使其工作保持在期望状态。

计算机数据采集和数据控制系统由软、硬件两部分组成,软件处理程序也是系统的重要组成部分。数据的采集、智能化处理、控制信息的输出等按照程序协调动作,构成一个高度统一的自动控制体系。

10.3.2 DAC 和 ADC 的选择

DAC 和 ADC 在系统控制中的重要性是不容置疑的,合理选择转换器是顺利实现系统控制的一个组成部分。因此,在选择转换器时应根据系统要求,从以下几个方面来考虑。

1) 输入/输出

(1) 输入信号范围:满刻度值及极性;

(2) 数字码:自然二进制码、BCD 码和补码等;

(3) 输入和输出阻抗:信号源内阻和负载要求;

(4) 逻辑电平的兼容性:输入/输出是 TTL 电平还是 CMOS 电平,二者是否兼容,同时还要注意电平的极性;

(5) 输出信号(DAC):电流或电压。

2) 精度

精度是一个重要指标,可以用下面两个指标来衡量:

(1) 分辨率(分解度):转换器的位数;

(2) 转换误差:相对误差、非线性误差、失调误差等。

3) 速度

转换速度在 DAC 中,用建立时间表示;而在 ADC 中,则用转换时间表示,时间短,转换速度就快。

4) 环境条件

环境条件包括温度、噪声电平、电源的敏感性等。

5) 微处理机接口

为便于转换器同微处理机连接,ADC 应为三态输出,DAC 应有输出锁存。

6）价格

在满足上述要求的前提下，还应从经济观点出发，选择价格低的转换器。

选择转换器时要从上述几个方面考虑，但一般在速度、精度、价格三方面权衡。

习题 10

10.1 在如图 10.5 所示的 4 位 T 型电阻网络 DAC 中，参考电压 $U_R=10V$，求输入为 1011 时的输出电压 U_O。

10.2 逐次逼近型 ADC 与双积分型 ADC 各具有什么特点？

10.3 在 8 位逐次逼近型 ADC 中，若 $U_{max}=10V$，输入模拟电压 $U_1=7.36V$，试求输出 $d_7 \sim d_0$。

10.4 若把图 10.18 中的逐次逼近型 ADC 扩大到 10 位，且时钟信号频率为 1MHz，试计算完成一次转换所需的时间。

10.5 在图 10.19 的双积分型 ADC 中，设计数器为 8 位，CP 脉冲的频率 $f_c=1MHz$，$U_R=10V$。

（1）计算采样积分时间 T；

（2）计算 $U_1=3.75V$ 时，比较积分时间 T_1-T 以及转换完成后计数器的状态；

（3）计算 $U_1=2.5V$ 时，转换完成后计数器的状态。

10.6 在题 10.5 中，若计数器改为 10 位构成，试求该 ADC 的转换时间，输入的最大模拟量是多少？

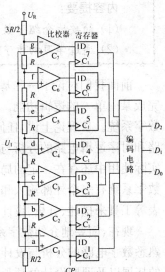

图 10.28 习题 10.7 用图

10.7 并行比较器型 ADC 电路如图 10.28 所示。C_i 为比较器，$U_+>U_-$ 时，输出电平 $C_i=1$；反之，$C_i=0$。已知 $V_R=+4V$，$R=100\Omega$，U_1 在 0～4V 间变化。当 U_1 分别取 3.3V、2.2V、1.8V、1.5V、0.7V 时，求电路对应的二进制输出 $D_2D_1D_0$。

10.8 双积分 A/D 转换电路积分器的输出波形 U_O 如图 10.29 所示。

（1）在下列四种情况下分别画出 U_O 的波形：

① 积分器时间常数 RC 增大；

② 输入电压 U_1 增大；

③ 基准电压 $|U_R|$ 增大；

④ 时钟频率 f_{CP} 增大。

（2）上述各参量的变化对 A/D 转换后的输出 D 有何影响？

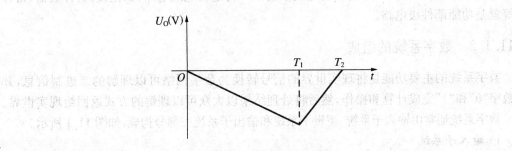

图 10.29 习题 10.8 用图

11 数字系统设计

内容提要:
(1) 简要地介绍了数字系统的基本概念和数字系统设计的一般方法。
(2) 通过学习初步了解数字系统的基本知识和设计技巧。

前面我们讨论了一些基本逻辑部件,如加法器、计数器、存储器等,每一种逻辑部件都能完成某一单一的逻辑功能。当这些逻辑部件组成功能复杂、规模较大的数字电路时,则称作数字系统。从理论上讲,任何数字系统都可以看成是一个大型数字电路,可以用组合逻辑电路和时序逻辑电路的分析与设计方法进行分析、设计。但已介绍的各种分析与设计方法,在实际使用中还存在一定的局限性,这就是它们只适用于电路,而不适用于系统。通常,一个数字系统有多个外部输入和几十个、几百个甚至上千个记忆单元,再用真值表、状态图、状态表等工具来描述、分析、设计它,就比较困难,显然也是不合适的。

现在,简要地介绍数字系统的基本概念和数字系统设计的一般方法,其目的是使读者在熟悉数字电路的分析与设计方法后,进一步了解一些有关数字系统的知识,这有助于知识面的拓展以及课题设计的顺利完成。

11.1 数字系统的基本概念

11.1.1 数字系统的含义

在数字技术领域内,由若干个数字电路和逻辑部件构成的、能够传送和处理数字信息的设备,称为数字系统。数字系统是仅用数字来表达信息并对其进行处理的电子网络,电子计算机、数字密码锁、交通灯控制系统等就是典型的数字系统。

相对于数字系统而言,那些只能完成某些单一特定功能的电路,如比较器、计数器、寄存器等就是功能部件级电路。

11.1.2 数字系统的组成

数字系统的主要功能是将现实世界的信号转换为数字网络可以理解的二进制信息,并用数字"0"和"1"完成计算和操作,然后将处理结果以大众可以理解的方式返回给现实世界。

数字系统通常由输入子系统、逻辑子系统和输出子系统三部分构成,如图 11.1 所示。

1) 输入子系统

输入子系统的任务是将现实世界的信号(如声、光、电、力等物理量)变换成数字网络可以理解的二进制信息,以便逻辑子系统进行处理。

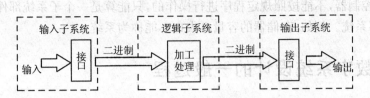

图 11.1　数字系统的组成

2）逻辑子系统

逻辑子系统的功能是对来自输入子系统的二进制信息进行计算和操作，并产生二进制逻辑输出。逻辑子系统是数字系统的核心部分。

3）输出子系统

输出子系统的作用是将来自逻辑子系统的二进制处理结果反变换为物理信号，用它们去完成模拟量的各种操作。

由于输入和输出子系统（即输入和输出设备，例如键盘等输入设备、打印机等输出设备等）在结构上相对独立，为了简化问题，通常只考虑数字逻辑子系统，并且习惯上就将其称为数字系统。因此，我们所讨论的数字系统的输入和输出都是二进制逻辑变量。

11.1.3　数字系统的一般化结构

根据现代数字系统设计理论，任何数字系统都可按其结构从逻辑上划分为数据子系统（Data Subsystem）和控制子系统（Control Subsystem）两部分，如图 11.2 所示。

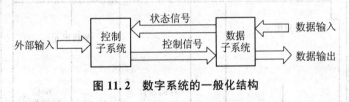

图 11.2　数字系统的一般化结构

1）数据子系统

数据子系统作为数字系统的数据存储与处理单元，进行输入数据的传送和处理。它主要完成数据处理功能并受控制器控制，常常也将它称为数据处理器或受控器。

数据处理器按功能又可分解成若干个子处理单元，也称之为子系统，每个子系统完成某个局部操作。计数器、寄存器、译码器等都可作为一个典型的子系统。数据处理器从控制器接收控制信息，并把处理过程中产生的状态信号提供给控制器。

2）控制子系统

控制子系统又称控制器，是数字系统的核心。它管理各个子系统的局部操作，使它们按一定顺序进行操作。

控制器根据外部控制信号决定系统是否启动工作，并根据数据处理器提供的状态信号决定数据处理器下一步完成何种操作，发出相应的控制信号控制数据处理器实现这种操作。即数据处理器只能决定数字系统能完成哪些操作，但何种操作、何时完成，完全取决于控制器。控制器控制数字系统的整个操作过程。

有没有控制器是功能部件和数字系统的一个重要区分标志。凡是包含控制器且能按一定程序进行操作的系统，不论其规模大小，均称为数字系统，例如数字密码锁；而无论规模多大,只要没有控制器,不能按照规定程序进行操作的,只能算是一个子系统部件,不能称为一个独立的数字系统。例如,存储器的容量再大也不能称为系统。

11.2　数字系统设计的一般过程

11.2.1　数字系统的单元和层次

1）单元

单元是最基本的构造模块。

数字系统由基本的构造模块构成。通常,单元提供了系统设计中所需的有用运算;系统将单元通过适当的顺序连接以完成所希望得到的功能。

常常由小的单元构成具有较复杂功能的较大单元,以产生较大的数字系统。在数字系统设计中,我们就是这样做的。图 11.3 所示的是一个商用集成微处理器芯片 Orion TM 64 位微处理器的版图照片。它的每一模块,都是用来实现某一特定的功能集;通过将各模块联结在一起形成整个系统。

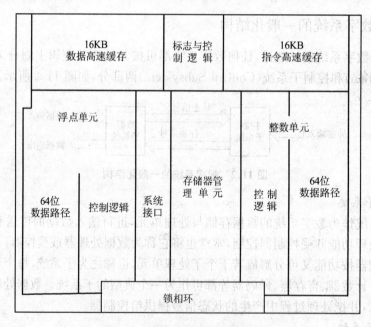

图 11.3　微处理器芯片版图照片

2）层次

用单元作为构造模块的设计称为层次设计。

（1）设计层次

层次关系如图 11.4 所示。在最高（系统）层次中,我们关心的只是其整体功能,逻辑框的内部结构是无关紧要的;在单元层次,我们将得到系统内部组成的更多信息,即更为基本的操作以及比系统更小的模块;在基本单元中,大的单元被分解,可得到更多的细节信息;在器件层次,我们直接关注用于构成基本单元的基础"构成模块"。实践中,我们有时只关心复杂单元的总体功能,而有些时候,又可能需要了解构成基本单元的每个基本元素。不同的层次所关注的方面不同,并且层次的运算是从底层嵌套到顶层,这就是层次设计方法功能强大的缘由。值得注意的是图示仅是举例说明,对于特定的问题,其观察点可根据问题的需要来定义。

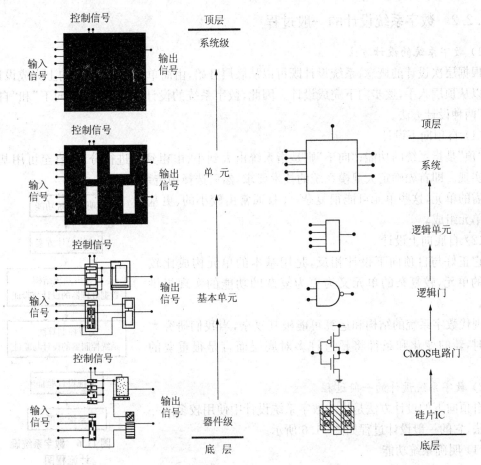

图 11.4　设计层次中的不同级别　　　　图 11.5　基准层次级别

以层次设计概念为基础,可根据系统在某一时间其重要的细节,在不同层次上对系统进行观察。由于每个复杂的系统均是从单个的二进制位开始产生的,所以将系统分解成多个层次是可行的。层次方法使我们可以"放大"以研究系统细节;可以"缩小"以检查整个系统的行为。

需要记住的一点是,层次的每个级别仅仅是对同一网络的不同观察方法。每个顶层都可能与其他的所有层次相联系,有时这种联系很明显,有时这种联系则可能因细节问题而变得模糊。

(2) 基准层次

在实际设计中,我们选用作为基准的层次如图 11.5 所示。

最高的层次级别是系统,将其定义为"顶层",这一层次级别可以是整个计算机。往下研究,到达称为逻辑单元的层次级别,逻辑单元是完成特定功能的(比如代数加法)、相对复杂的逻辑模块。逻辑单元由逻辑门构成,而逻辑门是层次中的下一个级别。逻辑门常被当作数字系统中最基本的构造模块。再往下一层次级别,就到达 CMOS 电路(或 TTL 电路)。在这一层次级别中,将看到逻辑门是由晶体管的电子开关构成的。最后,最低层次级别是硅片 IC,这是层次描述的"底层"。

11.2.2　数字系统设计的一般过程

1) 数字系统的设计方法

根据层次设计的概念,系统设计既可以从底层开始,由简单到复杂,逐步向上完成设计;也可以从顶层入手,逐步向下完成设计。因此,数字系统的设计可分为"自顶向下"和"自底向上"两种设计方法。

(1) 自顶向下设计

"顶"是指系统的功能;"向下"则是指系统由大到小、由粗到精进行分解,直至可用基本模块实现。即首先确定大规模系统的技术要求,然后选择构造系统所需的单元,这些单元可能很复杂,并且通常由较小的、更基本的单元组成。

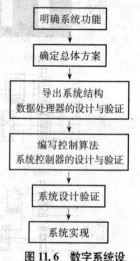

图 11.6　数字系统设计流程图

(2) 自底向上设计

它正好与自顶向下设计相反,是用基本的单元构成比较复杂的单元,较复杂的单元又为更为复杂的功能的实现提供基础。

现代数字系统的结构和运算可能极其复杂,当我们研究大系统时,新的变化和条件将超过许多对底层而言是很重要的条件。

2) 数字系统设计的一般过程

自顶向下的设计方法是当前数字系统设计中使用较多的一种方法,它的一般设计过程如图 11.6 所示。

(1) 明确系统功能

作为自顶向下设计方法的第一步,要对需设计的系统的任务、要求、原理及使用环境等进行充分的分析研究,对题目消化、理解,从而明确设计目标,确定系统要完成的逻辑功能,这是至为关键的一步。

(2) 确定总体方案

明确设计目标,确定系统功能后,就需根据系统功能确定出系统设计的总体方案。

这一步着重考虑采用什么原理和方法来实现设计所预定的逻辑要求。因为同一功能的系统有多种工作原理和实现方法可供选择,方案的优劣直接关系到所设计的整个数字系统的质量,所以必须周密思考、反复比较和慎重选择。总的原则是所选择的方案既要能满足系统的要求,又要具有较高的性能价格比。

这一步是整个设计工作中最为困难,也最能体现设计者创造性的一个环节。

(3) 导出系统结构

系统方案确定以后,再从基本结构上对系统进行划分,画出系统的结构框图。

首先从最有利于实现系统的工作原理着眼,把系统从逻辑上划分为数据处理器和控制器两部分,画出系统的粗略结构框图,这一步主要是完成数据处理器的设计及验证工作。

然后,对数据处理器进行结构分解。即将数据处理器分解为多个功能模块,再将各功能模块分解为更小的模块,直至可用诸如寄存器、计数器、加法器、比较器等基本器件实现的各模块为止。最后画出由这些基本模块组成的数据处理器结构框图。数据处理器中所需的各种控制信号由控制器产生。

(4) 编写控制算法

获得系统结构框图之后,就需要根据控制器的设计要求,确定系统将要采用的控制算法,并完成算法设计。

系统的控制算法反映了数字系统中控制器对数据处理器的控制过程,它与系统所采用的数据处理器的结构密切相关。例如,系统有 5 次加法操作且参与加法操作的数据可以同时提供,如果数据处理器有 5 个加法器,则控制算法就可以让这 5 次加法操作同时完成;但如果数据处理器中只有一个加法器,则控制算法就只能逐个完成这 5 次加法操作。因此,算法设计要紧密结合数据处理器的结构来进行。

算法设计的最终目的是获得系统的控制状态图。

(5) 系统仿真实现

前面经逻辑划分得出的数据处理器结构,所给出的各种逻辑模块并未指定具体的芯片型号,只是一种抽象的符号;控制算法及控制状态图,也仅仅只描述了系统的控制过程,没有给出控制器的实际结构。因此,这一步的工作就是选用适当模块来具体实现数据处理器和控制器。

一般来说,数据处理器经逻辑划分、分解后的功能模块,通常为我们所熟悉的各种功能电路,无论是采用现成的模块还是自行设计,都有一些固定的方法可以借鉴。因此,在许多情况下,在第三步就可直接给出数据处理器的具体结构图。

相对而言,控制器的设计就比较复杂。一般控制器不仅有许多状态,而且有较多的控制条件(输入)和控制信号(输出),不论采用哪种实现方法,其过程都不会简单。因此,数字系统设计的主要任务就是设计一个好的控制器。

在实际连接电路时,一般按自底向上的顺序进行,这样不仅有利于单个电路的调试,也有利于整个系统的联调。因此,数字系统的完整设计过程是:自顶向下设计,自底向上集成。

必须指出的是,数字系统的上述设计过程主要是针对采用标准集成电路而言的。实际中,除了采用标准集成电路外,还可以采用 PLD 器件或微机系统来实现数字系统,此时的设计过程略有不同。例如采用 PLD 器件设计数字系统时,就没有必要将系统结构分解为一些市场上可以找到的基本模块,其在编写出源文件并编译仿真后,通过"下载"就可获得需要的系统或子系统。

11.2.3 数字系统设计的常用工具

数字系统的核心是控制器,而控制器的核心是控制算法。采用各种算法设计数字系统的方法称为算法模型方法,是当前数字系统设计的主流方法。目前,采用算法模型方法设计数字系统时的常用工具主要有两类:一类是算法图,一类是算法语言。

1) 算法图

算法图是一种用图形方式来描述数字系统控制算法的工具,最著名的算法图是 ASM 图。它是算法状态机图的简称,是一种用来描述时序数字系统控制过程的算法流程图。它由状态框、分支框、条件输出框和状态单元等基本图形组成,与计算机中程序流程图非常相似。

所谓算法状态机本质上是一个有限状态机,也称有限自动机或时序机,它是一个抽象的数学模型,主要用来描述同步时序系统的操作特性。时序机理论不仅在数字系统设计和计算机科学上得到应用,在社会、经济、系统规划等学科领域也有着非常广泛的应用。

ASM 图中有三种基本符号:状态框、判断框和条件输出框。

(1) 状态框

状态框用来表示数字控制系统序列中的状态,如图 11.7(a)所示。图 11.7(b)为状态框的实例,S_1:状态框名称;010:状态框代码;$B \leftarrow A$:寄存器的操作;Z:输出信号。图 11.7 中的箭头表示系统状态的流向,在时钟脉冲触发沿的触发下,系统进入状态 S_1,在下一个时钟脉冲触发沿的触发下,系统离开状态 S_1,因此一个状态框占用一个时钟周期。

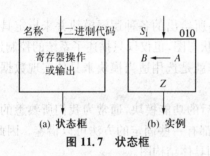

(a) 状态框   (b) 实例

图 11.7 状态框

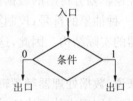

图 11.8 判断框

(2) 判断框

判断框用来表示状态变量对控制器工作的影响,如图 11.8 所示。它有一个入口和多个出口,框内填判断条件,如果条件是真(1),选择一个出口;若条件是假(0),选择另一个出口。

判断框的输入来自某一个状态框的输出,在该状态框占用的一个时钟周期内,根据判断框中的条件,决定下一个时钟脉冲触发沿来到时,该状态从判断框的哪个出口出去,因此,判断框不占用时间。

(3) 条件输出框

条件输出框如图 11.9(a)所示,条件框的输入必定与判断框的输出相连。在给定的状态下,满足判断条件,才会执行条件框内的寄存器操作或输出。在图 11.9(b)的例子中,当系统处于状态 S_1 时,若条件 $X=1$,则寄存器 R 被清 0;否则 R 保持不变。但不论 X 为何值,系统的下一个状态都是 S_2。

(4) 各种逻辑框之间的时间关系

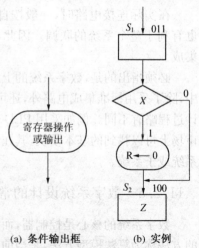

(a) 条件输出框   (b) 实例

图 11.9 条件输出框

从图形上看,ASM 图与程序流程图很相似,但其实质有很大差别。程序流程图只表示事件发生的先后顺序,没有时间概念;而 ASM 图则表示事件的精确的时间间隔顺序。在 ASM 图中,每一个状态图表示一个时间周期内的系统状态,状态框和与之相连的判断框、条件输出框中所规定的操作,都是在同一个时钟周期内实现;同时系统的控制器从现在状态(现态)转移到下一个状态(次态)。图 11.10 给出了 ASM 图的各种操作及状态转换的时间图。假设系统中所有触发器都是上升沿触发,在第一个时钟脉冲上升沿到来时,系统转换到 S_0 状态,然后根据条件由判断框输出 1(真)或 0(假),以便在下一个时钟脉冲上升沿到达时,系统的状态由 S_0 转换到 S_1、S_2、S_3 中的一个。

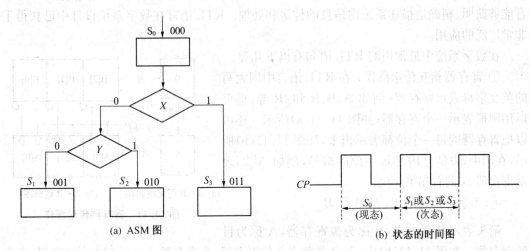

(a) ASM 图　　　　　　　　　　　　　(b) 状态的时间图

图 11.10　ASM 及时间图

2) 算法语言

算法语言是一种用语言文件方式描述数字系统控制算法的工具,常用的算法语言有 VHDL 语言、RTL 语言和 GSAL 语言,它们都属于硬件描述语言。

所谓硬件描述语言是指能够描述硬件电路的功能、信号连接关系及定时关系的语言,它可以比电路原理图更好地描述硬件电路的特性。利用算法语言设计数字系统,其过程类似于程序设计。

(1) VHDL 语言

VHDL 语言是硬件描述语言中抽象程度很高的一种语言,特别便于对整个系统的数学模型进行描述。目前的 PLD 产品大多有配套的 VHDL 语言文件编译软件,因此在用 PLD 器件设计数字系统时广泛使用这种语言。

(2) RTL 语言

RTL 语言是寄存器传送语言的简称,是一种源文件可以直接映射到具体逻辑单元的硬件描述语言。这里的"寄存器"是广义的,不仅包含暂存信息的寄存器,还包括具有寄存功能的其他存储部件,如移位寄存器、计数器(具有递增／递减功能的寄存器)、存储器(寄存器的集合)等。这样,数字系统就可以看作是对各种寄存器所存的信息进行存储、传送和处理的一个系统。

RTL 语言适用于描述功能部件级数字系统的工作。这种语言使系统技术要求与硬件电路实现之间建立了一一对应的关系。

用 RTL 语言描述数字系统中各种部件(如加法器、比较器、寄存器等)间的信号连接关系及定时关系,并由这种连接和定时关系展示出数字系统中信息(包括控制信息和数据信息)的传送流程以及传送过程中相应的操作。

一个 RTL 语句描述数字系统所处的一个状态时,其操作函数指明数据处理器要求实现的微操作,其控制函数指明控制器发出的命令。因此,一系列有序的 RTL 语句可以完整地定义一个数字系统。

在 RTL 语句中一个语句标号对应于时序流程图中的一个状态框,条件转移语句对应时序流程图中的判断框,无条件转移语句描述状态之间的无条件转移……因此用 RTL 语言能够简明、精确地描述系统内信息的传送和处理。RTL 语言在数字系统设计中已获得了非常广泛的应用。

在数字系统中最常用的 RTL 语句有以下几类。

① 寄存器相互传送操作:在 RTL 语言中用大写的英文字母表示寄存器,例如 A、B、R 和 IR 等,也可以用图形表示一个寄存器,如图 11.11(a)所示。还可以把寄存器的每一个位都表示出来,如图 11.11(b)所示,在图中,方括号内是每一位的编号,例如 A[2]表示寄存器 A 的右起第 3 位。

ⓐ 无条件传送语句: $P:A \leftarrow B$

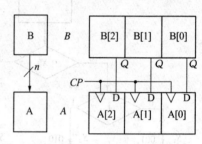

(a) $A \leftarrow B$ 简化逻辑图　　(b) $A \leftarrow B$ 逻辑图

图 11.11　寄存器传送操作

箭头表示传送方向,B 称为源寄存器,A 称为目的寄存器。在图 11.11(b)中,A、B 是两个 3 位寄存器,当寄存器 A 加时钟脉冲 CP 时,寄存器 B 中各触发器的内容对应传给寄存器 A 中的各个触发器,其含义是:

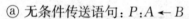

$$A[2] \leftarrow B[2];A[1] \leftarrow B[1];A[0] \leftarrow B[0]$$

P 为控制函数,冒号":"表示控制函数结束。

传送操作是一个复制过程,不改变源寄存器的内容,是在一定条件下发生的,并不是每个时钟脉冲都伴随发生这种传送。

ⓑ 条件传送语句:其中的传送条件常由控制器给出的逻辑函数规定。例如:$A \leftarrow (B!C) * (\overline{D},D)$,其中"!"和","是条件传送语句的专用符,"!"称为隔离符,其含意是隔离符左边和右边的数据之间没有联系;"*"是条件传送语句的连接符,"*"号右边是传送条件。上述语句表示:若 $\overline{D}=1,D=0$,则执行 $A \leftarrow B$。

若 $D=1,\overline{D}=0$,则执行 $A \leftarrow C$。

又例如:$(B!C) * (F_1,F_2) \leftarrow A$。

表示:若 $F_1=1,F_2=0$,则执行 $B \leftarrow A$。

若 $F_1=0,F_2=1$,则执行 $C \leftarrow A$。

若 $F_1=1,F_2=1$,则执行 $B \leftarrow A,C \leftarrow A$。

若 $F_1=0,F_2=0$,则 A 不传送到 B,也不传送到 C。

ⓒ 并列传送语句:如要在同一个时钟内同时完成多个传送操作,则可在子句间用逗号分开。例如:$P_1:A \leftarrow B,P_2:C \leftarrow D$。

② 算术运算操作:基本的算术操作为加、减、取反和移位;根据基本的算术操作,可获

得其他算术操作,如表 11.1 所示。

表 11.1 算术操作

符 号 表 示 法	说　明	符 号 表 示 法	说　明
$F \leftarrow A + B$	A 与 B 之和传输给 F	$F \leftarrow A + \overline{B} + 1$	A 加 B 的补码传输给 F
$F \leftarrow A - B$	A 与 B 之差传输给 F	$A \leftarrow A + 1$	A 加 1
$B \leftarrow \overline{B} + 1$	求寄存器 B 存数的补码	$A \leftarrow A - 1$	A 减 1
$B \leftarrow \overline{B}$	求寄存器 B 存数的反码		

例如:$P{:}F \leftarrow A + B$,表示寄存器 A 的内容加上寄存器 B 的内容,其结果(和)传送给寄存器 F。图 11.12 为实现加法操作的结构图。

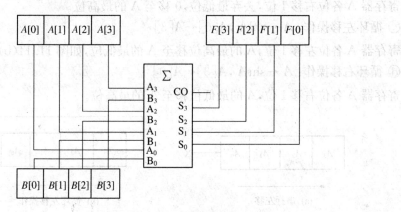

图 11.12 加法操作

③ 逻辑操作:逻辑操作是两个寄存器对应位之间的操作。为了区别于算术符号,这里的与、或、非分别用 $\wedge$、$\vee$ 和字母上方加一横表示。例如:$F \leftarrow A \vee B$,表示寄存器 A 和寄存器 B 对应位进行"或"操作,其结果传送给寄存器 F,结构图如图 11.13 所示。逻辑操作的符号表示方法见表 11.2。

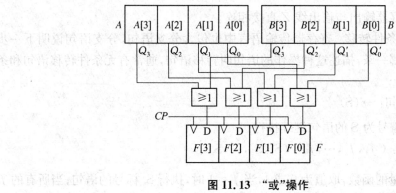

图 11.13 "或"操作

表 11.2　逻辑操作

符号表示法	说　　明	符号表示法	说　　明
$F \leftarrow \overline{A}$	"非"操作	$F \leftarrow A \wedge B$	"与"操作
$F \leftarrow A \vee B$	"或"操作	$F \leftarrow A \oplus B$	"异或"操作

④ 移位操作：移位操作分为左移、右移两种,简要介绍如下。

ⓐ 左移操作：$A \leftarrow shlA$,$A[0] \leftarrow X$

寄存器 A 各位左移 1 位,丢弃最高位,外加输入信号 X 移至 A 的最低位,如图 11.14(a)所示。也叫串行左移。

ⓑ 右移操作：$A \leftarrow shrA$,$A[3] \leftarrow 0$

寄存器 A 各位右移 1 位,丢弃最低位,0 移至 A 的最高位。

ⓒ 循环左移操作：$A \leftarrow shlA$,$A[0] \leftarrow A[3]$

寄存器 A 各位左移 1 位,A 的最高位移至 A 的最低位,如图 11.14(b)所示。

ⓓ 循环右移操作：$A \leftarrow shrA$,$A[3] \leftarrow A[0]$

寄存器 A 各位右移 1 位,A 的最低位移至 A 的最高位。

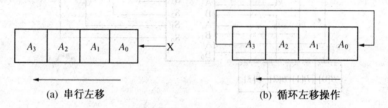

(a) 串行左移　　　　　　　　(b) 循环左移操作

图 11.14　移位操作

⑤ 输入和输出操作：寄存器传输语言还可以描述系统输入、输出操作,如果将输入线 X 中的数据传送到 A 寄存器,则表示为：$A \leftarrow X$

把寄存器 A 的各位传送到输出线时,则采用符号"＝"表示：

$$Z = A$$

该语句意味着寄存器输出与输出线 Z 直接相连。

⑥ 无条件转移和条件转移：寄存器传输语言中也包含分支语句,分支语句说明下一步要执行多条语句中的哪一条,描述这种操作的语句叫转移语句,通常有无条件转移语句和条件转移语句两种。

ⓐ 无条件转移语句：$\rightarrow(S)$

表示下一步转向编号为 S 的语句继续执行。

ⓑ 条件转移语句：$(f_1, f_2, \cdots, f_n)/(S_1, S_2, \cdots, S_n)$

其中 f 是系统变量的函数,取值为 0 或 1,当 $f_i = 1$ 时,执行 S_i 标号的语句;当所有的 f_i 均为 0 时,顺序执行下一条语句。例如：$\rightarrow(\overline{EN}, EN)/(3, 5)$,说明 $EN = 0$ 时,下一步执行语句 3;$EN = 1$ 时,则执行语句 5。

ⓒ 空操作语句：$\rightarrow$NULL

不进行任何操作,而是利用它得到一个时钟周期的延迟时间,然后顺序执行下一条语句。

（3）GSAL 语言

GSAL 语言是分组－按序算法语言的简称,是一种与 RTL 语言非常接近的硬件描述语言。

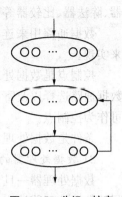

所谓分组－按序算法是指包括很多子计算且子计算被分成许多组,执行时组内并行、组间按序的算法,如图 11.15 所示。图中椭圆框中的每个小圆圈表示一个子计算,每个椭圆框中的子计算为一组;只有当一组子计算都计算完毕时,才启动下一组子计算。

与 VHDL 语言和 RTL 语言相比,分组－按序算法语言有简单明了的语法和语义,非常便于理解和使用;采用高级语言结构和数据类型,非常便于系统功能的描述;在实现层次上用该语言描述的算法,可用硬件或固件（微程序）直接实现,非常便于系统功能的实现;把数字系统设计的问题变得类似程序设计,稍具程序设计知识的人即可用它成功地设计数字系统;采用这种算法设计的数字系统,运行速度较高,硬件成本较低,具有较高的性能价格比。

图 11.15　分组－按序算法

11.3　数字系统的实现方法

数字系统通常可以用硬件、软件和固件（微程序）方法予以实现。数字系统的软件实现方法本课程不作介绍;采用 PLD 器件实现的方法也暂不讨论。现简单介绍数字系统的硬件和固件实现方法。

11.3.1　数字系统的总体方案与逻辑划分

数字系统的总体方案的优劣直接关系到整个数字系统的质量与性能,需要从系统的功能要求和使用要求以及性能价格比等方面综合考虑后确定。

根据数据处理器与控制器的功能分工,可以对数字系统进行数据处理器和控制器部分的逻辑划分。数据处理器是用作对各种数据进行处理,而控制器是用来控制数据处理器在什么时候以何种方式完成哪一种处理功能。因此在对要设计的系统进行认真分析,知道系统需要哪些处理模块,并对这些模块进行适当连接后,即可得到数据处理器;而数据处理器所要求的各种控制信号和定时控制则属于控制器设计范畴。数字系统设计的关键和难点是控制器的设计。

11.3.2　数据处理器的构造方法

1) 数据处理器的组成

数据处理器的功能是实现数据的存储、传送和处理,通常由存储部件、算子、数据通路、控制点及条件组成。

存储部件用来存储各种数据,包括初始数据、中间数据和处理结果,常用触发器（寄存器）、计数器和随机存取存储器（RAM）来做存储部件。

算子用来对二进制数据进行变换和处理,常用的组合算子部件有加法器、减法器、乘法器、除法器、比较器等,常用的时序算子部件有计数器和移位寄存器等。

数据通路用来连接系统中的存储器、算子以及其他部件,常用导线和数据选择器等来实现。

控制点是数据处理器中接收控制信号的组件输入点,控制信号通过它们实现算子操作、数据通路选择以及寄存器置数等控制操作。以触发器为例,其时钟输入端和异步置数端均可作为控制点。

条件是数据处理器输出的一部分,控制器利用它来决定条件控制信号或别的操作序列。

2) 数据处理器的构造方法

数据处理器一旦分离出来,接下来要做的工作就是如何选用适当的基本模块构造出实际的数据处理器结构。

11.3.3　数字系统的控制算法与控制状态图

数据处理器的结构确定以后,可用算法语言写出与数据处理器硬件结构相适应的系统控制算法,再根据算法画出数字系统的控制状态图。

用算法语言编写系统控制算法与计算机编程十分相似,如果将算法中的每一条语句用一个状态表示,就可画出系统的控制状态图。

11.3.4　控制器的实现方法

控制器既可以用硬件实现,也可以用固件(微程序)实现。下面简单介绍基于常规 MSI 器件的硬件控制器的实现方法和最基本的微程序控制器的实现方法。

1) 硬件控制器的实现方法

在硬件实现方法中,常用计数器/移位寄存器模块、译码器模块和少量的逻辑门来实现。计数器/移位寄存器用来实现控制器的状态寄存和状态转换,译码器用来对状态译码以产生输出控制信号。

2) 微程序控制器的实现方法

微程序控制器实现方法的基本思想是,将系统控制过程按一定的规则(算法)编制成指令性条目并将其存放在控制存储器中,然后将它们一条条取出并转化为系统的各种控制信号,从而实现预定的控制过程。这种编制和存放控制过程的设计方法称为微程序设计方法,用微程序方法设计实现的控制器称为微程序控制器。

在微程序设计方法中,控制算法中的每一条语句通常称为微指令,每条微指令中的一个基本操作称为微操作。一个基本操作需要一个控制信号,一条微指令可有多个微操作,它们的编码称为微指令的操作码。描述一个算法的全部微指令的有序集合称为微程序。

微程序控制器的基本结构如图 11.16 所示。由图可知,在微程序控制器中,条件与现态(PS)作为 ROM 的地址,次态(NS)与控制信号作 ROM 的内容,寄存器作为状态寄存器。p 个条

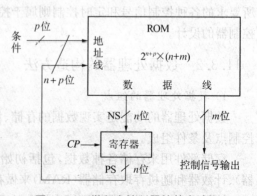

图 11.16　微程序控制器的基本结构

件、n 位状态编码，要求 ROM 有 $n+p$ 位地址、2^{n+p} 个单元；n 位状态编码、m 个控制信号，要求 ROM 单元的字长为 $n+m$ 位。这就意味着所选用的 ROM 的存储容量为 $2^{n+p}(n+m)$。

与硬件控制器相比，微程序控制器具有结构简单、修改方便、通用性强的突出优点，尤其是当系统比较复杂、状态很多时，微程序控制器的优势更加明显。但如果控制器非常简单、状态不多时，使用微程序控制器反而有可能提高系统成本。因此，在决定是否采用微程序控制器前，应估算一下系统的综合成本。

11.4　数字系统设计举例

11.4.1　用寄存器传送语言设计的电路

进行系统设计时，首先分析系统功能，确定总体任务；根据设计目标与要求，选定一种算法；据此画出系统框图；再用寄存器传送语言写出其工作过程的微操作语句；最后转换成硬件结构设计。

1）数据处理部分

寄存器传送语句可直接翻译成逻辑电路。

【例 11.1】　用两个由 D 触发器组成的 4 位寄存器，实现如下逻辑功能：

$$A \leftarrow \overline{A} \cdot B, B \leftarrow X$$

试设计该电路的数据处理部分。

解：寄存器是由触发器构成的，寄存器的每一位对应一个触发器，寄存器传送语句中，箭头的左边代表触发器的次态，因此可直接根据寄存器传送语句写出触发器的状态方程。

根据题目要求，分别列出触发器 A_i 和 $B_i(i = 1, 2, 3, 4)$ 的状态方程：

$$A_i^{n+1} = \overline{A_i^n} \cdot B_i^n$$

$$B_i^{n+1} = X_i$$

由状态方程可列出寄存器 A 的状态表如表 11.3 所示。由 D 触发器的特性方程：$Q^{n+1} = D$，可列出如表 11.4 所示的状态激励表。

<table>
<tr><td colspan="3" align="center">表 11.3　A 寄存器状态表</td><td colspan="3" align="center">表 11.4　状态激励表</td></tr>
<tr><td>A_i^n</td><td>B_i^n</td><td>A_i^{n+1}</td><td>A_i^n</td><td>B_i^n</td><td>D_{Ai}</td></tr>
<tr><td>0</td><td>0</td><td>0</td><td>0</td><td>0</td><td>0</td></tr>
<tr><td>0</td><td>1</td><td>1</td><td>0</td><td>1</td><td>1</td></tr>
<tr><td>1</td><td>0</td><td>0</td><td>1</td><td>0</td><td>0</td></tr>
<tr><td>1</td><td>1</td><td>0</td><td>1</td><td>1</td><td>0</td></tr>
</table>

由表 11.4 可得：$D_{Ai} = \overline{A_i^n} \cdot B_i^n$。

$B_i^{n+1} = X_i$ 表示直接的并行传送关系。

由于 D 触发器状态方程简单，可由状态方程直接画出逻辑电路图如图 11.17 所示。

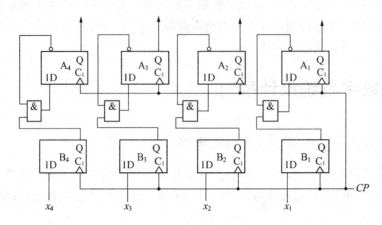

图 11.17　例 11.1 逻辑电路图(方案一)

　　若使用 JK 触发器实现上述逻辑功能，可根据寄存器 A 的状态表，得到如表 11.5 所示的状态激励表。利用如图 11.18 所示的卡诺图，得出 J_i、K_i 的驱动方程。据此画出硬件连接图如图 11.19 所示。

表 11.5　状态激励表

A_i^n	B_i^n	A_i^{n+1}	J_i	K_i
0	0	0	0	×
0	1	1	1	×
1	0	0	×	1
1	1	0	×	1

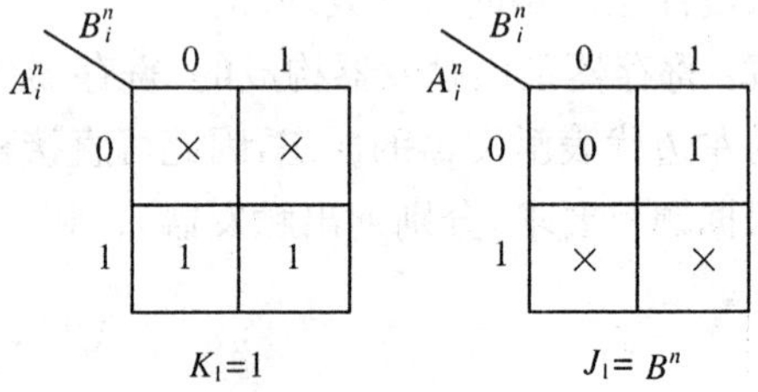

图 11.18　卡诺图

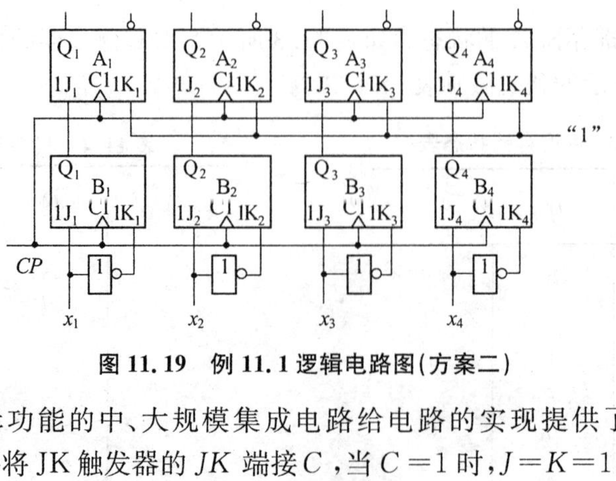

$K_1 = 1$　　　$J_1 = B^n$

图 11.19　例 11.1 逻辑电路图(方案二)

　　目前，各种逻辑功能的中、大规模集成电路给电路的实现提供了方便。例如，实现 $C:A \leftarrow \overline{A}$ 语句，只要将 JK 触发器的 JK 端接 C，当 $C=1$ 时，$J=K=1$，一旦时钟脉 CP 到来，触发器计数翻转，就实现了把 $\overline{A}$ 送入 A 的功能。

2）控制器

控制器是个时序电路，它能定时发出控制命令保证电路各环节按正确的时序协调一致地进行工作。常用的控制器有三种类型：

（1）移位型控制器

移位型控制器是用移位寄存器构成的控制器。可用移位寄存器构成节拍脉冲发生器产生控制信号控制程序的顺序执行；当程序有分支（如条件转移）时，移位寄存器和组合电路一起组成控制器电路。

移位型控制器由于环型计数器的控制状态数与触发器数相等，所以当状态数多时，成本较高；但设计简单，修改程序也较容易。

（2）计数型控制器

计数型控制器是由计数器构成的控制器。由于 n 个触发器有 2^n 种状态，因此，当控制数大于 10 时，用这类控制器可降低成本。但此类控制器中含有译码器才能输出控制信号。

（3）微程序控制器

具有微指令系统的控制器，适用于具有大量控制状态的系统，在此不作讨论。

【例 11.2】 设计一个具有 n 位的并行加法电路。该电路带有外部控制按钮，用来控制运算的开始。

解：分析设计要求，要完成两个数相加，需要有三个寄存器，分别存放加数（X）、被加数（Y）及和数，还需有一个加法器。由于寄存器 X 和寄存器 Y 共用一个缓冲寄存器（BR），因此可采用三态门的总线传送方式。各部件需由控制信号来协调工作。

根据分析结果，画出逻辑框图见图 11.20。图中，W：数据写入寄存器控制命令；R：从寄存器读出数据控制命令；Z_A：累加器清零命令；下标：各寄存器名。

由加法算法可写出下列寄存器传送语句：

$T_0:K:T_0 \rightarrow T_1$

$\qquad \overline{K}:T_0 \rightarrow T_0$

$T_1:Z_A:ACC \leftarrow 0, W_X:X \leftarrow n_1, W_Y:Y \leftarrow n_2$

$\qquad K:T_1 \rightarrow T_1$

$\qquad \overline{K}:T_1 \rightarrow T_2$

$T_2:R_X:BUS \leftarrow X, W:BR \leftarrow BUS$

$T_3:R:FA \leftarrow BR, W_A:ACC \leftarrow FA$

$T_4:R_Y:BUS \leftarrow Y, W:BR \leftarrow BUS$

$T_5:R:FA \leftarrow BR, W_A:ACC \leftarrow FA$

$T_6:R_A:Z \leftarrow ACC$

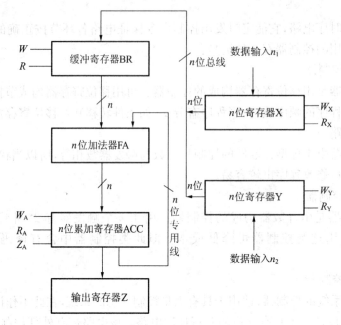

图 11.20　例 11.2 逻辑框图

表 11.6 是上述语句的注释,句中 K 表示外部控制按钮信号,按下按钮时 $K=1$;否则 $K=0$。

表 11.6　语句注释

标　号	控制函数	注　解
T_0	K	$K=1$,进入 T_1;否则自循环,等待启动
T_1	Z_A, W_X, W_Y	累加器清零,将被加数 n_1 送入寄存器 X,将加数 n_2 送入寄存器 Y
	K	等待按钮信号 K 撤销,$K=0$ 时进行运算
T_2	R_X, W	读寄存器 X 内容,通过总线写入缓冲寄存器 BR
T_3	R, W_A	读寄存器 BR 的内容到加法器,与另一个输入端的零(由累加器输出专用线提供)相加,并存到累加器中
T_4	R_Y, W	读寄存器 Y 中内容,经总线,写入寄存器 BR
T_5	R, W_A	X+1 并写入累加器中
T_6	R_A	和数送寄存器 Z,供数据读出;此后 T_6 转入 T_0,若按下按钮,则进入第二次计算

必须注意以下三点:

① 在时序电路中,每一步均是在时钟驱动下进行,因此,通常 T_0,T_1,…,T_n 表示时钟序列。但因为有按钮开关输入的要求,所以设置了自循环($T_0 \to T_0$)、($T_1 \to T_1$)。在循环过程中,无法确定已经历的 CP 数,故这里的 $T_0 \sim T_6$ 表示语句标号,但设计者应清楚,系统的各个操作是在时钟脉 CP 的驱动下一步步完成的。

② 向寄存器中写入数据时,控制信号要伴有时钟信号,而读出时则不必。

③ 从语句 $T_2 \sim T_4$ 可以看出,同一个时钟下的操作对象既有目的设备又有源设备,因而两个操作必然有时间上的延时,为了保证正确写入,控制命令的出现要比时钟信号触发边沿超前半个时钟周期。

语句可转换成硬件结构,这些语句均执行传送动作。

系统设计的核心是控制器设计,下面采用计数型方案来设计这个控制器。

从寄存器传送语句可以看出,该系统有 $T_0 \sim T_6$ 共七个标号,即计数器需要有七个控制状态,分别发出每个状态的控制命令。状态转换图见图 11.21。

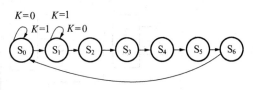

图 11.21　状态转换图

根据状态的数目(七个),应选用由三个触发器构成的计数器,现用 D 触发器组成的计数器实现,译码器输出各控制信号,K 为输入信号。状态分配及控制信号的关系见表11.7。

表 11.7　状态分配及控制信号

状态	现态			次态		输出								
	Q_2	Q_1	Q_0	$K=0$	$K=1$	W_Y	Z_A	R_X	W	R	W_A	R_Y	W_X	R_A
S_0	0	0	0	0　0　0	0　0　1	0	0	0	0	0	0	0	0	0
S_1	0	0	1	0　1　0	0　0　1	1	1	0	0	0	0	0	1	0
S_2	0	1	0	0　1　1	0　1　1	0	0	1	1	0	0	0	0	0
S_3	0	1	1	1　0　0	1　0　0	0	0	0	0	0	1	1	0	0
S_4	1	0	0	1　0　1	1　0　1	0	0	0	0	0	0	1	0	0
S_5	1	0	1	1　1　0	1　1　0	0	0	0	0	1	1	0	0	0
S_6	1	1	0	0　0　0	0　0　0	0	0	0	0	0	0	0	0	1

图 11.22(a)画出了触发器输入端激励信号的卡诺图,根据卡诺图可求出触发器的驱动方程;图(b)为控制器的时序部分的逻辑图;图(c)为图(b)的逻辑符号。根据表 11.7 可以得出译码器输出的逻辑函数表达式,例如,$R=\overline{Q_2}Q_1Q_0+Q_2\overline{Q_1}Q_0$,其他的可以此类推。控制器的逻辑图如图 11.23 所示。

11.4.2　8 位二进制数字密码锁系统

8 位二进制数字密码锁在防盗保险箱、汽车防盗门等多种场合均有使用,只是比这里介绍的更为复杂。

1) 系统功能与使用要求

为了给设计者提供较大的设计灵活性,这里仅对该系统提出一些基本的功能和使用方面的要求:

(1) 具有密码预置功能。

(2) 密码串行输入、且输入过程中不提供密码数位信息。

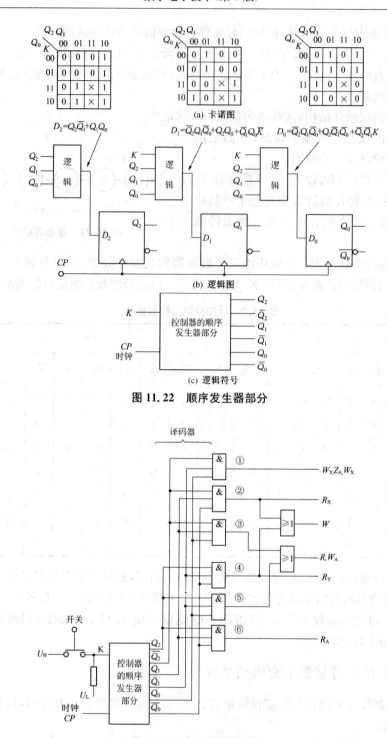

图 11.22 顺序发生器部分

图 11.23 加法电路控制器

（3）只有正好输入 8 位密码且密码完全正确时按下试开键，才可开密码锁；否则，系统进入错误状态（死机）。

（4）在任何情况下按下 RST 复位键，均可使系统中断现行操作（包括开锁），返回初始状态。

2）系统方案

将数字密码锁系统划分为控制器和数据处理器两部分,如图11.24所示。

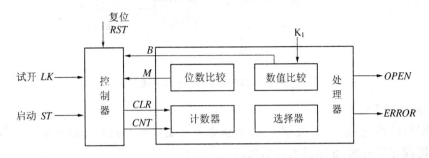

图11.24　数字密码锁系统结构图

控制器控制处理器接受输入数码开关K_1产生的数码,并将其与对应的密码相比较,比较结果 B 作为状态信息送到控制器。用一个计数器累计输入数码的位数。控制器控制计数器的工作,当通过比较输入位数与预置相等时,输出一个控制信号 M 到控制器。

密码锁系统的操作比较简单,主要的操作有:正确接收逐位键入的密码并记录输入的密码位数,同时对输入的密码进行比较。从比较的方式来看,可分为有串行比较和并行比较,由此得出两种不同的系统方案。

（1）并行比较方案

在并行比较方案中,需要一个8位移位寄存器来寄存键入的8位密码,并使用一个8位二进制数比较器来进行密码比较,完成这些功能的模块都属于数据子系统的范畴;而密码锁系统的各种控制信号则由控制子系统产生。由此不难得到密码锁系统的粗略框图如图11.25所示。

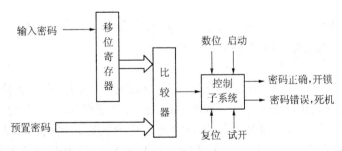

图11.25　密码锁系统并行比较方案框图

这种方案的优点是:思路清楚,控制简单,但需要一个8位二进制数密码的移位寄存器及一个8位二进制数比较器,与串行比较方案相比,硬件成本较高。

（2）串行比较方案

在串行比较方案中,采用的是逐位比较。每输入1位密码,便与预置的该位密码进行比较;发现1位密码不对,系统便进入错误状态。由于是逐位比较,因此不需要保存键入的密码,只要1个1位比较器即可。最简单的1位比较器是异或门,由此可得串行比较方案的密码锁系统粗略框图如图11.26所示。

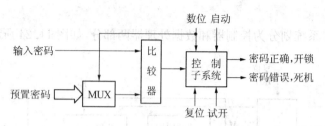

图 11.26 密码锁系统串行比较方案框图

3) 数据处理器结构

根据密码锁系统的功能和使用要求,可从系统方案框图导出数据处理器的结构图。下面以串行比较方案为例,导出其电路结构。

(1) 输入信号的产生

① 预置密码 K_P:采用单刀双置开关。开关接+5V 时,表示该位密码预置为 1;开关接地时,表示该位密码预置为 0。

② 输入密码 K_I:采用单刀双置开关。开关接+5V 时,表示该位输入密码为 1;开关接地时,表示该位输入密码为 0。密码输入是与时钟信号 CP 同步的。只有当 CP 脉冲到来时,输入的密码才有效。

③ 时钟信号 CP:采用按键开关。按下该键时,为低电平;未按下该键时,为高电平。该信号经一个非门整形倒相后,作为时钟信号 CP 使用。

④ 启动信号 ST:采用按键开关。按下该键时,启动信号为低电平;未按下该键时,启动信号为高电平。规定启动信号为低电平有效。

⑤ 试开锁信号 LK:由于启动信号 ST 只在启动时有用,在密码输入过程中并无用处,因此,可让 ST 键兼作试开锁信号 LK 产生键。一旦密码输入过程中按下该键,则试开锁信号 LK 有效。

⑥ 复位信号 RST:采用按键开关。按下该键时,复位信号为低电平;未按下该键时,复位信号为高电平。规定复位信号为低电平有效。

(2) 存储部件

① 开锁状态寄存器:使用 D 触发器,其 Q 端输出为开锁状态信号 $LOCK$。当 $LOCK=0$ 时,表示关锁状态;当 $LOCK=1$ 时,表示开锁状态。工作时,控制器发出控制信号 C_0,使 $LOCK=0$,保证密码锁开始时处于关锁状态。当密码输入过程中满足开锁条件时,控制器发出控制信号 C_1,使 $LOCK=1$,开锁。任何时候按下复位键,都将使开锁状态寄存器清零,密码锁立即关闭。

② 误码状态寄存器:使用 D 触发器,其 Q 端输出为误码状态信号 e_1。当 $e_1=0$ 时,表示未输入错误密码;当 $e_1=1$ 时,表示已输入错误密码。在输入密码过程中,只要有 1 位密码输入错误或输入超过 8 位密码,e_1 就将为 1。工作时,控制器发出控制信号 C_0,使 $e_1=0$。任何时候按下复位键,都将使误码状态寄存器清零。

③ 密码数位计数器:使用 74LS161。开始工作时,该计数器为 0。输入密码过程中,每输入 1 位密码,计数器加 1。该计数器具有三个作用:一是记录输入的密码的位数,并据此控制数据选择器从 8 位预置密码中选出相应数位密码供比较器进行比较;二是向控制器提供是否已输入 8 位密码的状态信号 e_2,当输入密码满 8 位时 $e_2=1$,否则 $e_2=0$;三是当输入

超过 8 位密码时,使误码状态寄存器置位。e_2 将和 e_1 共同决定密码锁系统是否开锁、是否进入错误状态。工作时,控制器发出控制信号 C_0,使密码数位计数器清 0,以便选择第 1 位预置密码。任何时候按下复位键,都将使密码数位计数器清零。

(3) 算子部件

数字密码锁系统的运算功能非常简单,只需要比较一种操作,且出于采用串行比较方案,故用 1 个异或门就可以实现比较功能。

(4) 数据通路部件

由于采用串行比较方案,输入密码与预置密码是逐位进行比较。使用八选一数据选择器可以方便地实现这种预置密码选择功能,选择的控制码由密码数位计数器提供。

(5) 数据处理器的结构

根据前面的设计思路,可以构造出串行比较方案的密码锁数据处理器的结构如图11.27

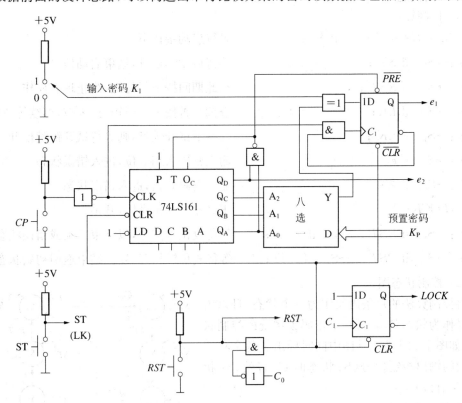

图 11.27　密码锁数据处理器结构

所示。从图中可以看出:

① 控制信号(控制点)

C_0:$LOCK \leftarrow 0$(将 $LOCK$ 置 0),使开锁信号复位,关锁,同时也使其余存储部件清零。

C_1:$LOCK \leftarrow 1$(将 $LOCK$ 置 1),使开锁信号置位,开锁。

② 任何时候 RST 或 C_0 有效都可以将所有记忆部件清零。

③ 误码状态寄存器的时钟信号由自身的 $\overline{Q}$ 端进行控制。当无误码时,$\overline{Q}=1$,时钟信号得以通过;一旦出现错误输入,$\overline{Q}=0$,时钟信号不能到达误码状态寄存器,使误码状态得以

保持,直到按下复位键才能清除。

(4) 密码数位计数器 74LS161 计数控制端 T 受 Q_D、Q_A 控制。当输入第 9 位密码后,$Q_DQ_CQ_BQ_A = 1001$,与非门输出为 0,它一方面使 74LS161 因 T 为 0 而停止计数;另一方面通过置位误码状态寄存器使 e_1 为 1,向控制器提供错误输入状态信号,表示使用者输入了不少于 9 位的密码,为非法使用者。Q_D 同时作为判断输入是否满 8 位密码的状态信号 e_2。

4) 控制算法与控制状态图

该控制算法的编写与程序设计极其相似。根据密码锁数据处理器的结构,可以直接写出与之对应的控制算法(并非唯一)并画出控制状态图。

① 标号:"|"选择符,表示如果条件……则输出为……

"‖"间隔符,表示一种并列关系

② 为简便起见,算法中常用′代替非号。例如:$ST' = \overline{ST}$,$RST' = \overline{RST}$。

(1) 控制算法

$S_0 : LOCK \leftarrow 0 \parallel \rightarrow S_0$ if ST;   等待启动键按下

$S_1 : \rightarrow S_1$ if ST';   等待启动键松开,结束启动信号

$S_2 : \rightarrow S_9$ if RST';   在此期间按下复位键,终止现有操作

$S_3 : \rightarrow S_2$ if LK;   查询是否按下试开锁键,未按,继续等待输入

$S_4 : \rightarrow S_4$ if LK';   若按下试开锁键,则等待试开锁键松开

$S_5 : \rightarrow S_8$ if e_2';   输入密码未满 8 位,进入错误状态

$S_6 : \rightarrow S_8$ if e_1;   输入密码有错,进入错误状态

$S_7 : LOCK \leftarrow 1$ 正确输入 8 位密码,开锁

$S_8 : \rightarrow S_8$ if RST | $\rightarrow S_9$ if RST'; 等待复位键按下,以结束开锁或错误状态

$S_9 : \rightarrow S_9$ if RST' | $\rightarrow S_0$ if RST; 等待复位键松开,复位结束返回初始状态

(2) 控制状态图

将控制算法的每条语句作为一个状态,且以语句标号作为状态名,就可画出密码锁系统的控制状态图,如图 11.28 所示。图中同时标出了各个状态下有效的输出控制信号(S_0 状态时 C_0 有效,S_7 状态时 C_1 有效)。

5) 控制器的实现

此处选择硬件控制器实现方法,仍采用 74LS161 作状态寄存器。从图 11.28 所示的控制状态图可知,密码锁系统共有 10 个状态,需要用 4 位二进制编码,一片 74LS161 可满足使用要求。

(1) 74LS161 的控制激励表如表 11.8 所示。

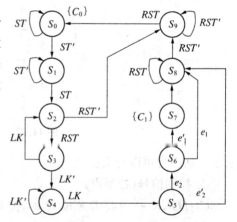

图 11.28　密码锁系统控制状态图

表 11.8 74LS161 控制激励表

现态(编码)	条 件	次态(编码)	方 式	CLR	LD	P T	D C B A	C_1 C_0
S_0 (0 0 0 0)	$ST=0$	S_1 (0 0 0 1)	计数	1	1	1 1	× × × ×	0 1
	$ST=1$	S_0 (0 0 0 0)	预置	1	0	× ×	0 0 0 0	
S_1 (0 0 0 1)	$ST=0$	S_1 (0 0 0 1)	预置	1	0	× ×	0 0 0 1	0 0
	$ST=1$	S_2 (0 0 1 0)	计数	1	1	1 1	× × × ×	
S_2 (0 0 1 0)	$RST=0$	S_9 (1 0 0 1)	预置	1	0	× ×	1 0 0 1	0 0
	$RST=1$	S_3 (0 0 1 1)	计数	1	1	1 1	× × × ×	
S_3 (0 0 1 1)	$LK=0$	S_4 (0 1 0 0)	计数	1	1	1 1	× × × ×	0
	$LK=1$	S_2 (0 0 1 0)	预置	1	0	× ×	0 0 1 0	
S_4 (0 1 0 0)	$LK=0$	S_4 (0 1 0 0)	预置	1	0	× ×	0 1 0 0	0 0
	$LK=1$	S_5 (0 1 0 1)	计数	1	1	1 1	× × × ×	
S_5 (0 1 0 1)	$e_2=0$	S_8 (1 0 0 0)	预置	1	0	× ×	1 0 0 0	0 0
	$e_2=1$	S_6 (0 1 1 0)	计数	1	1	1 1	× × × ×	
S_6 (0 1 1 0)	$e_1=0$	S_7 (0 1 1 1)	计数	1	1	1 1	× × × ×	0 0
	$e_1=1$	S_8 (1 0 0 0)	预置	1	0	× ×	1 0 0 0	
S_7 (0 1 1 1)	×	S_8 (1 0 0 0)	计数	1	1	1 1	× × × ×	1 0
S_8 (1 0 0 0)	$RST=0$	S_9 (1 0 0 1)	计数	1	1	1 1	× × × ×	0 0
	$RST=1$	S_8 (1 0 0 0)	预置	1	0	× ×	1 0 0 0	
S_9 (1 0 0 1)	$RST=0$	S_9 (1 0 0 1)	预置	1	0	× ×	1 0 0 1	0 0
	$RST=1$	S_0 (0 0 0 0)	预置	1	0	× ×	0 0 0 0	

74LS161 的功能表见表 6.13。两表中 $CLR = \overline{CR}$、$LD = \overline{LD}$、$P = CT_P$、$T = CT_T$、$DCBA = D_3D_2D_1D_0$ 。

（2）激励与控制输出表达式

根据表 11.8,写出激励与控制输出表达式:

$CLR = 1$

$P = T = 1$

$LD = S_0 \cdot \overline{ST} + S_1 \cdot ST + S_2 \cdot RST + S_3 \cdot \overline{LK} + S_4 \cdot LK + S_5 \cdot e_2 + S_6 \cdot \overline{e_1} + S_7 + S_8 \cdot \overline{RST}$

$D = S_2 + S_5 + S_6 + S_8 + S_9 \cdot \overline{RST}$

$C = S_4$

$B = S_3$

$A = S_1 + S_2 + S_9 \cdot \overline{RST}$

$C_0 = S_0$

$C_1 = S_7$

（3）硬件控制器电路

根据得到的激励和输出表达式,可画出硬件控制器电路如图 11.29 所示。

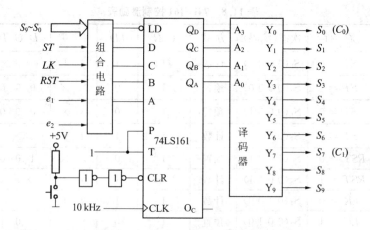

图 11.29　密码锁硬件控制器

图中未将 74LS161 的控制输入 *LD* 和 *D*、*C*、*B*、*A* 的电路详细画出,它们可根据逻辑表达式方便地画出(*LD* 用数据选择器实现比较方便,*D* 和 *A* 则 既可用逻辑门也可用数据选择器实现)。

图中 74LS161 的异步清零端 *CLR* 外接一个加电复位电路,使密码锁加电时能够自动复位(如不用该复位电路,可将 *CLR* 直接接到高电平,只要初次加电时,按下 RST 复位键,系统也能自动地回到初始状态。因为根据控制算法,不管加电时系统处于何种状态,只要按下复位键,都将转入初始状态)。

数据处理器中的 RST 作为不复位控制器,只作为控制器的一个输入条件。

由于本系统的控制信号不多,只要在数据子系统结构图上稍做修改,就可将控制功能溶入其中,从而省去复杂的控制电路。图 11.30 画出了 8 位二进制数字密码锁系统的电路。

11.4.3　十字路口交通灯控制系统(一)

1) 系统功能与使用要求

(1) 主干道和支干道均有红、绿、黄三种信号灯。

(2) 通常保持主干道绿灯、支干道红灯;只有支干道有车时,才转为主干道红灯、支干道绿灯。

(3) 绿灯转红灯过程中,先由绿灯转为黄灯。8 s 后,再由黄灯转为红灯,同时对方才由红灯转为绿灯。

(4) 当两个方向同时有车来时,红、绿灯应每隔 40 s 变换一次(扣除绿灯转红灯过程中的 8 s 黄灯过渡,绿灯实际只亮 32 s)。

(5) 若仅在一个方向有车来时,按下列规则进行处理:

① 该方向原为红灯时,另一个方向立即由绿灯变为黄灯,8 s 后再由黄灯变为红灯,同时本方向由红灯变为绿灯;

② 该方向原为绿灯时,继续保持绿灯;一旦另一方向有车来时,作两个方向均有车处理。

2) 总体方案

图 11.31 表示位于主干道和支干道的十字路口的交通灯系统。

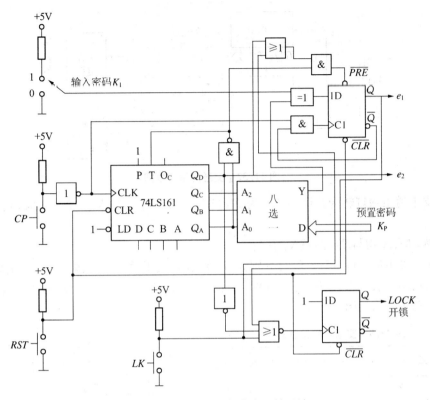

图 11.30   8 位二进制数字密码锁系统

系统由控制器和处理器组成,控制器接收外部系统时钟和传感器信号;处理器由定时器和译码显示器组成。其系统框图如图 11.32 所示。

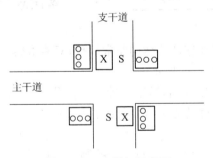

图 11.31   交通灯示意图

根据交通灯控制系统的功能,确定采用如下方案。

(1) 在两个方向各装 1 个车辆传感器 X_1 和 X_0。

当主干道方向有车时, $X_1 = 1$,否则, $X_1 = 0$;

当支干道方向有车时, $X_0 = 1$,否则, $X_0 = 0$。

(2) 设 8 s 黄灯时间到时 $T_8 = 1$,时间未到时 $T_8 = 0$;

设 32 s 绿灯时间到时, $T_{32} = 1$,时间未到时 $T_{32} = 0$。

(3) 设主干道由绿灯转为黄灯的条件为 M,当 $M = 0$ 时,绿灯保持;当 $M = 1$ 时,立即由绿灯转为黄灯。

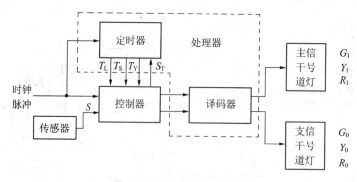

图 11.32　交通灯系统框图

设支干道由绿灯转为黄灯的条件为 N,当 $N=0$ 时,绿灯保持;当 $N=1$ 时,立即由绿灯转为黄灯。

显然,M、N 均与 T_{32}、X_1、X_0 有关。

(4)设主干道绿灯、黄灯、红灯分别为 G_1、Y_1、R_1;支干道绿灯、黄灯、红灯分别为 G_0、Y_0、R_0,并且均用 0 表示灭、1 表示亮,则两个方向的交通灯有如表 11.9 所示的四种输出状态。

(5)总体结构见图 11.33。

表 11.9　交通灯输出状态

输 出 状 态	G_1 Y_1 R_1 G_0 Y_0 R_0
Z_0	1　0　0　0　0　1
Z_1	0　1　0　0　0　1
Z_2	0　0　1　1　0　0
Z_3	0　0　1　0　1　0

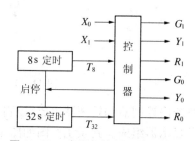

图 11.33　交通灯控制系统总体结构

3) 数据处理器结构

交通灯控制系统的数据处理器的结构非常简单,只有 32 s 定时器和 8 s 定时器以及六个交通灯,其电路结构如图 11.34 所示。

图中使用 74LS161 作为定时器,基准时钟 CP 的周期为 1 s。这里将黄灯和绿灯的时间分别定为 8 s 和 32 s(这样红灯就为 40 s),主要是为了便于产生(8 = 2^3、32 = 2^5)。图中交通灯没有具体画出。

从 74LS161 的连接关系可以看出,只有当控制信号 $C_1=0$ 时,32 s 定时器才能工作;同样,只有当 $C_0=0$ 时,8 s 定时器才能工作。因此,可以通过控制信号控制两个定时器的工作。如果不想让某个定时器工作,只要使相应的控制信号为 1 即可。

根据交通灯控制系统的工作过程可知,两个定时器没有必要同时工作。不需要工作的一个定时器因控制信号为 1 而一直处于复位状态,当需要其从不工作转为工作时,只需将相应的控制信号从 1 变为 0,即可方便地使定时器从 0 开始计时,从而简化了定时控制。

4) 控制算法与控制状态图

交通灯控制器的 ASM 图如图 11.35 所示,S_T 为控制器发出的状态转换信号。

根据分析和所采用的数据处理器结构,不难得出交通灯控制系统的控制算法:

$S_0: G_1 \leftarrow 1 \parallel R_0 \leftarrow 1 \parallel CLR\ T_8 \parallel \rightarrow S_0$　if M';　　　　　　　　　主绿,支红

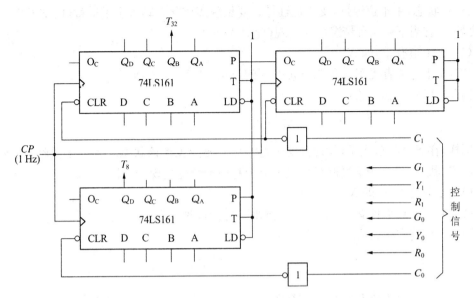

图 11.34 交通灯控制系统数据处理器结构图

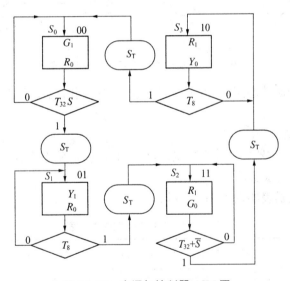

图 11.35 交通灯控制器 ASM 图

$S_1: Y_1 \leftarrow 1 \parallel R_0 \leftarrow 1 \parallel CLR\,T_{32} \parallel \rightarrow S_1 \quad \text{if } T_8';$ 主黄,支红

$S_2: R_1 \leftarrow 1 \parallel G_0 \leftarrow 1 \parallel CLR\,T_8 \parallel \rightarrow S_2 \quad \text{if } N';$ 主红,支绿

$S_3: R_1 \leftarrow 1 \parallel Y_0 \leftarrow 1 \parallel CLR\,T_{32} \parallel \rightarrow S_3 \quad \text{if } T_8' \mid S_0 \quad \text{if } T_8;$ 主红,支黄

其中,$CLR\,T_8$ 和 $CLR\,T_{32}$ 分别为将 8 s 和 32 s 定时器强行复位,使其停止计数并一直处于 0 状态。

如前所述,算法中的转换条件 M、N 与 T_{32} 和 X_1、X_0 有关,若将 T_{32} 和 X_1、X_0 组合为条件 M、N,则可以简化算法;如直接以 T_{32} 和 X_1、X_0 为转换条件,算法的语句将较多,且控制也比较麻烦。

现在,推导 M、N 的表达式。

在 S_0 状态,主干道绿灯,支干道红灯。要想脱离该状态转入主干道黄灯、支干道红灯的 S_1 状态,只有当下列两种情况同时出现(此时 $M=1$):

(1) 支干道有车,即 $X_0=1$。

(2) 主干道或者无车或者 32 s 定时时间已到,即 $X_1=0$ 或者 $T_{32}=1$。

因此,M 的表达式为:

$$M = X_0(\overline{X_1} + T_{32})$$

同样,在 S_2 状态,主干道红灯,支干道绿灯。要想脱离该状态转入主干道红灯、支干道黄灯的 S_3 状态,只有当下列两种情况中至少有一种情况出现(此时 $N=1$):

(1) 支干道无车,即 $X_0=0$。

(2) 主干道有车且支干道的 32 s 定时时间已到,即 $X_1=1$, $T_{32}=1$。

因此,N 的表达式为:

$$N = \overline{X_0} + X_1 T_{32}$$

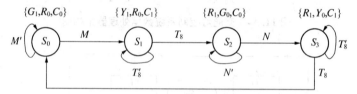

图 11.36 交通灯控制系统控制状态图

根据算法画出控制状态图,如图 11.36 所示。图中同时给出了各个状态下有效的输出控制信号。

5) 控制器的实现

由于状态不多,控制器用硬件方法实现,用 74LS161 做状态寄存器。

(1) 74LS161 控制激励表

74LS161 控制激励表如表 11.10 所示。

表 11.10　74LS161 控制激励表

现态(编码)	条件	次态(编码)	方式	CLR	LD	$P\ T$	$D\ C\ B\ A$	$G_1\ Y_1\ R_1\ G_0\ Y_0\ R_0\ C_1\ C_0$
S_0(0 0)	$M=0$	S_0(0 0)	保持	1	1	0 ×	××××	
	$M=1$	S_1(0 1)	计数	1	1	1　1	××××	1 0 0 0 0 1 0 1
S_1(0 1)	$T_8=0$	S_1(0 1)	保持	1	1	0 ×	××××	
	$T_8=1$	S_2(1 0)	计数	1	1	1　1	××××	0 1 0 0 0 1 1 0
S_2(1 0)	$N=0$	S_2(1 0)	保持	1	1	0 ×	××××	
	$N=1$	S_3(1 1)	计数	1	1	1　1	××××	0 0 1 1 0 0 0 1
S_3(1 1)	$T_8=0$	S_3(1 1)	保持	1	1	0 ×	××××	
	$T_8=1$	S_0(0 0)	计数	1	1	1　1	××××	0 0 1 0 1 0 1 0

几点说明:

① 由于只有四个状态，因此只需用 2 位二进制编码，用 74LS161 的 Q_B 和 Q_A 端即可。

② 凡是维持现态的情况，均使用保持功能。使用预置功能虽然也能实现，但预置控制输入端 LD 和预置数据输入端 B、A 均要使用，电路比较复杂。

③ S_3 状态，当 $T_8 = 1$ 时，次态为 S_0。一般情况下，这种状态跳转需要使用预置功能才能实现，但此处比较特殊，因为只使用 74LS161 的 Q_B 和 Q_A，在 11 状态后的下一个计数状态就是 00，因此不必使用预置功能，只使用计数功能就可以了。这样，就不必进行预置控制输入端 LD 和预置数据输入端 B、A 的连接。

因此，74LS161 需要进行特殊控制的只有计数控制端 P，使得电路连接大大简化。

（2）激励与控制输出表达式

根据 74LS161 控制激励表，可写出激励与控制输出表达式：

$$CLR = LD = T = 1$$
$$D = C = B = A = \times$$
$$P = S_0 M + S_1 T_8 + S_2 N + S_3 T_8$$
$$C_1 = S_1 + S_3 = Q_A$$
$$C_0 = S_0 + S_2 = \overline{Q_A}$$
$$G_1 = S_0$$
$$Y_1 = S_1$$
$$R_1 = S_2 + S_3 = Q_B$$
$$G_0 = S_2$$
$$Y_0 = S_3$$
$$R_0 = S_0 + S_1 = \overline{Q_B}$$

此处，$M = X_0(\overline{X_1} + T_{32})$，$N = \overline{X_0} + X_1 T_{32}$。

（3）硬件控制器电路

从上面得到的激励和输出表达式可知，M、N、P 用数据选择器实现比较方便，其中 M、

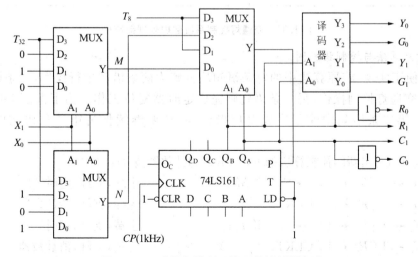

图 11.37 交通灯控制系统硬件控制器电路

N 用 X_1、X_0 作为选择变量,P 用状态 S_i(也就是 Q_BQ_A)作为选择变量。G_1、Y_1、G_0、Y_0 用译码器实现比较方便,只需用译码器对 Q_BQ_A 进行译码即可产生这些输出信号。而 C_1、C_0、R_1、R_0 直接从 74LS161 的 Q 端输出比较方便。由此得到交通灯控制系统的硬件控制器电路如图 11.37 所示。

由于交通灯控制器接上电源时,原则上可以处于任意一个状态,因此,没有必要在加电时进行单独复位。另外,交通灯控制器的时钟频率也比数据处理器的高得多,使控制器查询状态转换条件所需时间与数据处理器的时钟周期相比可以忽略不计。

11.4.4　十字路口交通灯控制系统(二)

从前面的设计过程可以看到,交通灯控制系统的数据处理器中,8 s 定时器和 32 s 定时器不需同时工作,且用 32 s 定时器也可以非常方便地产生 8 s 定时。因此,可以用一个 32 s 定时器来产生 8 s 和 32 s 定时,从而省去单独的 8 s 定时器。

由于 8 s 定时器和 32 s 定时器每次都需要从 0 开始计时,使用 1 个定时器后,定时器的复位需要增加单独的状态才能完成。但因为控制器中使用的一片 74LS161 最多有 16 个状态,所以这并不会增加控制器的硬件成本。

1) 数据处理器

数据处理器结构可以直接从如图 11.34 所示的交通灯控制系统数据处理器结构得到,即将原电路中的 8 s 定时器去掉,同时从 32 s 定时器右侧的 74LS161 芯片的 Q_D 端引出 8 s 到 T_8,修改后的数据处理器结构如图 11.38 所示。

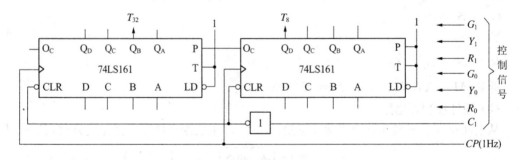

图 11.38　交通灯控制系统数据处理器结构

2) 控制算法与控制状态图

为了便于实现,将原算法中的每条语句均分解为两条语句进行操作,一条语句仍完成原有的交通灯控制操作,另一条语句则完成定时器复位工作。为了保证交通灯操作的连续性,第二条语句中除了完成复位操作外,还要继续保持第一条语句的交通灯操作。

因此,可编写出新的控制算法如下(CLRT 为计数器清 0):

$S_{00} : G_1 \leftarrow 1 \parallel R_0 \leftarrow 1 \parallel \rightarrow S_{00}$　if M';　　　　　　　主绿,支红,定时 32 s

$S_{01} : G_1 \leftarrow 1 \parallel R_0 \leftarrow 1 \parallel \text{CLRT}$;　　　　　　　　　主绿,支红,清计数器

$S_{10} : Y_1 \leftarrow 1 \parallel R_0 \leftarrow 1 \parallel \rightarrow S_{10}$　if T_8';　　　　　　　主黄,支红,定时 32 s

$S_{11} : Y_1 \leftarrow 1 \parallel R_0 \leftarrow 1 \parallel \text{CLRT}$;　　　　　　　　　主黄,支红,清计数器

$S_{20} : R_1 \leftarrow 1 \parallel G_0 \leftarrow 1 \parallel \rightarrow S_{20}$　if N';　　　　　　　主红,支绿,定时 32 s

$S_{21}:R_1 \leftarrow 1 \parallel G_0 \leftarrow 1 \parallel CLRT;$ 主红,支绿,清计数器

$S_{30}:R_1 \leftarrow 1 \parallel Y_0 \leftarrow 1 \parallel \rightarrow S_{30}$ if T'_8;   主红,支黄,定时 32 s

$S_{31}:R_1 \leftarrow 1 \parallel Y_0 \leftarrow 1 \parallel CLRT \parallel \rightarrow S_{00};$ 主红,支黄,清计数器

控制状态图如图 11.39 所示,图中同样标出了各状态的有效输出控制信号。

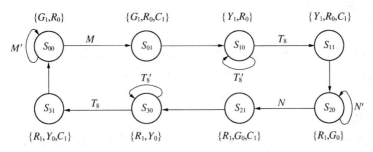

图 11.39　交通灯控制系统控制状态图

3) 控制器的实现

控制器用硬件方法实现,用 74LS161 作状态寄存器。

(1) 74LS161 控制激励表

由于现在有八个状态,因此,需要用 3 位二进制编码。使用 74LS161 的 $Q_C Q_B Q_A$ 来表示这八个状态,可得 74LS161 控制激励表如表 11.11 所示。

表 11.11　74LS161 控制激励表

现态(编码)	条件	次态(编码)	方式	CLR	LD	P T	D C B A	$G_1\ Y_1\ R_1\ G_0\ Y_0\ R_0\ C_1$
$S_{00}(0\ 0\ 0)$	$M=0$	$S_{00}(0\ 0\ 0)$	保持	1	1	0 ×	××××	1 0 0 0 0 1 0
	$M=1$	$S_{01}(0\ 0\ 1)$	计数	1	1	1 1	××××	
$S_{01}(0\ 0\ 1)$	×	$S_{10}(0\ 1\ 0)$	计数	1	1	1 1	××××	1 0 0 0 0 1 1
$S_{10}(0\ 1\ 0)$	$T_8=0$	$S_{10}(0\ 1\ 0)$	保持	1	1	0 ×	××××	0 1 0 0 0 1 0
	$T_8=1$	$S_{11}(0\ 1\ 1)$	计数	1	1	1 1	××××	
$S_{11}(0\ 1\ 1)$	×	$S_{20}(1\ 0\ 0)$	计数	1	1	1 1	××××	0 1 0 0 0 1 1
$S_{20}(1\ 0\ 0)$	$N=0$	$S_{20}(1\ 0\ 0)$	保持	1	1	0 ×	××××	0 0 1 1 0 0 0
	$N=1$	$S_{21}(1\ 0\ 1)$	计数	1	1	1 1	××××	
$S_{21}(1\ 0\ 1)$	×	$S_{30}(1\ 1\ 0)$	计数	1	1	1 1	××××	0 0 1 1 0 0 1
$S_{30}(1\ 1\ 0)$	$T_8=0$	$S_{30}(1\ 1\ 0)$	保持	1	1	0 ×	××××	0 0 1 0 1 0 0
	$T_8=1$	$S_{31}(1\ 1\ 1)$	计数	1	1	1 1	××××	
$S_{31}(1\ 1\ 1)$	×	$S_{00}(0\ 0\ 0)$	计数	1	1	1 1	××××	0 0 1 0 1 0 1

(2) 激励与控制输出表达式

根据 74LS161 控制激励表,写出激励与控制输出表达式:

$CLR = LD = T = 1$

$D = C = B = A = \times$

$P = S_{00}M + S_{01}T_8 + S_{11} + S_{20}N + S_{21} + S_{30}T_8 + S_{31}$

$C_1 = Q_A$

$$G_1 = S_{00} + S_{01}$$
$$Y_1 = S_{10} + S_{11}$$
$$R_1 = Q_C$$
$$G_0 = S_{20} + S_{21}$$
$$Y_0 = S_{30} + S_{31}$$
$$R_0 = \overline{Q_C}$$

其中,M、N 的表达式与前面相同,为了使用方便,这里仍然列于下面:

$$M = X_0(\overline{X_1} + T_{32})$$
$$N = \overline{X_0} + X_1 T_{32}$$

(3) 硬件控制器电路

由上面得到的激励和输出表达式可知,M、N、P 仍然用数据选择器实现比较方便,其中,M、N 用 X_1、X_0 作为选择变量,P 用状态 S_i(也就是 $Q_C Q_B Q_A$)作为选择变量。G_1、Y_1、G_0、Y_0 还是用译码器实现,但只需用译码器对 $Q_C Q_B$ 进行译码即可产生这些输出信号,不必对 $Q_C Q_B Q_A$ 译码后再进行逻辑或产生这些信号。C_1、R_1、R_0 仍然直接从 74LS161 的相应 Q 或 $\overline{Q}$ 端输出。由此得到交通灯控制系统的硬件控制器电路如图 11.40 所示,仍然选用 1kHz 控制时钟。

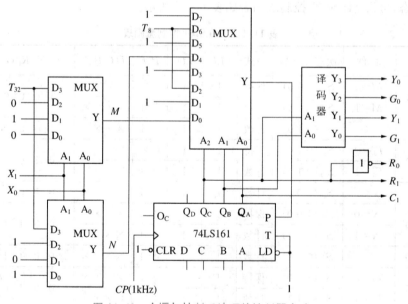

图 11.40 交通灯控制系统硬件控制器电路

11.5 简易计算机的功能分析与电路设计

数字系统设计的一般步骤包括:在对数字系统进行设计之前必须对系统应完成的功能作详细地了解和分析,这包括收集有关资料,明确系统对输入信息和控制对象的各种要求;在此基础上确定系统的总体结构模块,根据总体结构模块设计出结构框图;然后用具体逻辑电路实现每个框图所要完成的功能,经反复实验修改调整,最后投入正式使用。

下面以仅能完成加法运算的简易计算机为例说明数字系统的设计过程。

11.5.1　简易计算机的功能分析与框图设计

数字计算机是典型的数字系统之一。它能对输入的信息进行处理、运算。为了分析它的功能,确定其模块结构,首先让我们看一个用算盘进行运算的例子。

$$(15+5) \times 2 - 30 = 10$$

用算盘计算上式,首先要有一个算盘作为运算工具,其次还要有纸和笔来记录数据,包括原始数据、中间结果以及最后运算结果。用算盘计算的过程是在人的控制下进行的。第一步计算(15+5),并把中间结果(20)记在纸上;第二步计算 20×2,再将中间结果(40)记在纸上;最后计算(40-30)并将结果记录在纸上。上述每一步运算都是由大脑指挥完成的。大脑将全题分解成若干演算细节并指挥手指,通过手指拨动算珠完成每一步运算,每步运算完成后大脑又发出指令将中间结果从算盘上取下然后转存到纸上。

如果设计一台计算机完成上述运算过程,那么计算机必须具备如下主要部件。

(1) 运算器

它的作用相当于算盘。它是在控制器控制下进行运算的。实际计算机中的运算器不仅能进行算术运算,还能进行逻辑运算,所以计算机中的运算器又叫做算术逻辑单元。

(2) 存储器

它的作用相当于纸和笔,用来记录原始题目、原始数据、中间结果以及使机器能自动完成各种为运算而编制的程序。

(3) 控制器

它的作用相当于人的大脑。它能按事先规定的顺序发出各种控制信号,协调整个运算过程,使之一步步有序地进行。在时钟脉冲的控制下,控制器按照一定的时序不断地向机器各部件发出命令,指示各部件按规定的时序完成规定的动作。例如从存储器哪个单元取出数据,取出的数据送到什么地方去,什么时候进行什么运算,中间结果暂存到什么地方,最终结果存到存储器哪个单元等。

(4) 输入/输出设备

除上述三部分外还要有输入原始数据和命令的输入设备及输出计算结果的输出设备。

有了上述几部分就构成了一台完整的计算机。其结构如图 11.41 所示。

图中的运算器、存储器和控制器叫做计算机的主机,而输入/输出设备叫做外部设备。通常把主机中的运算器和控制器合在一起称为中央处理器,简称 CPU。由于输入/输出设备在结构上是独立的,为简化起见,将它们和计算机主体分开,下面讨论时只考虑计算机的主机部分。

通过上述分析,明确了组成计算机的三大基本模块,即运算器、存储器、控制器及各模块所要完成的功能。在此基础上就可以进行逻辑框图的设计了。

1) 存储器模块

存储器模块的作用是用来存储指令代码和数据,并按控制器发出的命令将指令代

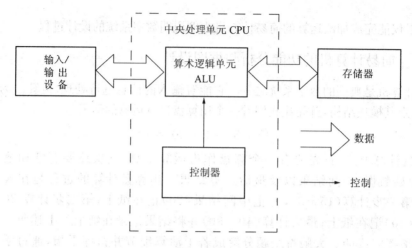

图 11.41　计算机基本结构

码和数据顺序取出。所以存储模块必须有一个能按顺序存放指令代码和数据的存储器,存储器每个存储单元都是一个地址号。为了从存储器中取出指令代码或数据,必须有一个寄存器存放当前要访问的存储单元的地址,这个寄存器称为存储器地址寄存器。当存储器内容被取出后,首先要放到数据寄存器中暂存起来,然后按控制命令将数据寄存器所存内容传送到指定的部件中去。因此,存储器模块包括以下三个逻辑部件:

(1) 存储器(M)

它的作用是按一定顺序存放指令代码和数据。

(2) 存储器地址寄存器(MAR)

存放当前要访问的存储单元的地址,当 MAR 中接收到一个地址码时,即可按该地址将存储器中的内容取出。

(3) 数据寄存器(DR)

用来暂时存放从存储器中读出的指令代码或数据。

2) 算术逻辑单元

简易计算机中,算术逻辑单元(ALU)只完成两个数相加的运算。完成两个数相加必须有一个加法器和三个寄存器。这三个寄存器分别存放两个加数和一个和数。其中一个加数寄存器可用数据寄存器 DR 代替。所以算术逻辑单元应包括:

(1) 累加器(A)

用于保存参与运算的一个加数及运算结果。

(2) 加法器(FA)

用于完成两个数的即时相加运算。

3) 控制器

控制器的作用就是在时钟脉冲控制下定时向各部件发出控制指令,所以它所完成的功能是按规定的节拍产生一系列不同的命令,由这些命令控制各部件完成所规定的动作。例如,什么时候应从存储器中取哪条指令并确定该指令的含义是什么,在这个指令周期内计算机各部件应完成哪几个动作等。所以控制器就包括:

（1）程序寄存器（PC）

用来指示要执行的那条指令的地址,每次操作时 PC 将其中存放的地址传送到 MAR 中,根据 MAR 中的地址将存储器中的内容读出,再传到 DR,同时 PC 加 1 以指向下一步将要取出的指令(或数据)的地址。

（2）指令寄存器（IR）和译码器

用来寄存取自存储器的指令代码,并将其翻译成相应的指令。对应于不同的指令代码,译码器有不同的输出端为 1,用这一信号控制一条指令进行的操作。

（3）控制电路（CON）

产生各种控制信号用以控制各逻辑部件在每个时钟周期内所要完成的动作。

（4）节拍发生器

用于产生一系列定时节拍,使各部件在规定节拍内完成规定的动作。

（5）时钟信号源

计算机是由各种数字电路组成的数字系统,各部件只有在统一的时钟控制下,才能一个时钟周期接一个时钟周期地工作,它是协调整个机器操作的重要信号。时钟信号源就是用于产生所需要的时钟信号。

根据上述分析可设计出简易计算机框图如图 11.42 所示。

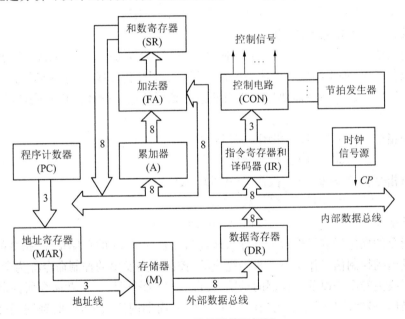

图 11.42 简易计算机框图

应当注意,各寄存器之间、寄存器与组合电路之间既可以用专用线直接连接,也可以用共用线即总线连接。众多的专用线直接连接使连接线繁杂、体积增加,所以简易计算机中用总线结构。在总线结构中,根据操作顺序,在不同时刻、不同控制命令下,将相应的寄存器"挂"到总线上,所以必须用三态门(又称作三态缓冲器)输出。各部件的工作是受控制电路发出的微控制命令控制的,这些命令包括:

I_{MAR}：地址寄存器寄存命令；

I_{DR}：DR 寄存命令；

I_{IR}：IR 寄存命令；

I_{PC}：PC＋1命令；

I_A：累加器 A 寄存命令；

E_{DR}：DR 输出命令；

I_Σ：和数寄存器寄存命令；

E_Σ：和数寄存器输出命令；

I_{CP}：时钟脉冲控制命令。

11.5.2 简易计算机控制器设计

1) 简易计算机指令格式及工作过程的描述

计算机是按照一定程序进行运算的,应事先将所要求的操作内容编成程序存入存储器。现以简易计算机所进行的加法运算为例说明程序的编制和一些术语。

为了简化计算机的结构,简易计算机只有三条指令完成指定数的相加操作。例如求6＋7＝?,编制 6 和 7 相加的程序为:

程序　　　　解　　释

LDA,6：　　A←6　　把 6 送入累加器 A

ADD A,7：　A←A＋7　把 A 中的 6 与 7 相加,结果送 A

HALT：　　运算完毕,暂停

上述每条语句称作一条指令,LD 为取数指令,ADD 为加法指令,HALT 为暂停指令,机器逐条执行指令,得出结果。上述指令是由英文单词简化而成,便于人们记忆。但是计算机只识别"0"、"1"代码,所以需要把这些用助记符编写的指令翻译成机器码("0"、"1"代码)指令,

第一条指令	00111110	操作码(LDA)
	00000110	操作数(6)
第二条指令	11000110	操作码(ADD　A)
	00000111	操作数(7)
第三条指令	01110110	操作码(HALT)

每条指令的操作码和操作数分别存入地址为 n 及 $(n+1)$ 的存储单元。指令的执行是在控制电路发出的控制信号作用下一步步完成的。控制电路发出的控制命令称为微命令,也就是控制门开或关的命令以及寄存器的送数、置位、复位命令等。一个微命令所控制实现的操作称为微操作,显然这是最基本的操作,在一个时钟周期内完成。每个时钟周期称作一个节拍,记作 I_0、I_1、I_2、…。

每条指令的执行过程都分为取指令和执行指令两个阶段。例如,执行 LDA, 6 这条指令,取指令阶段完成从存储器中把操作码取出并送入指令寄存器,经译码器译出取数指令的操作;执行阶段则完成将操作数(6)送入 A 的操作。

取指令前先将程序计数器 PC 初始化,使其所置数据为存储器中程序的首地址。开始执行取指令操作时,计数器从首地址开始,第一步将 PC 中所存的首地址传送到 MAR 中;第二步按 MAR 所存地址将存储器中所对应的操作码读出并送入 DR;第三步将操作码从 DR 送入 IR,经译码器译出相应的指令,这条指令决定了接下来应完成什么操作。例如,若译出的

指令为 LD＝1 则接下来进行取数操作；若为 ADD＝1 则进行加数操作。与此同时 PC 加 1 指向下一个存储单元的地址。可见取指令阶段要进行三个微操作，在 $T_0 \sim T_2$ 节拍内完成。用寄存器传送语言可描述为：

T_0：MAR ← PC

T_1：DR ← M

T_2：IR ← DR，PC ← PC＋1

在执行任何指令之前都要经过上述这一取指令过程。取指令阶段完成后则进入指令执行阶段。现以执行 LDA，6 这条指令为例说明指令执行过程。

取数操作可分解成四个微操作完成，由于在 T_2 节拍 PC 已加 1，所以 PC 指向的就是 M 中的操作数 6。T_3 节拍将 PC 所存地址送入 MAR；T_4 节拍根据 MAR 中所存地址将存储器中的操作数（6）取出送入 DR 暂存；T_5 节拍 PC＋1 指向下一条指令的地址，为执行下一条指令做好准备；T_6 节拍将暂存于 DR 的操作数送到累加器 A。至此完成了将被加数（6）送入累加器 A 的操作。

用同样的方法可将加数操作分解成四个微操作，在四个节拍内完成。

由于指令执行阶段所执行的操作受指令译码器输出信号的控制，而译码器输出端在任一时刻只能有一个为 1，所以取数和加数操作都在 $T_3 \sim T_6$ 四个节拍内完成。当一条指令执行完毕，节拍发生器又回到初始状态，程序又回到取指令阶段。

综上所述，可将简易计算机工作过程用寄存器传送语言描述如下：

T_0：MAR←PC

T_1：DR←M，BOS←DR

T_2：IR←BOS，PC←PC＋1

T_3·LD：MAR←PC

T_4·LD：DR←M，BOS←DR

T_5·LD：PC←PC＋1

T_6·LD：A←BOS

T_3·ADD：MAR←PC

T_4·ADD：DR←M，BOS←DR

T_5·ADD：SR←FA，PC←PC＋1

T_6·ADD：BOS←SR，A←BOS

符号 BOS 表示内部数据总线；T_3·LD 表示当 T_3＝1，LD＝1 时，将 PC 的内容存入 MAR。

2）控制电路设计

根据传送语句可设计出产生各种控制信号的控制电路。首先从传送语句中将与同一个寄存器执行同一个微操作的寄存器传送语句对应的控制函数找出来。例如，$MAR \leftarrow PC$ 这一操作在控制函数 T_0、$T_3 \cdot LD$ 及 $T_3 \cdot ADD$ 时均出现，则可将这三个控制函数组合成一句

$$T_0 + T_3 LD + T_3 ADD：MAR \leftarrow PC$$

可见控制函数是一个与或表达式。令

$$I_{MAR} = T_0 + T_3 LD + T_3 ADD = T_0 + T_3(LD + ADD),$$

于是可以用与、或门实现该控制函数如图 11.43 所示。

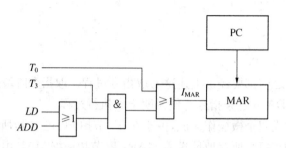

图 11.43   与或门实现该控制函数

当 $I_{MAR} = 1$ 时,加在 MAR 数据输入端的 PC 的值在时钟脉冲到来时被送入 MAR。

按上述方法将传送语句中每一类完成同种操作的传送语句中的控制函数组合起来,便可得到完成不同操作的控制函数如下:

$I_{MAR} = T_0 + T_3 \cdot LD + T_3 \cdot ADD$:   MAR←PC

$I_{DR} = T_1 + T_4 \cdot LD + T_4 \cdot ADD$:   DR←M

$I_{IR} = T_2$:   IR←BOS

$I_{PC} = T_2 + T_5 \cdot LD + T_5 \cdot ADD$:   PC←PC+1

$I_A = T_6 \cdot LD + T_6 \cdot ADD$:   A←BOS

$E_{DR} = T_4 \cdot ADD + T_4 \cdot LD + T_1$:   BOS←DR

$I_{\Sigma} = T_5 \cdot ADD$:   SR←FA

$E_{\Sigma} = T_6 \cdot ADD$:   A←SR

$I_{CP} = \overline{HALT}$

根据上述控制函数就可以用硬件实现产生各种控制命令的控制电路逻辑图。图 11.44 是用与非门实现的上述各控制函数的逻辑图。

在简易计算机中控制电路是用通用阵列 GAL 实现的。

11.5.3   简易计算机部件逻辑图设计

部件逻辑设计就是选择适当的芯片完成图 11.42 各部件的功能。

在选取芯片时,首先应考虑其逻辑功能。随着电子技术的发展,芯片的品种越来越多,完成同一功能的设计方案有多种,所以芯片的选取也不是唯一的。例如,设计实现一个 4 位二进制计数器可以用四个触发器通过适当的连线完成;也可以用两片双触发器芯片(如 74LS74 双 D 触发器)实现;还可以用一片 4 位二进制计数器(如 74LS161)完成,显然,最后一种方案(用 74LS161)比较简单、合理。再如,设计一个具有计数、译码功能的电路,可以分别选择符合要求的具有计数功能和具有译码功能的两个芯片组合而成;也可以选择一片同时具有计数和译码功能的芯片来实现。大规模集成电路,特别是可编程器件的迅速发展,给逻辑电路的设计带来了极大的方便。例如,用户可

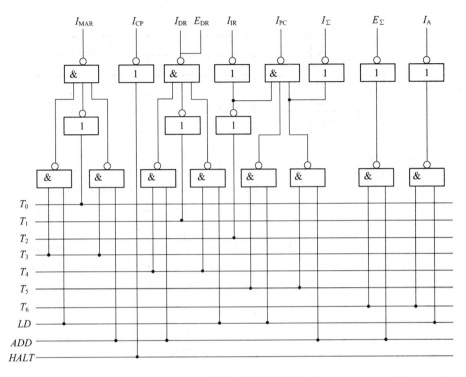

图 11.44 用与非门构成的控制电路

根据需要,通过编程的方式把多个组合和时序逻辑部件集成在一块芯片上,并可以根据需要灵活地修改设计方案,使设计更为合理。

在选择芯片时除了要考虑逻辑功能外,还要考虑其他的一些性能指标。例如,根据系统频率的要求,合理选择芯片的频率参数。另外还要考虑芯片的带负载能力,耗散功率,对环境温度要求,各部件对输入、输出信号的要求等等。若在一个系统中同时选用了 TTL 和 CMOS 芯片,还应考虑电源电压及信号电平的配合等问题。

总之,选择芯片的原则是,在满足系统逻辑功能和实际要求的前提下,尽量使所使用的芯片数量少、连线少、种类少、经济、可靠。

1) 存储器(M)

计算机是按预先编写的程序进行运算的,所以使用者首先应以某种方式把事先编写好的运算程序写入存储器。在计算机运行过程中要对存储器进行读或写操作,因而应选用 RAM 存储器。在简易计算机中,存储器只作为存储指令的部件;在运行过程中只对它进行读操作,而不进行写操作,所以把上述三条指令固化到 EPROM2716(2 048×8 位)中。因为三条指令包含五个字节机器码,所以只使用 2716 中的五个存储单元和三条地址线;因为字长是 8 位,所以使用八条数据线。阵列图如图 11.45 所示。

当地址线 $A_2A_1A_0 = 000$ 时,W_0 为高电平,存储器中相应内容被读到外部数据总路线上,即 $W_0=1$ 时有:

$$D_7 \sim D_0 = 00111110$$

其他类推。片选端可接地,即 $\overline{CS}=0$,使该片总是处于选通状态。

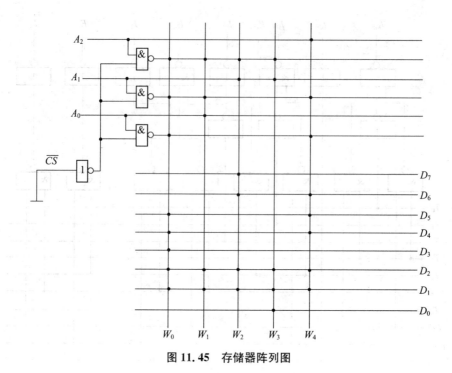

图 11.45　存储器阵列图

2716 的结构框图和引脚图如图 11.46 所示。

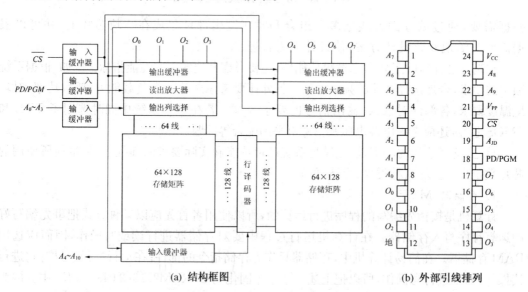

(a) 结构框图　　　　　　(b) 外部引线排列

图 11.46　2716 的结构框图和引脚图

图中有 24 个引出端;内部有行、列译码;地址输入端有 11 个 $A_0 \sim A_{10}$;数据输出端有八个 $O_0 \sim O_7$,其为双向三态,编程时作为写入数据的输入端,正常工作时为输出端,可直接与数据总路线相连;有两种电源输入端,V_{CC} 接 5V,V_{PP} 正常读出时接 5V,编程写入时接 25V;$\overline{CS}$ 端为允许输出控制端,低电平时允许读出,高电平时编程或使输出呈高阻状态,又称片选控制端;PD / PGM 为低功耗编程控制端,用于器件功耗选择,编程时加入 TTL 电平的正脉冲,最大宽度为 55 ms,在两次读出之间的等待时间里使器件工作在低功耗方式。即令 PD / PGM 端为高电平,$V_{PP} = 5V$,输出端为高阻状态,此时器件静态功耗减少 75％为 125MW,其不许加直流信号。表 11.12 总结了 2716 的六种工作方式。

表 11.12　2716 的工作方式及条件

工作方式	引　脚				
	PD / PGM	$\overline{CS}$	V_{PP}	V_{CC}	输　出
读　　出	V_{IL}	V_{IL}	$+5V$	$+5V$	数据输出
未 选 中	×	V_{IH}	$+5V$	$+5V$	高　阻
低 功 耗	V_{IH}	×	$+5V$	$+5V$	高　阻
编　　程	正脉冲	V_{IH}	$+25V$	$+5V$	数据输入
程序检验	V_{IL}	V_{IL}	$+25V$	$+5V$	数据输出
禁止编程	V_{IL}	V_{IH}	$+25V$	$+5V$	高　阻

2）程序计数器（PC）

程序计数器的作用是用来指示要执行的那条指令的地址。在简易计算机中,选用 74LS161 四位同步二进制计数器作为程序计数器。74LS161 功能表列于表 11.13。由于简易计算机只有五个字节机器码,所以只用了其中三个 Q 端作为程序计数器的输出,其连线图如图 11.47 所示。T、P 端与控制信号 I_{PC} 相连。由表 11.13 和图 11.47 可知,当计数控制信号 $I_{PC} = 0$ 时,计数器保持原状态;当 $I_{PC} = 1$ 时,计数器处于计数状态;当时钟信号上升沿到来时作加 1 运算。

表 11.13　74LS 161 功能表

输　　　　　　　入									输　　出			
$\overline{CR}$	$\overline{LD}$	P	T	CP	A	B	C	D	Q_A	Q_B	Q_C	Q_D
L	×	×	×	×	×	×	×	×	L	L	L	L
H	L	×	×	↑	a	b	c	d	a	b	c	d
H	H	H	H	↑	×	×	×	×	计		数	
H	H	H	L	×	×	×	×	×	保		持	
H	H	×	L	×	×	×	×	×	保		持	

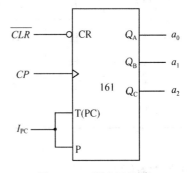

图 11.47　程序计数器

3）存储器地址寄存器（MAR）

MAR 用于存放当前要访问的存储单元的地址。因为简易计算机存储器只使用了五个存储单元,所以只用三个 D 触发器实现其功能。现选用 74LS 378 六 D 触发器芯片,只使用其中 3 位 D 触发器。74LS 378 功能表如表 11.14 所示。由表可知,只要将寄存控制信号 $\overline{I_{MAR}}$ 接到 74LS 378 的 $\overline{CE}$ 端就能完成按寄存命令寄存地址的功能。其连线图如图 11.48 所示。

表 11.14 74LS 378 功能表

输 入 端			输 出 端	
$\overline{CE}$	时钟	数据	Q	$\overline{Q}$
H	×	×	Q_0	$\overline{Q_0}$
L	↑	H	H	L
L	↑	L	L	H
×	L	×	Q_0	$\overline{Q_0}$

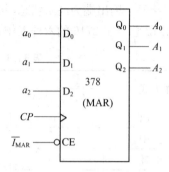

图 11.48 MAR 逻辑图

4) 数据寄存器(DR)

数据寄存器用以暂时存放从存储器中读出的指令和数据。由于来自存储器的数据是 8 位的,所以必须用 8 位 D 触发器;又由于数据寄存器直接与总线相连所以必须选用三态输出电路,故选用带有三态输出的 74LS 373 八 D 锁存器,如图 11.49 所示。74LS 373 的功能如表11.15 所示。由表 11.15 和图 11.49 可知,当寄存命令 $I_{DR}=1$,且时钟信号 CP 到来时,将地址被选中的存储单元中的数据 $D_0 \sim D_7$ 存入 DR。当 $E_{DR} = I_{DR} \cdot CP = 0$ 时,已寄存的数据被锁存;当 $\overline{E}_{DR}=1$ 时输出呈高阻态 $Z(\overline{OC}$ 为三态控制端),只有当 $\overline{E}_{DR}=0$ 时才把所存数据送到数据总线上。

表 11.15 74LS373 的功能表

输出控制	时钟控制	输入数据	输 出
$\overline{OC}$	E	D_i	Q_i
L	H	H	H
L	H	L	L
L	L	×	Q_0
H	×	×	Z

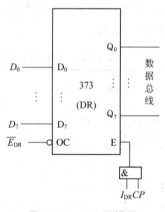

图 11.49 DR 逻辑图

5) 累加器(A)

累加器是存放操作数和中间结果的寄存器。由于数据是八位的,故用 74LS373 八 D 触发器,用 $\overline{I}_A$ 信号控制片选端决定是否将来自总线的数据存入。逻辑图如图11.50所示。

6) 加法器(FA)及和数寄存器(SR)

完成两个 8 位数加法运算可用两片 4 位全加器 74LS83 实现。由于和数要通过总线送回累加器 A,所以和数寄存器应具有三态输出功能,简易计算机选用一片 74LS377 八 D 触发器和八三态门 74LS244 构成。加法器及和数寄存器逻辑图如图 11.51 所示。

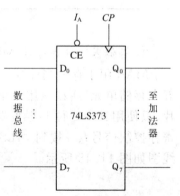

图 11.50 累加器逻辑图

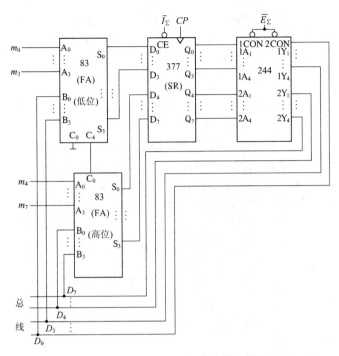

图 11.51　加法器及和数寄存器逻辑图

7) 指令寄存器(IR)和译码器

指令代码有 8 位,所以指令寄存器可选用一片 74LS377 八 D 触发器实现。由于简易计算机只有三条指令(LD、ADD 和 HALT),所以指令译码器可选用三片八输入端与非门及反相器实现。指令寄存器及译码器电路如图 11.52 所示。由图不难看出当操作码为 00111110 时 $LD = 1$;操作码为 11000110 时 $ADD = 1$;操作码为 01110110 时 $HALT = 1$。

8) 节拍发生器

节拍脉冲发生器用于产生 $T_0 \sim T_6$ 七个节拍信号以控制计算机按固定节拍有序地工作。用环形移位寄存器构成节拍发生器。构成节拍发生器的关键在于环形计数器的初始状态要置成 1000000,在 CP 脉冲作用下这个 1 就可以顺序地在计数器中移动,也就产生了一系列节拍信号。在简易计算机中使用了一片 74LS273 八 D 触发器和一片 74LS74 双 D 触发器构成节拍发生器,由于 74LS 273 无置“1”端,所以节拍发生器使用了具有置“1”端的 74LS 74 芯片中的一个触发器作为节拍发生器的第一位,其逻辑图及波形图如图 11.53 所示。

9) 控制电路

简易计算机中的控制电路是用通用阵列逻辑 GAL16V8 实现的,如图11.54 所示。

10) 时钟信号源

时钟信号源用于产生固定频率的方波脉冲。可用 555 定时器组成的多谐振荡器实现,如图 11.55 所示。为了使方波脉冲高、低电平持续时间(即电容充、放电时间)相互独立,加入了两个 ZAP 型二极管 VD_1、VD_2。电容充电时 VD_1 导通,电容放电时 VD_2 导通。若忽略二极管导通压降,该电路的振荡周期为:

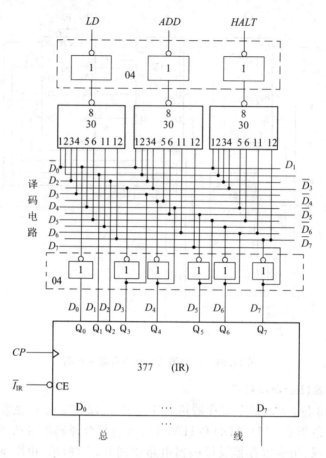

图 11.52 指令寄存器及译码器逻辑图

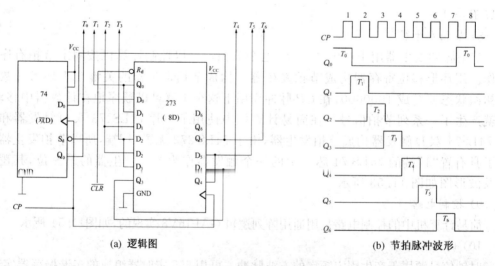

(a) 逻辑图 (b) 节拍脉冲波形

图 11.53 节拍发生器

$$T = 0.7(R_A + R_B)C = 0.7 \times 66 \times 10^3 \times 10 \times 10^{-6} \approx 0.5(s)$$

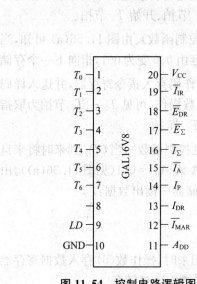

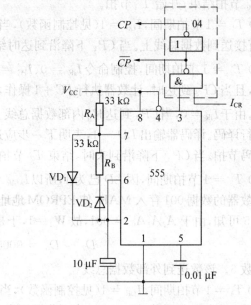

图 11.54 控制电路逻辑图   图 11.55 时钟信号源

11.5.4 简易计算机的实现

前面已完成了简易计算机的各部件的逻辑设计。将 GAL 和 EPROM 编程后,把各单元电路连接起来就完成简易计算机的设计,其逻辑图如图 11.56 所示。

现以 $6+7$ 加法运算为例说明简易计算机的工作原理,分析时需对照如图 11.56 所示的逻辑图和控制电路的控制函数。

前面已说明,程序存入存储器后,机器工作过程总是先将程序计数器 PC 的内容作为存储器地址送入地址寄存器,从存储器相应单元中取出指令暂存于数据寄存器 DR,再由 DR 送入指令寄存器并进行译码。与此同时程序计数器加 1,即 $PC+1$,指向下一个存储单元地址。之后根据译出的指令操作码的要求进行不同的操作。如果操作码是取数(LD),则根据 $PC+1$ 所指地址从存储器中取出数据送入累加器;如操作码是相加(ADD),则从 $PC+1$ 所指地址的相应存储单元中取出数据送入算术逻辑单元,并与来自累加器 A 中的数相加,最后将和数送回累加器 A 中。在执行过程中仍需做 $PC+1$ 操作,以指出下一条指令在存储器中的地址。以上所有过程均在控制器管理下进行,因而控制器是系统的核心。实现 $6+7$ 加法运算的具体步骤如下:

(1) 通电复位(CLR)

由图 11.56 可知程序计数器 PC 清零,即程序计数器置于 000 状态;节拍发生器产生 T_0 节拍,即 $T_0=1$。在 T_0 节拍内 $\overline{I_{MAR}}=0$(见控制函数),在 CP_1(指第一个 CP,以下类同)到来时,即 CP 上跳为 1 时将 PC 的内容送入存储器地址寄存器,使 $A_2A_1A_0=000$。由图 11.52 可知,因 $A_2A_1A_0=000$,故译出 $W_0=1$,所以由 EPROM 读出操作码:

$$D_7 \sim D_0 = 00111110$$

该指令码通过外部数据总线(见图 11.52)送入数据寄存器的输入端。当 CP_1 下降沿到达时，T_0 节拍结束，开始 T_1 节拍。

(2) $T_1 = 1$ 节拍期间，$I_{DR} = 1$(见控制函数)，当 CP_2 到达时将上述指令码存入数据寄存器，并直接送到数据总线上。当 CP_2 下降沿到达时结束 T_1 节拍、开始 T_2 节拍。

(3) $T_2 = 1$ 节拍期间，控制命令 $\overline{I}_{IR} = 0$、$I_{PC} = 1$(见控制函数)。由图 11.56(a)可知，当 $I_{PC} = 1$，且当 CP_3 到达时，计数器执行 $PC + 1$ 操作，其内容由 000 变为 001，指向下一个存储器地址。由于 $\overline{I}_{IR} = 0$，当 CP_3 到达时，内部数据总线上的操作码存入指令寄存器，并送入译码电路进行译码。译码器输出 $LD = 1$，表明下一步应进行取数操作。可见 $T_0 \sim T_2$ 节拍为取指令操作码节拍。当 CP_3 下降沿到来时，结束 T_2 节拍开始 T_3 节拍。

(4) $T_3 = 1$ 节拍期间，因 LD 已为 1，所以 $\overline{I}_{MAR} = 0$(见控制函数)，当 CP_4 到来时将来自程序计数器的数据 001 存入 MAR，使 EPROM 地址线上 $A_2A_1A_0 = 001$(见图 11.36(a))。由图 11.45 可知，由于 $A_2A_1A_0 = 001$，故 $W_1 = 1$，于是从存储器中读出数据：

$$D_7 \sim D_0 = 00000110$$

即被加数 6。该数送到外部数据总线。

(5) $T_4 = 1$ 节拍期间，$I_{DR} = 1$(见控制函数)，当 CP_5 到来时，操作数(6)存入数据寄存器 DR，并送入内部数据总线 $D_7 \sim D_0$；当下降沿到来时，操作数(6)被锁存。

(6) $T_5 = 1$ 节拍期间，$I_{PC} = 1$(见控制函数)。在 CP_6 到来时完成 $PC + 1$ 操作，此时 CP 中的内容为 010，指向存储器中下一条指令的存放地址。

(7) $T_6 = 1$ 节拍期间，$\overline{I}_A = 0$(见控制函数)，如图 11.56 所示。在 CP_7 到来时将来自数据总线 $D_7 \sim D_0 = 00000110$ 操作数存入累加器 A 中。

至此，第一条指令执行完毕，即完成了 LDA，6 操作。所以上述七个节拍为一指令周期。从第八个时钟脉冲开始，进行第二条指令取指操作。

(8) $T_0 \sim T_2$ 节拍期间，根据 PC 内容为 010，取出 EPROM 中第二条指令的操作码 11000110，经指令译码后为 $ADD = 1$，即下一步执行加法操作；在 T_2 期间 PC 执行 $PC + 1$ 操作，指出了加数在存储器中的地址为 011。此过程与上面(1)～(3)相同，故不再赘述。

(9) T_3 节拍期间 $\overline{I}_{MAR} = 0$。在 CP 作用下将 PC 中的内容 011 存入 MAR，并使：

$$A_2A_1A_0 = 011$$

于是把 EPROM 中地址为 011 的存储单元中的数据 00000111，即加数 7 读出到外部数据总线上。

(10) T_4 节拍期间，$I_{DR} = 1$，在 CP 作用下将操作数 7 存入数据寄存器，并通过内部数据总线将操作数 7(加数)送入加法器(图 11.56(b)中的两片 83 芯片的 $B_0 \sim B_3$ 端)与来自累加器中的另一个操作数 6($A_0 \sim A_3$ 端)相加。由于 83 芯片是组合电路，所以是即时相加，其值送和数寄存器输入端。

(11) T_5 节拍期间，$I_{PC} = 1$，$\overline{I}_\Sigma = 0$(见控制函数)。因为 $I_{PC} = 1$，在 CP 作用下完成 $PC + 1$ 操作，PC 内容改写成 100；而 $\overline{I}_\Sigma = 0$，于是在 CP 到来时把 $7 + 6$ 的和数 13 存入和数寄存器 SR(见图 11.56(b))。

(12) T_6 节拍期间，$\overline{E}_\Sigma = 0$，$\overline{E}_{DR} = 1$，$\overline{I}_A = 0$(见控制函数)。由于 $\overline{E}_{DR} = 1$，数据寄存器 DR 输出呈高阻态(见图 11.56(a))，于是将其与内部数据总线切断；由于 $\overline{E}_\Sigma = 0$，三态门导通，

和数寄存器中的内容(13)通过内部数据总线送到累加器 A 的输入端。又因为 $\overline{I_A}=0$,所以当 CP 到达时存入 A 中。此时累加器中的数据为和数 13。至此完成了第二条指令操作,即 $ADD\ A,7$。

(13) $T_0 \sim T_2$ 节拍期间,取第三条指令,经译码器译码后 $HALT=1,I_{CP}=0$,时钟脉冲被禁止,于是停机。

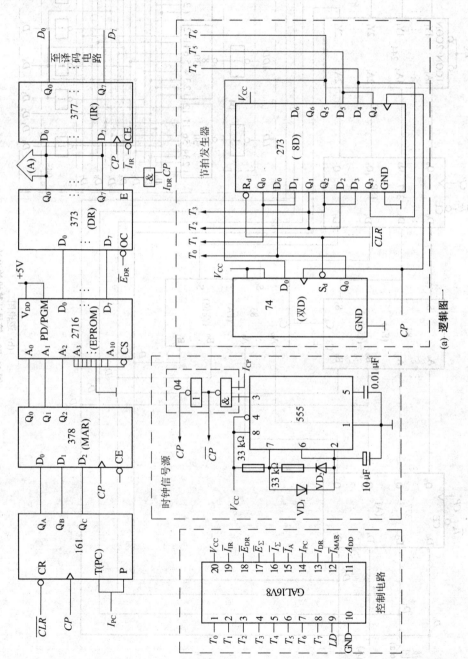

(a) 逻辑图一

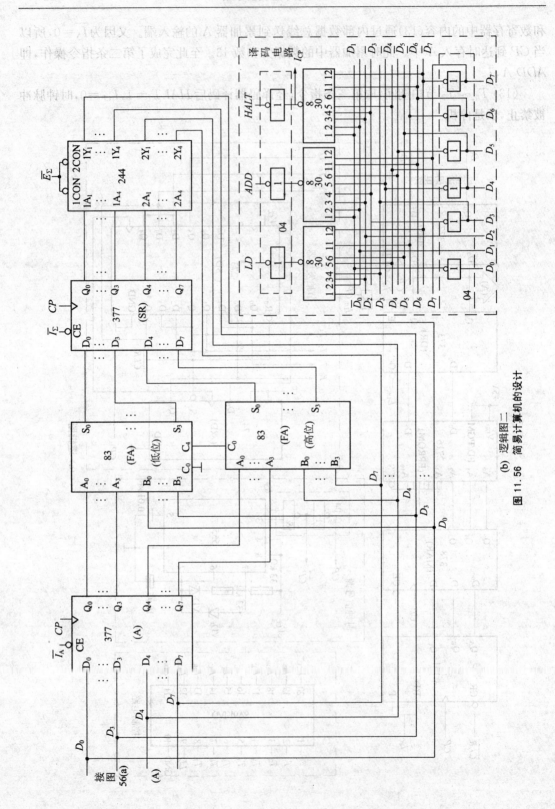

图 11.56 简易计算机的设计　(b) 逻辑图二

附录

附录 A　MAX＋plusⅡ使用简介

1) MAX＋plusⅡ概述

MAX＋plusⅡ是 Altera 公司提供的 FPGA/CPLD 集成开发环境。MAX＋plusⅡ界面友好、使用便捷，提供了一种与结构无关的设计环境，使设计者能方便地进行设计输入、综合、适配、时序仿真与功能仿真及编程下载。

MAX＋plusⅡ允许来自第三方的 EDIF 文件输入，可以方便地与其他 EDA 工具接口。

MAX＋plusⅡ支持层次化设计，可以在一个新的输入编辑环境中对使用其他不同输入设计方式完成的工程模块进行调用，从而解决了原理图与 HDL 混合输入设计的问题。

MAX＋plusⅡ具有性能优越的设计错误定位器，可以用来确定图形或文本输入中的错误。在完成设计输入后进行编译过程中，编译器能给出设计输入的错误报告。

MAX＋plusⅡ能从适配文件中提取 SNF 时序仿真文件。SNF 时序仿真文件详细记录了当前适配的延时和逻辑功能信息，可以用来对设计文件进行仿真。经编译和仿真无误后，就可以将设计信息通过 MAX＋plusⅡ提供的编程器下载到目标器件中。

MAX＋plusⅡ支持的输入方式有：原理图输入、AHDL 语言输入、VHDL 语言输入、Verilog HDL 语言输入以及其他常用的 EDA 工具产生的输入文件等。

下面以 MAX＋plusⅡ9.23 版为例对该软件的使用简单加以说明。MAX＋plusⅡ9.23 版是专为大学提供的学生版，在功能上与商业版相似，仅在可使用的芯片上受到限制。

MAX＋plusⅡ为实现不同的逻辑功能提供了几种器件库。这些库的功能及特点见表 A.1。

表 A.1　MAX＋plusⅡ9.23 版的库名及内容

库　名	内　容
用户库	安放用户自建的器件
prim(基本库)	包含基本的逻辑器件，如各种门电路、触发器等
mf(宏功能库)	包含几乎所有的 74 系列逻辑器件
mega_lpm(可调参数库)	包含参数化模块、功能复杂的高级功能模块
edif	和 mf 库类似

2) MAX＋plusⅡ的安装

（1）对计算机的要求

MAX＋plusⅡ对计算机性能要求不高，安装所占的空间为 80MB；要求内存为 48MB（物理内存和虚拟内存总和），其中物理内存至少为 16MB；操作系统为 Windows95/98 以上或 Windows NT4.0 以上。

(2) MAX+plusⅡ9.23版的安装

① 将 MAX+plusⅡ光盘放入光驱,假设光驱的驱动器号为 G。在 G:\ MAX+plusⅡ下运行 SETUP. EXE,安装系统将检查系统,并出现如图 A.1 所示的安装界面。

② 设置安装目录。假设安装的目录分别为 C:\Max+plus2 和 C:\Max2work,按下"NEXT"按钮,安装程序将 MAX+plusⅡ系统复制到系统目录下。

③ 安装完毕后,在初次运行 MAX+plusⅡ时,还有许多工作要去做。首次运行 MAX+plusⅡ时,会出现"License Agreement"(授

图 A.1　MAX+plusⅡ9.23版安装界面

权协议)对话框,按<Tab> 键,然后再按下"Yes"按钮即可。在出现提示输入软件保护号(Software Guard ID)时,需到指定的 Internet 站点上申请授权号。将申请到的授权号输入到"Authorization Code"对话框中,并确定。

3) MAX+plusⅡ的设计流程

MAX+plusⅡ的设计流程如图 A.2 所示。

对图中的各部分描述如下:

(1) 设计输入

设计者可以使用 MAX+plusⅡ提供的图形编辑器或文本编辑器实现原理图、HDL 的输入,也可以输入网表文件。

(2) 项目编译

完成对设计的处理。MAX+plusⅡ9.23版提供了一个完全集成的编译器(Compiler)。它可以直接完成从网表提取到最后编程文件的生成。在编译过程中能生成一系列标准文件,并可进行时序模拟、适配等。如果在编译过程中某个环节出现错误,编译器将会停止编译,并能报告错误的原因及位置。

(3) 项目校验

完成对设计功能的时序仿真、时序分析以及判断输入、输出之间的延迟。

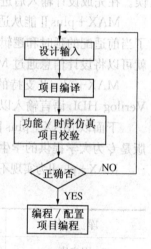

图 A.2　MAX+plusⅡ的设计流程图

(4) 项目编程

将设计文件下载/配置到所选择的器件中。

4) 项目建立

在用 MAX+plusⅡ实现一个数字系统设计时,首先要进行项目建立,其步骤如下:

(1) 启动

在"开始"菜单的"程序"中,选择"MAX+plusⅡ9.23 Baseline"组中的"MAX+plusⅡ9.23 Baseline",单击"MAX+plusⅡ9.23"项,即可进入系统。

(2) 建立项目

进入该系统后,将出现图 A.3 的界面,单击"File"菜单,选择"Project"的"Name"项,出

现如图 A.4 所示的界面,此界面用来输入所设计项目的路径和项目名。

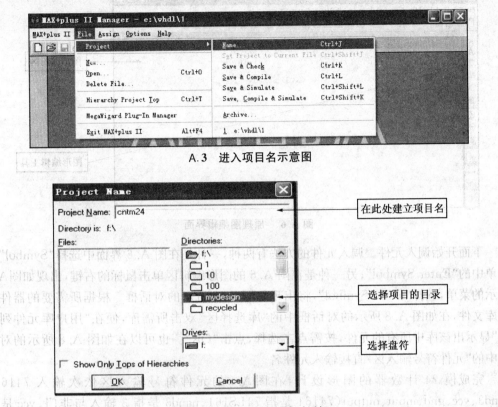

A.3　进入项目名示意图

图 A.4　建立项目名的对话框

5) MAX+plusⅡ9.23 使用举例

下面通过举例来说明 MAX+plusⅡ9.23 的使用方法。我们建立一个模为 24 的计数器,以及 7 段 LED 显示器的译码器。在这里,模为 24 的计数器通过原理图输入方式建立,7 段 LED 显示器的译码器通过 VHDL 语言建立,最后用混合输入法将上述两者综合,建立整个系统。

(1) 用原理图法设计模为 24 的计数器

假设项目的路径为 F:\mydesign,项目名为 cntm24。用前面所介绍的方法进入系统,在图 A.4 的界面中按"OK"。然后在"File"菜单中选择"New",出现如图 A.5 所示的对话框,选择原理图输入文件,即可进入如图 A.6 所示的界面。

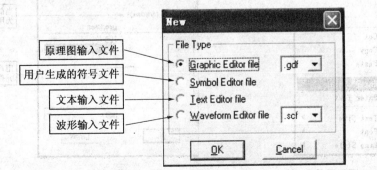

图 A.5　文件输入方式对话框

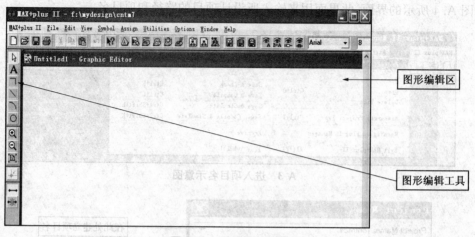

图A.6 原理图编辑界面

下面开始调入元件。调入元件的方法有两种，一种是在图A.6界面中选择"Symbol"的菜单中的"Enter Symbol"；另一种是在图A.6的图形编辑区单击鼠标的右键，出现如图A.7所示的菜单，选择"Enter Symbol"，将出现如图A.8所示的对话框。根据所需要的器件选择库文件，在如图A.8所示的对话框中的"库选择区"双击所需库，便在"用户库元件列表区"显示出该库中所有的元件，按需点击选择，点击"OK"。也可以在如图A.8所示的对话框中的"元件符号输入区"直接输入元件名。

完成模24计数器的图形设计：在图A.8的元件符号输入区依次输入74161、nand3、vcc、gnd、input、output(74161是指74LS161、nand3是指3输入与非门、vcc是指高电平、gnd是指低电平，input是指输入引脚，output是指输出引脚)等符号，选择cntm24项目的器件及电源、接地、输入、输出端，则在图A.6的图形编辑区将出现上述各种符号，在鼠标为"＋"的情况下拖动鼠标连线，可以得到如图A.9所示的图形。

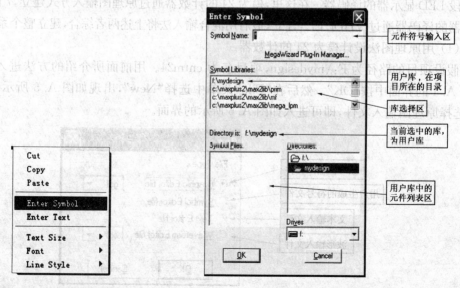

图A.7 调用元件对话框   图A.8 元件输入对话框

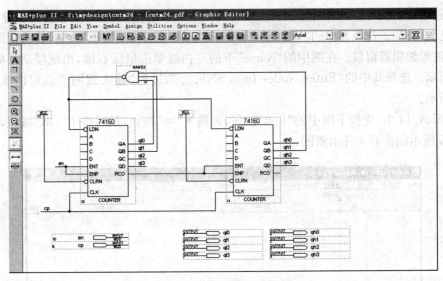

图 A.9　模为 24 的原理图

给各输入、输出端逐一命名，如图 A.9 所示。"cp"是指输入脉冲，"en"是指使能端，"q10"、"q11"、"q12"、"q13"分别指计数器低 4 位的输出端，"qh0"、"qh1"、"qh2"、"qh3"分别指计数器高 4 位的输出端。

图 A.9 界面左侧是绘图工具条，其各部分功能说明见图 A.10。

在完成了原理图输入后，在菜单"File"中选择"Save"，将文件保存。下一步就可以进行项目编译。在图 A.9 的菜单中，选择"MAX＋plus Ⅱ"中的"Compiler"（编译器）。得到如图 A.11 所示的编译器示意图。按下图中的

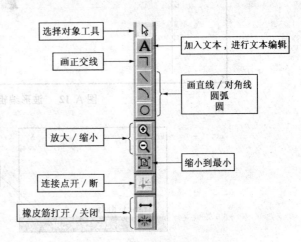

图 A.10　绘图工具条的功能说明

"Start"进行编译。如果设计中有错误，将停止编译并告之有多少个错误等信息。在某个错误信息处双击鼠标左键，系统能自动地将光标定位在文件中该错误位置。此时设计者应修改错误并重新保存、编译，直至编译通过。

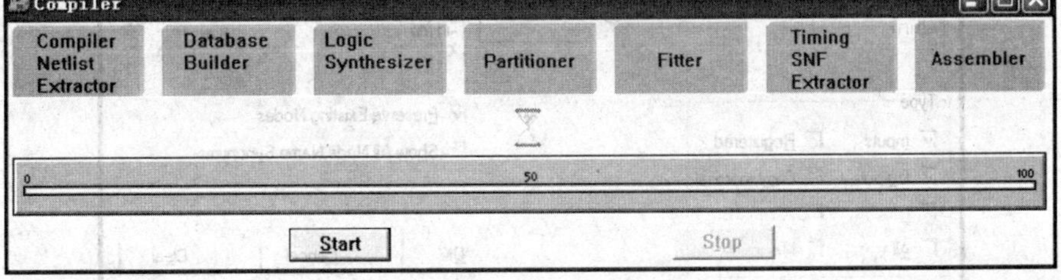

图 A.11　编译器示意图

　　通过编译后就可以进行时序模拟。从菜单"File"中选择"New",重新打开新建类型对话框(见图 A.5)。选择其中的"Waveform Editor File"项后按下"OK"按钮,将出现图 A.12 所示的波形编辑器窗口。在图中的"Name"下的空白处单击鼠标右键,出现浮动菜单,如图 A.13 所示。选择其中的"Enter Nodes from SNF...",进入"输入观测节点对话框",如图 A.14 所示。

　　在图 A.14 中,先按下图中的"List"按钮,再按下"⇒"按钮,最后按下"OK"按钮,将得到图 A.15 所示的波形文件示意图。

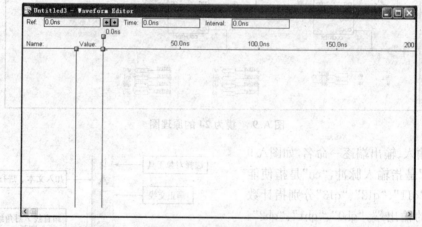

图 A.12　　波形编辑器窗口

图 A.13　　进入输入观测节点对话框示意图

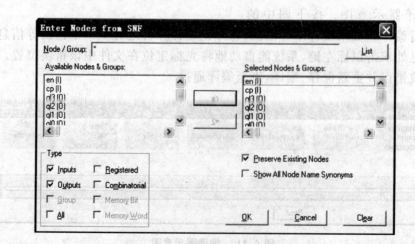

图 A.14　　输入观测节点对话框示意图

此时可以编辑输入信号的波形。应注意，在默认的情况下模拟时间为 1 μs。若要更改时间，可在菜单"File"下选择 "End Time…"来设置。图 A.15 的左侧为编辑波形图所使用的工具条，工具条的各部分功能说明见图A.16所示。

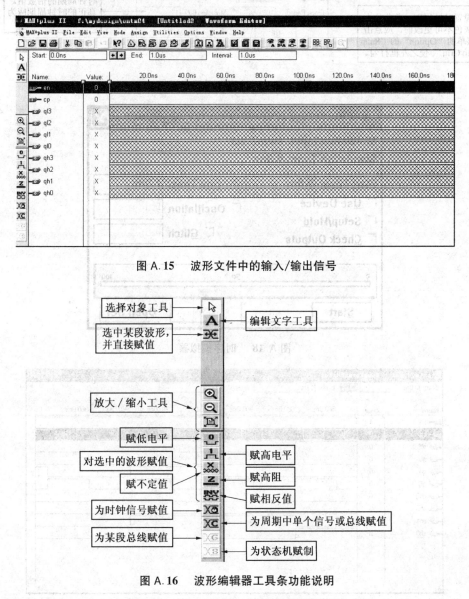

图 A.15　　波形文件中的输入/输出信号

图 A.16　　波形编辑器工具条功能说明

在该设计中，将"en"信号置为高电平，将"cp"信号置为时钟脉冲信号。

将"cp"信号置为脉冲信号时，将出现时钟信号的周期设置对话框，如图 A.17 所示，根据需要进行有关设置。设置完成后，选择菜单"File"中的"Save"进行存盘。

下一步是运行模拟器进行时序仿真。选择菜单"MAX＋plusⅡ"中的"Simulator"，打开模拟器，如图 A.18 所示。按下图中的"Start"按钮即可进行时序仿真，得到图 A.19 所示的模拟结果。

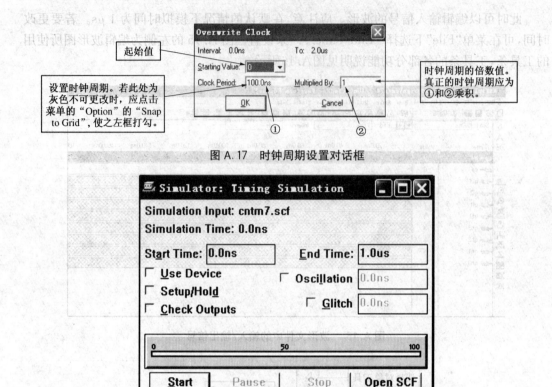

图 A.17　时钟周期设置对话框

图 A.18　时序模拟器

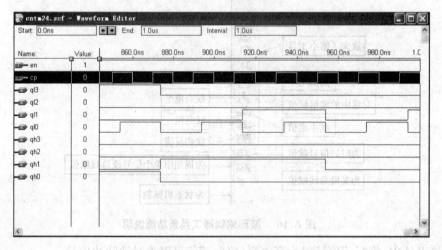

图 A.19　图 A.9 的仿真结果

在图 A.19 中,可能观察不方便,此时可将计数器的低 4 位输出 ql3、ql2、ql1、ql0 作为一个组来观察,将高 4 位输出 qh3、qh2、qh1、qh0 作为另一个组来观察。将输出信号置为组的具体操作如下:将鼠标移至"Name"区的 q3 上,按下鼠标的左键并向下拖至 q0 处,然后松开鼠标,形成一个黑色区域。单击鼠标的右键,出现一个浮动菜单,如图 A.20 所示。点击"OK"按钮,便可得到图 A.21 所示的输出结果。

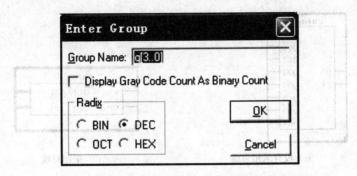

图 A.20　输出信号的成组设置

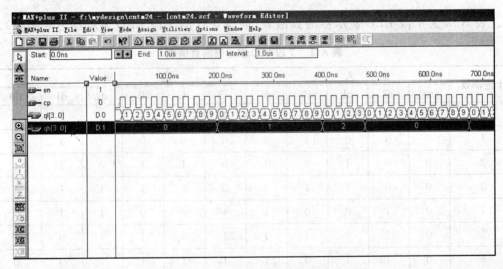

图 A.21　输出信号成组后的结果

从图 A.21 中可以清楚地看出,总共有 00 ~ 23 个状态,正是所要求设计的模 24 计数器。

如果设计中所涉及的输入、输出管脚的数量较多,可以采用总线(BUS)的模式。即在图 A.9 所示的电路中将原有的八个输出信号用图 A.22 所示的方法进行替换。

图 A.22　总线实现的方法

在完成设计并通过验证后,可以将自己设计的文件编译成库中的一个元件。在图形编辑状态下,选择菜单中的"File"下的"Create Default Symbol"即可。一个文件编辑成库文件后,可以让同一文件夹下的其他文件或顶层文件直接使用。图 A.23 分别显示 cntm24 在没有采用总线(见图 A.23(a))和采用总线(见图 A.23(b))形式下生成的库元件。

(2) 用 VHDL 语言设计 7 段 LED 显示器的译码器

下面介绍采用 VHDL 语言来建立 7 段 LED 显示器译码器的文本文件。用 VHDL 语言建立 7 段 LED 显示器译码器的方法比较多,这里采用真值表的方法来建

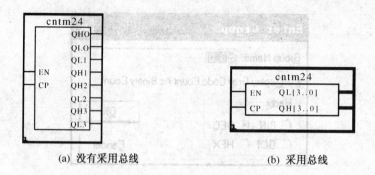

(a) 没有采用总线　　　　　　　　　　(b) 采用总线

图 A.23　由文件生成的库元件

立。表 A.2 为 7 段 LED 显示器的真值表(假设设计的 7 段 LED 显示器为共阴极)。

表 A.2　7 段 LED 显示器的真值表

十进制数	输　　　入				输　　　出						
	a3	a2	a1	a0	d6	d5	d4	d3	d2	d1	d0
0	0	0	0	0	0	1	1	1	1	1	1
1	0	0	0	1	0	0	0	0	1	1	0
2	0	0	1	0	1	0	1	1	0	1	1
3	0	0	1	1	1	0	1	1	1	1	1
4	0	1	0	0	1	1	0	0	1	1	0
5	0	1	0	1	1	1	1	0	1	0	1
6	0	1	1	0	1	1	1	1	1	0	0
7	0	1	1	1	0	0	0	0	1	1	1
8	1	0	0	0	1	1	1	1	1	1	1
9	1	0	0	1	1	1	1	0	1	1	1

选择菜单"File"下的"New",进入文件输入方式对话框(见图 A.5),选中其中的"Text Editor File",即可进入文本编辑方式。根据上述真值表,编写的 VHDL 语言如下:

```
library ieee;
use ieee. std_logic_1164. all;
entity seg7 is
    port(a:in std_logic_vector(3 downto 0);
        d:out std_logic_vector(6 downto 0));
end;

architecture a of seg7 is
begin
process(a)
```

```
begin
case a is
when"0000"=>d<="0111111";
when"0001"=>d<="0000110";
when"0010"=>d<="1011011";
when"0011"=>d<="1001111";
when"0100"=>d<="1100110";
when"0101"=>d<="1101101";
when"0110"=>d<="1111100";
when"0111"=>d<="0000111";
when"1000"=>d<="1111111";
when"1001"=>d<="1101111";
when others => null;
end case;
end process;
end;
```

编写完后,进行保存。保存时要注意,后缀名要选择
. vhd,文件名必须与实体名相同。然后进行编译,编译的方
法与前面图形化编译方法完全相同。同样,如果出现错误将
无法通过编译,直至修改无误后方能通过。在完成设计并通
过编译后,同样也可以将自己设计的文件编译成库中的一个

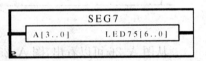

图 A.24　由 VHDL 生成的库元件

元件。在文本编辑状态下,选择菜单中的"File"下的"Create Default Symbol"即可。生成的库元件
如图A.24所示。

到这里,我们已经完成了设计所需要的底层文件,下面来设计顶层文件。

（3）用混合编程法设计顶层文件

重新选择菜单"File"下的"New",进入文件输入方式对话框,选中其中的"Graphic
Editor File",进入图形编辑方式。在元件输入对话框中（见图 A.8）,分别输入前面所设计
的两个库元件"cntm24"和"seg7",并连线、定义输入输出管脚,得到如图 A.25 所示的混合
设计图,然后进行保存并编译通过。从图 A.25 可以看出,设计的顶层文件简单明了。

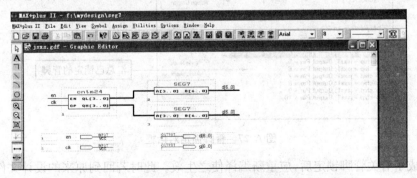

图 A.25　混合设计电路图

此时还有最后一步工作要做,那就是选择器件并进行管脚锁定。在图 A.25 界面的"Assign"下的"Device"对话框中进行器件选择,这里选中的器件为 FLEX10K 系列的 EPF10K10LC84-3。然后选择"MAX+plusⅡ"下的"Floorplan Editor"进行管脚锁定,管脚锁定编辑器窗口如图 A.26 所示。

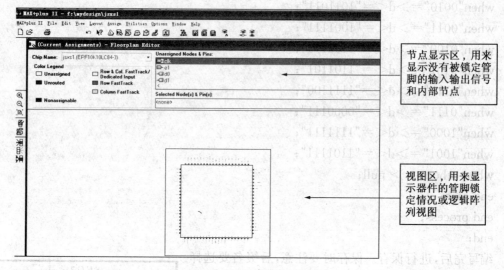

图 A.26　管脚锁定编辑器

从图 A.26 可以看出,图 A.25 所定义的输入/输出管脚均在节点显示区。为将输入/输出信号锁定在芯片的相应的管脚上,进行下列操作:先将鼠标移到节点显示区各信号左边的 ⬛▶ 上,按下鼠标的左键不松开,此时鼠标的下方出现一个灰色的小矩形框,拖动鼠标至器件的管脚空白区,松开鼠标左键即可完成一个输入/输出信号的管脚锁定。

管脚锁定也可采用另一种方法:打开菜单"Assign"下的"Pin/Llocation/chip",将出现图 A.27 所示的对话框。依次输入每一个输入/输出管脚的信息。

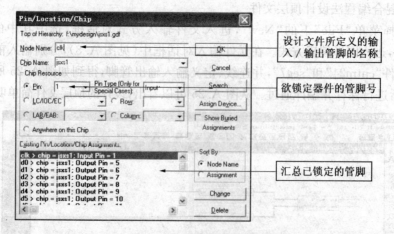

图 A.27　管脚锁定对话框

在完成了有关管脚锁定后,应重新编译使之生效。此时若回到原来的设计文件,将会发现输入/输出信号边有对应的管脚号。

最后一步就是将设计的顶层文件下载（又称配置）到器件中。从菜单"MAX＋plusⅡ"下选择"Programmer"，打开如图 A.28 所示的对话框。如果电脑已与下载板连好，且设计所选择的芯片与板上芯片一致，对话框中的"Configure"将变为高亮。用鼠标的左键单击之，即可将所设计的内容下载到相应的器件中。至此，就完成了一个完整的设计。

图 A.28　　下载对话框

附录 B　数字电路实验与课程设计

附录 B.1　数字电路实验

实验一　门电路的逻辑功能及参数测试

1) 实验目的

(1) 掌握基本门的逻辑功能测试,主要参数的测量方法。

(2) 熟悉常用基本门的使用规则及实验箱的结构、使用方法、注意事项。

2) 仪器设备

(1) 万用表、数字实验箱一台。

(2) 元器件:74LS00、74LS125、74LS86、CD4001、各芯片引脚图在附录 C 中。

3) 实验原理

(1) 实验理论

① 参考指导书附录 C 中的外引脚线图,选择相关的芯片放置于实验箱中的 IC 底座上,根据实验原理图接线,检查确认连线正确无误后再加上电源(注意 TTL 的标准电源电压为 +5 V,CMOS 的标准电源电压为 3~18 V)。

② 对电路进行功能测量。测量分为静态测量和动态测量,静态测量可通过实验箱中的逻辑开关,提供电路输入的高低电平;输出可用实验箱中的发光二极管检测或万用表进行测量。对电路进行动态测量时,首先选择好正确的输入信号(即符合题意要求的频率大小、幅值、极性等),然后加到被测试电路的输入端观察输出的状况。对于动态测量,输入和输出都要用示波器配合完成。

(2) TTL 门电路:由于 TTL 集成门电路有工作速度快、种类多、不易损坏等优点而被广泛使用。特别是实验方面比较适合。实验采用 74 系列产品,它的电源电压为 5 V,采用正逻辑,高电平为逻辑"1",输出电压大于 2.4 V;低电平为逻辑"0",输出电压小于 0.4 V。

图 B.1 为与非门、异或门、三态门、或非门的图形符号和逻辑表达式,实验中给定的芯片是 74LS00、74LS86、74LS125、CD4001。

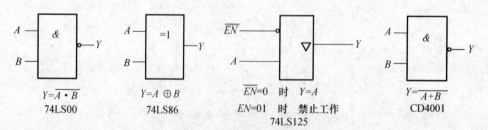

$Y = \overline{A \cdot B}$　　$Y = A \oplus B$　　$\overline{EN}=0$ 时　$Y=A$　　$Y = \overline{A+B}$

74LS00　　　74LS86　　$EN=01$ 时　禁止工作　　CD4001

74LS125

图 B.1　门电路图形符号

(3) CMOS 门电路,CMOS 集成门电路的特点是功耗低、输出幅度大、扇出能力强、电源电压适用范围广,在数字电路中得到广泛应用。

CMOS 门电路在使用时和 TTL 门电路比较要注意以下几点:

① 不用的输入端不能悬空;

② 焊接测量时焊接工具和测量仪器要有可靠接地;

③ 不能在通电的情况下随意插拔芯片;

④ CMOS 门电路电源电压为 3—18 V。

4) 实验内容及步骤

(1) 熟悉要测量的集成门的种类,外引脚线的排列方法。芯片的外引脚线排列方法为:集成芯片型号面对读者,左边有凹口,凹口的左下边的一脚为芯片的第 1 脚,然后逆时针排列 2、3、4、…、n,每个引脚端标有不同的符号代表不同的功能,要视芯片的功能而定。

(2) 将与非门 74LS00 插入实验箱的集成 IC 空插座上,与非门的两个输入端 A、B 与实验箱上的两个逻辑开关相连,输出端 Y 接实验箱上的发光二极管,14 脚接+5 V,7 脚接地,便可进行赋值测试,将输入输出结果填入表 B.1 中。

(3) 用同样的方法测试异或门 74LS86、三态门 74LS125 的逻辑功能,将测试结果填写表 B.2、表 B.3 中。

(4) 三态门的应用。按照原理图 B.2 接线,将测试结果填入表 B.4 中。

表 B.1		
输 入		输出
A	B	Y

表 B.2		
输 入		输出
A	B	Y

表 B.3		
输 入		输出
$\overline{EN}$	A	Y

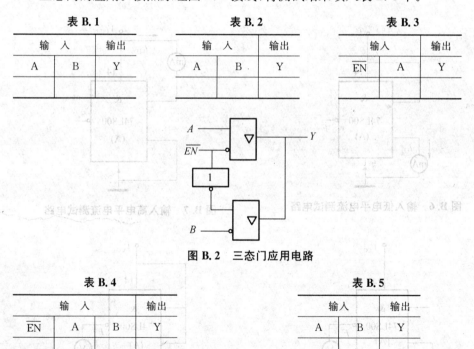

图 B.2　三态门应用电路

表 B.4			
输 入			输出
$\overline{EN}$	A	B	Y

表 B.5		
输入		输出
A	B	Y

(5) 测量 CMOS 四二输入或非门(CD4001)的逻辑功能。熟悉 CMOS 或非门 CD4001 的外引脚,将其插入到 IC 集成插座内,从四个或非门中选定一个门的输入端 A、B 接逻辑开关,输出端 Y 接发光二极管,将+5 V 接 14 脚,7 脚接电源负极,其余不用门的输入端接上低电平,如图 B.3 所示,填写表 B.5。

(6) 与非门主要参数测试

① 空载导通功耗 P_{CCL}

空载导通功耗是指输入全为高电平,输出为低电平且输出开路时的功率损耗。$P_{CCL} = V_{CC} \cdot I_{CCL}$。测试原理图如图 B.4 所示,将测试结果填入表 B.7 中。

② 空载截止功耗 P_{CCH}

空载截止功耗是指输入端接地,输出端空载时的功率损耗。$P_{CCH} = V_{CC} \cdot I_{CCH}$。测试原理图如图 B.5 所示,将测试结果填入表 B.6 中。

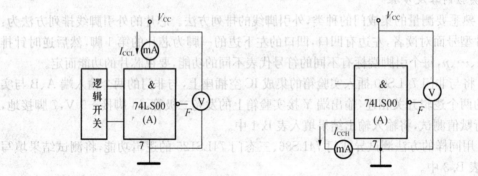 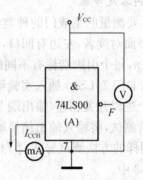

图 B.4　空载导通功耗测试电路　　　　图 B.5　空载截止功耗测试电路

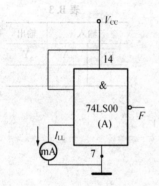 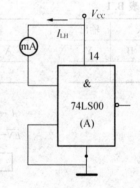

图 B.6　输入低电平电流测试电路　　　　图 B.7　输入高电平电流测试电路

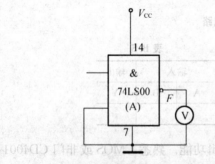 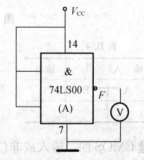

图 B.8　输出高电平电压测试电路　　　　图 B.9　输出低电平电压测试电路

③ 输入低电平电流 I_{IL}

输入低电平电流是指被测输入端接地,其余输入端悬空,流入到被测输入端的电流。测试原理图如图 B.6 所示,将测试结果填入表 B.6 中。

④ 输入高电平电流 I_{IH}

输入高电平电流被测输入端接高电平,其余输入端接地,流入到被测输入端的电流。测试原理图如图 B. 7 所示,将测试结果填入表 B. 6 中。

⑤ 输出高电平电压 U_{OH}

输出高电平电压是指输出端开路,输入端至少有一个为低电平时的输出电压值。测试原理图如图 B. 8 所示,将测试结果填入表 B. 6 中。

⑥ 输出低电平电压 U_{OL}

输出低电平电压是指输出端开路,输入端全为高电平时的输出电压值。测试原理图如图 B. 9 所示,将测试结果填入表 B. 6 中。

表 B. 6

序　号	测试参数名称	规范值	测试值
1	空载导通功耗(P_{CCL})		
2	空载截止功耗(P_{CCH})		
3	输入低电平电流(I_{IL})	≤1.8 mA	
4	输入高电平电流(I_{IH})	≤50 μA	
5	输出高电平电压值(U_{OH})	≥2.4 V(典型值 3.6 V)	
6	输出低电平电压值(I_{OL})	≤0.4 V(典型值 0.3 V)	

5) TTL 的使用规则

(1) 插接芯片认清定位标志,不可接错。

(2) 电源电压 TTL 为 4.5~5.5 V,COMS 芯片电源电压为 3~18 V。

(3) 多余输入端的处理方法

① TTL 与门及与非门:接 U_{IH} 或者悬空(不建议悬空);接电源;与有效使用的输入端并联;

② TTL 或门及或非门:接地,与有效使用的输入端并联。

(4) 输入端不允许并联使用(OC 门,三态门除外),否则不仅会使逻辑功能混乱,而且会导致器件损坏;

(5) 输出端不允许直接接+5 V,否则会损坏器件,有时为了使后级电路获得较高的输入电平,允许输出端通过电阻 R 接到 V_{CC} 上,一般阻值取 3~5.1 kΩ 之间。

实验二　译码器及数值选择器的应用

1) 实验目的

(1) 熟悉译码器、数据选择器等中规模集成电路的逻辑功能测试。

(2) 掌握其一般的设计方法,检测所设计的电路的正确性。

2) 实验设备与器材:

(1) 仪器:万用表、实验箱。

(2) 器件:三线——八线译码器(74LS138)、数值比较器(74LS151)、必要门电路。

3) 实验内容

(1) 根据课本内容测试三线——八线译码器(74LS138)的逻辑功能,测试正确后,再进行应用。

(2) 根据课本内容测试八选一数值数据选择器(74LS151)的逻辑功能,测试正确后,再进行应用。

(3) 用与非门设计一个火灾报警系统,设有烟感、温感、紫外光感三种不同类型的火灾探测器。为了防止误报警,只有当有 2 种或 2 种以上的类型的探测器发出火灾探测信号后,才发出火灾报警信号。

(4) 用三线——八线译码器(74LS138)设计一个上述火灾报警系统。

(5) 用数值数据选择器(74LS151)设计一个上述火灾报警系统。

4) 预习要求

(1) 熟悉八选一数据选择器(74LS151)、三线——八线译码器(74LS138)的逻辑功能,管脚图。

(2) 画出设计要求的原理图;

(3) 画出设计所要求的接线图;

(4) 选择其余器件。

5) 实验报告要求

(1) 实验目的;

(2) 实验电路原理图及相关接线图;

(3) 实验内容及步骤;

(4) 填写实验测试表及相关数据;

(5) 结论。

实验三　集成计数器、寄存器的应用

1) 目的

(1) 掌握中规模计数器的逻辑功能的测试和使用方法。

(2) 掌握反馈复位法和置数法构成任意进制计数器的方法。

2) 实验仪器及器件

(1) 仪器:万用表,实验箱。

(2) 器件:74LS00、74LS10(74LS20)、74LS160、74LS194。

3) 实验内容与步骤

(1) 测试中规模计数器 74LS160、74LS194 的基本功能。

(2) 采用 74LS160 和必要的门电路设计一个七进制计数器,输入 1Hz 的连续脉冲。输出端用数码管监测。要求用反馈复位法实现,画出原理图、接线图以及测试状态转换表。

(3) 采用 74LS160 和必要的门电路设计一个三十六进制计数器,输入 1Hz 的连续脉冲。输出端用数码管监测。要求用置数法实现构成三十六进制,画出原理图、接线图以及测试状态转换表。

(4) 采用74LS194 构成八位环型移位寄存器。形成如图 B.10 所示两组系列脉冲,用于舞台灯光控制,使 8 个灯顺序亮灭。

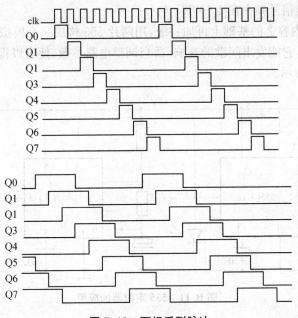

图 B. 10　两组系列脉冲

4）预习要求

(1) 熟悉 74LS160、74LS194 的逻辑功能，管脚图。

(2) 画出设计要求的原理图。

(3) 画出设计所要求的接线图。

(4) 选择其余器件。

5）实验报告要求

(1) 实验目的；

(2) 实验电路原理图及相关接线图；

(3) 实验内容及步骤；

(4) 填写实验测试表及相关数据；

(5) 结论。

实验四　555 定时器

1）实验目的

(1) 掌握 555 定时器电路的工作原理及使用方法；

(2) 熟悉用 555 定时器设计一个实用电路。

2）实验仪器及器件

(1) 仪器：万用表，示波器、实验箱。

(2) 器件：555 定时器、电阻、电容若干。

3）实验内容及步骤

(1) 测试 555 定时器的基本功能。按 555 定时器的基本功能测试要求自拟接线图，进行线路搭接，测试其逻辑功能，判断是否正确；

(2) 用 555 定时器及电阻、电容设计一多谐振荡电路，用示波器观察 uc 和 uo 波形的频率、幅值。要求输出信号频率在 1 000Hz 左右；

(3) 应用。在内容 2 的基础上再加一级，用两片 555 构成一个模拟音响电路，该电路是两级多谐振荡电路，它能发出间歇的音响，适当调整电路参数，便可以得到满意的音响效果；参考电路图 B.11 所示。

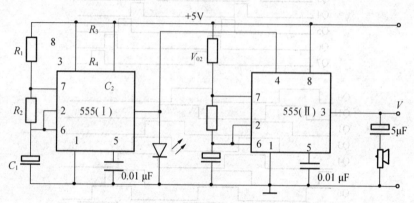

图 B.11　555 定时器的应用

4) 实验报告要求

(1) 实验目的、原理及应用；

(2) 整理实验数据，画出实验内容中所要求的波形，并标出波形的频率、幅值，与 $\left(f = \dfrac{1}{T} = \dfrac{1.43}{(R_1 + 2R_2) \cdot C} \right)$ 进行比较，分析产生误差的原因；

(3) 由实验内容 3，记录下满意的变音信号发生器最后调试的电路参数(各阻值、电容值、频率大小)，并说明你的变音器可以用在哪个地方。

实验五　基于 MAX＋PLUSⅡ 图形输入层次化设计方法设计简易时钟电路

1) 实验目的

(1) 掌握图形输入层次化设计的输入方法

(2) 初步学会对实验板上的 FPGA/CPLD 进行编程下载，硬件验证自己的设计项目。

2) 实验仪器及器件

(1) 计算机　　　　　　　　　　1台

(2) EDA－6000 型实验箱　　　　1台

3) 实验内容和步骤

参照附录 A，利用图形输入法，采用层次化方法实现一个带时、分、秒的时钟电路设计。要求先行设计一个 60 进制及 24 进制加法计数器，在编译通过、波形仿真正确后，再设计顶层文件。全部电路设计完成后，进行器件选择、管脚定义、编译通过后再下载到实验板上的目标器件中，观察实验结果。

4) 实验报告要求

(1) 实验目的；

(2) 实验内容及步骤；

（3）写出利用图形输入法,采用层次化方法设计一个带时、分、秒的时钟电路的设计过程、原理图和仿真波形图。

（4）填写实验测试表及相关数据;

（5）结论。

实验六　基于 VHDL 语言的基本逻辑门电路的设计

1）实验目的

（1）掌握 VHDL 语言的基本结构及设计的输入方法

（2）初步学会对实验板上的 FPGA/CPLD 进行编程下载,硬件验证自己的设计项目。

2）实验仪器及器件

（1）计算机　　　　　　　　1 台

（2）EDA - 6000 型实验箱　　1 台

3）实验内容和步骤

设计基本门电路与门、或门、非门以及复合门电路与非门、或非门、异或门、同或门,要求输入信号均为 2 输入(除非门),用 VHDL 语言设计。

（1）建立好工作库目录

在此设立目录作为自己的工作库。

（2）输入设计项目和存盘

① 打开 MUXPLUSII,选择"File"→"New",在弹出的"New"对话框中选择"File Type"中为文本输入项"Text Editor file",打开文本输入编辑窗。在文本窗口中输入 VHDL 程序。

② 选择菜单"File"→"Save as",选择刚才为自己的工程建立的目录,将已输好的文件取名并存盘在此目录内。

（3）将设计项目设置成工程文件(PROJECT)

选择"File"→"Project"→"Set Project to Current File"命令,即将当前设计文件设置成 Project。

（4）选择目标器件

① 在"Assign"菜单中选择器件"Device"项,再下拉列表框"Device Family"选择器件系列。

② 选择 VHDL 文本编译版本号和排错

选择"MUXPLSII"→"Complier",出现编译窗口后,需要根据自己输入的 VHDL 文本格式选择 VHDL 文本编译版本号。

最后按"Start"键,运行编译器。

（5）时序仿真

① 选择"File"→"NEW",选择对话框中的"Waveform Editer file",打开波形编辑窗;

② 在波形编辑窗的上方选择菜单"Node",在下拉菜单中选择输入信号节点项"Enter Nodes from SNF"。在弹出的对话框中单击"List"按钮,将需要观察的信号选到右边窗口中。

③ 在"Options"菜单中消去网格对齐项"Snap to Grid"的对勾。

④ 选择"File"→"End Time",在对话框中选择适当的仿真时间域。

⑤ 加上输入信号,为输入信号设定测试电平。

⑥ 选择"File→Save as",波形文件存盘

⑦ 选择主菜单"MuxplusII"中的仿真器项"Simulator",单击"start"按钮

(6) 硬件测试

锁定各引脚,并进行编译,然后将实验板连接好,进行下载和实验。

4) 预习要求

(1) 复习门电路的相关知识。

(2) 熟悉并掌握 EDA 软件工具 MAX+PLUSII 及其设计流程。

5) 实验报告要求

(1) 实验目的;

(2) 实验内容及步骤;

(3) 提供 VHDL 语言程序清单和仿真波形图。

(4) 填写实验测试表及相关数据。

(5) 结论。

实验七　VHDL 文本输入法设计 1 位二进制全加器

1) 实验目的

(1) 熟悉利用 MAX+plus II 的文本输入方法设计简单组合电路,掌握层次化设计的方法;

(2) 通过一个 1 位全加器的设计把握利用 VHDL 文本输入设计电子线路的详细流程。

(3) 学会对实验板上的 FPGA/CPLD 进行编程下载,硬件验证自己的设计项目。

2) 实验仪器

(1) 计算机　　　　　　　　　1 台

(2) EDA-6000 型实验箱　　　1 台

3) 实验内容和步骤

一位全加器可以由两个半加器和一个或门连接而成,如图 B.12 所示,而半加器的组成如图 B.13 所示。因而可根据半加器的电路原理图或真值表写出或门和半加器的 VHDL 描述,然后写出全加器的顶层 VHDL 描述。设计流程参照实验六。

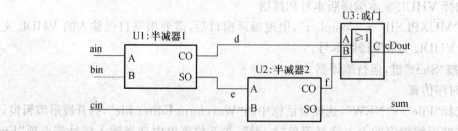

图 B.12　一位全加器的组成原理图

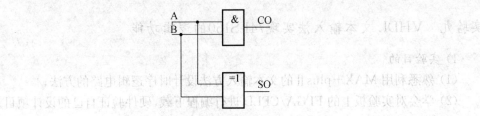

图 B.13　一位半加器的组成原理图

4）预习要求

（1）熟悉并掌握 EDA 软件工具 MAX＋PLUSII。

（2）熟悉并掌握 VHDL 语法，熟悉掌握层次化设计的方法。

（3）复习并掌握全加器的工作原理。

（4）编写实验源程序。

5）实验报告要求

（1）实验目的；

（2）实验内容及步骤；

（3）提供 VHDL 语言程序清单和仿真波形图。

（4）填写实验测试表及相关数据；

（5）结论。

实验八　VHDL 文本输入法设计 D 触发器

1）实验目的

（1）熟悉利用 MAX＋plusⅡ的文本输入方法设计简单时序电路的方法；

（2）学会对实验板上的 FPGA/CPLD 进行编程下载，硬件验证自己的设计项目。

2）实验仪器

（1）计算机　　　　　　　　　1 台

（2）EDA－6000 型实验箱　　　1 台

3）实验内容和步骤

采用 VHDL 文本输入法分别实现异步复位/置位 D 触发器、同步复位/置位 D 触发器。

4）预习要求

（1）熟悉并掌握 EDA 软件工具 MAX＋PLUSII；

（2）熟悉并掌握 VHDL 语法，熟悉时序逻辑电路的一般设计方法；

（3）复习并掌握 D 触发器。

（4）编写好实验源程序。

5）实验报告要求

（1）实验目的；

（2）实验内容及步骤；

（3）提供 VHDL 语言程序清单和仿真波形图。

（4）填写实验测试表及相关数据；

（5）结论。

实验九　VHDL 文本输入法实现74LS160的逻辑功能

1) 实验目的

(1) 熟悉利用 MAX+plus Ⅱ 的文本输入方法设计时序逻辑电路的方法;

(2) 学会对实验板上的 FPGA/CPLD 进行编程下载,硬件验证自己的设计项目。

2) 实验仪器

(1) 计算机　　　　　　　　　　　1 台

(2) EDA-6000 型实验箱　　　　1 台

3) 实验内容

74LS160 的逻辑功能见表 B.7 所示。采用 VHDL 语言文本输入法实现该表的功能。

表 B.7　74LS160 的逻辑功能表

输　入									输　出				工作模式
CP	$\overline{CR}$	$\overline{LD}$	CT_P	CT_T	D_3	D_2	D_1	D_0	Q_3^{n+1}	Q_2^{n+1}	Q_1^{n+1}	Q_0^{n+1}	
$\times$	L	$\times$	$\times$	$\times$	$\times$	$\times$	$\times$	$\times$	L	L	L	L	异步清零
$\uparrow$	H	L	$\times$	$\times$	d_3	d_2	d_1	d_0	d_3	d_2	d_1	d_0	同步预置
$\times$	H	H	$\times$	L	$\times$				Q_3^n	Q_2^n	Q_1^n	Q_0^n	
$\times$	H	H	L	$\times$	$\times$	$\times$	$\times$	$\times$	Q_3^n	Q_2^n	Q_1^n	Q_0^n	保持
$\uparrow$	H	H	H	H	$\times$	$\times$	$\times$	$\times$	加法计数				加法计数

4) 预习要求

(1) 熟悉 74LS160 的逻辑功能。

(2) 编写好 VHDL 源程序。

5) 实验报告要求

(1) 实验目的;

(2) 实验内容及步骤;

(3) 提供 VHDL 语言程序清单和仿真波形图。

(4) 填写实验测试表及相关数据;

(5) 结论。

实验十二　VHDL 文本输入法实现 74LS194 的逻辑功能

1) 实验目的

(1) 熟悉利用 MAX+plus Ⅱ 的文本输入方法设计时序逻辑电路的方法;

(2) 学会对实验板上的 FPGA/CPLD 进行编程下载,硬件验证自己的设计项目。

2) 实验仪器

(1) 计算机　　　　　　　　　　　1 台

(2) EDA-6000 型实验箱　　　　1 台

3) 实验内容

74LS194 的逻辑功能见表 B.8 所示。采用文本输入法实现该表的功能。

表 B.8　74LS194 的逻辑功能表

输　　入								输　　出				工作模式
$\overline{CR}$	S_0	S_1	CP	A	B	C	D	Q_0	Q_1	Q_2	Q_3	
0	×	×	×	×	×	×	×	0	0	0	0	异步清零
1	0	0	↑	×	×	×	×	Q_0^n	Q_1^n	Q_2^n	Q_3^n	数据保持
1	0	1	↑	×	×	×	×	Q_1^n	Q_2^n	Q_3^n	D_L	同步左移
1	1	0	↑	×	×	×	×	D_R	Q_0^n	Q_1^n	Q_2^n	同步右移
1	1	1	↑	a	b	c	d	a	b	c	d	同步预置

4）预习要求

（1）熟悉 74LS194 的逻辑功能；

（2）编写好 VHDL 源程序。

5）实验报告要求

（1）实验目的；

（2）实验内容及步骤；

（3）提供 VHDL 语言程序清单和仿真波形图。

（4）填写实验测试表及相关数据；

（5）结论。

附录 B.2　数字电路课程设计

课题一　交通灯控制器设计

1）设计任务和要求：

（1）能显示十字路口东西、南北两个方向的红、黄、绿的指示状态。用两组红、黄、绿三色灯作为两个方向的红、黄、绿灯。变化规律为：东西绿灯，南北红灯→东西黄灯，南北红灯→东西红灯，南北绿灯→东西红灯，南北黄灯→东西绿灯，南北红灯……依次循环。

（2）能实现正常的倒计时功能

用两组数码管作为东西和南北方向的允许或通行时间的倒计时显示，显示时间为红灯45 s，绿灯 40 s，黄灯 5 s。

（3）能实现紧急状态处理的功能

① 出现紧急状态（例如消防车，警车执行特殊任务时就要优先通行）时，路口其余车辆禁止通行，红灯全亮；

② 显示倒计时的两组数码管闪烁；

③ 计数器停止计数并保持在原来的状态；

④ 特殊状态解除后返回原来状态继续运行。

（4）能实现系统复位功能

系统复位后，东西绿灯，南北红灯，东西计时器显示 40 s，南北显示 45 s。

（5）用 VHDL 语言设计符合上述功能要求的交通灯控制器，并用层次化设计方法设计该电路。

2）整体框架

根据上述要求，整体框架如图 B.14 所示，它由分频模块，功能控制模块，倒计时控制模块组成。

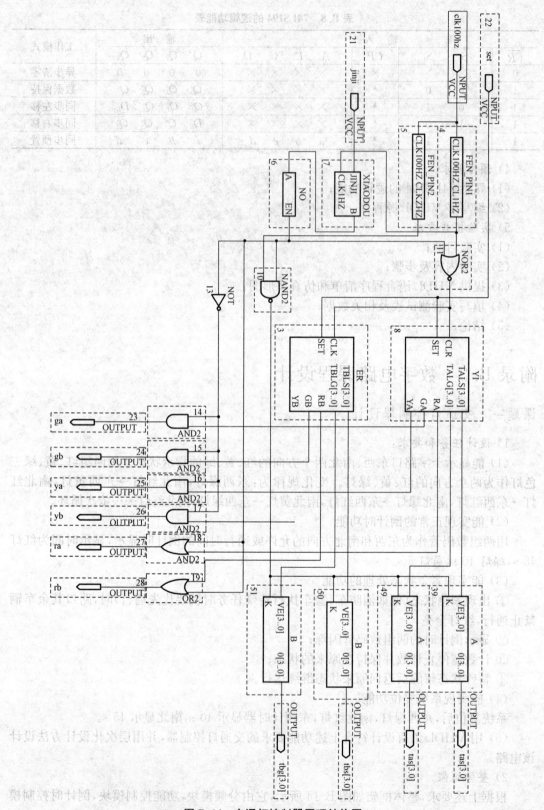

图 B.14　交通灯控制器原理结构图

分频电路用于产生倒计时控制电路所需的周期 1s 的时钟信号 CLK1Hz 和控制紧急情况时倒计时红灯闪烁频率的时钟信号 CLK2Hz。

功能控制电路主要实现出现紧急情况和系统复位。

倒计时控制电路按各种交通灯信号的亮灯时间和顺序,设定倒计时初值,然后减法计数。

3) 原理结构

原理说明如下:

(1) 在正常情况下,时钟脉冲输入端 clk100Hz 接频率为 100Hz 的时钟脉冲,由此分频模块产生 1Hz 和 2Hz 的时钟信号,分别控制倒计时和紧急情况下红灯闪烁的频率。

(2) 功能控制模块由消抖模块 XIAODOU 和状态控制模块 NO 组成,消抖模块用于消除按键抖动,状态控制模块用来保持紧急状态,即按下紧急按钮,输出端 EN 一直输出高电平,再次按下则变为低电平。

倒计时控制模块分为两个方向 YI 和 ER。YI 用来控制东西方向,ER 用来控制南北方向,输入为时钟信号和复位信号。输出为时间显示信号和红黄绿灯信号。

A 模块和 B 模块分别实现紧急情况时的数码管闪烁。

在正常情况下,jinji 信号输入端为低电平保证电路正常工作,输入 100 Hz 的时钟脉冲,由分频模块输出 1 Hz 的秒脉冲控制倒计时模块进行倒计时,并由倒计时模块输出时间显示信号和信号灯控制信号,控制时间显示和信号灯的亮灭。

在紧急情况到来时,jinji 输入端输入一个高电平,状态控制模块输出一个持续的高电平并经过非门输入到信号灯处,经过与非门输入到时间显示端,经过异或门输入到倒计时模块,由此红黄灯被屏蔽,时间显示停止且闪烁,当紧急情况结束时,再由 jinji 端输入一个脉冲是的 EN 输出为 0,从而取消紧急状态,此时倒计时模块回到紧急情况到来之前将继续工作。

当要实现系统复位时,set 端输入一个高电平控制倒计时模块使其复位,系统复位后,东西绿灯,南北红灯,东西计时器显示 40 s,南北显示 45 s。

4) 课程设计报告要求

(1) 分析交通灯控制器的组成,画出有关状态机转换图。

(2) 写出各功能模块的 VHDL 语言源文件。

(3) 画出顶层原理图。

(4) 对照交通灯电路框图分析电路工作原理。

(5) 叙述各模块的工作原理。

(6) 详述控制器部分的工作原理,绘出详细电路图,写出 VHDL 语言源文件,给出各模块电路的波形仿真图。

(7) 书写课程设计报告时应结构合理,层次分明,在分析时注意语言的流畅。

课题二　多功能数字钟设计

1) 设计任务和要求

(1) 能进行正常的时,分,秒计时功能,分别由 6 个数码管显示 24 h、60 min、60 s 的计数器显示。

(2) 能利用实验系统上的按键实现"校时""校分"功能：

① 按下"SA"键时，计时器迅速递增，并按 24 h 循环，满 23 h 后回 00；

② 按下"SB"键时，计分器迅速递增，并按 59 min 循环，满 59 后分钟后回 00；但不向时进位；

③ 按下"SC"键时，秒清零；

④ 要求按下"SA"、"SB"或"SC"均不产生跳变（"SA"、"SB"、"SC"按键是有抖动的，必须对其消抖动处理）。

(3) 能利用扬声器做整点报时：

① 当计时达到 59'50"、52"、54"、56"、58"鸣叫声频可为 500 Hz；

② 到达 59'60"时为最后一声整点报时，整点报时是频率可顶为 1 KHz；

(4) 用 VHDL 语言编写各个功能模块，用层次话设计方法设计该电路。

(5) 报时功能用功能仿真的方法验证，可通过观察有关波形确认电路设计是否正确。

(6) 完成电路设计后，用实验系统下载验证。

2) 整体框架

根据设计要求，整体框架如图 B.15 所示。大体可分为计数控制模块，报时控制模块，分频模块，消抖模块。

计数控制模块实现时、分、秒的计数，进位以及调整。

报时控制模块实现整点报时。

分频模块实现对输入信号的分频，得到所需要的频率。这里有 2 分频，10 分频和数控分频器。输入信号 cp1 为 10 Hz，cp2 为 1 000 Hz。

消抖模块实现对按键的消抖处理。

3) 原理结构

原理说明如下：

cp1 为 10Hz 的钟控信号，通过 1 个 10 分频器（PLUSE2）转为 1Hz 提供给秒模块以及报时控制模块里的判断模块（TABLE1）；Cp1 通过 2 分频器（FPIN2）转化为 5Hz 送入分模块和时模块作为校时和校分的钟控信号；cp1 直接送往 2 个消抖模块（XD）做钟控信号。

cp2 为 1 000 Hz 的钟控信号送往数控分频器。

当秒模块计数满 60，自动清 0，并向或门产生进位信号（其最终目的是向分模块进位，因为消抖模块中也有信号向分模块进位，2 者有一个高电平则向分进位）。当 c 端为（sc 被按下）一个高电平，则对秒模块实现清零。

当分模块计数满 60，自动清 0，并向或门产生进位信号（其最终目的是向时模块进位，因为消抖模块中也有信号向时模块进位，2 者有一个高电平则向时进位）。要求按下 sb（b 端有高电平）能够使分模块加 1，按住则可快速递增，但满 60 后自动清零，不向时进位。所以这里在分模块前加一个消抖装置，按一下 sb 时加 1（消抖模块的 output1 输出信号），按住时，连续快速 +1（消抖模块的 output2 输出信号），并消除按键抖动的影响。

秒模块和分模块的 DAOUT 送往数码管显示，和送往报时模块的判断模块（TABLE1）。

cp2 为 1 000 Hz 的钟控信号送往数控分频器。

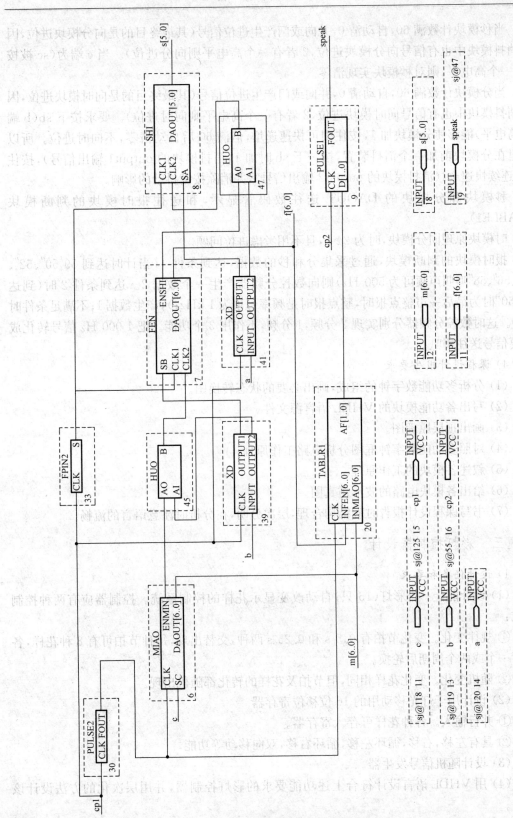

图 B.15　多功能数字钟电路结构图

当秒模块计数满 60,自动清 0,并向或门产生进位信号(其最终目的是向分模块进位,因为消抖模块中也有信号向分模块进位,2 者有一个高电平则向分进位)。当 c 端为(sc 被按下)一个高电平,则对秒模块实现清零。

当分模块计数满 60,自动清 0,并向或门产生进位信号(其最终目的是向时模块进位,因为消抖模块中也有信号向时模块进位,2 者有一个高电平则向时进位)。要求按下 sb(b 端有高电平)能够使分模块加 1,按住时可快速递增,但满 60 后自动清零,不向时进位。所以这里在分模块前加一个消抖装置,按一下 sb 时加 1(消抖模块的 output1 输出信号),按住时,连续快速+1(消抖模块的 output2 输出信号),并消除按键抖动的影响。

秒模块和分模块的 DAOUT 送往数码管显示,和送往报时模块的判断模块(TABLE1)。

时模块原理同分模块,时为 24 h,且不用考虑进位问题。

报时模块的判断模块,通过采集分和秒的数据,达到条件 1(当计时达到 59′50″、52″、54″、56″、58″鸣叫声频可为 500 Hz)则向数控分频器产生一个数据 2。达到条件 2 时(到达 59′60″时为最后一声整点报时,整点报时是频率可顶为 1 kHz;),产生数据 1;不满足条件时为 0。这时数控分频器分别实现 2 分频,1 分频,不作用 3 个功能。把 1 000 Hz 信号转化成需要信号送往喇叭。

4) 课程设计报告要求

(1) 分析多功能数字钟的组成,画出必要的状态转换图。

(2) 写出各功能模块的 VHDL 语言源文件。

(3) 画出顶层原理图。

(4) 对照多功能数字钟框图分析电路工作原理。

(5) 叙述各模块的工作原理。

(6) 给出各模块电路的波形仿真图。

(7) 书写课程设计报告时应结构合理,层次分明,在分析时注意语言的流畅。

课题三　彩灯控制器设计

1) 设计任务和要求

(1) 设计能让一排彩灯(16 只)自动改变显示花样的控制系统。控制器应有两种控制方式:

① 规律变化。变化节拍有 0.5 s 和 0.25 s 两种,交替出现,每种节拍可有 8 种花样,各执行一个或两个周期后轮换。

② 随机变化。变化花样相同,但节拍及花样的转化都随机出现。

(2) 设计用于灯光移动用的 16 位移位寄存器

① 并行输入。各种花样可存入寄存器。

② 具有左移,右移,循环左移,循环右移,双向移动等功能。

(3) 设计随机信号发生器。

(4) 用 VHDL 语言设计符合上述功能要求的彩灯控制器,并用层次化的方法设计该电路。

(5) 控制器,移位寄存器,随机信号发生器的功能用功能仿真的方法验证,可通过有关波形确认电路设计是否正确。

（6）完成电路全部设计后，通过系统实验箱下载验证课题的正确性。

2）整体框架

根据上述要求，彩灯控制器的电路原理结构如图 B.16 所示。主要有分频模块 F2、分频模块 F4、频率选择模块 JU 和控制模块 JICUN 组成。

分频模块主要把 100 Hz 的频率分成 2 Hz 和 4 Hz。

频率选择模块主要控制频率的选择。

控制模块控制彩灯的花样。

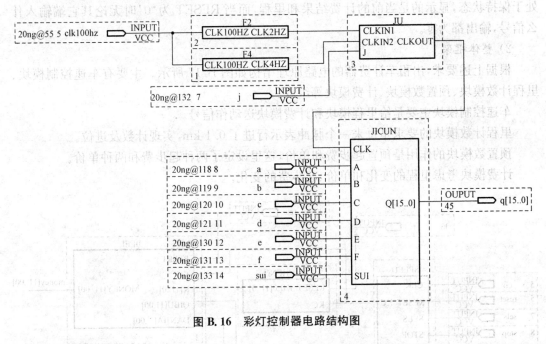

图 B.16　彩灯控制器电路结构图

3）原理结构

电路原理说明如下：

在正常情况下，输入 100 Hz 的频率。经过分频模块得到 2 Hz 和 4 Hz 的频率进入频率选择模块。J 为低电平时频率输出为 2 Hz，高电平时频率输出为 4 Hz。

控制模块 A、B、C、D、E、F、SUI 分别对应的彩灯花样为：左移一次，右移一次，循环左移，循环右移，双向移动，跳跃移动和随机移动。输出接 16 个发光二极管。

4）课程设计报告要求

（1）分析彩灯控制器的组成，画出必要的状态转换图。

（2）写出各功能模块的 VHDL 语言源文件。

（3）画出顶层原理图。

（4）对照彩灯控制器框图分析电路工作原理。

（5）叙述各模块的工作原理。

（6）给出各模块电路的波形仿真图。

（7）书写课程设计报告时应结构合理，层次分明，在分析时注意语言的流畅。

课题四　出租车计费器设计

1) 设计任务及要求

出租车计费器实现的功能是:要求能预置起步费和每公里(相当于在计费器盒内的调整开关,便于升级改造)。在不调整上述开关时,出租车收费按行驶里程收费,起步费为 7.0 元,行驶 3 km 后再按 2 元/km 计费,车停时不计费。要求通过设置外部按键用来模拟汽车启动、停止、车速等状态。最终结果通过动态显示电路模拟将车费和里程显示出来。通过改变'车速选择'端的输入值可以实现模拟汽车行驶的快慢。当起/停开关变为'1'时则计费器处于保持状态,显示的是当前的计费结果和里程,而当 RESET 为'0'时无论其它端输入什么信号,输出都为零。

2) 整体框架

根据上述要求,出租车计费器的电路原理结构如图 B.17 所示。主要有车速控制模块、里程计数模块、预置数模块、计费模块等组成。

车速控制模块主要是给里程模块和计费模块送动作信号。

里程计数模块的要求是每来一个脉冲表示行进了 0.1 km,实现计数及进位。

预置数模块的作用是预置起步费和单价,这里设定了两种起步费和两种单价。

计费模块考虑里程的变化和单价、起步费的变化。

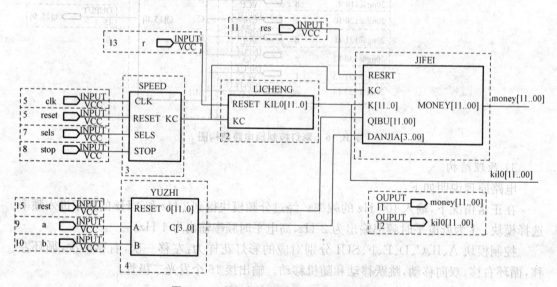

图 B.17　出租车计费器的电路原理结构图

3) 原理结构

电路原理说明如下:

车速控制模块:通过车速选择端输入不同的信号,控制输出信号的频率。当 RESET 等于'0'或 STOP 信号为'1'时输出信号不变。

里程计数模块:前面的速度选择模块的控制下,如果 RESET 等于'0',计费清零,否则每来一个脉冲(表示行进了 0.1 公里),自动计费。

预置数模块:可以通过调整内置开关来调整起步费和每公里价格。在不调整时,按起步费为 7.0 元,行驶三公里后再按 2 元/km 计费。由于单价和起步费都直接与最后的收费有关,因此预置数模块的输出端应与计费模块相连,作为计费模块的输入端。

计费模块:计费模块要考虑到里程的变化和单价、起步费的变化。这里里程信号仅作为计费模块的 3 公里控制信号,当里程超过三公里后,计费模块的计费根据速度控制模块的输出信号米变化。

4) 课程设计报告要求

(1) 分析出租车计费器的组成,画出必要的状态转换图。

(2) 写出各功能模块的 VHDL 语言源文件。

(3) 画出顶层原理图。

(4) 对照出租车计费器框图分析电路工作原理。

(5) 叙述各模块的工作原理。

(6) 给出各模块电路的波形仿真图。

(7) 书写课程设计报告时应结构合理,层次分明,在分析时注意语言的流畅。

附录 C　实验用集成芯片管脚图

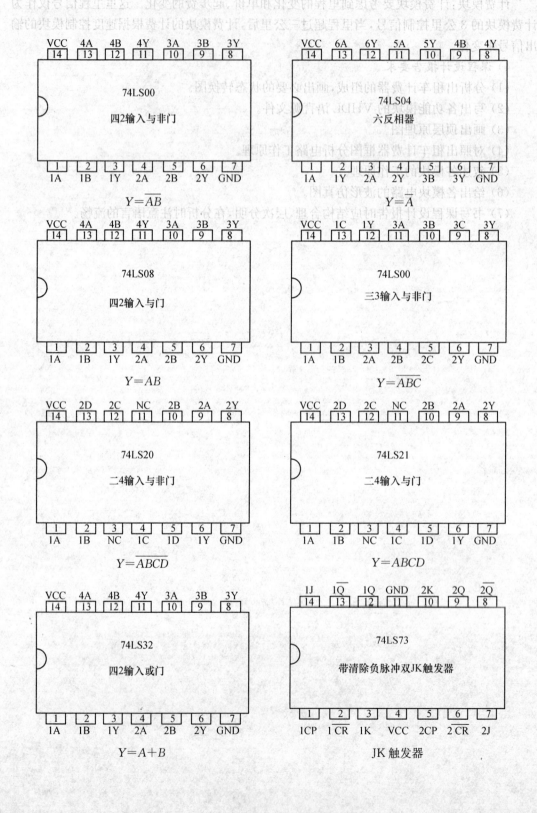

$Y=\overline{AB}$　　74LS00　四2输入与非门

$Y=\overline{A}$　　74LS04　六反相器

$Y=AB$　　74LS08　四2输入与门

$Y=\overline{ABC}$　　74LS00　三3输入与非门

$Y=\overline{ABCD}$　　74LS20　二4输入与非门

$Y=ABCD$　　74LS21　二4输入与门

$Y=A+B$　　74LS32　四2输入或门

JK 触发器　　74LS73　带清除负脉冲双JK触发器

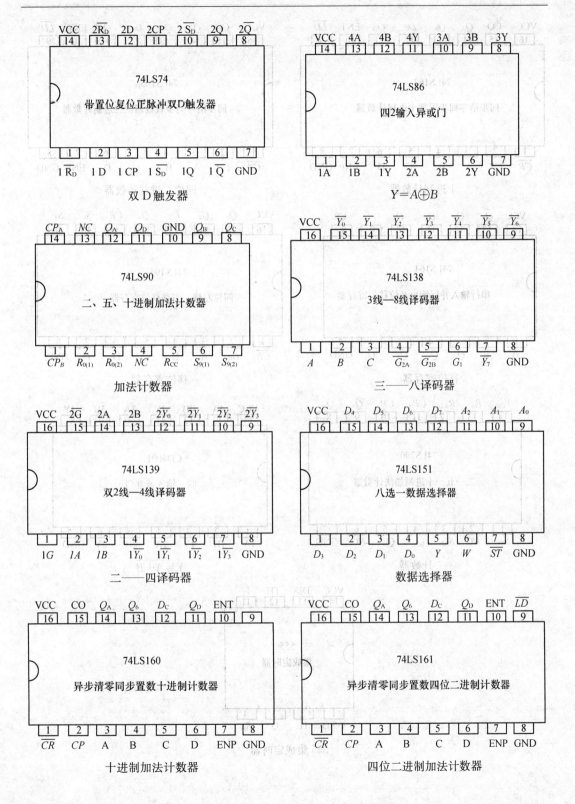

双 D 触发器

$Y=A\oplus B$

加法计数器

三——八译码器

二——四译码器

数据选择器

十进制加法计数器

四位二进制加法计数器

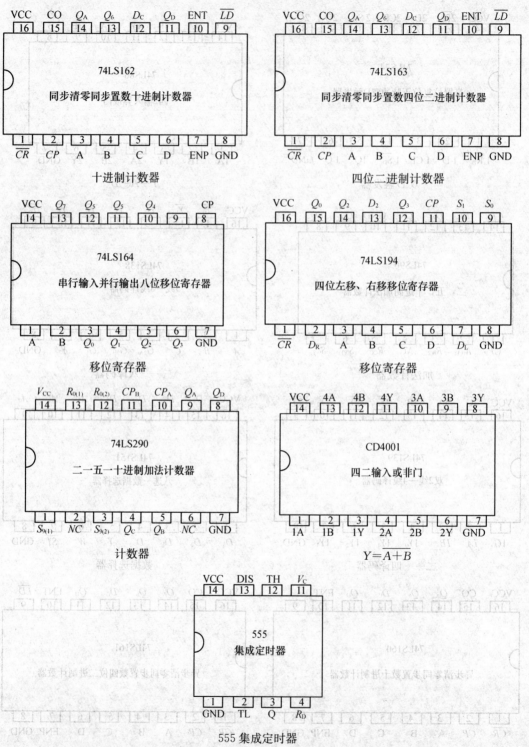

74LS162 同步清零同步置数十进制计数器
VCC CO Q_A Q_6 D_C Q_D ENT $\overline{LD}$
16 15 14 13 12 11 10 9
1 2 3 4 5 6 7 8
$\overline{CR}$ CP A B C D ENP GND

十进制计数器

74LS163 同步清零同步置数四位二进制计数器
VCC CO Q_A Q_6 D_C Q_D ENT $\overline{LD}$
16 15 14 13 12 11 10 9
1 2 3 4 5 6 7 8
$\overline{CR}$ CP A B C D ENP GND

四位二进制计数器

74LS164 串行输入并行输出八位移位寄存器
VCC Q_7 Q_5 Q_5 Q_4 CP
14 13 12 11 10 9 8
1 2 3 4 5 6 7
A B Q_0 Q_1 Q_2 Q_3 GND

移位寄存器

74LS194 四位左移、右移移位寄存器
VCC Q_0 Q_2 D_2 Q_3 CP S_1 S_0
16 15 14 13 12 11 10 9
1 2 3 4 5 6 7 8
$\overline{CR}$ D_R A B C D D_L GND

移位寄存器

74LS290 二一五一十进制加法计数器
V_{CC} $R_{0(1)}$ $R_{0(2)}$ CP_B CP_A Q_A Q_D
14 13 12 11 10 9 8
1 2 3 4 5 6 7
$S_{9(1)}$ NC $S_{9(2)}$ Q_C Q_B NC GND

计数器

CD4001 四二输入或非门
VCC 4A 4B 4Y 3A 3B 3Y
14 13 12 11 10 9 8
1 2 3 4 5 6 7
1A 1B 1Y 2A 2B 2Y GND

$Y=\overline{A+B}$

555 集成定时器
VCC DIS TH V_C
14 13 12 11
1 2 3 4
GND TL Q R_D

555集成定时器

部分习题参考答案

第 2 章

2.1　$(76)_{10}=(1001100)_2=(01110110)_{8421BCD}=(4C)_{16}=(114)_8$

$(11.75)_{10}=(1011.11)_2=(10001.01110101)_{8421BCD}=(B.C)_{16}=(13.6)_8$

2.2　$(101010)_2=(42)_{10}=(2A)_{16}=(52)_8=(1000010)_{8421BCD}$

$(1011001.101)_2=(89.625)_{10}=(59.A)_{16}=(131.5)_8=(10001001.011000100101)_{8421BCD}$

2.3　$(732)_{16}=(11100110010)_2=(1842)_{10}=(1100001000010)_{8421BCD}$

$(1BA)_{16}=(110111010)_2=(442)_{10}=(10001000010)_{8421BCD}$

2.4　$(1)(0\ 0011101)_{补}=(29)_{10}$

$(2)(1\ 11011)_{补}=-(00101)_2=-(5)_{10}$

2.6　$(1)\ \overline{F_1}=\overline{\overline{A}(\overline{A}+B+\overline{C})(A+\overline{C})}$　　　　$(2)\ \overline{F_2}=\overline{(\overline{A}\ \overline{B}+\overline{A}\ \overline{\overline{A}+\overline{B}+\overline{C}})A+\overline{B}\ C}$

$F'_1=A(A+B+C)(\overline{A}+C)$　　　　　　　　$F'_2=\overline{(AB+A\overline{\overline{A}+B+\overline{C}})\overline{A}+\overline{B}C}$

$(3)\ \overline{F_3}=\overline{\overline{A}(B\overline{C}+\overline{D})(\overline{A}+\overline{D}+B)}$　　　　$(4)\ \overline{F_4}=\overline{(A+B)(\overline{B}+D)C(\overline{A}+\overline{B})\overline{B}\ \overline{D}}$

$F'_3=A((\overline{\overline{B}\ \overline{C}}+D))(\overline{A+D})+\overline{B}$　　　　　　$F'_4=\overline{(\overline{A}+\overline{B})(B+\overline{D})\overline{C}(A+B)\overline{B}D}$

2.8　$Z_1=Z_2\quad Z_3=\overline{Z_4}$

2.9　$Z_1=\overline{A}\ \overline{B}\ \overline{C}+\overline{A}BC+AB\overline{C}$

$Z_2=\overline{A}\ \overline{B}C+\overline{A}B\ \overline{C}+A\ \overline{B}\ \overline{C}+A\overline{B}C+ABC$

$Z_3=\overline{A}\ \overline{B}\ \overline{C}+\overline{A}\ BC+ABC$

$Z_4=\overline{A}BC+A\overline{B}\ \overline{C}+A\overline{B}C$

2.10　$Z_1=S\overline{R}\ \overline{Q}+SRQ+SR\overline{Q}+SRQ+\overline{S}\ \overline{R}Q$

$Z_2=\overline{A}\ \overline{B}\ \overline{C}+\overline{A}B\overline{C}+\overline{A}BC+A\ \overline{B}\ \overline{C}+ABC$

$Z_3=A\overline{B}\ \overline{C}+\overline{A}BC$

2.11　$Z_1=\overline{\overline{A}BC}+\overline{\overline{D}BC}$

$Z_2=\overline{\overline{A}+\overline{B}}\quad\overline{\overline{B}+C}\oplus\overline{\overline{B}+C}\quad\overline{\overline{C}+\overline{A}}$

$Z_3=\overline{A}+B\oplus\overline{BC}$

$Z_4=\overline{A}\ \overline{B}C+\overline{A}B\ \overline{C}+\overline{A}BC+ABC$

2.13　$(1)\ A+B=\overline{\overline{A}\ \overline{B}}$

$(2)\ B$

$(3)\ \overline{C}+\overline{D}=\overline{CD}$

$(4)\ 0$

$(5)\ AD=\overline{\overline{AD}}$

$(6)\ 0$

$(7)\ B\overline{C}+A\overline{D}+\overline{A}D=\overline{\overline{B\overline{C}}\ \overline{A\overline{D}}\ \overline{\overline{A}D}}$

$(8)\ 0$

$(9)\ A+B\overline{D}E+BD\overline{E}=\overline{\overline{AB}\ \overline{\overline{D}E}\ \overline{BD\overline{E}}}$

(10) $\overline{A}\ \overline{B}\ \overline{C}+\overline{A}BC=\overline{\overline{\overline{A}\ \overline{B}\ \overline{C}}\ \overline{\overline{A}BC}}$

2.14 (1) C

(2) $\overline{C}+\overline{A}B=\overline{C\ \overline{\overline{A}B}}$

(3) $\overline{B}\ \overline{C}+\overline{B}\ \overline{D}=\overline{\overline{\overline{B}\ \overline{C}}\ \overline{\overline{B}\ \overline{D}}}$

(4) $A\overline{D}+CD=\overline{\overline{A\overline{C}}\ \overline{C\ \overline{D}}}$

(5) $BD+\overline{A}\ \overline{B}\ \overline{D}+\overline{B}\ \overline{C}\ \overline{D}+ACD=\overline{\overline{BD}\ \overline{\overline{A}\ \overline{B}\ \overline{D}}\ \overline{\overline{B}\ \overline{C}\ \overline{D}}\ \overline{ACD}}$

(6) $A\overline{B}+AD+BD=\overline{\overline{A\overline{B}}\ \overline{AD}\ \overline{BD}}$

(7) $AB+A\overline{C}+\overline{B}D=\overline{\overline{AB}\ \overline{A\overline{C}}\ \overline{\overline{B}D}}$

(8) $AB+AC+\overline{A}D=\overline{\overline{AB}\ \overline{AC}\ \overline{\overline{A}D}}$

2.15 (1) $\overline{A}CD+\overline{A}BD+ABC$

(2) $A+B\overline{D}+\overline{B}C$

2.16 (1) $\overline{A}\ \overline{B}+B\overline{C}$ 约束条件 $AB=0$

(2) $\overline{B}$ 约束条件 $AB+AC=0$

(3) $A+\overline{D}+B\overline{C}$ 约束条件 $A\overline{B}\ \overline{C}+ABD+AC\overline{D}=0$

(4) $\overline{C}\ \overline{D}+A\overline{C}+\overline{A}\ \overline{D}$ 约束条件 $AB=0$

2.17 (1) $A+C\overline{D}+B\overline{D}+\overline{B}\ \overline{CD}$

(2) $\overline{A}\ \overline{C}+BC\overline{D}$

2.18 (1) $AB+AC+BC$

(2) $CD+\overline{B}D+ABC$

(3) $\overline{B}\ \overline{C}+\overline{B}\ \overline{D}$

(4) $\overline{A}\ \overline{B}+\overline{B}\ \overline{D}+\overline{A}D+ABC$

(5) $\overline{C}D+\overline{A}BC$

2.19 $A\oplus B$

第3章

3.3 (a)导通 1.3 V (b)导通 0.7 V (c)截止 -2 V (d)截止 0 V (e)截止 -1 V (f)导通 0.7 V

3.4 (a)20 V (b)1.4 V (c)13.7 V (d)7.7 V (e)15 V (f)7 V

3.5 1.截止 2.放大 3.放大 4.饱和 5.放大 6.饱和 7.放大 8.饱和

3.6 (a)放大 (b)饱和 (c)放大 (e)输入为0 V时,截止 输入为3 V时,饱和

3.8 (a)3.7 V导通

3.9 $Z_1=\overline{AB}+\overline{CD}$

$Z_2=\overline{A+B\ \ C+D}$

$Z_3=\overline{ABC}$

$Z_4=\overline{A+B+C}$

3.11 能

3.13 $Z=\overline{\overline{AB}\cdot\overline{BC}\cdot\overline{D}\cdot E}$

3.14 $0.57\ \text{k}\Omega\leqslant R_L\leqslant 4\ \text{k}\Omega$

3.15 (a)× (b)× (c)× (d)× (e)√

3.17 (a)√ (b)√ (c)× (d)×

3.19 不允许

第 4 章

4.12 LHLLH

4.13 LHHH

4.15 $Z_1=\overline{A}\ \overline{B}C+\overline{A}BC+A\ \overline{B}\ \overline{C}+AB\overline{C}$

$Z_2=\overline{A}B\overline{C}+A\ \overline{B}C+AB\ \overline{C}+ABC$

第 5 章

5.1 高电平

5.2 $T=J=K$

5.3 $Q_1^{n+1}=\overline{A}+BQ_1^n$

$Q_2^{n+1}=AB+\overline{AC}\cdot Q_2^n$

$Q_3^{n+1}=AB+\overline{A}Q_3^n$

5.11 (1) $Q_1^{n+1}=A\oplus B$

$\begin{cases}Q_2^{n+1}=\overline{Q_2^n}\quad(C=1)\\Q_2^{n+1}=1\quad(C=0)\end{cases}$

$\begin{cases}Q_3^{n+1}=A\ \overline{Q_3^n}+\overline{B}Q_3^n\quad(C=1)\\Q_3^{n+1}=0\qquad\qquad(C=0)\end{cases}$

$Q_4^{n+1}=\overline{B}\cdot\overline{Q_4^n}$

$Q_5^{n+1}=\overline{A\oplus B}\oplus Q_5^n$

第 6 章

6.1 由组合逻辑电路和存储电路组成;时序逻辑电路有记忆能力;同步时序电路与异步时序电路。

6.2 写方程、求状态方程、列状态表、画状态图和时序图、说明逻辑功能。

6.3 等价

6.13 (a) 28 进制计数器 (b) 35 进制计数器 (c) 100 进制计数器 (d) 46 进制计数器

第 7 章

7.3 地址线(位)10 数据线 4

7.4 8 片、13 根、16 根

第 9 章

9.1 12.6 ms

9.2 $R_A=R_B,R'_A=R'_B,f=\dfrac{1.43}{(R_A+R'_A+R_B+R'_B)C}$

9.3 多谐振荡器

9.5 3ms

9.8 5.5 s

9.9 $R_1=910\ \text{M}\Omega,R_2=1.1\ \text{k}\Omega$

参考文献

1　阎石主编. 数字电子技术基础. 北京:高等教育出版社,1998

2　康华光主编. 电子技术基础(数字部分,第四版). 北京:高等教育出版社,2000

3　李士雄,丁康源主编. 数字集成电子技术教程. 北京:高等教育出版社,1993

4　尤忠琪,贾立新编著. 数字集成电路教程. 北京:科学出版社,2001

5　张建华主编. 数字电子技术(第2版). 北京:机械工业出版社,2001

6　朱明程. FPGA 原理及应用设计. 北京:电子工业出版社,1994

7　黄正瑾. 在系统编程技术及其应用. 南京:东南大学出版社,1997

8　孙建三主编. 数字电子技术. 北京:机械工业出版社,1999

9　毛法尧等编. 数字逻辑. 武汉:华中科技大学出版社,1996

10　国家标准局编. 电气制图及图形符号国家标准汇编. 北京:中国标准出版社,1989

11　电子工程手册编委会集成电路手册分编委会编. 中外集成电路简明速查手册 TTL,CMOS 电路. 北京:电子工业出版社,1991

12　张昌凡等. 可编程逻辑器件及 VHDL 设计技术. 广州:华南理工大学出版社,2001

13　王玉龙主编. 数字逻辑实用教程. 北京:清华大学出版社,2002

14　齐怀印,卢锦编著. 高级逻辑器件与设计. 北京:电子工业出版社,1996

15　邓元庆主编. 数字电路与逻辑设计. 北京:电子工业出版社,2001

16　成立主编. 数字电子技术. 北京:机械工业出版社,2004

17　李景华,杜玉远主编. 可编程逻辑器件与 EDA 技术. 沈阳:东北大学出版社,2000

18　赵曙光等编著. 可编程逻辑器件原理、开发与应用. 西安:西安电子科技大学出版社,2000

19　Randy H. Katz. Contemporary Logic Design. The Benjamin/Cummings Publishing Company,Inc,Redwood City ,California,1994

20　Susan A. R. Garrod, Roberts J. Born. Digital logic Analysis, Application and Design. Purdue University . Saunders College Pu blishing,Philadelphia,1991